新起点电脑教程

U0146461

单片机原理与应用及上机指导

唐晨光　唐绪伟　覃　媛　李　磊　许　锴　编著

清华大学出版社

北　京

内 容 简 介

本书作为高等职业院校或相应层次的教学教材,在内容编排上针对高职教学的特点,从基础入手,深入浅出,循序渐进。在叙述上重点突出,条理清晰,语言精练,通而不俗,便于知识点的理解和掌握。

全书共 13 章,主要介绍了 MCS-51 单片机的结构、系统设计、调试方法及应用案例。本书精选了单片机原理及应用的基本知识,内容包括 MCS-51 单片机结构、指令系统、功能单元、C 程序设计、开发调试环境、系统扩展、外围接口、串行接口和 3 个案例。

本书内容覆盖面广,以技术应用为主线,简明扼要,浅显易懂,便于自学。既可作为电气、电工、电子类专业教材,也可供从事相关专业的工程技术人员参考。

本书封面贴有清华大学出版社防伪标签,无标签者不得销售。
版权所有,侵权必究。侵权举报电话:010-62782989 13701121933

图书在版编目(CIP)数据

单片机原理与应用及上机指导/唐晨光,唐绪伟,覃媛,李磊,许锴编著. —北京:清华大学出版社,2010.5
(新起点电脑教程)
ISBN 978-7-302-22420-4

Ⅰ. 单… Ⅱ. ①唐… ②唐… ③覃… ④李… ⑤许… Ⅲ. 单片微型计算机—教材 Ⅳ. TP368.1

中国版本图书馆 CIP 数据核字(2010)第 063806 号

责任编辑:黄　飞
装帧设计:杨玉兰
责任校对:李玉萍
责任印制:何　芊

出版发行:清华大学出版社　　　　　　　　　地　　　址:北京清华大学学研大厦 A 座
　　　　　http://www.tup.com.cn　　　　　邮　　　编:100084
　　　社　　总　　机:010-62770175　　　邮　　　购:010-62786544
　　　投稿与读者服务:010-62776969,c-service@tup.tsinghua.edu.cn
　　　质　量　反　馈:010-62772015,zhiliang@tup.tsinghua.edu.cn
印　刷　者:北京季蜂印刷有限公司
装　订　者:三河市李旗庄少明装订厂
经　　销:全国新华书店
开　　本:185×260　印　张:25　字　数:608 千字
版　　次:2010 年 5 月第 1 版　印　　次:2010 年 5 月第 1 次印刷
印　　数:1～4000
定　　价:38.00 元

产品编号:024006-01

前　言

随着科学技术的不断发展，单片机的应用已经广泛渗透到国民经济的各个领域，无时无处不在影响着现代人的生活。目前各大专院校相关专业都开设有单片机原理与应用技术课程，同时这方面的书籍和教材也丰富多彩。然而目前这些书籍中很少有一本书包含单片机系统开发流程中所要用到的全部基础知识。一本书不可能包含单片机方面的所有知识，但本书涵盖了单片机系统开发从设计要求到系统完成这一过程中所要用的所有基础知识。

本书对单片机的基本概念、开发软件、调试环境、系统设计流程以及相关方面的基础知识和方法都做了全面、系统而又简明的阐述，并给出了相关的设计实例。全书共分为 13 章。第 1～4 章介绍了单片机的一些基本知识；第 5 章介绍了采用 C 程序设计单片机系统；第 6 章介绍的是单片机系统开发调试方面的软、硬件知识；第 7～9 章介绍了单片机系统扩展与接口技术；第 10 章介绍了单片机系统开发流程；第 11～13 章通过 3 个案例分别采用不同的单片机系统设计方法介绍了单片机系统的开发。

本书精选了单片机原理与应用技术的基本知识，较好地体现了应用型人才培养的需求，其特点如下：

- 注重基本概念、基本原理的讲解，突出应用性和实用性。
- 强调教、学、做相结合。章节后面的上机指导与习题都紧扣本章节所讲述的内容，实用性很强。理论与实践环环相扣，由浅入深，不断递进。
- 体系清晰。由计算机的结构、微型计算机的应用形态引出单片机的基本概念。
- 内容典型。目前单片机芯片的种类繁多，用于单片机应用系统开发的软件工具也不少，本书从芯片、开发调试软件到开发语言及给出的案例都非常具有代表性，芯片选择使用最普遍的 MCS-51 系列的单片机作为教学芯片，采用汇编语言与 C51 语言编程，有机地把汇编语言的灵活性和 C51 语言的简便性结合起来，调试软件采用 Keil 软件。在内容选择上不因难而删、因易而立，用得上的一定要讲，与实际应用关系不密切或可以到实践中去学的内容则适当省略。
- 方便教学。每一章都有明确的教学提示与教学目标、难点，语言简练，便于教师和学生抓住重点。
- 层次分明。本书是以单片机系统开发流程为主线进行编写的，以行动为导向，基于工作过程，由浅入深，由易到难，具有可持续发展的知识结构。

本书可以作为本科自动化、计算机、电子信息工程、通信工程、测控技术与仪器等专业的教材，也可以作为高职高专、成人高校和民办高校同类专业的教材或工程技术人员学习单片机应用技术的参考书。

本书由唐晨光、唐绪伟、覃媛、李磊、许锴、陈承贵、钟峰、胡廷华、尹耕钦、谢向花、谢红英、李艳雄、唐小波等共同编写。在编写时，要感谢在工作上帮助和支持我们的领导、同事和朋友，在本书的创作过程当中要特别感谢国防科技大学的陆昌辉老师的大力支持和技术上的协助。

由于编者水平有限，书中错误、缺点在所难免，欢迎广大读者提供宝贵的意见和建议。

目　录

第 1 章

单片机基础

教学提示：本章介绍了单片机的基本概念，详细阐述了 80C51 单片机系列，最后讲述了单片机应用系统的一些基本知识。

教学目标：了解单片机系统的概念，掌握单片机与一般微机的区别，掌握 80C51 单片机的特点，熟悉单片机的应用领域。

1.1 单片机概述

自从 1946 年第一台电子计算机诞生以来，经过 6 多年的发展，计算机能够对信息进行加工处理，并得到了各行各业的广泛应用。计算机对人类社会的发展起到了极大的推动作用，然而，使计算机的应用能够真正深入到社会生活中的各个方面，促进人类跨入计算机时代的一个重要原因，是微型计算机和单片微型计算机的产生和发展。

1.1.1 单片机的基本概念

单片机是微型计算机的一个很重要的分支，自 20 世纪 70 年代问世以来，以其体积小、可靠性高、控制功能强、使用方便、性能价格比高、容易产品化等特点，在智能仪表、机电一体化、实时控制、分布式多机系统、家用电器等各个领域得到了广泛的应用。

微型计算机是指由微处理器加上采用大规模集成电路制成的程序存储器和数据存储器，以及与输入/输出设备相连接的 I/O 接口电路所构成的系统。微型计算机简称为 MC，其结构如图 1.1 所示。

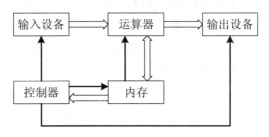

图 1.1 微型计算机的结构

单片机是单片微型计算机的简称，是指在一块芯片上集成了中央处理器(CPU)、随机存储器(RAM)、程序存储器(ROM 或 E²PROM)、定时/计数器、中断控制器以及串行口、输入/输出接口(I/O)、时钟及其他一些计算机外围电路，通过总线连接在一起并集成在一块芯片上，构成的一个完整的微型计算机系统。图 1.2 所示是一些单片机的封装形式。

图 1.2　一些单片机的封装形式

单片机又称嵌入式微控制器，原因在于它可以嵌入到任何微型或小型仪器或设备中，Intel 公司在单片机出现时，就给其取名为嵌入式微控制器。单片机最明显的优势就是可以嵌入到各种仪器、设备中，这一点是其他机器和设备所不能做到的，因此了解单片机知识、掌握单片机的应用技术具有重要意义。

1.1.2　单片机的特点和应用

从单片机的结构和发展概况上可以看出单片机的特点和应用。

1. 单片机的特点

(1) 体积小，使用灵活，成本低，易于产业化。它能方便地嵌入到各种智能测控设备及各种智能仪器仪表中。

(2) 可靠性好，适用温度范围宽。由于单片机的生产厂商不断地提高产品的抗干扰能力，单片机芯片本身也是按工业测控环境要求设计的，能适应各种恶劣的环境，其抗工业噪声干扰的能力优于一般通用的 CPU。

(3) 易扩展，很容易构成各种规模的应用系统，控制功能强。I/O 接口多，指令系统丰富，易于单片机的逻辑控制功能的实现。

(4) 系统内无监控或系统管理程序。单片机系统内部一般无监控或系统管理程序，使用简单，只有用户设计和调试好的应用程序。

2. 单片机的应用

单片机的应用范围很广，根据使用情况大致可分为以下几类。

(1) 单片机在智能仪表中的应用

单片机具有体积小、功耗低、控制功能强等优点，故可广泛应用于各类仪器仪表中。引入单片机可使仪器仪表数字化、智能化、微型化，且功能大大提高，如数字温度计、智能电度表等。

(2)　单片机在工业测控中的应用

用单片机可以构成各种工业测控系统、自适应控制系统、数据采集系统等，如报警系统控制、轧钢生产线控制等方面的应用。

(3)　单片机在计算机网络与通信设备中的应用

80C51 单片机具有通信接口，为单片机在计算机网络与通信设备中的应用提供了良好的条件，如单片机控制的自动呼叫应答系统、单片机手机等。

(4)　单片机在日常生活及家用电器中的应用

单片机越来越广泛地应用于日常生活的智能电气产品及家用电器中，如电冰箱控制、洗衣机控制，最有前途的领域是单片机在智能家电中的应用。

1.1.3　单片机的发展概况

从 1976 年 Intel 公司首先推出 8 位单片机以来，至今已发展到有 16 位、32 位单片机，但一直以 8 位单片机为主流，以后会发展到 16 位和 32 位为主流方向。本书以 Intel 公司的 8 位单片机为主线来认识单片机的发展历史，其发展阶段大致可分为单片机探索阶段、单片机完善阶段、微控制器形成阶段、微控制器完善阶段。

1.　单片机探索阶段(1974—1978 年)

单片机探索阶段的任务是探索计算机的单芯片集成。1975 年美国 TI 公司发布了 TMS-1000 型 4 位单片微机，这是世界上第一台完全单片化的微机。1976 年 9 月，Intel 公司推出 MCS-51 系列单片微机，这是第一台完整的 8 位单片微机。

在计算机单芯片的集成体系结构的探索中有两种模式，即通用 CPU 模式和专用 CPU 模式。

(1)　通用 CPU 模式：采用通用 CPU 和通用外围单元电路的集成方式，这种模式以 Motorola 公司的 MC6801 为代表，它将通用 CPU、增强型的 6800 和 6875(时钟)、6810(RAM)、2X6830(ROM)、1/26821(并行 I/O)、1/36840(定时器/计数器)、6850(串行 I/O)集成在一块芯片上，使用 6800CPU 的指令系统。

(2)　专用 CPU 模式：采用专门为嵌入式系统要求设计的 CPU 与外围电路集成的方式。这种专用方式以 Intel 公司的 MCS-48 为代表，其 CPU、存储器、定时器/计数器、中断系统、I/O 口、时钟及指令系统都是按嵌入式系统要求专门设计的。

这一阶段的目的在于探索单片机的体系结构。这两种结构都是可行的，专用 CPU 方式能充分满足嵌入式应用的要求，成为今后单片机发展的主要体系结构模式；通用 CPU 方式则与通用 CPU 构成的通用计算机兼容，应用系统开发方便，成为后来嵌入式微型处理器的发展模式。

2.　单片机完善阶段(1978—1982 年)

在这一时期，单片机的性能得到了很大的发展，硬件结构日趋成熟，指令系统逐渐完善，最具有代表意义的是 1980 年 Intel 公司推出的 MCS-51 系列单片机，Motorola 公司的 6801 以及 Zilog 公司的 Z8 等。这些单片机具有多级中断处理系统、16 位中断定时器/计数器、串行端口。存储容量可达 64KB，有些芯片还扩展了 A/D 转换器接口。所以这一类单片机应用领域相当广泛，在我国工业控制领域和电子测量方面也得到了广泛的应用。

单片机的完善，特别是 MCS-51 系列对单片机体系结构的完善，奠定了它在单片机领域的地位，形成事实上的单片机标准结构。

3. 微控制器形成阶段(1983 年至 20 世纪 90 年代初)

在实际面对测控对象的操作中，不仅要求有完善的计算机体系结构，还要有许多面对测控对象的接口电路和外围电路，如 A/D 和 D/A 转换器、高速 I/O 口、计算器捕捉与比较、程序监视器等。这些满足测控系统要求的外围电路，大多数已超出了一般计算机的体系结构。为了满足测控系统的嵌入式应用要求，这一阶段单片机的主要技术发展方向是外围电路的增强。微控制器(MCU)一词就诞生在这个阶段，成为国际上对单片机的标准称谓。

该阶段的代表系列为 80C51 系列，包括许多半导体厂家以 MCS-51 中的 8051 为基核发展起来的，旨在满足各种嵌入式应用的各种型号单片机。此外，还有许多知名的其他单片机系列。

这一阶段微控制器技术发展的主要特征如下。

(1) 外围功能集成。即集成了满足模拟量输入的 ADC、满足伺服驱动的脉宽调制(PWM)、满足高速 I/O 控制的高速 I/O 口，及保证程序可靠运行的程序监视定时器(WDT)等。

(2) 出现了为满足串行外围扩展要求而设计的串行扩展总线及接口，如 SPI、I^2C、BUS、1-Wire 等。

(3) 出现了满足分布式系统要求、突出控制功能的现场总线接口，如 CAN 总线等。

(4) 单片机 Flash ROM 的推广，为最终取消外部程序存储器扩展奠定了基础。

4. 微控制器发展阶段(20 世纪 90 年代初至今)

现阶段的单片机领域技术不断创新，产品日益丰富，以满足日益增长的广泛需求。高档 16 位产品和 32 位产品相继出现，其特点如下。

(1) 电气商、半导体商普遍介入单片机领域。

(2) 面对不同的对象，推出适合不同领域要求的单片机系列。单片机面对最底层的电子技术应用，从玩具、小家具、工程控制单元到小机器人、智能仪器仪表、过程控制、个人信息终端等。

(3) 大力发展专用型单片机。专用型单片机具有低成本、资源有效利用、系统外围电路少及可靠性高的优点，是未来单片机的一个重要发展方向。

(4) 致力于提高单片机的综合品质，如提高总线速度、降低功耗等。

(5) 高档 8 位单片机已经发展到以 C8051F 系列单片机为标志的、能独立工作的片上系统时代。

如今，单片机的发展速度越来越快，功能越来越强，品种越来越多。8 位单片机进入了改良阶段，8 位、16 位、32 位单片机呈现共同发展态势。目前，单片机技术的发展仍以 8 位为主，随着移动通信技术、网络技术、多媒体技术等高科技产品进入家庭，32 位单片机应用将得到长足发展。而 16 位单片机的发展无论是从品种方面还是产量方面，近年来都有较大的增长。

1.1.4　单片机的分类

迄今为止，世界上主要芯片厂家已投入市场的单片机产品多达 70 多个系列、500 多个品种。这些产品依据其结构和应用对象的差异，大致可分为以下几类。

1. CISC 结构的单片机

CISC 的含义是复杂指令集，CISC 结构的单片机数据线和指令线分时复用。

采用 CISC 结构的单片机具有指令丰富、功能较强的特点，但由于取指令和取数据不能同时进行，速度受到限制，价格亦高。CISC 结构的单片机适用于控制系统较复杂的场合。

2. RISC 结构的单片机

采用精简指令集 RISC 的单片机数据线和指令线分离。

采用 RISC 结构的单片机取指令和取数据可同时进行，且由于一般指令线宽于数据线，使其指令较同类 CISC 单片机指令包含更多的处理信息，执行效率更高，速度也更快，有利于实现超小型化。一般来说，控制系统较简单的小家电可以采用此单片机。

3. 基于 ARM 核的 32 位单片机

这主要是指以 ARM 公司设计为核心的 32 位 RISC 嵌入式 CPU 芯片的单片机。由于 ARM 公司自成立以来，一直从不介入芯片的生产销售，加上其设计的芯核具有功耗低、成本低等显著特点，因此获得众多的半导体厂家和整机厂商的大力支持，在 32 位嵌入式应用领域获得巨大的成功，目前已经占有 75% 以上的 32 位 RISC 嵌入式产品市场份额，在低功耗、低成本的嵌入式应用领域确立了市场领导地位。

4. 数字信号处理器

数字信号处理器(DSP)是一种具有高速运算能力的单片机，与普通的单片机相比，DSP 器件具有较高的集成度、更快的 CPU、更大容量的存储器，且内置有波特率发生器和 FIFO(先进先出)缓冲器。提供高速、同步串口和标准异步串口。有的片内集成了发生器和采样/保持电路，可提供 PWM 输出。目前国内推广应用最为广泛的 DSP 器件是美国德州仪器(TI)公司生产的 TMS320。

1.1.5　单片机的发展方向

单片机的发展推动了应用系统的发展，应用系统的发展又反过来对单片机提出了更高的要求，从而促进单片机的发展。目前，单片机正向功能更强、速度更快、功耗更低、辐射更小的方向发展。纵观单片机的发展过程，可以预示单片机的发展趋势。

1. 低功耗 CMOS 化

MCS-51 系列的 8031 推出时的功耗达 630mW，而现在的单片机普遍都在 100mW 左右，随着对单片机功耗要求越来越严格，现在的各个单片机制造商基本都采用了 CMOS(互补金属氧化物半导体工艺)。像 80C51 就采用了 HMOS(即高密度金属氧化物半导体工艺)和 CHMOS(互补高密度金属氧化物半导体工艺)。CMOS 虽然功耗较低，但由于其物理特征决定其工作速度不够高，而 CHMOS 则具备了高速和低功耗的特点，这些特征更适合于在要求低功耗(像电池供电)的应用场合。所以这种工艺将是今后一段时期单片机发展的主要途径。

2. 微型单片化

现在常规的单片机普遍都是将中央处理器(CPU)、随机存取数据存储(RAM)、只读程序存储器(ROM)、并行和串行通信接口、中断系统、定时电路、时钟电路集成在一块单一的芯片上,增强型的单片机集成了如 A/D 转换器、PMW(脉宽调制电路)、WDT(看门狗),有些单片机将 LCD(液晶)驱动电路也集成在同一芯片上,这样单片机包含的单元电路就更多,功能就更强大。甚至单片机厂商还可以根据用户的要求量身定做,制造出具有自己特色的单片机芯片。

此外,现在的产品普遍要求体积小、重量轻,这就要求单片机除了功能强和功耗低外,还要求其体积小。现在的许多单片机都具有多种封装形式,其中 SMD(表面封装)越来越受欢迎,使得由单片机构成的系统正朝着微型化方向发展。

3. 主流与多品种共存

现在虽然单片机的品种繁多,各具特色,但仍以 80C51 为核心的单片机占主流,兼容其结构和指令系统的有 Philips 公司的产品、Atmel 公司的产品和中国台湾的 Winbond 系列单片机。所以以 C8051 为核心的单片机占据了半壁江山。而 Microchip 公司的 PIC 精简指令集(RISC)单片机也有着强劲的发展势头,中国台湾的 Holtek 公司近年的单片机产量与日俱增,以其低价质优的优势,占据一定的市场份额。此外,还有 Motorola 公司的产品、日本几家大公司的专用单片机。在一定的时期内,这种情形将得以延续,将不存在某个单片机一统天下的垄断局面,走的是依存互补、相辅相成、共同发展的道路。

1.2 80C51 系列简介

80C51 系列原是 Intel 公司 MCS-51 系列中一个采用 CHMOS 制造工艺的品种。自 Intel 公司将 MCS-51 系列单片机实行技术开放政策后,许多公司诸如 Philips、Dallas、Siemens、Atmel、华邦和 LG 等公司都以 MCS-51 系列中的基础结构 8051 为内核,推出了具有优异性能的、各具特色的单片机。这样,现在的 80C51 已不局限于 Intel 公司,而是把所有厂家以 8051 为内核的各种型号的 80C51 兼容型单片机统称为 80C51 系列。因此在本书中所提到的 80C51 不是专指 Intel 公司的 Mask ROM 的 80C51,而是泛指 80C51 系列中的基础结构,它是以 8051 为内核,通过不同资源配置而推出的一系列以 CHMOS 工艺制造生产的新一代的单片机系列。

1. 80C51 内核的不变性

80C51 系列的单片机不论其内部资源配置是扩展还是删减,其内核的结构都是保持80C51 的内核结构。也即它们普遍采用 CMOS 工艺,通常都能满足 CMOS 与 TTL 的兼容。80C51 系列的单片机都和 MCS-51 系列有相同的指令系统。所有扩展功能的控制,并行扩展总线和串行总线 UART 都保持不变。系统的管理仍采用 SFR 模式,而增加的 SFR 不会和原有的 80C51 的 21 个 SFR 产生地址冲突。同时最大限度地保持双列直插 DIP40 封装引脚不变，必须扩展的引脚一般均在用户侧进行扩展，对单片机系统的内部总线均无影响。上述措施保证了新一代的 80C51 系列单片机有最佳的兼容性能。

2. 80C51 系列内部资源的扩展

80C51 系列内部资源扩展主要有运行速度的扩展、CPU 外围的扩展、基本功能单元的扩展和外围单元的扩展。

(1) 大力提高运行速度

目前主要为扩展时钟频率。80C51 典型时钟频率上限是 12MHz，但目前许多型号单片机的时钟频率已扩展到 16～24MHz，最高甚至达 40MHz。有些公司对 80C51 CPU 总线结构进行改进，降低机器周期以提高指令速度，如 Dallas 公司的 DS80C320，将 80C51 的机器周期降低到时钟频率的 4 分频，即在同样的 12MHz 时钟频率下单周期指令速度可达每秒 300万条指令。

(2) CPU 外围的扩展

CPU 外围的扩展主要是不断提高存储器的容量。目前片内程序存储器已扩展到 32KB、64KB，数据存储器已扩展到 1024B(89CE558)，而 8XC451 则把 I/O 端口扩展到 7 个。

(3) 基本功能单元的扩展

基本功能单元的扩展主要是在中断系统中相应增加中断源，设置高速 I/O 端口和增加定时器/计数器数量。

(4) 外围单元的扩展

外围单元的扩展包括在片内实现 ADC、PWM 功能，设置 WDT，完善串行总线，增加 I^{2}C 总线接口，扩展 CAN 总线接口等。

3. 80C51 系列内部资源的删减

在资源扩展的同时，为了满足构成小型、廉价应用系统的要求，80C51 将内部资源删减。主要是删减并行总线，删减部分功能单元，显著减少封装引脚。大多数廉价 80C51 单片机引脚数在 20～28 之间。同时增强某些功能，如模拟比较器、施密特输入接口、I^{2}C 总线接口等。

1.3　单片机应用系统概述

单片机应用系统是以单片机为核心，配以输入、输出、显示、控制等外围电路和软件，能实现一种或多种功能的实用系统。本书的实训电路板也是一个单片机的应用系统，它除了有单片机芯片以外，还有许多的外围电路，如果再配以后续章节中所讲的一系列的实训程序，便可以完成很多功能。所以说，单片机应用系统是由硬件和软件组成的，硬件是应用系统的基础，软件则在硬件的基础上对其资源进行合理调配和使用，从而完成应用系统所要求的任务，二者相互依赖，缺一不可。单片机应用系统的组成如图 1.3 所示。

由此可见，单片机应用系统的设计人员必须从硬件和软件两个角度来深入了解单片机，并能够将二者有机地结合起来，才能形成具有特定功能的应用系统或整机产品。

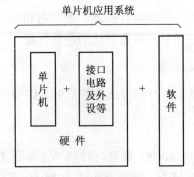

图 1.3 单片机应用系统的组成

习 题

1. 填空题

(1) 单片机与普通计算机的不同之处在于它将_____、_____和_____这 3 部分集成于一块芯片上。

(2) 80C51 系列单片机为_____位单片机。

(3) 除了"单片机"之外，单片机还可以称为_____和_____。

(4) 单片机芯片包括 5 部分：运算器、存储器、_____、输入部分、_____。

(5) 单片机的三总线可以分为_____总线、_____总线和控制总线。

(6) CHMOS 工艺是_____工艺和_____工艺的结合，具有_____的特点。

(7) 专用单片机由于已经把能集成的电路都集成到芯片内部了，所以专用单片机可以使系统结构最简化，软、硬件资源利用最优化，从而大大提高_____和降低_____。

(8) 与 8051 比较，80C51 的最大特点是_____。

(9) _____控制技术是对传统控制技术的一次革命，这种控制技术必须使用_____才能实现。

2. 简答题

(1) 单片机的发展大致分为哪几个阶段？

(2) 什么叫单片机？它有哪些特点？

(3) 微处理器、微计算机、微处理机、CPU、单片机之间有何区别？

(4) MCS-51 系列单片机与 80C51 系列单片机的异同点是什么？

(5) 单片机主要应用在哪些领域？

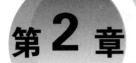

第 2 章

单片机基本结构和工作原理

教学提示： 本章主要介绍了单片机的基本结构，从单片机的基本组成入手，介绍了单片机的引脚功能和结构框图，接着介绍了 80C51 单片机 CPU 的结构和特点，最后介绍了单片机的工作方式。

教学目标： 了解单片机的常用术语、基本结构；熟悉运算器和控制器中的累加器 ACC、程序状态字寄存器 PSW、程序计数器 PC 等的特点及应用；熟悉 80C51 单片机存储器的结构特点及地址分配空间、CPU 的结构特点和引脚功能；掌握工作寄存器 R0～R7 的分组情况，所占内存空间、位地址空间、程序存储器和数据存储器的结构特点，以及特殊地址空间的用途和 80C51 单片机的工作方式。

2.1 单片机的基本组成

MCS-51 是我国目前使用最多的一种单片机系列，MCS-51 系列单片机是由 Intel 公司在 1980 年推出的 8 位高档单片机系列，MCS-51 单片机内部结构如图 2.1 所示，现分别说明各部分的组成。

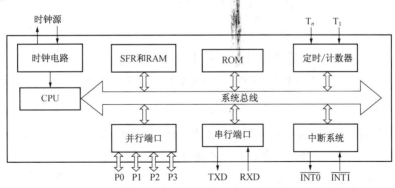

图 2.1　MCS-51 单片机结构框图

1. 中央处理器(CPU)

这是单片机的核心，它完成运算和控制功能。运算是由算术逻辑单元(ALU)为主的"运算器"完成的。而控制则是由包括时钟振荡器在内的"控制器"完成的,其主要功能是对指令码进行译码,然后在时钟信号的控制下,使单片机的内、外电路能够按一定的时序协调有序地工作,执行译码后的指令。

运算器是用于对数据进行算术运算和逻辑操作的执行部件,以算术逻辑单元(ALU)为核心,包括累加器(ACC)、程序状态字(PSW)、暂存器、B 寄存器等部件。

控制器是 CPU 的大脑中枢,它包括定时控制逻辑、指令寄存器、数据指针 DPTR、程序计数器 PC、堆栈指针 SP、地址寄存器和地址缓冲器等。

2. 内部数据存储器

MCS-51 系列单片机共有 256 个字节的 RAM 单元,但只有地址为 00~7FH 这 128 个单元作为片内随机存储器(RAM)使用,而高 128 个单元的一部分被特殊功能寄存器(SFR)占用。SFR 只有 18 个,共占用 21 个单元。其余未被占用的 107 个单元用户不能使用。

3. 内部程序存储器

MCS-51 系列单片机内有 4KB 掩膜 ROM,这些只读存储器用于存放程序、原始数据或表格,所以称为程序存储器,8751 单片机片内有 4KB 的 EPROM 型只读存储器。

4. 定时器/计数器

MCS-51 系列单片机内部有两个 16 位的定时器/计数器 T0、T1,以完成定时和计数的功能。通过编程,T0(或 T1)还可以用作 13 位和 8 位定时器/计数器。

5. 并行口

MCS-51 系列单片机内部共有 4 个输入/输出口,一般称为 I/O 口,即 P0、P1、P2、P3口,每个口都是 8 位。原则上 4 个口都可以作为通用的输入/输出口,但 4 个口都作输入/输出口的情况比较少。例如,8031 型单片机片内没有 ROM,所以在使用时就必须扩展 ROM,此时通常用 P0 口作为低 8 位地址、数据线的分时复用口,而 P2 口作为高 8 位地址的复用口。P3 口各个管脚又有不同的第二功能,如读、写控制信号等。所以,只有 P1 口可作为通用的 I/O 口使用。另外,有时还需要在片外扩展 I/O 口。

6. 串行口

MCS-51 系列单片机有一个全双工的串行 I/O 口,以完成单片机和其他计算机或通信设备之间的串行数据通信,单片机使用 P3 口的 RXD 和 TXD 两个管脚进行串行通信。

7. 中断系统

MCS-51 系列单片机内部有很强的中断功能,以满足控制应用的需要。它共有 5 个中断源,即外部中断源 2 个、定时器/计数器中断源 2 个、串行中断源 1 个。

8. CPU 内部总线和外部总线

CPU 通过内部的 8 位总线与各个部件连接,并通过 P0 口和 P2 口形成内部 16 位地址总线连接到内部 ROM 区。外部三总线则包括由 P0 口组成的数据总线(DB)(分时复用)、由 P0口和 P2 口组成的 16 位地址总线(AB)(P0 口分时复用)、由 $\overline{PSEN}/\overline{EA}$、ALE 和 P3 口部分管脚(读信号 $\overline{RD}$ 及写信号 $\overline{WR}$)组成的控制总线(CB)。

9. 布尔处理器

由片内 RAM 的 20H～2FH 共 16 个单元的 128 位、11 个 SFR 中的 8 位组成的 211 位布尔处理器，可完成位运算等任务，这是 MCS-51 系列单片机的一个特点，其应用在以后的章节中说明。

2.2　80C51 单片机的引脚功能和结构框图

MCS-51 系列单片机有 40 和 20 个引脚的双列直插式(DIP)塑料封装两种封装形式，80C51 是采用 40 引脚封装，各个引脚均有其特定的用途，其引脚示意及功能分类如图 2.2 所示。各部分引脚定义如下。

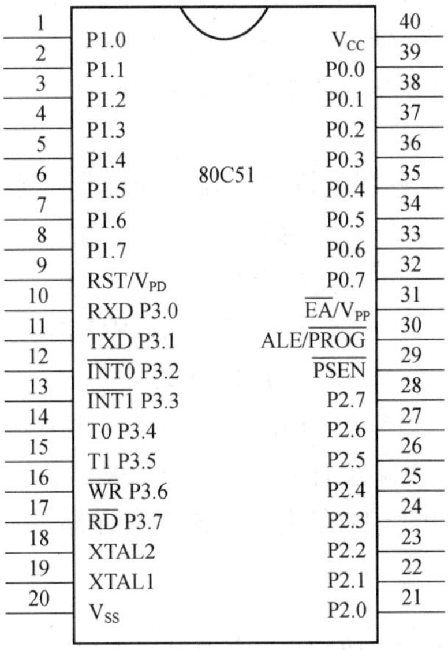

图 2.2　80C51 单片机引脚排列

1. 电源部分

主电源引脚 V_{CC} 和 V_{SS}，其中：

V_{CC}(40 脚)接+5V 电源正端。

V_{SS}(20 脚)接+5V 电源地端。

电源应采用直流+5V 电源。

2. 晶振部分

外接晶体引脚 XTAL1 和 XTAL2。

XTAL1(19 脚)：接外部石英晶体的一端。在单片机内部，它是一个反相放大器的输入端，这个放大器构成了片内振荡器。当采用外部时钟时，对于 HMOS 单片机，该引脚接地；对于 CHMOS 单片机，该引脚作为外部振荡信号的输入端。

XTAL2(18 脚)：接外部晶体的另一端。在单片机内部，接至片内振荡器的反相放大器的输出端。当采用外部时钟时，对于 HMOS 单片机，该引脚作为外部振荡信号的输入端；对于 CHMOS 芯片，该引脚悬空不接。

3. 控制信号

控制信号引脚有 RST/V_{PD}、ALE/$\overline{PROG}$、$\overline{PSEN}$ 和 $\overline{EA}$/V_{PP} 等。

(1) RST/V_{PD}(9 脚)：RST 即为 RESET，是复位信号，一般外接 RC 电路和复位按键，每当上电或按动复位键时，利用该引脚外部来的正脉冲使单片机初始化，一般若该引脚保持两个机器周期高电平，就能使单片机复位，实现可靠复位操作。V_{PD} 作为备用电源输入端，是该引脚的第二功能。当 V_{CC} 失电期间，由 V_{PD} 向片内 RAM 提供电源，以保护其中内容。所以该引脚为单片机的上电复位或掉电保护端。

(2) ALE/$\overline{PROG}$(30 脚)：地址锁存有效信号输出端。第一功能称为"低 8 位地址锁存输出允许信号"，ALE 信号以每机器周期两次的信号输出，用于锁存出现在 P0 口的低 8 位地址，即从该引脚输出的由高向低的下降沿，可使从 P0 口输出的低 8 位地址锁存到外接地址锁存器中。第二功能用于在 EPROM 编程时，作为编程脉冲输入端。当固化内部 EPROM 时，从该管脚输入编程脉冲信号。

(3) $\overline{EA}$/V_{PP}(31 脚)：片外程序允许输出端。同样是一个复用引脚，称为"读外部程序存储器允许/EPROM 编程电源引脚"。第一功能用于输入从外部程序存储器取指或从内部程序存储器取指的选择信号。当 $\overline{EA}$ 接高电平时，将从内部 ROM 开始访问，但地址范围超过内部 ROM 的最大容量(4KB)时，将自动转向外部 ROM 取指令；$\overline{EA}$ 接低电平时，将直接从外部 ROM 开始取指，即所有指令均在片外读取。

(4) $\overline{PSEN}$(29 脚)：程序存储允许输出端。用于输出外部程序存储器选通信号。在对外部程序存储器取指操作时，$\overline{PSEN}$ 置有效(低电平)，被选中的外部存储单元中的内容将出现在数据总线上，然后被读入 CPU 中；在执行片内程序存储器取指时，$\overline{PSEN}$ 为无效(高电平)。

4. 并行输入/输出(I/O)口

MCS-51 单片机共有 4 个 8 位 I/O 口，称为 P0 口、P1 口、P2 口及 P3 口，总共 32 个引脚。每个口的引脚为 8 个。

P0 口(32～39 脚)：P0.0～P0.7 统称为 P0 口。

P1 口(1～8 脚)：P1.0～P1.7 统称为 P1 口，可作为准双向 I/O 接口使用。

P2 口(21～28 脚)：P2.0～P2.7 统称为 P2 口，一般可作为准双向 I/O 接口。

P3 口(10～17 脚)：P3.0～P3.7 统称为 P3 口。

并行 I/O 口应用要点如下。

(1) P0 口是一个三态双向口，可作为地址/数据分时复用口，也可作为通用 I/O 接口。当 P0 口作为地址/数据分时复用总线时，可分为两种情况：一种是从 P0 口输出地址或数据，另一种是从 P0 口输入数据。P0 口作为通用 I/O 使用时是一准双向口。P0 口每一个引脚可驱动 8 个 TTL 门电路。

(2) P1 口为准双向口。从功能上来看 P1 口只有一种功能，即通用 I/O 接口，具有输入、输出、端口操作 3 种工作方式，每一位口线能独立地用作输入或输出线。P1 口每一个引脚可驱动 4 个 TTL 门电路。

(3) P2 口也是一准双向口，它具有通用 I/O 接口或高 8 位地址总线输出两种功能。作为通用 I/O 接口，其工作原理与 P1 口相同，也具有输入、输出、端口操作 3 种工作方式，负载能力也与 P1 口相同。

(4) P3 口除了可作为通用准双向 I/O 接口外，每一根线还具有第 2 功能。当 P3 口作为通用 I/O 接口时，在这种情况下，P3 口仍是一个准双向口，它的工作方式、负载能力均与 P1、P2 口相同。当 P3 口作为第 2 功能时，各引脚功能如表 2.1 所示。

表 2.1　P3 口第 2 功能表

引　脚	第 2 功能	功能说明
P3.0	RXD	串行数据接收
P3.1	TXD	串行数据发送
P3.2	$\overline{\text{INT0}}$	外部中断 0 输入口
P3.3	$\overline{\text{INT1}}$	外部中断 1 输入口
P3.4	T0	定时器/计数器 0 的外部输入
P3.5	T1	定时器/计数器 1 的外部输入
P3.6	$\overline{\text{WR}}$	外部 RAM 写选通
P3.7	$\overline{\text{RD}}$	外部 RAM 读选通

(5) 4 个口的各个引脚都可作为通用 I/O 使用，但当某一引脚作为输入使用前，必须先使该引脚置 1(这是由 4 个 8 位并行 I/O 口的结构所决定的，此种状态下的各口也被称为准双向口)。单片机复位后，4 个口的 32 个引脚均为高电平(已自动置为 1)，但用户在自己的初始化程序中，应考虑到所使用的引脚是否符合要求。

2.3　80C51 CPU 的结构和特点

单片机最核心的部分是 CPU。可以说 CPU 是单片机的大脑和心脏。CPU 的功能是产生控制信号，把数据从存储器或输入口传送到 CPU 或反向传送，还可对输入数据进行算术逻辑运算及位操作处理，它由运算器、控制器和布尔处理器组成。

1. 运算器

运算器是用于对数据进行算术运算和逻辑操作的执行部件，以算术逻辑单元为核心，包括累加器、程序状态字、暂存器、B 寄存器等部件。为了提高数据处理和位操作功能，片内增加一个通用寄存器和一些专用寄存器，而且还增加了位处理逻辑电路的功能。在进行位操作时，进位位 CY 作为位操作累加器，整个位操作系统构成一台布尔处理器。

(1) 累加器(ACC)

ACC(Accumulator)是 8 位寄存器，它是 CPU 中工作最繁忙的寄存器，因为在进行算术、逻辑运算时，运算器的一个输入多为 ACC 的输入，而运算结果大多数也要送到 ACC 中。在指令系统中，累加器 ACC 在直接寻址时助记符为 ACC。除此之外，全部用助记符 A 表示。例如：

```
PUSH    ACC                    ;ACC 进栈，只能用直接地址，助记符为 ACC
ADD     A,32H                  ;加法指令，目的操作数必须使用助记符 A，A-A+(32H)
ADD     ACC,32H                ;错误语句，因 ACC 相当于(0E0H)，两个直接寻址操作
                               ;数不能实现加法运算
```

又如下面两条指令实现的功能一样，但对应的机器码不同：

```
E532      MOV A,32H            ;将(32H)送到累加器 ACC，2B 指令
8532E0    MOV ACC,32H          ;将(32H)送到累加器 ACC，3B 指令
                               ;E0 为累加器 ACC 的地址
```

E532 和 8532E0 分别是这两条指令对应的机器代码。

(2) 算术/逻辑部件 ALU

ALU 是用于对数据进行算术运算和逻辑操作的执行部件，由加法器和其他逻辑电路组成。在控制信号的作用下，它能完成算术加、减、乘、除和逻辑与、或、异或等运算以及循环移位操作、位操作等功能。

(3) 程序状态字寄存器 PSW

PSW(Program Status Word)也是 8 位寄存器，用来存放运算结果的一些特征。当 CPU 进行各种逻辑操作或算术运算时，为反映操作或运算结果的状态，把相应的标志位置位或清 0。这些标志的状态可由专门的指令来测试，也可通过指令读出。它为计算机确定程序的下一步运行方向提供依据。详细介绍见 2.4 节。

(4) B 寄存器

在进行乘法、除法运算时作为 ALU 的输入之一，与 ACC 配合完成运算，并存放运算结果，在无乘、除运算时，可作为内部 RAM 的一个单元。

(5) 暂存器

用以暂存进入运算器之前的数据。

2. 控制器

控制器是 CPU 的大脑中枢，它包括定时控制逻辑、指令寄存器、数据指针 DPTR、程序计数器 PC、堆栈指针 SP、地址寄存器和地址缓冲器等。它的功能是对逐条指令进行译码，并通过定时和控制电路在规定的时刻发出各种操作所需的内部和外部控制信号，协调各部分的工作，完成指令规定的操作。下面介绍控制器中主要部件的功能。

(1) 程序计数器 PC

程序计数器(PC，Program Counter)的功能和一般微型计算机相同，用来存放下一条要执行的指令地址。当一条指令按照 PC 所指的地址从存储器中取出后，PC 会自动加 1，即指向下一条指令。

(2) 堆栈指针 SP

堆栈指针(SP，Stack Pointer)在片内 RAM 的 128B(对 52 子系列为 256B)中开辟栈区，并随时跟踪栈顶地址，它是按先进后出的原则存取数据的，开机复位后，单片机栈底地址为07H。

(3) 指令寄存器 IR

当指令送入指令寄存器(IR，Instruction Register)后，该寄存器对该指令进行译码，即把指令转变成所需的电平信号，CPU 根据译码输出的电平信号，使定时控制电路定时地产生

执行该指令所需的各种控制信号，以便计算机能正确执行程序所要求的各种操作。

(4)　数据指针 DPTR

由于 80C51 系列单片机可以外接 64KB 的数据存储器和 I/O 接口电路，故单片机内设置了 16 位的数据指针(DPTR，Data Pointer)，它可对 64KB 的外部数据存储器和 I/O 进行寻址，它的高 8 位为 DPH，地址为 83H，低 8 位为 DPL，地址为 82H。

3．布尔处理器

在 80C51 单片机系统中，与字节处理器相对应，还特别设置了一个结构完整、功能极强的布尔处理器。这是 80C51 系列单片机最突出的优点之一，给面向控制的实际应用带来了极大的方便。

在位处理器系统中，除了程序存储器和 ALU 与字节处理器合用之外，还有自己的以下设置。

(1)　累加器 CY，借用进位标志位，在布尔运算中，CY 是数据源之一，又是运算结果的存放处，为数据传送的中心，根据 CY 的状态，程序转移指令有 JC rel、JNC rel、JBC rel。

(2)　位寻址的 RAM：RAM 区 20H～2FH 范围中的 0～128 位。

(3)　位寻址的寄存器：特殊功能寄存器(SFR)中的可以位寻址的位。

(4)　位寻址的并行 I/O 口：并行 I/O 口中的可以位寻址的位。

(5)　位操作指令系统：位操作指令可实现对位的置位、清 0、取反，位状态判跳、传送，位逻辑运算，位输入/输出等操作。

利用位逻辑操作功能进行随机逻辑设计，可把逻辑表达式直接变换成软件执行，免去了过多的数据往返传送、字节屏蔽和测试分支，大大简化了编程，节省了存储空间，加快了处理速度，增加了实时性能，还可实现复杂的组合逻辑处理功能。所有这些，特别适用于某些数据采集、实时测控等应用系统，这是其他微机机种无可比拟的。

2.4　存储结构和地址空间

存储器是单片机中的重要功能部分，是用来存储信息的部件。存储器一般都用半导体存储器，分为程序存储器(ROM)和数据存储器(RAM)，存储器的地址一般称为存储单元。80C51 单片机与一般微机的存储器配置方式不同。一般微机通常只有一个逻辑空间，可以随意安排 ROM 或 RAM。访问存储器时，同一地址对应唯一存储空间，可以是 ROM 也可以是 RAM，并用同类访问指令。而 80C51 在物理结构上有 4 个存储空间：片内程序存储器、片外程序存储器、片内数据存储器和片外数据存储器。但从逻辑上，即从用户使用的角度上，80C51 有 3 个存储空间：片内外统一编址的 64KB 程序存储器地址空间(用 16 位地址)、256B 片内数据存储器的地址空间(用 8 位地址)及 64KB 片外数据存储器地址空间。在访问 3 个不同的逻辑空间时，应采用不同形式的指令，以产生不同的存储空间的选通信号。

下面分别叙述程序存储器和数据存储器的配置特点。

1．程序存储器

程序存储器用于存放编好的程序或表格常数，它是在单片机工作前由用户通过编程器烧写入的，在单片机工作过程中不可更改。51 子系列片内有 4KB ROM，52 子系列片内有 8KB ROM，片外 16 位地址线最多可扩展 64KB ROM，两者是统一编址的。

前面讲过，单片机是通过控制器中的程序指针 PC 来访问程序存储器的。PC 有 16 位，所以它可以直接寻址 64KB，即可访问程序存储器的 0000H～FFFFH 地址。80C51 芯片片内只有 4KB 的程序存储器，对于一般的应用是足够的，这时只需将 EA 脚接+5V 即可。如果 4KB 的程序存储器不够，有两种解决方案：一是选择有更大存储器的单片机芯片，这是推荐的方案；二是外扩程序存储器，最大可以扩展到 64KB，当然不推荐这样做，因为它布线庞大，占用面积，而且不利于程序的安全保密。

当有外接程序存储器时，程序存储器的编址规律为：先片内，后片外，片内片外连续，一般不重叠。即单片机上电后，如 EA 脚接高电平，则程序开始从内部程序存储器运行。当 PC 中内容超过内部程序存储器的范围时，则自动跳到外部程序存储器接着运行。如果 EA 端保持低电平，80C51 的所有取指令操作均在片外程序存储器中进行，80C51 单片机 0000H 地址在片外。如果 EA 端保持高电平，80C51 单片机 0000H 地址在片内。51 子系列的存储器组织结构如图 2.3 所示。

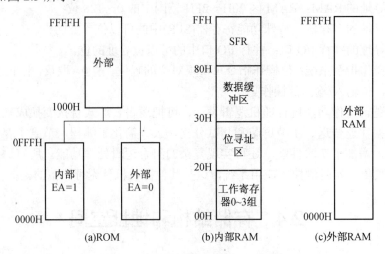

图 2.3 51 子系列存储器组织结构

程序存储器中有 7 个单元留作特殊用途，其含义如下。

● 0000H：单片机复位后，PC=0000H，即程序从 0000H 开始执行指令。

● 0003H：外部中断 0 入口地址。

● 000BH：定时器 0 溢出中断入口地址。

● 0013H：外部中断 1 入口地址。

● 001BH：定时器 1 溢出中断入口地址。

● 0023H：串行口中断入口地址。

● 002BH：定时器 2 溢出或 T2EX 端负跳变中断入口地址，仅对 52 系列有用。

上述 7 个单元相隔很近，不能容纳稍长的程序段，所以在使用时一般是在这些地址存放一条跳转指令，跳转到用户程序中相应的位置。例如，0003H 是外部中断 0 入口地址，即当发生外部中断时，PC 就会被置 3，即程序跳转到 ROM 的 0003H 处去执行。这时就应该在这里安排一条跳转指令 JMP INT0，其中 INT0 就是用户真正的外接中断 0 处理程序的入口，如表 2.2 所示。

表 2.2　80C51 单片机复位、中断入口地址

操　作	入口地址
复位	0000H
外部中断 $\overline{\text{INT0}}$	0003H
定时器/计数器 0 溢出	000BH
外部中断 $\overline{\text{INT1}}$	0013H
定时器/计数器 1 溢出	001BH
串行口中断	0023H
定时器/计数器 2 溢出或 T2EX 端负跳变	002BH

2. 数据存储器

数据存储器用于存放中间运算结果、数据暂存和缓冲、标志位等。

数据存储器在物理上和逻辑上都分为两个地址空间，一个为内部数据存储器空间，另一个为外部存储器空间。前面讲过，控制器中有一个数据指针 DPTR 可以用来寻址数据寄存器(注意：DPTR 也可以用来寻址程序存储器，这在访问 ROM 中表格时非常方便)。DPTR 是 16 位的，可以寻址 64KB。所以数据存储器也可扩展到 64KB。其地址编码为 0000H～FFFFH。

访问外部数据存储器使用专用的 MOVX 指令，访问 ROM 使用 MOVC 指令，而访问片内 RAM 与 SFR 则主要使用 MOV 指令。所以片外数据存储器编址可以与片内 RAM 重叠，也可以与程序存储器重叠。

80C51 系列单片机片内 RAM 的配置如图 2.3 所示。片内数据存储器除块外，还有特殊功能寄存器(SFR)块。对于 51 子系列，前者占 128B，其编址为 00H～7FH，后者占 128B，其编址为 80H～FFH。两者连续而不重叠。对于 52 子系列，前者占 256B，其编址为 00H～FFH，后者占 128B，其编址为 80H～FFH。后者与前者高 128B 的编址是重叠的，由于访问所用的指令不同，所以不会引起混乱。

片内数据存储器的容量很小，常需要扩展片外数据存储器。80C51 系列单片机有一个数据指针寄存器，可用于寻址程序存储器或数据存储器单元，它有 16 位，寻址范围可达 64KB。故片外数据存储器的容量可大到与程序存储器一样，其编址自 0000H 开始，最大可至FFFFH。

51 子系列片内低 128B 的地址区域为片内 RAM，对其访问可采用直接寻址和间接寻址的方式。在高 128B 地址区域(即 80H～FFH)分布着 21 个特殊功能寄存器，只能采用直接寻址方式访问。

52 子系列片内低 128B 与 51 子系列相同，高 128B 地址区域分成两个。一个为特殊功能寄存器区，有 26 个特殊功能寄存器，只能采用直接寻址方式访问。另一个为间接寻址区，有 128B 的 RAM，只能采用间接寻址方式访问。

(1) 片内数据存储器

片内数据存储器可分为工作寄存器区、位寻址区、数据缓冲区 3 个区域，如图 2.3(b)所示。

① 工作寄存器区

00H～1FH 这 32 个单元为工作寄存器区。工作寄存器也称为通用寄存器，供用户编程时使用，临时寄存 8 位信息。同时它又可分成 4 个组，每组有 8 个通用寄存器 R0～R7(每个组的 8 个字节从低到高被称为 R0～R7)。寄存器和 RAM 地址的对应关系如表 2.3 所示。

表 2.3　工作寄存器和 RAM 地址对照表

工作寄存器 0 组		工作寄存器 1 组		工作寄存器 2 组		工作寄存器 3 组	
地址	寄存器	地址	寄存器	地址	寄存器	地址	寄存器
00H	R0	08H	R0	10H	R0	18H	R0
01H	R1	09H	R1	11H	R1	19H	R1
02H	R2	0AH	R2	12H	R2	1AH	R2
03H	R3	0BH	R3	13H	R3	1BH	R3
04H	R4	0CH	R4	14H	R4	1CH	R4
05H	R5	0DH	R5	15H	R5	1DH	R5
06H	R6	0EH	R6	16H	R6	1EH	R6
07H	R7	0FH	R7	17H	R7	1FH	R7

通用寄存器共有 4 组，但编写软件时，每次只使用 1 组，其他各组不工作。 哪一组寄存器工作由程序状态字 PSW 中的 PSW.3(RS0)和 PSW.4(RS1)两位来选择，其对应关系如表 2.4 所示。复位时，PSW 的值等于 00H，所以复位后自动使用 0 区。

表 2.4　RS1、RS0 与片内工作寄存器组的对应关系

RS1	RS0	寄存器组	片内 RAM 地址	通用寄存器名称
0	0	0 组	00H～07H	R0～R7
0	1	1 组	08H～0FH	R0～R7
1	0	2 组	10H～17H	R0～R7
1	1	3 组	18H～1FH	R0～R7

RS1、RS0 的值用指令可方便地实现置位或清 0。例如，执行下列程序段：

```
SETB PSW,4        ;置位 RS1
CLR  PSW,3        ;清 RS0
MOV  R1,#53H      ;将立即数 53H 送 R1
```

由于第一、二条指令使 RS1(PSW 的第 4 位)=1、RS0(PSW 的第 3 位)=0，即选择了工作寄存器 2 组，故第 3 条指令将立即数 53H 送到工作寄存器 2 组的 R1，即送入片内 RAM 的11H 单元。

② 位寻址区

20H～2FH 单元为位寻址区，该区的每一位都赋予一个位地址，每个单元等于 8 位，这 16 个单元(共计 128 位)的每 1 位都有一个 8 位表示的位地址，位地址范围为 00H～7FH，如表 2.5 所示。位寻址区的每 1 位都可被用户当作软件标志，以 0 或 1 表示程序中需记忆和查询的标志，由程序直接进行位处理。通常可以把各种程序状态标志、位控制变量存于位寻址区内。同样，位寻址的 RAM 单元也可以作为一般的数据缓冲，按字节操作。

表 2.5　内部 RAM 中位地址表

RAM 地址	D7	D6	D5	D4	D3	D2	D1	D0
20H	07	06	05	04	03	02	01	00
21H	0F	0E	0D	0C	0B	0A	09	08
22H	17	16	15	14	13	12	11	10
23H	1F	1E	1D	1C	1B	1A	19	18
24H	27	26	25	24	23	22	21	20
25H	2F	2E	2D	2C	2B	2A	29	28
26H	37	36	35	34	33	32	31	30
27H	3F	3E	3D	3C	3B	3A	39	38
28H	47	46	45	44	43	42	41	40
29H	4F	4E	4D	4C	4B	4A	49	48
2AH	57	56	55	54	53	52	51	50
2BH	5F	5E	5D	5C	5B	5A	59	58
2CH	67	66	65	64	63	62	61	60
2DH	6F	6E	6D	6C	6B	6A	69	68
2EH	77	76	75	74	73	72	71	70
2FH	7F	7E	7D	7C	7B	7A	79	78

③ 数据缓冲区

30H～7FH 是数据缓冲区，也即用户 RAM 区，共 80 个单元。数据缓冲区一般用于存放运算数据和结果。实际上，不使用的可以位寻址的字节和不使用的通用寄存器区都可以作为数据缓冲区使用。

由于工作寄存器区、位寻址区、数据缓冲区统一编址，使用同样的指令访问，这 3 个区的单元既有自己独特的功能，又可统一调度使用。因此，前两区未用的单元也可移用为一般的用户 RAM 单元，使容量较小的片内 RAM 得以充分利用。

52 子系列片内 RAM 有 256 个单元，前两个区的单元数与地址数与地址都和 51 子系列的一致，数据缓冲区却自 30H～FFH，共 208 个单元。

④ 堆栈与堆栈指针

片内 RAM 的部分单元还可以用作堆栈，有一个 8 位的堆栈指针寄存器 SP，专用于指出当前堆栈顶部是片内 RAM 的哪一单元。80C51 单片机系统复位后 SP 的初值为 07H，从而复位后堆栈实际上是从 08H 单元开始的。但是 80C51 系列的栈区不是固定的，只有通过软件改变 SP 寄存器的值便可更动栈区。如程序要用到这些区，最好把 SP 值改为 2FH 或更大的值。一般在内部 RAM 的 30H～7FH 单元中开辟堆栈。SP 的内容一经确定，堆栈的位置也就跟着确定下来，由于 SP 可初始化为不同值，因此堆栈位置是浮动的。

(2) 特殊功能寄存器

特殊功能寄存器(SFR，Special Function Register)，又称为专用寄存器，专用于控制、管理单片机内部算术逻辑部件、并行 I/O 口、定时器/计数器、中断系统等功能模块的工作。用户在编程时可以置数设定，却不可以像 RAM 一样移作他用。在 80C51 系列单片机中，将各特殊功能寄存器(PC 例外)与片内 RAM 统一编址，访问这些专用寄存器仅允许使用直接寻址方式。实际上 SFR 是微处理器的内部寄存器或 I/O 口，只是按同一编址的原则，把它们的地址定在 80H～FFH。它不是用于存储一般的数据，而是专用于控制、管理单片机内算术逻辑部件、并行 I/O 口锁存器、串行口数据缓冲器、定时器/计数器、中断系统等功能模块的工作。80C51 单片机内部设置了 18 个特殊功能寄存器，对用户来说，这些 SFR 是可读可写的，相当于内部 RAM。SFR 里，凡是字节地址末尾为 0 或 8 的，表示可以进行位寻址，并且最低位的位地址即是它的字节地址。表 2.6 给出了这 18 个 SFR 的名称、标识符、地址。18 个寄存器中有 3 个 16 位的寄存器，所以共占据了 21 个地址单元。另外，可以进行位寻址的 SFR 共有 11 个，也在表 2.6 中予以详示。

表 2.6 特殊功能寄存器名称、标识符、地址一览表

专用寄存器名称		符号	地址	位地址与位名称							
				D7	D6	D5	D4	D3	D2	D1	D0
P0 口		P0	80H	87	86	85	84	83	82	81	80
堆栈指针		SP	81H								
数据指针 DPTR	低字节	DPL	82H								
	高字节	DPH	83H								
定时器/计数器控制		TCON	88H	TF1	TR1	TF0	TR0	IE1	IT1	IE0	IT0
				8F	8E	8D	8C	8B	8A	89	88
定时器/计数器方式控制		TMOD	89H	GATE	C/$\overline{T}$	M1	M0	GATE	C/$\overline{T}$	M1	M0
定时器/计数器0低字节		TL0	8AH								
定时器/计数器1低字节		TL1	8BH								
定时器/计数器0高字节		TH0	8CH								
定时器/计数器1高字节		TH1	8DH								
P1 口		P1	90H	97	96	95	94	93	92	91	90
电源控制		PCON	97H	SMOD	—	—	—	GF1	GF0	PD	IDL

专用寄存器名称	符号	地址	位地址与位名称							
			D7	D6	D5	D4	D3	D2	D1	D0
串行控制	SCON	98H	SM0 9F	SM1 9E	SM2 9D	REN 9C	TB8 9B	RB8 9A	TI 99	RI 98
串行数据缓冲器	SBUF	99H								
P2 口	P2	A0H	A7	A6	A5	A4	A3	A2	A1	A0
中断允许控制	IE	A8H	EA AF	— —	ET2 AD	ES AC	ET1 AB	EX1 AA	ET0 A9	EX0 A8
P3 口	P3	B0H	B7	B6	B5	B4	B3	B2	B1	B0
中断优先级控制	IP	B8H	— —	— —	PT2 BD	PS BC	PT1 BB	PX1 BA	PT0 B9	PX0 B8
定时器/计数器 2 控制	T2CON	C8H	TF2 CF	EXF2 CE	RCLK CD	TCLK CC	EXEN2 CB	TR2 CA	C/T2 C9	CP/RL2 C8
定时器/计数器2自动重载高字节	RLDH	CB								
定时器/计数器2低字节	TL2	CC								
定时器/计数器2高字节	TH2	CD								
程序状态字	PSW	D0H	CY D7	AC D6	F0 D5	RS1 D4	RS0 D3	OV D2	— D1	P D0
累加器	A	E0	E7	E6	E5	E4	E3	E2	E1	E0
B 寄存器	B	F0	F7	F6	F5	F4	F3	F2	F1	F0

通过特殊功能寄存器可实现对单片机内部资源的操作和管理，下面介绍常用的特殊功能寄存器，其余的将在后面相关章节中介绍。

① 程序状态字 PSW

程序状态字寄存器 PSW(Programe State Word)是 8 位寄存器，用作程序运行时状态的标志，字节地址为 D0H，可位寻址。PSW 的各位定义如表 2.7 所示。

表 2.7　PSW 寄存器各位名称及地址

地址	D7H	D6H	D5H	D4H	D3H	D2H	D1H	D0H
名称	C	AC	F0	RS1	RS0	OV	F1	P

当 CPU 进行各种逻辑操作或算术运算时，为反映操作或运算结果的状态，把相应的标志位置位或清 0。这些标志的状态，可由专门的指令来测试，也可通过指令读出。它为计算机程序确定下一步运行提供依据。PSW 寄存器中各位的名称说明如下。

* P(PSW.0)——奇偶标志位。该位始终跟踪累加器 A 中内容的奇偶性。如果有奇数个 1，则置 P 为 1，否则清 0。在 80C51 的指令系统中，凡是改变累加器 A 中内容

的指令均影响奇偶标志位 P。

- F1(PSW.1)——用户标志。由用户置位可复位。
- OV(PSW.2)——溢出标志位。有符号运算时，如果发生溢出，OV 置 1，否则清 0。对于 1B 的有符号数，如果用最高位表示正、负号，则只有 7 位有效位，能表示−128～+127 之间的数。如果运算结果超出了这个数值范围，就会发生溢出，此时，OV=1，否则 OV=0。在乘法运算中，OV=1 表示乘积超过 255；在除法运算中，OV=1 表示除数为 0。由硬件置位或清零。
- RS1(PSW.4)、RS0(PSW.3)——工作寄存器组选择位。用以选择指令当前工作的寄存器组。由用户用软件改变 RS0 和 RS1 的组合，以切换当前工作的寄存器组，单片机在复位后，RS0=RS1=0，CPU 自然选中第 0 组为当前工作寄存器组。根据需要，用户可利用传送指令或位操作指令来改变其状态，这样的设置为程序中快速保护现场提供了方便。
- F0(PSW.5)——用户标志。由用户置位或复位。
- AC(PSW.6)——辅助进位(或称半进位)标志。当进行加减运算时，如果低半字节(3 位)向高半字节(4 位)有进位(或借位)，AC 置 1，否则清 0。AC 也可用于 BCD 码调整时的判别位。
- CY(PSW.7)——进位标志位。当进行加减运算时，如果操作结果最高位(7 位)有进位，CY 置 1，否则清 0。在进行位操作时，CY 又作为位操作累加器 C。

② 累加器 ACC

ACC(Accumulator)是 8 位累加器，可简记为 A，通过暂存器与 ALU 相连。其地址为 0E0H，可位寻址。它是 CPU 中工作最繁忙的寄存器，因为在进行算术、逻辑类操作时，运算器的一个输入多为 ACC，而运算器的输出即运算结果也大多要送到 ACC 中。在指令系统中累加器的助记符为 A，作为直接地址时助记符为 ACC。所有的加法指令和减法指令，其中一个操作数必须是累加器，如"MOV A, #01H；ADD A, #03H"。

③ 数据指针寄存器 DPTR

由于 80C51 可以外接 64KB 的数据存储器和 I/O 接口电路，因此在控制寄存器中设置了一个 16 位的专用地址指针，主要用于存放 16 位地址，作为间址寄存器使用，它可对外部存储器和 I/O 口进行寻址，也可拆分成高位字节寄存器 DPH 和低位字节寄存器 DPL。既可作为一个 16 位寄存器 DPTR 来处理，也可作为两个独立的 8 位寄存器 DPH 和 DPL 来处理。在 CPU 内分别占据 83H 和 82H 两个地址。

DPTR 主要用来存放 16 位地址，当对 64KB 外部数据存储器空间寻址时，作为间址寄存器用。在访问程序存储器时，用作基址寄存器。

④ B 寄存器

在乘除法运算中，用 B 寄存器暂存数据，也叫乘除法寄存器。其地址为 0F0H，可位寻址。做乘法时，必须是一个数放在 A，另一个数放在 B；乘积结果：高 8 位放在 B 中，低 8 位放在 A 中。做除法时，被除数必须放在累加器 A，除数放在 B；结果：商放在 A，余数放在 B。例如：

```
MUL    AB
MOV    A, #32
```

```
MOV     B, #4;        ;32*4=128=80H
MUL     AB;           ;(A)=80H  (B)=00H
```

在其他指令中，B 寄存器可作为 RAM 的一个单元使用。

⑤ 堆栈指针 SP

SP(Stack Pointer)是一个特殊的存储区，是 8 位的堆栈指针，地址是 81H。其主要功能是暂时存放数据和地址，通常用来保护断点和现场。第一个断点保护数据将装入 08H 单元。实际应用时，一般设在 30H 以后的范围内(为了避开工作寄存器区和位寻址区)。

堆栈操作是在内存 RAM 区专门开辟出来的按照"先进后出"原则进行数据存取的一种工作方式，主要用于子程序调用及返回和中断处理断点的保护及返回，它在完成子程序嵌套和多重中断处理中是必不可少的。为保证逐级正确返回，进入栈区的"断点"数据应遵循"先进后出"的原则。SP 用来指示堆栈所处的位置，在进行操作之前，先用指令给 SP 赋值，以规定栈区在 RAM 区的起始地址(栈底层)。当数据推入栈区后，SP 的值也自动随之变化。MCS-51 系统复位后，SP 初始化为 07H。

堆栈的特点如下。

● 是一个符合"先进后出、后进先出"的 RAM 区域。

● SP 总是指向堆栈的顶部(保存有数据)。

● 堆栈可以设在内部 RAM 中的任意区域，一般开辟在 30H～7FH 中。

堆栈的功能如下。

● 保护断点，保护从主程序转向子程序、中断时的断点，发生转移时自动完成。

● 保护现场，对子程序、中断程序中要用到的、现场的某些寄存器的内容进行保护，以保证返回时正确恢复。用软件指令方式实现。

⑥ I/O 端口控制/数据寄存器 P0～P3

特殊功能寄存器 P0～P3 分别是 I/O 端口 P0(80H)、P1(90H)、P2(A0H)和 P3(B0H)的锁存器，为准双向口。即当其用作输入方式时，各口对应的锁存器必须先置 1，然后才能进行输入操作。例如：

```
MOV   P0, #23H
MOV   80H, #23H
MOV   P0, 0FFH
MOV   A, P0
```

⑦ 两个 16 位的定时器/计数器 T0 和 T1

定时器/计数器 0 和 1 分别占用两个单元。T0 由 TH0 和 TL0 两个 8 位计数器组成，字节地址分别是 8CH 和 8AH。T1 由 TH1 和 TL1 两个 8 位计数器组成，字节地址分别是 8DH 和 8BH。

2.5　80C51 单片机的工作方式

MCS-51 系列单片机中，8051 及 80C51 的工作方式有复位方式、程序执行方式、节电方式、低功耗方式以及 EPROM 编程和校验方式。单片机不同的工作方式，代表单片机处于不同的状态。单片机工作方式的多少，是衡量单片机性能的一项重要指标。

1. 单片机的复位方式

复位是单片机进入工作状态的初始化操作，是使 CPU 和系统中其他部件都处于一个确定的初始状态，并从这个状态开始工作。因而，复位是一个很重要的操作方式。另外，当程序运行错误或由于错误操作而使单片机进入死锁状态时，也可以通过复位进行重新启动。复位后，单片机内部寄存器的值被初始化，其值如表 2.8 所示。了解单片机内部寄存器初始化的状态，对于熟悉单片机的操作、简化应用程序的初始化过程是很有必要的。单片机本身不能自动复位，必须配合相应的外部复位电路才能实现。

表 2.8 单片机复位后内部各寄存器的状态

寄存器名	内　容	寄存器名	内　容
PC	0000H	TH0	00H
ACC	00H	TL0	00H
B	00H	TH1	00H
PSW	00H	TL1	00H
SP	07H	SBUF	不定
DPTR	0000H	TMOD	00H
P0～P3	FFH	SCON	00H
IP	×××00000B	PCON(HMOS)	0×××××××B
IE	0××00000B	PCON(CHMOS)	0×××0000B
TCON	00H		

MCS-51 系列单片机的 RST 引脚是复位信号的引入端，复位信号为高电平有效，其所需时间在 2 个机器周期(24 个振荡周期)以上。

复位操作还会把 ALE 和 $\overline{\text{PSEN}}$ 变为无效状态，即 ALE=0， $\overline{\text{PSEN}}$=1。但复位操作不影响片内 RAM 单元的内容。

单片机复位的方式有上电自动复位和按键手动复位。按键手动复位又分为按键电平复位和按键脉冲复位两种，复位电路如图 2.4 所示。如图 2.4(a)所示的上电自动复位是通过电容充电来实现的。通过选择适当的 R 和 C 的值，就能够使 RST 引脚上的高电平保持两个机器周期以上(其持续的时间取决于 RC 电路的时间常数)，RST 引脚要有足够长的时间才能保证单片机有效地复位。

图 2.4(b)和图 2.4(c)是通过 RST 经电阻与电源相连接或利用 RC 微分电路产生的正脉冲来实现按键复位的，复位按钮弹起后，电源 V_{CC} 通过电阻对电容重新充电，RST 引脚出现复位正脉冲，其持续时间取决于 RC 电路的时间常数。这两个电路同时也具备上电自动复位的功能。

2. 程序执行方式

程序执行方式是单片机的基本工作方式，由于单片机复位后 PC=0000H，所以程序总是从地址 0000H 开始执行。为此就得从 0000H 处开始的存储单元安放一条无条件转移指令，以便跳转到实际程序的入口去执行。程序执行方式又可分为连续执行和单步执行两种。

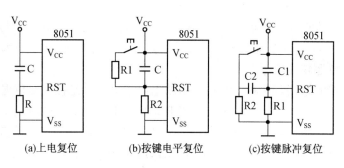

图 2.4　单片机的复位工作方式

（1）连续执行方式

连续执行方式是从指定地址开始连续执行程序存储器 ROM 中存放的程序，每读一次程序，PC 便自动加 1。

（2）单步执行方式

程序的单步执行方式是在单步运行键的控制下实现的，每按一次单步运行键，程序顺序执行一条指令。单步执行方式通常只在用户调试程序时使用，用于观察每条指令的执行情况。

3．节电工作方式

MCS-51 单片机中有 HMOS 和 CHMOS 两种工艺芯片，它们的节电运行方式不同，HMOS 单片机的节电工作方式只有掉电工作方式，CHMOS 单片机的节电工作方式有掉电工作方式和空闲工作方式两种。单片机的节电工作方式，是由其内部的电源控制寄存器 PCON 中的相关位来控制的。PCON 寄存器的控制格式如表 2.9 所示。

表 2.9　PCON 寄存器的控制格式

位　序	D7	D6	D5	D4	D3	D2	D1	D0
位符号	SMOD	—	—	—	GF1	GF0	PD	IDL

PCON 的各位定义如下。

● SMOD：串行口波特率倍率控制位。

● GF1、GF0：通用标志位。

● PD：掉电方式控制位。PD=1 进入掉电工作方式。

● IDL：空闲方式控制位。IDL=l，进入空闲工作方式。

如同时将 PD 和 IDL 置 1，则进入掉电工作方式。PCON 寄存器的复位值为 0×××0000，PCON.4～PCON.6 为保留位，用户不能对它们进行写操作。

（1）空闲工作方式

当程序将 PCON 的 IDL 位置 1 后，系统就进入了空闲工作方式。

空闲工作方式是在程序运行过程中，用户在 CPU 无事可做或不希望它执行程序时，进入的一种降低功耗的待机工作方式。在此工作方式下，单片机的工作电流可降到正常工作方式时电流的 15%左右。

在空闲工作方式时，振荡器继续工作，中断系统、串行口及定时器模块由时钟驱动工作，但时钟不提供给 CPU。也就是说，CPU 处于待机状态，工作暂停。与 CPU 有关的 SP、PC、PSW、ACC 的状态以及全部工作寄存器的内容均保持不变，I/O 引脚状态也保持不变。ALE 和 $\overline{\text{PSEN}}$ 保持逻辑高电平。

退出空闲方式的方法有两种，一种是中断退出，另一种是按键复位退出。

任何的中断请求被响应都可以由硬件将 PCON.0(IDL)清 0，从而中止空闲工作方式。当执行完中断服务程序返回时，系统将从设置空闲工作方式指令的下一条指令开始继续执行程序。另外，PCON 寄存器中的 GF0 和 GF1 通用标志可用来指示中断是在正常情况下还是在空闲方式下发生。例如，在执行设置空闲方式的指令前，先置标志位 GF0(或 GF1)；当空闲工作方式被中断中止时，在中断服务程序中可检测标志位 GF0(或 GF1)，以判断出系统是在什么情况下发生的中断，如 GF0(或 GF1)为 1，则是在空闲方式下进入的中断。

另一种退出空闲方式的方法是按键复位，由于在空闲工作方式下振荡器仍然工作，因此复位仅需 2 个机器周期便可完成。而 RST 端的复位信号直接将 PCON.0(IDL)清 0，从而退出空闲状态，CPU 则从进入空闲方式的下一条指令开始重新执行程序。在内部系统复位开始，还可以有 2～3 个指令周期，在这一段时间里，系统硬件禁止访问内部 RAM 区，但允许访问 I/O 端口。一般的，为了防止对端口的操作出现错误，在设置空闲工作方式指令的下一条指令中，不应该是对端口写或对外部 RAM 写指令。

(2) 掉电工作方式

当 CPU 执行一条置 PCON.1 位(PD)为 1 的指令后，系统即进入掉电工作方式。

掉电的具体含义是指由于电源的故障使电源电压丢失或工作电压低于正常要求的范围值。掉电将使单片机系统不能运行，若不采取保护措施，会丢失 RAM 和寄存器中的数据，为此单片机设置有掉电保护措施，进行掉电保护处理。具体做法是：检测电路一旦发现掉电，立即先把程序运行过程中的有用信息转存到 RAM，然后启用备用电源维持 RAM 供电。

在掉电工作方式下，单片机内部振荡器停止工作。由于没有振荡时钟，因此，所有的功能部件都停止工作。但内部 RAM 区和特殊功能寄存器的内容被保留，端口的输出状态值都保存在对应的 SFR 中，ALE 和 $\overline{\text{PSEN}}$ 都为低电平。这种工作方式下的电流可降到 15μA 以下，最小可降到 0.6μA。

退出掉电方式的唯一方法是由硬件复位，复位时将所有的特殊功能寄存器的内容初始化，但不改变内部 RAM 区的数据。

在掉电工作方式下，V_{CC} 可以降到 2V，但在进入掉电方式之前，V_{CC} 不能降低。而在准备退出掉电方式之前，V_{CC} 必须恢复正常的工作电压值，并维持一段时间(约 10ms)，使振荡器重新启动并稳定后方可退出掉电方式。

4. EPROM 编程和校验方式

对于片内程序存储器为 EPROM 型的单片机，如 8751 型单片机，需要一种对 EPROM 可以操作的工作方式，即用户可对片内的 EPROM 进行编程和校验。

(1) 内部 EPROM 编程

编程时，时钟频率应定在 3～6MHz 的范围内，其余各有关引脚的接法和用法如下。

- P1 口和 P2 口的 P2.0～P2.3 为 EPROM 的 4KB 地址输入，P1 为 8 位地址。
- P2.4～P2.6 以及 PSEN 应为低电平。

- P0 口为编程数据输入。
- P2.7 和 RST 应为高电平；RST 的高电平可为 2.5V，其余的都以 TTL 的高、低电平为准。
- EA/VPP 端加+21V 的编程脉冲，此电压要求稳定，不能大于 21.5V，否则会损坏 EPROM。
- 在出现正脉冲期间，ALE/PROG 端加上 50ms 的负脉冲，完成一次写入。

8751 的 EPROM 编程一般要用专门的单片机开发系统来进行。

(2) EPROM 程序校验

在程序的保险位尚未设置，无论在写入的当时或写入以后，均可将片上程序存储器的内容读出进行检验，在读出时，除 P2.7 脚保持为 TTL 低电平之外，其他引脚与写入 EPROM 的连接方式相同。要读出的程序存储器单元地址由 P1 口和 P2 口的 P2.0～P2.3 送入，P2 口的其他引脚及 $\overline{PSEN}$ 保持低电平，ALE、EA 和 RST 接高电平，检验的单元内容由 P0 口送出。在检验操作时，需在 P0 的各位外部加上 10kΩ 电阻。

(3) 程序存储器的保险位

80C51 内部有一个保险位，亦称保密位，一旦将该位写入便建立了保险，就可禁止任何外部方法对片内程序存储器进行读写。将保险位写入以建立保险位的过程与正常写入的过程相似，仅只 P2.6 脚要加 TTL 高电平而不是像正常写入时加低电平，而 P0、P1 和 P2 的 P2.0～P2.3 的状态随意，加上编程脉冲后就可使保险位写入。

保险位一旦写入，内部程序存储器便不能再被写入和读出校验，而且也不能执行外部存储器的程序。只有将 EPROM 全部擦除时，保险位才能被一起擦除，也才可以再次写入。

习　题

1. 填空题

(1) 80C51 单片机中的并行端口分别是_____、_____、_____和_____。

(2) DPTR 由两个 8 位的寄存器组成，其名称分别是_____和_____。

(3) 当单片机复位时 PSW=_____，这时当前的工作寄存器区是_____区。

(4) 单片机内部 RAM 共_____单元，可以分为_____、_____和_____3 部分。

(5) 当 80C51 引脚_____信号有效时，表示从 P0 口稳定地送出了低 8 位地址。

(6) 当单片机复位时，累加器 A 的内容为_____；B 的内容为_____；SP 的内容为_____；P0～P3 的内容为_____。

(7) 程序状态字 PSW 主要起着_____作用。

(8) 80C51 有 4 组工作寄存器，它们的地址范围是_____。

(9) 80C51 单片机的 ROM 寻址范围为_____，外部 RAM 的寻址范围为_____，内部 RAM 低 128B 区可分为_____、_____、_____3 部分,高 128B 单元又称为_____区，其中字节地址具有_____特征的可进行位寻址。

2. 选择题

(1) 80C51单片机芯片在使用时应把$\overline{\text{EA}}$信号引脚(　　)。
  A. 接高电平　　　　　　　　　　　B. 接地
  C. 悬空　　　　　　　　　　　　　D. 接地址锁存器的选通端

(2) 在单片机中，通常将一些中间计算结果放在(　　)中。
  A. 累加器　　　　　　　　　　　　B. 控制器
  C. 程序存储器　　　　　　　　　　D. 数据存储器

(3) 80C51单片机复位后，程序计数器PC的内容是(　　)。
  A. 00H　　　　　　　　　　　　　B. 0FFH
  C. 0000H　　　　　　　　　　　　D. 00FFH

(4) 80C51的时钟最高频率是(　　)。
  A. 12MHz　　　　　　　　　　　　B. 6MHz
  C. 8MHz　　　　　　　　　　　　D. 10MHz

(5) 80C51系列单片机存储器主要分配特点是(　　)。
  A. ROM和RAM分开编址　　　　　B. ROM和RAM统一编址
  C. 内部ROM和外部ROM分开编址　D. 内部ROM和内部RAM统一编址

(6) 数据指针DPTR在(　　)中。
  A. CPU控制器　　　　　　　　　　B. CPU运算器
  C. 外部程序存储器　　　　　　　　D. 外部数据存储器

(7) 单片机80C51的XTAL1和XTAL2引脚是(　　)引脚。
  A. 外接定时器　　　　　　　　　　B. 外接串行口
  C. 外接中断　　　　　　　　　　　D. 外接晶振

(8) 在80C51单片机中，唯一一个用户不能直接使用的寄存器是(　　)。
  A. PSW　　　　　　　　　　　　　B. DPTR
  C. PC　　　　　　　　　　　　　　D. B

(9) 80C51单片机用于选择内、外程序存储器的控制信号是(　　)。
  A. RST　　　　　　　　　　　　　B. $\overline{\text{EA}}$
  C. $\overline{\text{PSEN}}$　　　　　　　　　　　　D. ALE

(10) PC的值是(　　)。
  A. 当前正在执行指令的前一条指令的地址
  B. 当前正在执行指令的地址
  C. 当前正在执行指令的下一条指令的地址
  D. 控制器中指令寄存器的地址

(11) 内部RAM中具有位地址的区域是(　　)。
  A. 00H～1FH　　　　　　　　　　B. 20H～2FH
  C. 20H～3FH　　　　　　　　　　D. 30H～7FH

(12) 80C51的程序计数器PC为16位计数器，因此其寻址范围是(　　)。
  A. 8KB　　　　　　　　　　　　　B. 16KB

  C.　32KB　　　　　　　　　　　D.　64KB

(13) 在80C51单片机中，唯一可供用户使用的16位寄存器是(　　)。

  A.　PWS　　　　　　　　　　　B.　DPTR

  C.　AC　　　　　　　　　　　　D.　PC

(14) 单片机的指令地址存放在(　　)中。

  A.　PSW　　　　　　　　　　　B.　DPTR

  C.　SP　　　　　　　　　　　　D.　PC

3．判断题

(1) 程序计数器PC是不可寻址的，因此不能对它进行读写操作。　　　　　(　　)

(2) 程序计数器PC既可以对程序存储器寻址，也可以对数据存储器寻址。　(　　)

(3) 每个特殊功能寄存器都既有字节地址，又有位地址。　　　　　　　　(　　)

(4) 内部数据RAM与特殊功能寄存器是统一编址的。　　　　　　　　　　(　　)

(5) 指令地址存放在PC中。　　　　　　　　　　　　　　　　　　　　(　　)

(6) 减法指令将影响进位标志位C。　　　　　　　　　　　　　　　　　(　　)

(7) 加法指令将影响进位标志位C，而减法指令将不影响进位标志位C。　(　　)

(8) 在单片机的存储器中，除了程序存储器不能用作堆栈以外，其他存储空间都能用作堆栈。　　　　　　　　　　　　　　　　　　　　　　　　　　　　　(　　)

(9) 80C51外扩I/O口与外部RAM是统一编址的。　　　　　　　　　　　(　　)

(10) 区分外部程序存储器和数据存储器最可靠的方法是看其是被$\overline{WR}$还是被$\overline{PSEN}$信号连接。　　　　　　　　　　　　　　　　　　　　　　　　　　　　　(　　)

4．简答题

(1) 80C51单片机内部结构包含哪些功能部件？

(2) 80C51系列单片机的存储器可划为几个空间？各自的地址范围和容量是多少？

(3) 内部RAM低128单元划分为哪3个主要部分？各部分的主要功能是什么？

(4) 若单片机使用频率为12MHz的晶振，那么晶振周期、时钟周期、机器周期分别是多少？

(5) 简述80C51系列单片机各引脚的作用。

(6) 什么是ALU？简述80C51系列单片机ALU的功能与特点。

(7) 80C51的P0～P3口在结构上有何不同？在使用上有何特点？

(8) 程序状态字的作用是什么？常用状态标志有哪几位？作用是什么？

(9) 80C51单片机的工作寄存器包含几个通用工作寄存器组？每组的地址是什么？如何选定？

(10) 80C51系列单片机有哪些信号需要芯片引脚以第2功能的方式提供？

(11) 80C51对外控制线有哪些？它们的功能是什么？

(12) 单片机为什么要有节电工作方式？80C51有几种低功耗方式？如何实现？

(13) 80C51存储器在结构上有何特点？在物理上和逻辑上各有哪几种地址空间？访问片内RAM和片外RAM的指令格式有何区别？

第 **3** 章

80C51 单片机指令系统

教学提示： 本章介绍了单片机的指令系统，详细讲解了 80C51 单片机的寻址方式和寻址空间；最后详细地讲述了 80C51 单片机指令系统，包括数据传送类指令、算术运算类指令、逻辑运算类指令、控制转移类指令、布尔(位)处理指令。学习完这些内容后，读者可对 80C51 单片机进行简单的汇编语言的程序编写和程序的阅读。对单片机指令系统有一个比较全面的理解。

教学目标： 熟悉汇编语言的特点及格式和指令系统的分类；掌握指令系统的寻址方式和寻址空间；掌握 111 条指令系统，能编写和阅读一些简单的程序。通过上机实践加深对指令系统的理解。

3.1 指令系统介绍

指令是指挥计算机执行某种操作的命令，一条指令可用两种语言形式表示，即机器语言和汇编语言，机器语言指令用二进制代码表示，称指令码，又称机器码，计算机能直接识别并加以分析和执行。汇编语言指令用助记符表示，称汇编语言指令，它便于程序员编写和阅读程序，但不能被计算机识别和执行，必须翻译成机器语言指令，把用汇编语言编写的源程序翻译成机器语言指令的过程称为汇编。这种翻译工具称为汇编程序或汇编器，80C51 单片机常用的汇编器有 ASM51.EXE、A8051.EXE、MCS51.EXE 和 A51.EXE 等。这些软件工具由不同的公司开发，从多种渠道都可以免费得到这些软件工具。比如可以从购买单片机开发系统时所带的随机软件中得到，也可以从 Internet 上许多单片机专业网站下载得到。

3.1.1 指令分类

80C51 共有 111 条指令，按不同的方式有不同的分类方法，下面介绍主要的分类方式。按实现的功能可分为：

- 数据传送指令(28 条)。
- 算术运算指令(24 条)。
- 逻辑运算指令(25 条)。

- 控制运算指令(17 条)。
- 位操作指令(17 条)。

按字节数可分为：

- 单字指令(49 条)。
- 双字节指令(45 条)。
- 三字节指令(17 条)。

按指令的执行时间可分为：

- 单周期指令(57 条)。
- 双周期指令(52 条)。
- 四周期指令(2 条)。

3.1.2　指令格式

用二进制编码表示的机器语言指令由于不便于阅读、理解和记忆，因此在微机控制系统中采用汇编语言(用助记符和专门的语言规则表示指令的功能和特征)指令来编写程序。80C51 指令的典型格式如下：

[标号：]　操作码助记符　[目的操作数][,源操作数]　　[;注释]

标号区段是由用户定义的符号组成，是该语句的符号地址，可根据需要进行设置。必须以英文大写字母开始。标号区段可缺省。若一条指令中有标号区段，标号代表该指令第一个字节所存放的存储器单元的地址，故标号又称为符号地址，在汇编时，把该地址赋值给标号。

操作助记符又称为操作码，操作码区段是指令要操作的数据信息。操作码和操作数是指令的核心部分。操作码使用 MCS-51 系列单片机所规定的助记符来表示，根据指令的不同功能，操作数可以有三个、两个、一个或没有操作数。操作数表示参加操作的数本身或操作数所在的地址。操作数分为目的操作数和源操作数，采用符号或常量表示。操作码和操作数之间用空格分隔，而目的操作数和源操作数之间用逗号隔开。

注释是对指令的功能或作用的说明，注释不是指令的必要部分，主要是对程序段或某条指令在整个程序中的作用进行解释和说明，以帮助阅读、理解和使用源程序，注释部分一定要用分号隔开。

3.1.3　指令系统中使用的符号

在分类介绍指令系统功能之前，先对描述指令的一些符号或表示的方法做简单的说明。

- Rn——表示当前工作寄存器区中的工作寄存器，n 取 0~7，表示 R0~R7。
- direct——8 位内部数据存储单元地址。它可以是一个内部数据 RAM 单元(0~127)或特殊功能寄存器地址或地址符号。
- direct.n——位地址的一种表示形式，n 的取值范围为 0~7。
- @Ri——通过寄存器 R1 或 R0 间接寻址的 8 位内部数据 RAM 单元(0~255), i=0、1。
- #data——指令中的 8 位立即数。

- #data16——指令中的 16 位立即数。
- addr16——16 位目标地址。用于 LCALL 和 LJMP 指令，可指向 64KB 程序存储器地址空间的任何地方。
- addr11——11 位目标地址。用于 ACALL 和 AJMP 指令，转至当前 PC 所在的同一个 2KB 程序存储器地址空间内。
- rel——补码形式的 8 位偏移量。用于相对转移和所有条件转移指令中。偏移量相对于当前 PC 计算，在-128～+127 范围内取值。
- DPTR——数据指针，用作 16 位的地址寄存器。
- DPL——数据指针 DPTR 的低 8 位。
- DPH——数据指针 DPTR 的高 8 位。
- SP——8 位堆栈寄存器。
- A——累加器。
- B——特殊功能寄存器，专用于乘(MUL)和除(DIV)指令中。
- PSW——程序状态字寄存器。
- CY——进位标志或进位位。
- bit——内部数据 RAM 或部分特殊功能寄存器里的可寻址位的位地址。
- $\overline{bit}$——表示对该位操作数取反。
- (X)——X 中的内容。
- ((X))——表示以 X 单元的内容为地址的存储器单元内容，即(X)作地址，该地址单元的内容用((X))表示。
- ∧——逻辑与。
- ∨——逻辑或。
- ⊕——逻辑异或。
- →——表示数据的传递方向。
- ←→——表示数据交换。

3.2　寻址方式和寻址空间

　　操作数是指令的重要组成部分，它可以表示数据的地址。CPU 在规定的寻址空间能迅速获得操作数的有效地址的方法，称为寻址方式，寻址方式与计算机存储器空间结构密切联系。寻址方式丰富多样，不仅为编程提供方便，而且会直接影响指令的长度和执行的速度。为了更好地学习和掌握指令系统，首先要了解寻址方式。80C51 单片机共有 7 种寻址方式。

- 寄存器寻址。
- 寄存器间接寻址。
- 直接寻址。
- 立即寻址。
- 基址寄存器+变址寄存器的间接寻址。
- 相对寻址。

● 位寻址。

3.2.1 寄存器寻址

寄存器寻址方式是对由指令选定的工作寄存器(R0~R7)进行读、写，由指令操作码字节的最低 3 位指明所寻址的工作寄存器。对累加器 A、寄存器 B、数据指针 DPTR、位处理累加器 CY 等，也可当做寄存器方式寻址。例如：

```
MOV A, R0
```

其中，MOV 为传送指令的助记符，其目的操作数和源操作数分别是 A 和 R0，而操作数据在源寄存器 R0 中，其操作是将 R0 的内容送 A。若执行前，A=10H，R0=39H，执行该指令后，A=R0=39H。

3.2.2 直接寻址

直接寻址是由指令直接给出操作数所在的存储器地址，以供寻址取数或存放的寻址方式。

直接寻址方式可访问 3 种地址空间：

● 特殊功能寄存器地址空间，这是唯一能寻址特殊功能寄存器的寻址方式。
● 内部数据存储器 RAM 的 00H~7FH 地址空间。
● 特定的位地址空间。

例如：

```
MOV 20H, #05H      ;将立即数 05H 送给内部 RAM 的 20H 单元
MOV PSW, #08H      ;立即数 08H 送 PSW，选择一组通用寄存器
```

需要注意的是，指令"MOV A, #20H"和"MOV ACC, #20H"，虽然都是将立即数 20H 送累加器，但操作数 A 是寄存器寻址，而操作数 ACC 却是直接寻址，这两条指令符号看上去是没有区别的，但若把它们汇编为机器语言指令就可以看出其差别了："MOV A, #20H"的机器指令是 7420H，而"MOV ACC, #20H"的机器指令却是 75E020。机器指令的第 1 字节是操作码，二者的操作码不同。前者的第 2 个字节为 20H，而后者的第 3 个字节是立即数 20H。后者的第二个字节 E0H 是目前的操作数 ACC 的字节数地址，前者的目的是将操作数 A 隐藏在操作码 74H 中。

3.2.3 寄存器间接寻址

寄存器间接寻址以寄存器中的内容为地址，该地址中的内容为操作数的寻址方式，能够用于寄存器间接寻址的寄存器有 R0、R1、DPTR 和 SP。其中，R0 和 R1 必须是工作寄存器组中的寄存器，SP 仅用于堆栈操作。

寄存器间接寻址的存储器空间包括内部数据 RAM 和外部数据 RAM。由于内部数据 RAM 共有 128B(52 子系列有 256B)，因此用 1B 的 R0 或 R1 可寻址整个空间，如指令格式为：

```
MOV @R0, #86H
```

该指令执行的操作是将立即数 86H 送到以 R0 内容为地址的内部 RAM 单元中。若 R0=56H，则该指令执行的操作是将立即数 86H 送内部 RAM 的 56H 单元中。

外部数据 RAM 最大可达 64KB，仅用 R0 或 R1 无法寻址整个空间。为此，在 80C51 单片机指令中，当用 R0 或 R1 对外部数据 RAM 作间接寻址时，由 P2 端口提供高 8 位外部 RAM 地址，由 R0 或 R1 提供低 8 位地址，由此来寻址 64KB 的范围。如指令格式为：

```
MOVX  A, @R0         ;((R0))→A
```

该指令的功能是把 R0 所指出的内部 RAM 单元中的内容送累加器 A。若 R0 内容为 60H，而内部 RAM 60H 单元中的内容是 3BH，则指令"MOV A, @R0"的功能是将 3BH 这个数送到累加器 A。

3.2.4　立即寻址

立即寻址由指令直接给出操作数寻址，可以立即参与指令所规定的操作，不需要另去寄存器或存储器等处寻找和取数。立即数的表示为#后跟数据。若该数据是以英文字母开头的十六进制数，则应该在英文字母前添加一个前导 0。例如：

```
MOV  A, #5            ;将字节数据 05H 送 A，指令执行后 A=05H
MOV  DPTR, #0A000H    ;字 A000H 送 DPTR，指令执行后 DPTR=A000H
```

其中，目的操作数分别是 A 和 DPTR，源操作数分别是字节数据 05H 和字数据 A000H，不论 A 和 DPTR 原来的内容是什么，指令执行后，A 和 DPTR 的值分别是 05H 和 A000H。

立即寻址方式主要用来给寄存器或内部数据赋初值，也可以与累加器 A 做加减运算。还可以与累加器 A、内部数据存储器、特殊功能寄存器进行逻辑运算。

3.2.5　变址间接寻址

变址间接寻址也可以叫做"基址寄存器加变址寄存器间接寻址方式"，是 MCS-51 系列指令集所独有的，它是以程序计数器 PC 或数据指针 DPTR 作为基址寄存器，以累加器 A 作为变址寄存器，这二者内容之和为有效地址。例如：

```
MOVC  A, @A+PC
MOVC  A, @A+DPTR
JMP   @A+DPTR
```

这种寻址方式特别适用于查表，DPTR 为 16 位字宽，可指向 64KB 的任何单元，@A+PC 可指向以 PC 当前值为起始地址的 256B 单元。

3.2.6　相对寻址

相对寻址也用于访问程序存储器，相对寻址是以 PC 的当前值为基准，加上指令中给出的相对偏移量(rel)形成有效转移地址。相对偏移量是一个带符号的 8 位二进制数，常以补码的形式出现。因此，程序的转移范围为：以 PC 的当前值为起始地址，相对偏移在-128～+127 个字节单元之间。如执行指令：

```
JC  rel     ;设 rel=75H, CY=1
```

这是一条以 CY 为条件的转移指令。因为 JC rel 指令是 2B 指令，当程序取出指令的第 2 个字节时，PC 的当前值已是原 PC+2，由于 CY=1，所以程序转向 PC+75H 单元去执行。

3.2.7　位寻址

位寻址对位地址中的内容作位操作的寻址。由于单片机中只有内部 RAM 和特殊功能寄存器的部分单元有位地址(两者统一编址，地址空间为 00H～FFH)，因此位寻址只能对有位地址的这两个空间做寻址操作。

位寻址是一种直接寻址方式，由指令给出直接位地址。但与直接寻址的不同之处在于，位寻址只给出位地址，而不是字节地址。例如：

```
SETB    20H             ;1→20H 位
MOV     32H, C          ;进位位 C→32H 位
ORG     C, 5AH          ;C|5AH 位→C
```

其中，C 为进位位地址，而其他是直接位地址。

80C51 系列单片机的寻址方式形式简单、类型少、容易掌握。但由于存储器既有统一编址的存储空间，又有分开编址的存储空间，因此，应弄清楚指令中不同寻址方式的操作数来源，特别是要分清统一编址内部数据 RAM 和特殊功能寄存器中的操作数。为此，特殊功能寄存器中的操作数常用符号字节地址或符号位地址的形式，而不能用直接字节地址或直接位地址形式。

3.3　指 令 系 统

80C51 单片机的指令系统共有 111 条指令助记符、255 条指令编码(即机器码)。为了便于在本课程的学习过程中掌握和在实际的应用过程中查阅，下面按指令功能的分类方式，对 80C51 单片机指令系统中所有指令进行全面的分类介绍。

3.3.1　数据传送指令

数据传送类指令是一种数量最大、最基本、最常用的一类指令，主要用于数据的传送、保存及交换等场合。该类指令的基本特点是，把"源操作数"提供的数据传送到"目的操作数"指定的存储位置，并不影响标志位。数据传送是否灵活、快速对程序的编写和执行速度产生很大的影响。80C51 的数据传送操作可在累加器 A、工作寄存器 R0～R7、内部数据存储器、外部数据存储器和程序存储器之间进行，其中对 A 和 R0～R7 的操作最多。

80C51 传送类指令有 29 条，按传送区不同可分为内部数据传送指令、外部数据传送指令、程序存储器数据传送指令和交换指令。下面分别进行论述。

1. 内部数据传送指令

内部数据传送指令是指在工作寄存器 R0～R7、内部数据存储器 RAM、累加器 A、16 位数据指针 DPTR、内部特殊功能寄存器 SFR 之间的数据传送。有 16 条指令，如表 3.1 所示。

表 3.1 内部数据传送指令

类 型	指令助记符	功能简述		字节数	周期数
以 A 为目的操作数	MOV A, Rn	寄存器内容送累加器	A ← (Rn)	1	1
	MOV A, direct	直接寻址字节内容送累加器	A ← (direct)	2	1
	MOV A, @Ri	间接 RAM 送累加器	A ← ((Ri))	1	1
	MOV A, #data	立即数送累加器	A ← #data	2	1
以 Rn 为目的操作数	MOV Rn, A	累加器送寄存器	Rn ← (A)	1	1
	MOV Rn, direct	直接寻址字节送寄存器	Rn ← (direct)	2	2
	MOV Rn, #data	立即数送寄存器	Rn ← #data	2	1
以直接地址为目的操作数	MOV direct, A	累加器送直接寻址字节	direct ← A	2	2
	MOV direct, Rn	寄存器送直接寻址字节	direct ← (Rn)	2	2
	MOV direct, direct	直接寻址字节送直接寻址字节	direct ← direct	3	2
	MOV direct, @Ri	间接 RAM 送直接寻址字节	direct ← ((Ri))	2	2
	MOV direct, #data	立即数送直接寻址字节	direct ← #data	3	2
以 Ri 间接地址为目的操作数	MOV @Ri, A	累加器送片内 RAM	(Ri) ← A	1	1
	MOV @Ri, direct	直接寻址字节送片内 RAM	(Ri) ← (direct)	2	2
	MOV @Ri, #data	立即数送片内 RAM	(Ri) ← #data	2	1
16 位数据传送	MOV DPTR, #data16	16 位立即数送数据指针	DPRT ← #data16	3	2

以 MOV 为助记符的这组字节数据指令共有 16 条，实现在内部 RAM 不同单元之间、SFR 不同寄存器之间以及 RAM 和 SFR 之间的相互数据传送，下面利用图示法描述这组指令所能实现的 16 条指令传送，如图 3.1 所示。

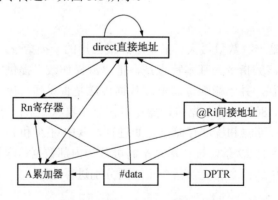

图 3.1 MOV 字节传送指令描述

(1) 以累加器 A 为目的操作数的指令

这组指令的功能是把源操作数指定的内容送入累加器 A 中。源操作数有寄存器寻址、直接寻址、寄存器间接寻址和立即数寻址 4 种寻址方式。

例如：

```
MOV A, R6        ;寄存器寻址，将寄存器 R6 中的内容送到累加器 A
MOV A, 52H       ;直接寻址，将内部 RAM 52H 单元内容送到累加器 A
MOV A, @R0       ;寄存器间接寻址，内部 RAM 中 R0 为地址的单元的内容送到累加器 A
MOV A, #38H      ;立即数寻址，立即数 38H 送到累加器 A
```

(2) 以寄存器 Rn 为目的操作数的指令

这组指令的功能是把源操作数的内容送入当前工作寄存器区的 R0～R7 中的某一寄存器。源操作数有寄存器寻址、直接寻址和立即数寻址 3 种寻址方式。

例如：

```
MOV R1, A        ;寄存器寻址，将累加器的内容送到寄存器 R1
MOV R4, 52H      ;直接寻址，将内部 RAM 52H 单元的内容送到寄存器 R4
MOV R6, #78H     ;立即数寻址，将立即数 78H 送到寄存器 R6
```

(3) 以直接地址为目的操作数的指令

这组指令的功能是把源操作数指定的内容送到由直接地址 data 所指定的片内 RAM 中，有寄存器寻址、直接寻址、寄存器间接寻址和立即数寻址 4 种寻址方式。

例如：

```
MOV 38H, A       ;寄存器寻址，(A)→(38H)
MOV 38H, R4      ;寄存器寻址，(R4)→(38H)
MOV 38H, @R4     ;i=0～1，寄存器间接寻址，((R4))→(38H)
MOV 38H, #23H    ;立即数寻址，23H→(38H)
MOV 38H, 31H     ;直接寻址，(31H)→(38H)
```

(4) 以间接地址为目的操作数的指令

这组指令的功能是把源操作数指定的内容送到以 Ri 中的内容为地址的片内 RAM 中。有寄存器寻址、直接寻址和立即数寻址 3 种寻址方式。

例如：

```
MOV @R0, A       ;寄存器寻址，A→((R0))
MOV @R1, 50      ;直接寻址，(50)→((R1))
MOV @R0, #68     ;立即数寻址，68→((R0))
```

(5) 16 位数据传送指令

这条指令的功能是把 16 位常数送入 DPTR 中。16 位的数据指针 DPTR 由 DPH 和 DPL 组成，这条指令的执行结果是把高位立即数送入 DPH 中，低位立即数送入 DPL 中。

```
MOV DPTR #data16  ;将一个 16 位数送入 DPTR 中
```

【例 3.1】给出下列指令的执行结果。设(70H)=60H，(60H)=20H，P1 为输入口，状态为 0B7H，执行以下程序：

```
MOV  R0, #70H
MOV  A, @R0
MOV  R1, A
MOV  B, @R1
MOV  @R0, P1
```

解：

(B)=20H, (R1)=60H, (R0)=70H, (70H)=0B7H

【例3.2】 给出下列指令的执行结果：

```
MOV 20H, #25H
MOV 25H, #10H
MOV P1, #0CAH
MOV R0, #20H
MOV A, @R0
MOV R1, A
MOV B, @R1
MOV @R1, P1
MOV P3, R1
```

解：

(20H)=25H, (25H)=10H, (P1)=0CAH
(R0)=20H, (A)=25H, (R1)=25H
(B)=10H, (25H)=0CAH, (P3)=25H

2. 外部数据传送指令

外部数据传送指令是指片外数据 RAM 和累加器 A 之间的数据相互传送。累加器 A 与片外数据存储器之间的数据传送是通过 P0 口和 P2 口进行的。片外数据存储器的地址总线低 8 位和高 8 位分别由 P0 口和 P2 口决定，数据总线也是通过 P0 口与低 8 位地址总线分时传送，片外数据存储器只能使用寄存器间接寻址方式，如表 3.2 所示。

表 3.2 外部数据传送指令

类型	指令助记符	功能简述	字节数	周期数
外部 RAM 传送	MOVX A, @Ri	片外 RAM 送累加器(8 位地址) A←((Ri))	1	2
	MOVX A, @DPTR	片外 RAM(16 位地址)送累加器 A←((DPTR))	1	2
	MOVX @Ri, A	累加器送片外 RAM(8 位地址) ((Ri))←A	1	2
	MOVX @DPTR, A	累加器送片外 RAM(16 位地址) ((DPTR))←A	1	2

这组指令的功能是：在累加器 A 与外部数据存储器 RAM 单元或 I/O 口之间进行数据传送，并且只能采用间接寻址方式。前两条指令执行时，P3.7 引脚上输出 $\overline{RD}$ 有效信号，用作外部数据存储器的读选通信号，后两条指令执行时，P3.6 引脚上输出 $\overline{WR}$ 有效信号，用作外部数据存储器的写选通信号。DPTR 所包含的 16 位地址信息由 P0(低 8 位)和 P2(高 8 位)输出，而数据信息由 P0 口传送，P0 口作分时复用的总线。由 Ri 作为间接寻址寄存器时，P0 口上分时输出 Ri 指定的 8 位地址信息及传送 8 位数据。

【例3.3】 将外部 RAM 2010H 中的内容送外部 RAM 2020 单元中。

分析：读 2010H 中内容→A→写数据→2020H 中。

程序流程如图 3.2 所示。

程序如下：

```
MOV   P2, #20H      ;输出高 8 位地址
MOV   R0, #10H      ;置读低 8 位间接地址
MOVX  A, @R0        ;读 2010H 中数据
MOV   R1, #20H      ;置写低 8 位间接地址
MOVX  @R1, A        ;将 A 中数据写入 2020H 中
```

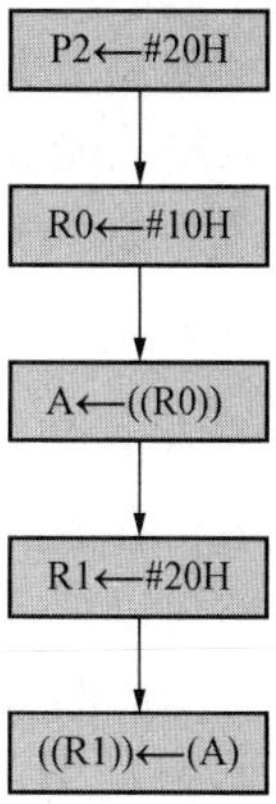

图 3.2　例 3.3 流程

前两条指令为片外数据存储器 16 位地址指针，寻址范围是 64KB。其功能是在 16 位地址所指定的片外数据存储器与累加器 A 之间传送数据，其中高 8 位地址由 P2 送出，低 8 位地址置于 R0 中。

后两条指令是用 R0 或 R1 作为低 8 位地址指针，由 P0 口送出，寻址范围是 256B。此时，P2 口仍可以用作通用 I/O 口。这两条指令完成以 R0 或 R1 为地址指针的片外数据存储器与累加器 A 之间的数据传送。

按照 80C51 的体系结构，I/O 与片外 RAM 是统一编址的，因此，没有专门对外设置 I/O 指令，如果在数据存储器的地址空间上设置 I/O 接口，则上面的 4 条指令就可以作为输入/输出指令。80C51 单片机只能用这种方式与外部设备联系。

3. 程序存储器数据传送指令

由于对程序存储器只能读不能写，因此其数据传送是单向的，即从程序存储器读取数据，只能向累加器 A 传送，其功能是对存放于程序存储器中的数据表格进行查找传送，所以又称查表指令，如表 3.3 所示。

表 3.3　查表指令

类　型	指令助记符	功能简述	字节数	周期数
查常用数表格	MOVC A, @A+DPTR	变址寻址字节送累加器(相对 DPTR) A← ((A)+(DPTR))	1	2
	MOVC A, @A+PC	变址寻址字节送累加器(相对 PC) A← ((A)+(PC))	1	2

这两条指令都为变址寻址方式。这是两条很有用的查表指令，可用来查找存放在程序存储器中的常数表格。前一条指令以 DPTR 作为基址寄存器，A 的内容作为无符号数和 DPTR 的内容相加得到一个 16 位的地址，把该地址指出的程序存储器单元的内容送到累加器 A。这条指令的执行结果只与指针 DPTR 及累加器 A 的内容有关，与该指令存放的地址无关，因此，表格的大小和位置可以在 64KB 程序存储器中任意安排，并且一个表格可以为各个程序块所共用。后一条指令以 PC 作为基址寄存器，A 的内容作为无符号数和 PC 内容(下一条指令第一字节地址)相加后得到一个 16 位的地址，把该地址指出的程序存储器单元的内容送到累加器 A。

例如，(A)=30H，执行地址 1000H 处的指令：

```
1000H:  MOVC A,@A+PC
```

本指令占用一个字节，执行结果将程序存储器中 1031H 的内容送入 A。

优点：不改变特殊功能寄存器及 PC 的状态，根据 A 的内容就可以取出表格中的常数。

缺点：表格只能存放在该条查表指令后面的 256 个单元之内，表格的大小受到限制，且表格只能被一段程序所利用。

例如，(DPTR)=8100H，(A)=40H，执行指令：

```
MOVC  A, @A+DPTR
```

本指令的执行结果只和指针 DPTR 及累加器 A 的内容有关，与该指令存放的地址及常数表格存放的地址无关，因此表格的大小和位置可以在 64KB 程序存储器中任意安排，一个表格可以被各个程序块公用。

上面两条指令是在 MOV 的后面加 C，"C" 是 CODE 的第一个字母，即代码的意思。

4. 交换指令

数据交换的传送操作是指两个数据空间的数据交换操作。有全交换 XCH、半交换 XCHD 和自交换 SWAP，共 5 条指令，如表 3.4 所示。

表 3.4　数据交换指令

类型	指令助记符	功能简述		字节数	周期数
字节 交换	XCH A, Rn	寄存器与累加器交换	$(A) \longleftrightarrow (Rn)$	1	1
	XCH A, direct	直接寻址字节与累加器交换	$(A) \longleftrightarrow (direct)$	2	1
	XCH A, @Ri	片内 RAM 与累加器交换	$(A) \longleftrightarrow ((Ri))$	1	1
半字节 交换	XCHD A, @Ri	累加器与内部 RAM 低 4 位交换	$(A_{3\sim0}) \longleftrightarrow ((Ri)_{3\sim0})$	1	1
	SWAP A	累加器高 4 位与低 4 位交换	$(A_{7\sim4}) \longleftrightarrow (A_{3\sim0})$	1	1

前 3 条指令是将累加器 A 的内容和源操作数内容相互交换，源操作数有寄存器寻址、直接寻址和寄存器间接寻址等寻址方式。后两条指令是半字节交换指令，其中最后一条指令是将累加器 A 的高 4 位与低 4 位之间进行交换，而另外一条指令是将累加器 A 的低 4 位内容和(Ri)所指出的内部 RAM 单元的低 4 位内容相互交换。

【例 3.4】设(A)=57H，(20H)=68H，(R0)=30H，(30H)=39H，求下列指令的执行结果：

(1)　XCH　A, 20H

　　　结果：　(A)=68H，(20H)=57H

(2)　XCH　A, @R0

　　　结果：　(A)=39H，(30H)=57H

(3)　XCH　A, R0

　　　结果：　(A)=30H，(R0)=57H

(4)　XCHD　A, @R0

　　　结果：　(A)=59H，(30H)=37H

(5)　SWAP　A

　　　结果：　(A)=75H

5．堆栈操作指令

堆栈操作指令如表 3.5 所示。这组指令只有两条，并且二者实现的功能恰恰相反，实际上都是默认以堆栈指针 SP 作为间址寄存器来对堆栈区实施读/写数据，在一般的情况下不影响标志位。

表 3.5　堆栈操作指令

类型	指令助记符	功能简述	字节数	周期数
堆栈	PUSH direct	直接寻址字节压入栈顶　SP←(SP)+1，(SP)←(direct)	2	2
操作	POP direct	栈顶弹至直接寻址字节　direct←((SP))，SP←(SP)-1	2	2

这类指令主要用于调用子程序或进入中断服务程序时进行现场保护，以及事后的现场恢复。

注 意

"PUSH A" 和 "POP A" 都是错误的，只能写成 "PUSH ACC" 和 "POP ACC"。

3.3.2　算术运算指令

80C51 的算术运算指令的主要功能是实现算术加、减、乘、除等运算共 24 条指令。其运算功能比较强。

算术运算指令执行的结果将影响进位(CY)、辅助进位(AC)、溢出标志位(OV)。但是加 1 和减 1 指令不影响这些标志。注意，对于特殊功能寄存器(专用寄存器)字节地址 D0H 或位地址 D0H～D7H 进行操作也会影响标志。

1．加法指令

加法指令共有 8 条，均以累加器内容作为相加的一方，加后的和都送回累加器中，如表 3.6 所示。

表 3.6　加法指令

类型	指令助记符	功能简述		字节数	周期数
不带进位加法	ADD　A, Rn	寄存器内容送累加器	A←(A)+(Rn)	1	1
	ADD　A, direct	直接寻址送累加器	A←(A)+(direct)	2	1
	ADD　A, @Ri	间接寻址 RAM 加到累加器	A←(A)+((Ri))	1	1
	ADD　A, #data	立即数加到累加器	A←(A)+data	2	1
带进位加法	ADDC　A, Rn	寄存器加到累加器	A←(A)+(Rn)+CY	1	1
	ADDC　A, direct	直接寻址加到累加器	A←(A)+(direct)+C+CY	2	1
	ADDC　A, @Ri	间接寻址 RAM 加到累加器	A←(A)+((Ri))+CY	1	1
	ADDC　A, #data	立即数加到累加器	A←(A)+data+CY	2	1

(1) ADD 类加法

ADD 类指令是不带进位的加法运算指令，共有 4 条。

这组加法指令的功能是把所指出的字节变量加到累加器 A 上，其结果放在累加器中。若 A 中最高位有进位，则进位 CY 置 1，否则清 0，若半加位有进位，AC 置 1，否则清 0。A 的结果影响奇偶标志位。源操作数有寄存器寻址、直接寻址、寄存器间接寻址和立即数寻址等寻址方式。

例如，(A)=53H，(R0)=FCH，执行指令：

ADD A, R0

结果：(A)=4FH，CY=1，AC=0，OV=0，P=1

注 意

上面的运算中，由于位 6 和位 7 同时有进位，所以标志位 OV=0。

例如，(A)=85H，(R0)=20H，(20H)=0AFH，执行指令：

ADD A, @R0

运算过程：

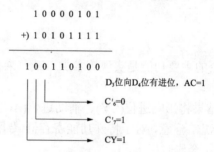

结果：(A)=34H；CY =1，AC=1；OV=1

(2) ADDC 类指令

ADDC 类指令是带进位标志的加减法指令，共有 4 条。

ADDC 与 ADD 指令的区别是，相加时 ADDC 指令考虑低位进位，即连同进位标志 CY 内容一起相加，主要用于多字相加，而 ADD 用于两字节相加。进位位 CY 加到字节的最低有效位。利用 ADDC 指令可以方便地进行多字节数的连加运算，从而实现多精度加法。

例如，(A)=85H，(20H)=0FFH，CY=1，执行指令：

ADDC A, 20H

运算过程：

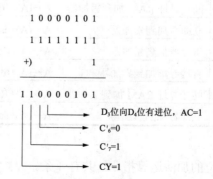

结果：(A)=85H；CY=1，AC=1，OV=0

2. 减法指令

这组指令包含立即数、直接地址、间接地址及工作寄存器与累加器 A 连同借位位 C 内容相减，结果送回累加器 A 中，如表 3.7 所示。

表 3.7　减法指令

类型	指令助记符	功能简述	字节数	周期数
带进位减法	SUBB　A, Rn	累加器内容减去寄存器内容(带借位) A←(A)−(Rn)−CY	1	1
	SUBB　A, direct	累加器内容减去直接寻址(带借位) A←(A)−(direct)−CY	2	1
	SUBB　A, @Ri	累加器内容减去间接寻址(带借位) A←(A)−((Ri))−CY	1	1
	SUBB　A, #data	累加器内容减去立即数(带借位)　　A←(A)−data−CY	2	1

这组指令的功能是：将累加器 A 的内容与第二操作数及进位标志相减，结果送回到累加器 A 中。在执行减法的过程中，如果位 7(D7)有借位，则进位标志 CY 置 1，否则清 0；如果位 3(D3)有借位，则辅助进位标志 AC 置 1，否则清 0；如位 6 有借位而位 7 没有借位，或位 7 有借位而位 6 没有借位，则溢出标志 OV 置 1，否则清 0。

这里对借位位 C 的状态作出说明，在进行减法运算中，CY=1 表示有借位，CY=0 表示无借位。OV=1 声明带符号数相减时，从一个正数减去一个负数结果为负数，或者从一个负数减去一个正数结果为正数的错误情况。在进行减法运算前，如果不知道借位标志位 C 的状态，则应先对 CY 进行清零操作。

例如，(A)=C9H，(R2)=54H，CY=1，执行指令：

```
SUBB  A, R2
```

结果：(A)=74H；CY=0；AC=0；OV=1(位 6 向位 7 借位)

【例 3.5】 假设预先在 RAM 的 50H、51H 单元存放被减数，在 60H、61H 单元存放减数。现在要求计算两个双字节数的差，并且把差值放到 70H、71H 单元，都是低字节在低地址单元。编写程序。

解:

```
MOV   A, 50H      ;取被减数低字节送 A
CLR   C           ;低字节相减之前不应该有借位，所以使 CY=0
SUBB  A, 60H      ;低字节相减
MOV   70H, A      ;低字节的差值保存到 70H 单元
MOV   A, 61H      ;取被减数高字节送 A
SUBB  A, 61H      ;高字节相减
MOV   71H, A      ;高字节的差值保存到 71H 单元
```

3. 加 1 指令

加 1 指令共有 5 条，如表 3.8 所示。

表 3.8　加 1 指令

类　型	指令助记符	功能简述		字节数	周期数
加 1 指令	INC　A	累加器加 1	A←(A)＋1	1	1
	INC　Rn	寄存器加 1	Rn←(Rn)＋1	1	1
	INC　direct	直接寻址加 1	direct←(direct)＋1	2	1
	INC　@Ri	间接寻址 RAM 加 1	(Ri)←((Ri))＋1	1	1
	INC　DPTR	地址寄存器加 1	DPTR←DPTR＋1	1	2

　　这组指令的功能是：将指令中所指出操作数的内容加 1。若原来的内容为 0FFH，则加 1 后将产生溢出，使操作数的内容变成 00H，但不影响任何标志。最后一条指令是对 16 位的数据指针寄存器 DPTR 执行加 1 操作，指令执行时，先对低 8 位指针 DPL 的内容加 1，当产生溢出时就对高 8 位指针 DPH 加 1，但不影响任何标志。

　　上述提到，加 1 指令不会对任何标志有影响，如果原寄存器的内容为 FFH，执行加 1 后，结果就会是 00H。这组指令有直接寻址、寄存器寻址、寄存器间接寻址等方式。

　　例如，设 R0＝30H，执行 INC R0，那么执行后 R0＝31H。

4. 减 1 指令

减 1 指令共 4 条，如表 3.9 所示。

表 3.9　减 1 指令

类　型	指令助记符	功能简述		字节数	周期数
减 1 指令	DEC　A	累加器减 1	A←(A)－1	1	1
	DEC　Rn	寄存器减 1	Rn←(Rn)－1	1	1
	DEC　direct	直接寻址地址字节减 1	direct←(direct)－1	2	1
	DEC　@Ri	间接寻址 RAM 减 1	(Ri)←((Ri))－1	1	1

　　这组指令的功能是：将指出的操作数内容减 1。如果原来的操作数为 00H，则减 1 后将产生下溢出，使操作数变成 0FFH，但不影响任何标志。这组指令有直接寻址、寄存器寻址、寄存器间接寻址等方式。

5. 乘法和除法指令

乘法指令和除法指令各只有 1 条，如表 3.10 所示。

表 3.10　乘除法指令

类　型	指令助记符	功能简述		字节数	周期数
乘除法指令	MUL　AB	累加器 A 和寄存器 B 相乘	AB←(A)*(B)	1	4
	DIV　AB	累加器 A 除以寄存器 B	AB←(A)/(B)	1	4

　　乘法指令的功能是把累加器 A 和寄存器 B 中的 8 位无符号数相乘，所得到的是 16 位乘积这个结果。低 8 位在 B 中，高 8 位在 A 中。乘法运算一定不产生进位，因此进位标志位

CY 总是被清 0；溢出标志位与乘积有关，若乘积小于 0100H，则溢出标志位 OV 被清 0(OV=0)，否则 OV 置 1(OV=1)。

除法指令的功能是 A 的内容被 B 的内容除。指令执行后，商存于 A 中，余数存于 B 中。除法指令和乘法指令一样，一定不产生进位，因此进位标志位 CY 总是被清 0；溢出标志位 OV 则反映除数情况，当除数为零(B=0)时，OV 置 1，其他情况 OV 都是 0。

6. 十进制调整指令

十进制调整指令如表 3.11 所示。

表 3.11　十进制调整指令

类　　型	指令助记符	功能简述	字节数	周期数
十进制调整指令	DA　A	对 A 进行十进制调整	1	1

在进行 BCD 码运算时，这条指令总是跟在 ADD 或 ADDC 指令之后，其功能是将执行加法运算后存于累加器 A 中的结果进行十进制数值调整和修正。也就是把 A 中以两位十六进制数表示的和，调整为压缩式 BCD 码表示的两位十进制数。具体操作是，若(A&0FH)>9 或 AC=1，则 A 加上 6；若(A&0FH)>90H 或 CY=1，则 A 加上 60H。

例如：(A)=56H，(R5)=67H，把它们看作两个压缩的 BCD 数，进行 BCD 数的加法。执行指令：

```
ADD A, R5
DA  A
```

由于高、低 4 位分别大于 9，所以要分别加 6 进行十进制调整对结果进行修正。

结果为：(A)=23H，CY=1

可见，56+67=123，结果是正确的。

3.3.3　逻辑运算类指令

这类指令主要用于对两个操作数按位进行逻辑操作，结果送到累加器 A 或直接寻址单元，这在指令所执行的操作主要有与、或、异或、求反、左右移位、清 0 等逻辑操作，有直接寻址、寄存器寻址和寄存器间接寻址等方式。这类指令一般不影响程序状态字(PSW)标志。仅当目的操作数为 ACC 时对奇偶标志位有影响。逻辑运算类指令共有 25 条，下面分别加以介绍。

1. 逻辑与(ANL)操作指令

逻辑与指令如表 3.12 所示。

这组指令的功能是：将源操作数内容和目的操作数的内容按位进行逻辑与操作，并将结果送回目的操作数的单元中，源操作数不变，执行后影响奇偶标志位 P。

最后两条指令是将直接地址单元中的内容和操作数所指出的内容按位逻辑与，结果存入直接地址单元中。

表 3.12　逻辑与指令

类　　型	指令助记符	功能简述		字节数	周期数
逻辑与指令	ANL　A, Rn	寄存器"与"到累加器	A←(A)∧(Rn)	1	1
	ANL　A, direct	直接寻址"与"到累加器	A←(A)∧(direct)	2	1
	ANL　A, @Ri	间接寻址 RAM "与"到累加器	A←(A)∧((Ri))	1	1
	ANL　A, #data	立即数"与"到累加器	A←(A)∧data	2	1
	ANL　direct, A	累加器"与"到直接寻址	direct←(direct)∧(A)	2	1
	ANL　direct, #data	立即数"与"到直接寻址	direct←(direct)∧data	3	2

例如，(A)=07H，(R0)=0FDH，执行指令：

```
ANL  A, R0
```

操作如下：

$$\begin{array}{r} 00000111 \\ \wedge\ \underline{11111101} \\ 00000101 \end{array}$$

结果：(A)=05H

2. 逻辑或(ORL)操作指令

逻辑或指令如表 3.13 所示。

表 3.13　逻辑或指令

类　　型	指令助记符	功能简述		字节数	周期数
逻辑或指令	ORL　A, Rn	寄存器"或"到累加器	A←(A)∨(Rn)	1	1
	ORL　A, direct	直接寻址"或"到累加器	A←(A)∨(direct)	2	1
	ORL　A, @Ri	间接寻址 RAM "或"到累加器	A←(A)∨((Ri))	1	1
	ORL　A, #data	立即数"或"到累加器	A←(A)∨data	2	1
	ORL　direct, A	累加器"或"到直接寻址	direct←(direct) ∨(A)	2	1
	ORL　direct, #data	立即数"或"到直接寻址	direct←(direct)∨data	3	2

逻辑或操作指令的功能是将两个单元中的内容执行按位逻辑或操作，内容存入目的操作数指定的单元中，源操作数不变。执行后影响奇偶标志位 P。后两条指令的操作结果存在直接地址单元中。

或运算和与运算过程类似，这里不再列举。

3. 逻辑异或(XRL)操作指令

逻辑异或指令如表 3.14 所示。

这组指令的功能：将累加器 A 或直接地址单元中的内容同相应操作数进行按位"异或"的逻辑运算，然后把结果放回 A 或直接地址单元中。

表 3.14　逻辑异或指令

类　型	指令助记符	功能简述	字节数	周期数
逻辑异或指令	XRL　A, Rn	立即数"异或"到累加器　　　A←(A) ⊕ (Rn)	1	1
	XRL　A, direct	直接寻址"异或"到累加器　　A←(A) ⊕ (direct)	2	1
	XRL　A, @Ri	间接寻址 RAM "异或"到累加器 A←(A) ⊕ ((Ri))	1	1
	XRL　A, #data	立即数"异或"到累加器　　　A←(A) ⊕ data	2	1
	XRL　direct, A	累加器"异或"到直接寻址　direct←(direct) ⊕ (A)	2	1
	XRL　direct, #data	立即数"异或"到直接寻址 direct←(direct) ⊕ data	3	2

例如，(52H)=06H，执行指令：

```
XRL 52H, #05H
```

操作如下：

```
    000000110
⊕  00000101
    00000011
```

结果：(52H)=03H

主要用途：可以用来"取反"A 或直接地址单元中的某一位或某几位。原理是，为 0 或为 1 的某一位，若同 0 则相"异或"会维持不变，而同 1 相"异或"则会变反。

4. 循环移位指令

循环移位指令如表 3.15 所示。

表 3.15　循环移位指令

类　型	指令助记符	功能简述	字节数	周期数
循环移位指令	RL　A	A 循环左移一位	1	1
	RLC　A	A 带进位循环左移一位	1	1
	RR　A	A 循环右移一位	1	1
	RRC　A	A 带进位循环右移一位	1	1

循环移位指令的功能是：将累加器中的内容循环左移或右移一位，后两条指令是连同进位位 CY 一起移位。

例如：假设累加器的内容为 A5H(即 10100101B)，进位位 CY 为 1，那么在分别执行下列指令之后，会产生什么结果？

```
RL  A        ;结果为(A)=01001010B=4AH
RR  A        ;结果为(A)=01010010B=A2H
RLC A        ;结果为(A)=01001011B=4BH, CY=1
```

5. 取反、清 0 指令

取反、清 0 指令如表 3.16 所示。

这两条指令的功能是：第一条指令的作用是清除 0；第二条指令的含义是将累加器 A 中的数逐位取反，又送回 A 中。

表 3.16 取反、清 0 指令

类　型	指令助记符	功能简述		字节数	周期数
清 0 指令	CLR　A	累加器清零	A←0	1	1
取反指令	CPL　A	累加器求反	A←(/A)	1	1

【例 3.6】 按要求编程，完成下列各题。

(1) 选通工作寄存器组中 0 区为工作区。

(2) 利用移位指令实现累加器 A 的内容乘 6。

(3) 将 ACC 的低 4 位送 P1 口的低 4 位，P1 口的高 4 位不变。

解：

```
(1) ANL  PSW, #11100111B    ;PSW 的 D4、D3 位为 00
(2) CLR  C
    RLC  A                  ;左移一位，相当于乘 2
    MOV  R0, A
    CLR  C
    RLC  A                  ;再乘 2，即乘 4
    ADD  A, R0              ;乘 2 + 乘 4 = 乘 6
(3) ANL  A, #0FH            ;高 4 位屏蔽(清 0)
    ANL  P1, #F0H           ;P1 低 4 位清 0
    ORL  P1, A              ;(P1.3～1.0)←(A3～0)
```

3.3.4 控制转移类指令

控制转移类指令的功能是根据要求修改程序计数器 PC 的内容，以改变程序的运行流程。控制转移指令用于控制程序的流向，所控制的范围即为程序存储器区间，80C51 系列单片机的控制转移指令相对丰富，有可对 64KB 程序空间地址单元进行访问的长调用、长转移指令，也有可对 2KB 进行访问的绝对调用和绝对转移指令，还有在一页范围内短相对转移及其他无条件转移指令，这些指令的执行一般都不会对标志位有影响。共有 17 条指令。

1. 无条件转移指令

这组指令执行完后，程序就会无条件转移到指令所指向的地址上去。长转移指令访问的程序存储器空间为 16 位地址 64KB，绝对转移指令访问的程序存储器空间为 11 位地址 2KB，如表 3.17 所示。

表 3.17 无条件转移指令

类　型	指令助记符	功能简述		字节数	周期数
无条件转移指令	LJMP　addr16	长转移	PC←addr16	3	2
	AJMP　addr11	绝对转移	PC10～0←addr11	2	2
	SJMP　rel	短转移(相对偏移)	PC←(PC)+rel	2	2
	JMP　@A+DPTR	相对 DPTR 的间接转移	PC←(A)+(DPTR)	1	2

第一条指令 LJMP 称为长转移指令，因为指令中包含 16 位地址，所以转移的目标地址范围是程序存储器的 0000H～FFFFH。执行这条指令时把指令的第二和第三字节分别装入 PC 的高位和低位字节中，无条件地转向指定地址，不影响任何标志。

第二条指令 AJMP 称绝对转移指令。该指令在运行时先将 PC 加 2，然后通过把指令中的 a10～a0→(PC10～0)得到跳转目的地址送入 PC。它把 PC 的高 5 位与操作码的第 7～5 位及操作数的 8 位并在一起，构成 16 位的转移地址。因为地址高 5 位保持不变，仅低 11 位发生变化，因此寻址范围必须在该指令地址加 2 后的 2KB 区域内。

第三条指令 SJMP 是无条件相对转移指令，该指令执行时在 PC 加 2 后，把指令中补码形式的偏移量值加到 PC 上，并计算出转向目标地址。因此，转向的目标地址可以在这条指令前 128B 到后 127B 之间。

目标地址=本指令地址值+2+rel

该指令使用时很简单，程序执行到该指令时就跳转到标号 rel 处执行。

第四条指令 JMP 也属于无条件转移指令，其功能是把累加器中 8 位无符号数与数据指针 DPTR 中的 16 位数相加，将结果作为下一条指令地址送入 PC，不改变累加器和数据指针内容，也不影响标志。利用这条指令能实现程序的跳转。

例如，程序中 2070H 地址单元有绝对转移指令：

```
2070H  AJMP  16AH
```

11 位绝对转移地址为：00101101010B(16AH)。因此，指令代码如表 3.18 所示。

表 3.18 指令代码

0	0	1	0	0	1	0	0
0	1	1	0	1	0	1	0

程序计数器 PC 加 2 后的内容为 0010000001110010B(2072H)，以 11 位绝对转移地址替换 PC 的低 11 位内容，最后形成的目的地址为 0010000101101010B(216AH)。其中 B 表示二进制数，H 表示十六进制数。addr11 是地址，因此是无符号数，其最小值为 000H，最大值为 7FFH，因此绝对转移指令所能转移的最大范围是 2KB。对于"2070H AJMP 16AH"指令，其转移范围是 2000H～27FFH。

例如，指令：

LOOP:	AJMP	addr 11

假设 addr11=00100000000B，标号 LOOP 的地址为 1030H，则执行指令后，程序将转移到 1100H。该指令的机器码为 21H，00H(A10A9A8 = 001)，即指令的第一字节为 21H。

2. 条件转移指令

条件转移指令是依某种特定条件转移的指令。条件满足时转移(相当于一条相对转移指令)，条件不满足时则顺序执行下面的指令。目的地址在下一条指令的起始地址为中心的 256 个字节范围中(-128～+127)。当条件满足时，先把 PC 加到指向下一条指令的第一个字节地址，再把有符号的相对偏移量加到 PC 上，计算出转向地址。共有 8 条指令，如表 3.19 所示。

表 3.19 条件转移指令

类型	指令助记符	功能简述	字节数	周期数
条件转移指令	JZ rel	A=0, (PC)+ 2 + rel→(PC), A≠0 程序顺序执行	2	2
	JNZ rel	A≠0, (PC)+ 2 + rel→(PC), A=0 程序顺序执行	2	2
	CJNE A, direct, rel	A≠(direct), (PC)+ 3 + rel→(PC), A=direct 程序顺序执行	3	2
	CJNE A, #data, rel	A≠#data, (PC)+3+rel→(PC), A=data 程序顺序执行	3	2
	CJNE Rn, #data, rel	Rn≠#data, (PC)+ 3 + rel→(PC), Rn=0 程序顺序执行	3	2
	CJNE @Ri, #data, rel	((Ri))≠#data, (PC)+3+rel→(PC), ((Ri))=#data 程序顺序执行	3	2
	DJNZ Rn, rel	(Rn)-1→(Rn), (Rn)≠0, (PC)+2+rel→(PC), (Rn)=0, 程序顺序执行	2	2
	DJNZ direct, rel	(Rn)-1→(Rn), (direct)≠0, (PC)+3+rel→(PC); (direct)=0, 程序顺序执行	3	2

【例 3.7】执行指令 LOOP：SJMP LOOP1。如果 LOOP 的标号值为 0100H(即 SJMP 这条指令的机器码存于 0100H 和 0101H 两个单元之中)，标号 LOOP1 的值为 0123H，即跳转的目标地址为 0123H，则指令的第二个字节(相对偏移量)应为：

$$rel = 0123H - 0102H = 21H$$

【例 3.8】将外部数据 RAM 的一个数据块传送到内部数据 RAM 中，两者的首地址分别为 DATA1 和 DATA2，遇到传送的数据为 0 时停止。

解：外部 RAM 向内部 RAM 的数据传送一定要借助于累加器 A，利用累加器判零转移指令正好可以判别是否要继续传送或者终止。程序如下：

```
        MOV   R0, # DATA1H    ;外部数据块首地址
        MOV   R1, # DATA2H    ;内部数据块首地址
LOOP:   MOVX  A , @R0         ;外部数据送给 A
HERE:   JZ    HERE            ;为 0 则终止
        MOV   @R1, A          ;不为 0 则传送内部 RAM 数据
        INC   R0              ;修改地址指针
        INC   R1
        SJMP  LOOP            ;继续循环
```

【例 3.9】把 2000H 开始的外部 RAM 单元中的数据传送到 3000H 开始的外部 RAM 单元中，数据个数已在内部 RAM35H 单元中。程序如下：

```
        MOV   DPTR, # 2000H   ;源数据区首地址
        PUSH  DPL            ;源首址暂存堆栈
        PUSH  DPH
        MOV   DPTR, # 3000H   ;目的数据区首地址
        MOV   R2, DPL        ;目的首地址暂存寄存器
```

```
        MOV    R3         DPH
LOOP:   POP    DPH                   ;取回源地址
        POP    DPL
        MOVX   A, @DPTR              ;取出数据
        INC    DPTR                  ;源地址增量
        PUSH   DPL                   ;源地址暂存堆栈
        PUSH   DPH
        MOV    DPL, R2               ;取回目的地址
        MOV    DPH, R3
        MOVX   @DPTR, A              ;数据送目的区
        INC    DPTR                  ;目的地址增量
        MOV    R2, DPL               ;目的地址暂存寄存器
        MOV    R3, DPH
        DJNZ   35H, LOOP             ;没完，继续循环
        RET                          ;返回主程序
```

3. 调用指令及返回指令

子程序是为了便于程序编写，减少那些需反复执行的程序占用多余的地址空间而引入的程序分支，从而有了主程序和子程序的概念，需要反复执行的一些程序，在编程时一般都把它们编写成子程序，当需要用它们时，就用一个调用命令使程序按调用的地址去执行，这就需要子程序的调用指令和返回指令，如表 3.20 所示。

表 3.20 调用及返回指令

类型	指令助记符	功能简述	字节数	周期数
调用指令及返回指令	ACALL addr11	绝对调用子程序 PC← (PC)+2, SP←(SP)+1 SP←(PC)$_L$, SP←(SP)+1 (SP)←(PC)$_H$, PC10~0←addr11	2	24
	LCALL addr16	长调用子程序 PC←(PC)+3, SP←(SP)+1 SP←(PC)$_L$, SP←(SP)+1 (SP)←(PC)$_H$, PC10~0←addr16	3	24
	RET	从子程序返回 PC$_H$←((SP)), SP←(SP)-1 PC$_L$←((SP)), SP←(SP)-1	1	24
	RETI	从中断返回 PC$_H$←((SP)), SP←(SP)-1 PC$_L$←((SP)), SP←(SP)-1	1	24

长调用指令，含 3 个字节，其后 2 字节为所调用子程序的入口地址，这条指令执行时把 PC 内容加 3 获得下一条指令首地址，并把它压入堆栈(先低字节后高字节)，然后把指令的第二、第三字节(a15~a8, a7~a0)装入 PC 中，转去执行该地址开始的子程序。这条调用指令可以调用存放在存储器中 64KB 范围内任何地方的子程序。指令执行后不影响任何标志。

在使用该指令时 addr16 一般采用标号形式，上述过程多由汇编程序自动完成。

绝对调用指令，该指令无条件地调用入口地址指定的子程序。指令执行时 PC 加 2，获得下条指令的地址，并把这 16 位地址压入堆栈，栈指针加 2。然后把指令中的 a10~a0 值送入 PC 中的 P10~P0 位，PC 的 P15~P11 不变，获得子程序的起始地址必须与 ACALL 后

面一条指令的第一个字节在同一个 2KB 区域的存储器区内。指令的操作码与被调用的子程序的起始地址的页号有关。

在实际使用时，addr11 可用标号代替，上述过程多由汇编程序自动完成。

应该注意的是，该指令只能调用当前指令 2KB 范围内的子程序，这一点从调用过程也可发现。

子程序返回指令，该指令把 ACALL 或 LCALL 保存入堆栈的 PC 值弹入 PC，SP 减 2。于是 CPU 接下来执行的将是 ACALL 或 LCALL 后面的一条指令。RET 指令也不影响标志。RET 指令通常安排在子程序的末尾，使程序能从子程序返回到主程序。

中断返回指令，除具有 RET 功能外，还具有恢复中断逻辑的功能：

```
RETI ;(SP)→(PC15-8), (SP)-1→(SP) ;(SP)→(PC7-0), (SP)-1→(SP)
```

需注意的是，RETI 指令不能用 RET 代替。

4. 空操作指令

NOP 只进行取指令和译码，不进行任何操作，故为空操作，常用于产生一个机器周期延时，如表 3.21 所示。

表 3.21　空操作指令

类　型	指令助记符	功能简述	字节数	周期数
空操作指令	NOP	空操作	1	12

该指令为空指令操作，这条指令除了使 PC 加 1，消耗一个机器周期外，没有执行任何操作。其他寄存器和标志位不受影响，NOP 指令常用于短时间的延时。

3.3.5　MCS-51 位(布尔)操作指令

80C51 内部设置了一个功能相对独立的位处理器，它不仅有自己的位数据运算器、位累加器 C、位存储器等硬件资源，还拥有自己丰富的位操作指令集，可以完成以位数据为对象的位运算、位处理、位传送、位控制跳转等操作，如表 3.22 所示。

表 3.22　MCS-51 位操作指令一览表

指令助记符	说　明		字节数	周期数
CLR　C	清进位位	CY←0	1	1
CLR　bit	清直接地址位	bit←0	2	1
SETB　C	置进位位	CY←1	1	1
SETB　bit	置直接地址位	bit←1	2	1
CPL　C	进位位求反	CY←$\overline{CY}$	1	1
CPL　bit	直接地址位求反	bit←$\overline{bit}$	2	1
ANL　C, bit	进位位和直接地址位相"与"	CY←(CY)∧(bit)	2	2
ANC　C, $\overline{bit}$	进位位和直接地址位的反码相"或"	CY←(CY)∨($\overline{bit}$)	2	2
ORL　C,bit	进位位和直接地址位相"与"	CY←(CY)∧(bit)	2	2

指令助记符	说　明		字节数	周期数
ORL　C, $\overline{bit}$	进位位和直接地址位的反码相"或"	CY←(CY)∨($\overline{bit}$)	2	2
MOV　C, bit	直接地址位送入进位位	CY←(bit)	2	1
MOV　bit, C	进位位送入直接地址位	bit←CY	2	2
JNC　rel	进位位为 1 则转移　则 PC←(PC)+rel	PC←(PC)+2，若(CY)=0	2	2
JB　bit, rel	进位位为 0 则转移　则 PC←(PC)+rel	PC←(PC)+3，若(bit)=1	3	2
JC　rel	直接地址位为 1 则转移　则 PC←(PC)+rel	PC←(PC)+2，若(CY)=1	2	2
JBN　bit ,rel	直接地址位为 0 则转移　则 PC←(PC)+rel	PC←(PC)+3，若(bit)=0	3	2
JBC　bit , rel	直接地址位为 1 则转移，该位清 0　则 bit←0，PC←(PC)+rel	PC←(PC)+3，若(bit)=1	3	2

位操作类指令集共有 17 条指令，其中，位处理指令有 12 条；位条件跳转指令有 5 条。对于用位累加器 C 作目的操作数的指令仅仅影响 CY 标志位，而不影响其他标志位，其余的指令任何标志位都不影响。

在 80C51 单片机的内部数据存储器中，20H～2FH 为位操作区域，其中每位都有自己的位地址，可以对每一位进行操作，位地址空间为 00H～7FH，共 128 位。对于字节地址能被 8 整除的特殊功能寄存器的每一位，也具有可寻址的位地址。

在进行位操作时，位累加器 C 即为进位标志 CY。

在汇编语言中，位地址的表达方式有以下几种。

- 直接地址方式。
- 点操作符号方式。
- 位名称方式。
- 用户定义名方式：如用户伪指令 bit 定义的 SUB.REG BIT RS1。经定义后，允许指令中用 SUB.REG 代替 RS1。

下面分类讨论。

1. 位传送指令(2 条)

位传送指令就是可寻址位与累加位 CY 之间的传送，指令有以下两条。

```
MOV  C, bit     ;bit→CY，某位数据送 CY
MOV  bit, C     ;CY→bit，CY 数据送某位
```

2. 位置位复位指令(4 条)

这些指令对 CY 及可寻址位进行置位或复位操作，共有 4 条指令。

```
CLR  C          ;0→CY，清 CY
CLR  bit        ;0→bit，清某一位
```

```
SETB  C        ;1→CY, 置位 CY
SETB  bit      ;1→bit, 置位某一位
```

3. 位运算指令(6条)

位运算都是逻辑运算，有与、或、非 3 种指令，共 6 条。

```
ANL  C, bit      ;(CY)∧( bit )→CY
ANL  C, /bit     ;(CY)∧( bit )→CY
ORL  C, bit      ;(CY)∨(bit)→CY
ORL  C, /bit     ;(CY)∨( bit )→CY
CPL  C           ;( CY )→CY
CPL  bit         ;( bit )→bit
```

例如：设 P1 为输入口，P3 为输出口，执行程序：

```
MOV  C, P1.0
ANL  C, P1.1
ANL  C, /P1.2
MOV  P3.0, C
```

结果：P3.0 = P1.0∧P1.1∧/P1.2。

4. 位控制转移指令(5条)

位控制转移指令是以位的状态作为实现程序转移的判断条件，介绍如下：

```
JC  rel          ;(CY)=1 转移, (PC)+2+rel→PC, 否则程序往下执行, (PC)+2→PC
JNC rel          ;(CY)=0 转移, (PC)+2+rel→PC, 否则程序往下执行, (PC)+2→PC
JB  bit, rel     ;位状态为 1 转移
JNB bit, rel     ;位状态为 0 转移
JBC bit, rel     ;位状态为 1 转移, 并使该位清"0"
```

后 3 条指令都是 3 字节指令，如果条件满足，(PC)+3+rel→PC，否则程序往下执行，(PC)+3→PC。

3.4 伪 指 令

伪指令是汇编程序能够识别并对汇编过程进行某种控制的汇编命令，它不属于单片机的 111 条指令。不同的微机系统有不同的汇编程序，也就定义了不同的汇编命令。这些由英文字母表示的汇编命令称为伪指令。伪指令不是真正的指令，无对应的机器码，在汇编时不产生目标程序(机器码)，只是用来对汇编过程进行某种控制。89C51 汇编程序定义的常用伪指令有以下几条。

1. ORG 汇编起始地址命令

格式：

```
ORG  16 位地址
```

该指令的功能是规定该伪指令后面程序的汇编地址，即汇编后生成目标程序存放的起

始地址。例如:

```
ORG      2000H
START: MOV A, #64H
```

既规定了标号 START 的地址是 2000H,又规定了汇编后的第一条指令码从 2000H 开始存放。ORG 可以多次出现在程序的任何地方。当它出现时, 下一条指令的地址就由此重新定位。

2. END 汇编结束命令

END 命令通知汇编程序结束汇编。在 END 之后的汇编语言指令均不予以汇编。

3. EQU 赋值命令

EQU 指令用于将一个数值或寄存器名赋给一个指定的符号名。
指令格式:

```
符号名 EQU(=) 表达式
符号名 EQU(=) 寄存器名
```

经过 EQU 指令赋值的符号可在程序的其他地方使用,以代为赋值。例如在程序的其他地方出现 MAX, 就用 2000 代替。注意, 这里的字符名称不等于标号(其后没有冒号)。其中的项, 可以是数也可以是汇编符号。用 EQU 赋过值的符号名可以用作数据地址、代码地址、位地址或是一个立即数。由此它可以是 8 位的, 也可以 16 位的。例如:

```
AA       EQU R1
MOV      A, AA
```

这里 AA 就是代表了工作寄存器 R1。又例如:

```
A10      EQU  10
DELY     EQU  07EBH
MOV      A,   A10
LCALL       DELY
```

这里 A10 当作片内 RAM 的一个直接地址, 而 DELY 定义了一个 16 位地址, 实际上它是一个子程序的入口。

4. DATA 数据地址赋值命令

格式:

```
字符名称  DATA 表达式
```

DATA 命令功能与 EQU 类似, 但有以下差别。

(1) EQU 定义的字符名必须先定义再使用, 而 DATA 定义的字符名可以后定义先使用。

(2) 用 EQU 伪指令可以把一个汇编符号赋给一个名字, 而 DATA 只能把数据赋给字符名。

(3) DATA 语句中可以把一个表达式的值赋给字符名, 其中的表达式应是可求值的。

5. DB 定义字节命令

格式:

DB [项或项表]

项或项表可以是一个字节、用逗号隔开的字节串或括在单引号(' ')中的 ASCII 字符串。它通知汇编程序从当前 ROM 地址开始,保留一字节或字节串的存储单元,并存入 DB 后面的数据。例如:

```
        ORG  2000H
        DB   0A3H
LIST:   DB   26H, 03H
STR:    DB   'ABC'
```

经汇编后,则有:

```
(2000H)=A3H
(2001H)=26H
(2002H)=03H
(2003H)=41H
(2004H)=42H
(2005H)=43H
```

其中,41H、42H 和 43H 分别是 A、B 和 C 的 ASCII 编码值。

6. DW 定义字节命令

格式:

DW 16 位数据项或项表

该命令把 DW 后的 16 位数据项或项表从当前地址开始连续存放。各项数值为 16 位二进制数,高 8 位先存放,低 8 位后存放,这和其他指令中 16 位数的存放方式相同。DW 常用于定义一个地址表。例如:

```
ORG  1500H
    TABLE: DW     7234H, 8AH, 10H
```

经汇编后,则有:

```
(1500H)=72H        (1501H)=34H
(1502H)=00H        (1503H)=8AH
(1504H)=00H        (1505H)=10H
```

7. DS 定义存储空间命令

格式:

DS   表达式

在汇编时,从定义地址开始保留 DS 之后表达式的值所规定的存储单元,以备后用。例如:

```
ORG   1000H
```

```
DS      08H
DB      30H,8AH
```

汇编以后，从 1000H 保留 8 个单元，然后从 1008H 开始给内存赋值，即：

```
(1008H)=30H
(1009H)=8AH
```

以上的 DB、DW 和 DS 伪指令都只是对程序存储器起作用，它们不能对数据存储器进行初始化。

3.5　上机指导：编写并调试数据传送程序

1. 实验目的

掌握 80C51 内部 RAM 和外部 RAM 之间的数据传送方法；掌握 RAM 存储器的特点与应用，掌握各种数据传送方法。

2. 实验内容

编写并调试一个数据传送程序，具体步骤如下。

(1)　将 40H～4FH 数据送到数据存储器 7E00H～7E0FH 中。

(2)　将数据存储器 7E00H～7E0FH 中的数据送到 8031 内部 RAM 50H～5FH 中。

(3)　将以(R2, R3)为源 RAM 区首地址内的(R6, R7)个字节数据，传送到以(R4, R5)为末地址的 RAM 区。

3. 实验程序参考图

数据传送实验程序框图如图 3.3 所示。

4. 调试方法

(1)　打开仿真软件中的内部数据空间和外部数据空间，在 40H～4FH 数据单元中分别送数，如 1、2、3 等 16 个数据。

(2)　单步运行(断点设在 BP2，程序运行至断点)，检查外部 RAM(7E00H～7F0FH)数据是否与 40H～4FH 数据一一对应。

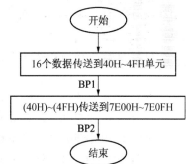

图 3.3　数据传送实验程序框图

(3)　如果程序运行不能进入某一断点，则应单步、断点分段检查程序，排除错误直至正确为止。

5. 思考

试编写将外部的数据存储区 6030H～607FH 的内容写入外部 RAM 3030H～307FH 中。

习 题

1. 填空题

(1) 指令格式由_____和_____两部分组成。

(2) 寻址方式分为对_____的寻址和对_____的寻址两大类。

(3) 80C51 系列单片机指令系统的寻址方式有_____、_____、_____、_____、_____、_____、_____7 种。

(4) 80C51 访问外部数据存储器应采用_____寻址方式;查表应使用_____寻址方式。

(5) 在 80C51 单片机中,堆栈操作的指令有_____和_____两个。

(6) CJNE 指令都是_____字节指令。

(7) 在立即数寻址方式中,在数前使用_____号来表示立即数。

(8) 位转移指令都是采用_____寻址方式实现转移的。

(9) 指令 SJMP $的功能是_____。

(10) 十进制调整指令"DA A"不能单独执行,在执行该指令之前必须先执行_____指令或者_____指令。

(11) 子程序必须使用_____指令返回主程序,而中断服务程序必须使用_____指令返回主程序。

(12) 执行了"MUL AB"指令后,则积的高 8 位存放在_____中,而积的低 8 位存放在_____。

(13) 读程序存储器指令有_____和_____两个,它们的源操作数都属于_____寻址方式。

(14) 在立即数寻址方式中,立即数一定出现在_____操作数中。

(15) 在执行"MOVX A, @R0"指令时,源操作数的高 8 位是由_____寄存器提供的。

(16) 访问外部数据存储器必须使用_____指令。

(17) 如果(DPTR)=5678H, (SP)=42H, (3FH)=12H, (40H)=34H, (41H)=50H, (42H)=80H,执行下列指令后:

```
POP    DPH
POP    DPL
RET
```

则:

(PCH) =_____; (PCL)=_____; (DPH)=_____; (DPL)=_____

(18) 请填写程序执行结果。已知执行前有 A=02H、SP=40H、(41H)=FFH、(42H)=FFH,程序如下:

```
POP    CPH
POP    DPL
MOV    DPTR, #3000H
```

```
RL     A
MOV    B, A
MOVC   A, @A+DPTR
PUSH   ACC
MOV    A, B
INC    A
MOVC   A, @A+DPTR
PUSH   ACC
RET
ORG    3000H
DB     10H, 80H, 30H, 80H, 50H, 80H,
```

程序执行后：

A=_____H、SP=_____H、(42H)=_____H、PC=_____H

2. 选择题

(1) 执行下列 3 条指令后，30H 单元的内容是(　　)。

```
MOV R0, #30H
MOV 40H, #0EH
MOV @R0, 40H
```

  A. 40H   B. 30H

  C. 0EH   D. FFH

(2) 在堆栈中压入一个数据时(　　)。

  A. 先压栈，再令 SP+1   B. 先令 SP+1，再压栈

  C. 先压栈，再令 SP−1   D. 先令 SP−1，再压栈

(3) 在堆栈操作中，当进栈数据全部弹出后，这时的 SP 应指向(　　)。

  A. 栈底单元   B. 7FH

  C. 栈底单元地址加 1   D. 栈底单元地址减 1

(4) 指令 "MOVC. A，@A+PC" 源操作数的寻址方式是(　　)。

  A. 寄存器寻址方式   B. 寄存器间接寻址方式

  C. 直接寻址方式   D. 变址寻址方式

(5) 在 "ANL 20H，#30H" 指令中，源操作数的寻址方式是(　　)。

  A. 立即数寻址方式   B. 直接寻址方式

  C. 位寻址方式   D. 相对寻址方式

(6) 已知(A)=50H，执行指令 "DEC A" 后，A 中的内容是(　　)。

  A. 00H   B. 51H

  C. 4FH   D. 49H

(7) 在 "Jz rel" 指令中，操作数 rel 的寻址方式是(　　)。

  A. 立即数寻址方式   B. 直接寻址方式

  C. 位寻址方式   D. 相对寻址方式

(8) 在 "Jz rel" 指令中，应判断(　　)中的内容是否为 0。

A. A.   B. B

C. C.   D. PC

(9) LCALL 指令操作码地址是 2000H，执行完响应子程序返回指令后，PC=(　　　)。

     A. 2000H   B. 2001H

     C. 2002H   D. 2003H

(10) 在 "MOVX　A, @DPTR" 指令中源操作数的寻址方式是(　　　)。

     A. 寄存器寻址   B. 寄存器间接寻址

     C. 直接寻址   D. 立即数寻址

(11) "MOV C，#00H" 的寻址方式是(　　　)。

     A. 位寻址   B. 直接寻址

     C. 立即数寻址   D. 寄存器寻址

(12) 在寄存器间接寻址方式中，指定寄存器中存放的是(　　　)。

     A. 操作数   B. 操作数地址

     C. 转移地址   D. 地址偏移量

(13) 80C51 执行完 "MOV　A, #08H" 后，PSW 的(　　　)位被置位。

     A. C.   B. F0

     C. OV   D. P

(14) 下面(　　　)指令将 80C51 的工作寄存器置成 3 区。

     A. MOV　PSW，#13H   B. MOV　PSW，#18H

     C. SETB.　PSW.4　CLR PSW.3   D. SETB PSW.3　CLR PSW.4

3．判断题

(1) 在堆栈操作中，当栈内的数据全部弹出后，这时的 SP 指向栈底单元。　　　(　　)

(2) 数据传送指令将改变源操作数的内容。　　　(　　)

(3) 调用子程序指令及返回指令与堆栈有关，但与 PC 无关。　　　(　　)

(4) 在 80C51 单片机中，堆栈的地址随着压栈数据从小到大递增。　　　(　　)

(5) 加法指令将影响进位标志位 C，而减法指令将不影响进位标志位 C。　　　(　　)

(6) ACALL 指令是 2 字节指令，而 LCALL 指令是 3 字节指令。　　　(　　)

(7) 空操作指令不占机器周期。　　　(　　)

(8) 减法指令只有带借位的减法，没有不带借位的减法。　　　(　　)

(9) 加法指令只有带进位的加法，没有不带进位的加法。　　　(　　)

(10) 不能使用无条件转移指令直接从子程序中转到主程序中去。　　　(　　)

(11) 指令字节数越多，执行时间越长。　　　(　　)

4．简答题

(1) 80C51 单片机有哪几种寻址方式？各种寻址方式所对应的寄存器或存储器空间如何？

(2) 在 80C51 单片机的指令系统中，有关堆栈操作的指令有哪些？

(3) 已知 CJNE 指令的一般格式为：

CJNE　操作数1，操作数2，rel

简述怎样使用 CJNE 指令判断两个操作数的大小？

(4) RET 和 RETI 指令主要有哪些区别？

(5) NOP 指令的用途是什么？

(6) 访问内部 RAM 单元可以采用哪些寻址方式？访问外部 RAM 单元可以采用哪些寻址方式？

(7) SJMP、AJMP 和 LJMP 指令在功能上有何不同？

(8) 80C51 的指令系统有哪几种类型的指令？写出其汇编指令格式。

(9) 简述 80C51 的寻址方式和所涉及的寻址空间。

(10) 简述 MOV、MOVC 和 MOVX 指令的异同之处。

(11) 访问特殊功能寄存器和外部数据存储器应采用哪种寻址方式？

(12) 对 80C51 片内 RAM 的 128～255B 区的地址空间寻址时应注意些什么？对特殊功能寄存器应采用何种寻址方式进行访问？

5．操作题

(1) 试编写程序，将 R1 中的低 4 位数与 R2 中的高 4 位数合并成一个 8 位数，并将其存放在 R1 中。

(2) 试编写程序，将内部 RAM 的 20H、21H 单元的两个无符号数相乘，结果存放在 R2、R3 中，R2 中存放高 8 位，R3 中存放低 8 位。

(3) 若(CY)=1，(P1)=10100011B，(P3)=01101100B。试指出执行下列程序段后，CY、P1 口及 P3 口内容的变化情况。

MOV P1.3, C

(4) 设计一段程序，其功能是：将寄存器 R7 的内容移到 R6 中。

(5) 现需将外部数据存储器 200DH 单元中的内容传送到 280DH 单元中，请设计程序。

(6) 已知当前 PC(程序计数器)值为 1010H，请用两种方法将程序存储器 10FFH 中的常数送入累加器 A。

(7) 已知累加器 A 中存放两位 BCD 码数，请编写程序实现十进制数减 1。

(8) 请编写程序，将片外数据存储器中 20H 单元中的内容和 21H 单元的内容相乘，并将结果存放在 22H 和 23H 单元中，高位存放在高地址中。

(9) 已知延时程序为：

```
DELAY:  MOV    R2,#0FAH
L1:     MOV    R3,#0FAH
L2:     DJNZ   R3,L2
        DJNZ   R2,L1
        RET
```

若系统的晶振频率为 6MHz，求该延时子程序的延时。

(10) 请将片外数据存储器地址为 40H～60H 区域的数据块全部搬移到片内 RAM 的同地址区域，并将原数据区全部填为 FFH。

(11) 试编写子程序，使间址寄存器 R0 所指的连续两个片外数据存储器 RAM 单元中的低 4 位二进制数合并为一个字节，装入累加器 A 中。已知 R0 指向低地址，并要求该单元低 4 位放在 A 中的低 4 位。

(12) 试计算片内 RAM 区 40H~47H 这 8 个单元中数的算术平均值，将结果存放在 4AH 中。

(13) 设有两个长度为 15 的数组，分别存放在 0200H 和 0500H 为首地址的片外数据存储器区域中，试编写求其对应项之和的程序，结果存放在以 0300H 为首地址的片外数据存储器区域中。

(14) 80C51 有哪些逻辑运算功能？各有什么用处？设 A 中的内容为 10101010B，B 中的内容为 01010101B。请写出它们进行"与"、"或"、"异或"操作的结果。

(15) 若单片机的主频为 12MHz，试用循环转移指令编写延时 20ms 的延时子程序，并说明这种软件延时方式的优、缺点。

(16) 若 80C51 的晶振频率为 6MHz，试计算如下延时子程序的延时时间：

```
DELAY:  MOV R7, #0F6H
   LP:  MOV R6, #0FAH
        DJNZ R6, $
        DJNZ R7, LP
        RET
```

第4章

80C51 单片机的功能单元

教学提示：本章主要介绍了并行 I/O 口的结构、组成及分类，对 P0～P3 口的结构及功能进行了分析；分析了定时器/计数器的结构与原理、控制和工作方式及其控制，以及定时器/计数器的基本编程应用；介绍了串行接口的结构原理；介绍了单片机中断源的种类、产生中断的方式及中断的控制。

教学目标：掌握并行 I/O 口内部结构以及 4 个不同 I/O 口的使用特点，了解 I/O 口的总线机制和负载能力；掌握定时器/计数器的组成结构和基本工作原理、定时器/计数器的 4 种工作方式，理解定时器/计数器控制与状态寄存器；掌握串行接口的结构原理，掌握中断系统的结构、中断源和中断优先级；理解相应的中断控制寄存器和不同的中断响应入口，了解响应中断的条件和过程。

4.1 并行 I/O 口

80C51 共有 32 条并行双向 I/O 口线，分成 4 个 8 位 I/O 端口，记作 P0、P1、P2 和 P3。每个端口均由数据缓冲器，数据输出驱动及锁存器等组成。这 4 个端口在结构和特性上是基本相同的，但又各具特点。

4.1.1　P0 口

1. P0 口结构

图 4.1 所示是 P0 口某一位的结构原理。V1、V2 构成输出驱动器，与门、反相器、锁存器及模拟开关(MUX)构成输出控制电路。三态门是输入缓冲器。

2. 功能

(1) 地址/数据分时复用总线

单片机系统扩展片外存储器时，P0 口作为地址/数据分时复用总线使用。在访问片外存储器时，CPU 送来的控制信号为高电平，控制模拟开关打在上方。此时执行输出数据指令，分时输出的地址/数据信号经反相器、驱动器送到引脚上。当地址或数据信号为 1 时，此时与门的两个输入端都为高电平则输出为 1，V1 导通，另一路地址信号或数据信号经反相器反相为低电平，此电平经模拟开关加到 V2 上使 V2 截止，引脚上出现高电平；当地址或数据信息为 0 时，V1 截止而 V2 导通，引脚上出现低电平。如果执行取指令操作或输入数据的指令，地址仍经 V1、V2 输出，而输入的数据经输入缓冲器 1 进入总线。

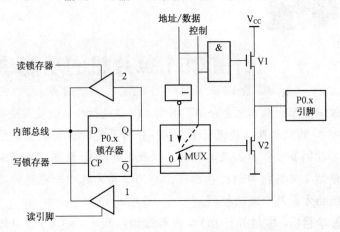

图 4.1　P0 口的某一位结构原理

(2)　通用 I/O 接口

如系统未扩展片外存储器，则 P0 口作为准双向通用 I/O 接口使用。此时控制信号为 0，模拟开关打在下面。由于控制信号为 0，使 V1 截止，V1 的漏极处于开路状态，如果输入是由集电极开路或漏电极开路电路驱动，应外加上拉电阻。输出时如果负载是 MOS 电路，也应外加上拉电阻。作为通用 I/O 口使用时，其数据流向在下面 P1 口中讲述。

P0 口输出时能驱动 8 个 LSTTL 负载，即输出电流不小于 800μA。

4.1.2　P1 口

1．P1 口结构

图 4.2 所示是 P1 口某一位的结构原理，P1 口由 8 个这样的电路组成，图中锁存器起输出锁存作用。P1 口的 8 个锁存器组成特殊功能寄存器，该寄存器也用符号 P1 表示。场效应管 V1 与上拉电阻 R 组成输出驱动器，以增大负载能力。三态门 1 是输入缓冲器，三态门 2 在对端口操作时使用。

2．功能

MCS-51 单片机的 P1 口只有一种功能：通用输入/输出接口。通用 I/O 接口有输出、输入和端口操作 3 种工作方式。

(1)　输出方式

计算机执行写 P1 口的指令如"MOV P1 #data"时，P1 口工作于输出方式，此时数据 data 经内部总线送入锁存器锁存。如果某位的数据为 1，该位锁存输出端 Q=1、$\overline{Q}$=0，使 V1 截止，从而在引脚 P1.x 上出现高电平。反之，如果数据为 0，则 Q=0、$\overline{Q}$=1，使 V1 导通，P1.x 出现低电平。

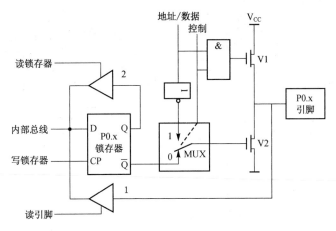

图 4.2　P1 口的某一位结构原理

(2)　输入方式

计算机执行读 P1 口的指令如"MOV A, P1"时，P1 口工作于输入方式，控制器发出的读信号打开三态门 1，引脚 P1.x 上的数据经三态门 1 进入芯片的内部总线，并送到累加器 ACC，因此输入时无锁存功能。

在执行输入操作时，如果锁存器原来寄存器的数据 Q=0。那么由于 $\overline{Q}$=1，将使 V1 导通，引脚被始终钳位在低电平上，不可能输入高电平。为此，在输入前必须先用输出指令置 $\overline{Q}$=0，使 V1 截止。正因为如此，P1 口称为准双向口。

单片机复位后，P1 各口线的状态均为高电平，可直接用作输入。

(3)　端口操作

这些指令的执行过程分成"读—修改—写"三步。先将 P1 口的数据读入 CPU，在 ALU 中进行运算，运算结果再送回 P1。执行"读—修改—写"类指令时，CPU 通过三态门 2 读回锁存器 Q 端的数据。假如通过三态门 1 从引脚上读回数据，有时会发生错误。如用一根口线去驱动一个晶体管的基极，在向此口线输出 1 时，锁存器 Q=1，晶体管饱和导通，引脚上的电平被钳位在低电平(0.7V)，从引脚读回数据会错读为 0。

52 子系列单片机 P1 口中的 P1.0 与 P1.1 具有第二功能，除了作为通用 I/O 接口外，P1.0 还作为定时器/计数器 2 的外部计数脉冲输入端，P1.1 还可作为定时器/计数器 2 的外部控制输入端(T2EX)。

P1 口输出时能驱动 4 个 LSTTL 负载，通常把 100μA 的输入电流定义为一个 TTL 负载的输入电流，所以 P1 口输出电源应不小于 400μA。

P1 口内部有上拉电阻，因此在输入时，即使由集电极开路电路或漏极开路电路驱动，也无需外接上拉电阻。

4.1.3　P2 口

P2 口有两种用途：通用 I/O 接口或高 8 位地址总线。图 4.3 所示是 P2 口某一位的结构原理，图中的模拟开关受内部控制信号控制，用于选择 P2 口的工作状态。

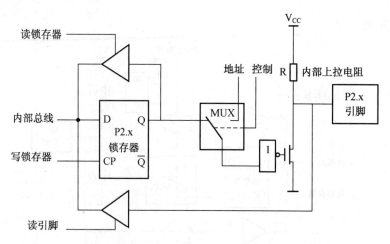

图 4.3　P2 口的某一位结构原理

1. 地址总线状态

计算机从片外 ROM 中取指令，或者执行访问片外 RAM、片外 ROM 的指令时，模拟开关打向右边，P2 口出现程序计数器 PC 的高 8 位地址或数据指针 DPTR 的高 8 位地址(A8～A15)，上述情况下，锁存器内容不受影响。当取指令或访问外部存储器结束后，模拟开关打向左边，使输出驱动器与锁存器 Q 端相连。引脚上将恢复原来的数据。

一般来说，如果系统扩展了外部 ROM，取指令的操作将连续不断，P2 口不断送出高 8 位地址，这时 P2 口就不应再作为通用 I/O 口使用。如果系统仅扩展了外部 RAM，情况应具体分析，当片外 RAM 容量不超过 256B 时，可以使用寄存器间接寻址方式的指令：

```
MOVX    A, @Ri
MOVX    @Ri, A
```

由 P0 口送出 8 位地址寻址，P2 口引脚原有的数据在访问片外 RAM 期间不受影响，故 P2 口仍可用作通用 I/O 接口；当片外 RAM 容量较大需要由 P2 口、P0 口送出 16 位地址时，P2 口不再用作通用 I/O 接口；当片外 RAM 的地址大于 8 位而小于 16 位地址时，可以通过软件从 P1、P2、P3 口中的某几根口线送出高位地址，从而可保留 P2 的全部或部分口线作通用 I/O 接口用。

2. 通用 I/O 接口状态

P2 口作为准双向通道 I/O 接口使用时，其功能与 P1 口相同，工作方式、负载能力也相同。

4.1.4　P3 口

1. P3 口结构

P3 口某一位的结构原理如图 4.4 所示，P3 口除了作为准双向通用 I/O 接口使用外，每一根线还具有第二功能，详见表 4.1。

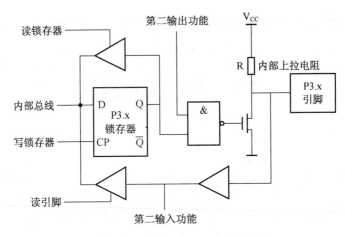

图 4.4　P3 口某一位结构原理

表 4.1　P3 口的第二功能

引　脚	特殊功能符号	功能说明
1(80C52)	P1.0/ T2	定时器/计数器 T2 计数输入端
2(80C52)	P1.1/ T2	T2 的捕捉/重新加载的触发输入
10	P3.0/ RXD	串行数据输入端
11	P3.1/ TXD	串行数据输出端
12	P3.2/ INT0	外部中断 0 申请信号
13	P3.3/ INT1	外部中断 1 申请信号
14	P3.4/ T0	定时器/计数器 T0 计数输入端
15	P3.5/ T1	定时器/计数器 T1 计数输入端
16	P3.6/ WR	外部数据 RAM 写控制信号
17	P3.7/ RD	外部数据 RAM 读控制信号

2. 功能

P3 口作为 I/O 接口时，其功能与 P1 口相同。

P3 作为第二功能输入操作时，其锁存器 Q 端必须为高电平，否则 V1 管导通，引脚被钳位在低电平，无法输入或输出第二功能信号。单片机复位时，锁存器输出端为高电平。P3 口第二功能中的输入信号 RXD、INT0、INT1、T0、T1 经缓冲器输入，可直接进入芯片内部。

综上所述，可以得出以下结论。

(1) 80C51 的 32 条 I/O 线隶属于 4 个 8 位双向端口。每个端口均由锁存器、输出驱动器和输入缓冲器组成。

(2) P1、P2 和 P3 口均有内部上拉电阻，因此不需外接上拉电阻。当它们用作通用 I/O 口时，在读引脚状态时，各口对应的锁存器必须置 1，所以为准双向口。

(3) P0 口内部无上拉电阻，作为 I/O 口时，必须接上拉电阻。在读引脚状态时，各对应锁存器必须置 1，所以为准双向口。

(4) P0 口和 P2 口既可作为通用 I/O 口，又可作为地址数据总线，内部有模拟开关用于切换。

4.2 定时器/计数器

4.2.1 概述

在工业检测和控制中，很多场合都要用到计数或者定时功能。这就要求单片机具有定时/计数的功能。有多种方法可以实现单片机的定时，如软件定时、硬件定时、可编程定时器等，软件定时在高级语言编程中经常使用，即通过循环程序实现延时，系统不需要增加任何硬件，但该定时方法需要长期占用 CPU；硬件定时需要系统额外增加电路，而且使用上不够灵活；单片机内还集成了定时电路，被称为定时器/计数器，定时器通过对系统时钟脉冲进行计数实现定时功能，计数器则用于对单片机外部引脚输入的脉冲计数。

80C51 单片机内有 2 个 16 位可编程的定时器/计数器，它们具有两种工作模式(计数器模式、定时器模式)和 4 种工作方式(方式 0、方式 1、方式 2、方式 3)，其控制字和状态字均在相应的特殊功能寄存器中，通过对控制寄存器的编程，其控制字均在相应的特殊功能寄存器(SFR)中，通过对它的 SFR 的编程，就可以方便地选择适当的工作模式和工作方式。

4.2.2 定时器/计数器 T0、T1

1. 定时器/计数器 T0、T1 的结构

定时器/计数器的内部结构如图 4.5 所示，主要由以下几部分组成。

(1) 16 位加 1 计数器 TH0(84H)、TL0(8AH)和 TH1(8DH)、TL1(8BH)。

(2) 定时控制寄存器(TCON)和工作方式寄存器(TMOD)。

(3) 时钟分频器。

(4) 输入引脚 T0、T1、INT0、INT1。

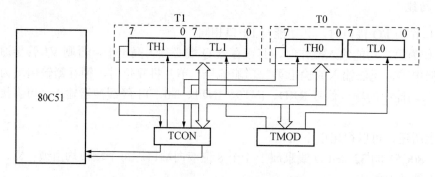

图 4.5 定时器/计数器内部逻辑结构

下面将逐一介绍各主要部分的功能。

(1) 加 1 计数器

定时器/计数器 T0、T1 都有一个 16 位的加 1 计数器，它们分别由 8 位特殊功能寄存器

TH0、TL0 和 TH1、TL1 组成。TH0、TL0 构成定时器/计数器 T0 加 1 计数器的高 8 位和低 8 位，TH1、TL1 构成定时器/计数器 T1 加 1 计数器的高 8 位和低 8 位。加 1 计数器的初始值可以通过程序进行设定，设定不同的初始值，就可以获得不同的计数值或定时时间。

(2) 工作方式寄存器(TMOD)

工作方式寄存器 TMOD，用来设定定时器/计数器 T0、T1 的工作方式和 4 种工作模式。其格式如图 4.6 所示。TMOD 寄存器只能进行字节寻址，地址为 89H，不能进行位寻址，即 TMOD 的内容只能通过字节传送指令进行赋值。

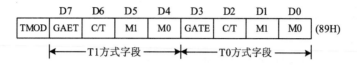

图 4.6　TMOD 基本格式

M1、M0 位：工作方式选择位，具体工作方式如表 4.2 所示。

表 4.2　定时器/计数器工作方式

M1	M0	工作方式	功　能
0	0	方式 0	初值寄存器 TL 的低 5 位与 TH 的 8 位构成 13 位计数器
0	1	方式 1	寄存器 TL 与 TH 构成 16 位计数器，计满溢出，16 位计数器回 0
1	0	方式 2	自动装载 8 位计数器，TL 溢出，TH 内容送 TL
1	1	方式 3	定时器 T0 分成两个 8 位定时器，T1 停止工作

C/T 位：定时器/计数器选择位，1 是计数器，0 是定时器。

GATE 位：门控位。

当 GATE=1 时，由控制位 TRx 和引脚 INTx 共同控制启动。

当 GATE=0 时，仅由控制位 TRx 启动。

(3) 定时控制寄存器(TCON)

定时控制寄存器 TCON 是一个 8 位寄存器，它不仅参与定时控制，还参与中断请求控制。既可以对其整个字节寻址，也可以对位寻址，字节地址为 88H，位地址为 88H～8FH，其基本格式如图 4.7 所示。

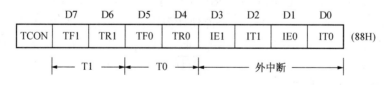

图 4.7　TCON 基本格式

TF1 位：定时器/计数器 1 溢出标志。

当定时器/计数器 1 溢出时，硬件电路置 TF1 为 1(定时器的中断请求触发器)。使用查询方式时，此位做状态位供查询，查询有效后需由软件清零，使用中断方式时，此位做中断申请标志位，进入中断服务后被硬件自动清零。

TR1 位：定时器/计数器 1 运行位。

该位靠软件置位或清零，置位时定时器/计数器接通工作，清零时停止工作。

TF0 位：定时器/计数器 0 溢出标志位，其功能和操作情况同 TF1。

TR0 位：定时器/计数器 0 运行位，其功能和操作类似于 TR1。

TCON 的低 4 位与外部中断有关，将在中断一节中介绍。

2. 定时器/计数器 0、1 的 4 种工作方式

用寄存器 TMOD 中的 M1、M2 的组合可以选择定时器/计数器的 4 种工作方式，即方式 0 至方式 3。这 4 种工作方式除方式 3 以外，其他 3 种工作方式的基本原理都一样。下面以 T0 为例分别介绍这几种工作方式的特点。

(1) 方式 0

当 M1M0 设置为 00 时，定时器选定为方式 0 工作，图 4.8 所示是 T0 工作在方式 0 下的逻辑结构(定时器/计数器 T1 与其完全一致)。在该工作方式下，16 位寄存器只用了 13 位，TL0 的高 3 位未用。由 TH0 的 8 位和 TL0 的低 5 位组成一个 13 位计数器。计数器的最大值为 2^{13}=8192，而 TL0 的高 3 位处于闲置状态。

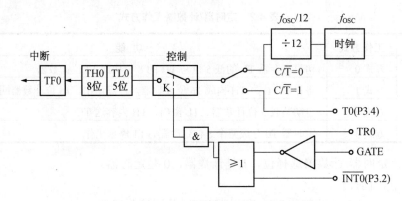

图 4.8 工作方式 0 定时器/计数器逻辑结构

当 C/$\overline{\text{T}}$=0 时，控制开关接通内部振荡器，T0 对机器周期进行计数，其定时时间为：

$$t=(2^{13}-T0\ 初值)\times 机器周期$$

当 C/$\overline{\text{T}}$=1 时，控制开关接通外部输入信号，当外部信号电平从 1 跳变到 0 时，加 1 计数器加 1，处于计数工作方式。

当 GATE=0 时，只要 TCON 中的 TR0 为 1，TL0 及 TH0 组成的 13 位计数器就开始计数；当 GATE=1 时，此时仅 TR0=1 仍不能使计数器计数，还需要 $\overline{\text{INT0}}$ 引脚为 1 才能使计数器工作。由此可知，当 GATE=1 和 TR0=1 时，TH0+TL0 是否计数取决于 $\overline{\text{INT0}}$ 引脚的信号，当 $\overline{\text{INT0}}$ 由 0 变为 1 时，开始计数；当 $\overline{\text{INT0}}$ 由 1 变为 0 时，停止计数，这样就可以用来测量在 $\overline{\text{INT0}}$ 端出现的脉冲宽度。

(2) 方式 1

当 M0M1 设置为 01 时，则定时器选择方式 1 工作，工作方式 1 和方式 0 的工作几乎完全相同，唯一的差别是在工作方式 1 中，定时器 TH0 和 TL0 组成一个 16 位定时器/计数器，即 TL0 中的高 3 位也参与计数。工作方式 1 的逻辑结构如图 4.9 所示。其定时时间为：

$$t=(2^{16}-T0\ 初值)\times 机器周期$$

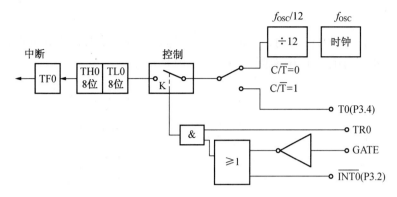

图 4.9　工作方式 1 定时器/计数器逻辑结构

(3)　方式 2

当 M1M0 设置为 10 时，定时器选定为方式 2 工作。该工作方式为自动装入计数器初值的 8 位定时器/计数器。方式 0 和方式 1 若进行重复计数时，得重新装计数器初值，而方式 2 不同。TL0 作为 8 位的加 1 计数器，TH0 为初值寄存器，初值与 TL0 相同，当溢出时，TH0 内暂存的计数初值自动重复装入 TL0，而 TH0 中的内容不变，这是一种自动装入的 8 位定时器/计数器工作方式。工作方式 2 的逻辑结构如图 4.10 所示，其时间定义为：

$$t=(2^8-T0\ 初值)\times 机器周期$$

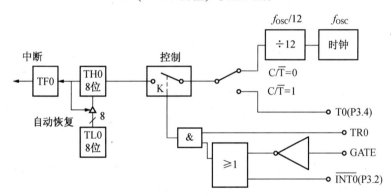

图 4.10　工作方式 2 定时器/计数器逻辑结构

这种自动装载工作方式非常适合用于循环定时或循环计数的应用，如用于产生固定脉冲的脉宽，还可以作串行数据通信的波特率。

(4)　工作方式 3

当 M1M0 设置为 11 时，定时器选定为方式 3 工作。工作方式 3 对定时器 T0 和定时器 T1 是不相同的。若 T1 设置为方式 3，则停止工作(其效果与 TR1=0 相同)。所以工作方式 3 只适用于 T0。

当 T0 设置为工作方式 3 时，将使 TL0 和 TH0 拆成两个相互独立的 8 位定时器/计数器，TL0 使用 T0 的各位控制位、引脚和中断源，即 C/$\overline{\text{T}}$、GATE、TR0、IF0、T0、$\overline{\text{INT0}}$。TL0 除仅用于 8 位计数器外，其功能与方式 0、方式 1 完全相同。TH0 此时只可用作内部定时功能，它占用了定时器 T1 的控制位 TR1 和 T1 的中断标志位 TF1，其启动和关闭只受 TR1 的控制。这种工作方式适用于系统需要多个 8 位计数器时使用。工作方式 3 的逻辑电路如

图 4.11 所示。

TH0：借用 T1 的 TR1、TF1，只能对片内机器周期脉冲计数，作 8 位定时器用。

T0 方式 3 时的 T0、T1 电路逻辑结构如图 4.11 所示。

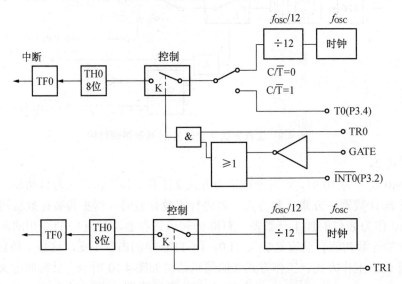

图 4.11　工作方式 3 定时器/计数器逻辑结构

4.2.3　定时器/计数器 T2

8032/8052 增加了一个定时器/计数器 2，定时器 T2 使 52 子系列单片机增加了两个信号端口。定时器/计数器 2 可以设置为定时器，也可以设置为外部事件计数器，具有 3 种工作方式，即 16 位自动重装定时器/计数器方式、捕捉方式和串行口波特率发生器方式。

1. 结构

定时器/计数器 2 由特殊功能寄存器 TH2、TL2、RCAP2H、RCAP2L 等电路组成。其中 TH2、TL2 构成 16 位加法计数器。RCAP2H、RCAP2L 构成 16 位寄存器，在自动重装载方式中，RCAP2H、RCAP2L 作为 16 位初值寄存器，在捕捉方式中，当 T2EX(P1.1)上出现负跳变时，把 TH2、TL2 的当前值捕捉到寄存器 RCAP2H、RCAP2L 中。

定时器/计数器 2 的工作由控制寄存器 T2CON 控制。T2CON 的格式如表 4.3 所示。

表 4.3　T2CON 的格式

位地址	CFH	CEH	CDH	CCH	CBH	CAH	C9H	C8H
位符号	TF2	EXF2	RCLK	TCLK	EXEN2	TR2	C/$\overline{\text{T2}}$	CP/$\overline{\text{RT2}}$

各位的定义如下。

(1) TF2：定时器/计数器 2 溢出中断标志位，在捕捉/重装载方式中，T2 溢出时置位，并申请中断。只能用软件清除，但 T2 作为波特率发生器使用时(即 RCLK=1 或 TCLK=1)，T2 溢出时不对 TF2 置位。

(2) EXF2：当 EXEN2=1 时，且 T2EX 引脚(P1.0)出现负跳变而造成 T2 的捕获或重装时，EXF 置位并申请中断。EXF2 也是只能通过软件来清除。

(3) RCLK：串行接收时钟标志，只能通过软件的置位或清除；用来选择 T1(RCLK=0)还是 T2(RCLK=1)来作为串行接收的波特率产生器。

(4) TCLK：串行发送时钟标志，只能通过软件的置位或清除；用来选择 T1(TCLK=0)还是 T2(TCLK=1)来作为串行发送的波特率产生器。

(5) EXEN2：T2 的外部允许标志，只能通过软件的置位或清除；EXEN2=0：禁止外部时钟触发 T2；EXEN2=1：当 T2 未用作串行波特率发生器时，允许外部时钟触发 T2，当 T2EX 引脚输入一个负跳变时，将引起 T2 的捕获或重装，并置位 EXF2，申请中断。

(6) TR2：T2 的运行控制标志位。TR2=0：停止 T2；TR2=1：启动 T2。

(7) C/T2：T2 的定时方式或计数方式选择位。C/T2=0：选择 T2 为定时器方式；C/T2=1：选择 T2 为计数器方式，下降沿触发。只能通过软件的置位来清除。

(8) CP/RT2：捕获/重装载标志，只能通过软件的置位来清除。CP/RT2=0 时，选择重装载方式，这时若 T2 溢出(EXEN2=0 时)或者 T2EX 引脚(P1.0)出现负跳变(EXEN2=1 时)，将会引起 T2 重装载；CP/RT2=1 时，选择捕获方式，这时若 T2EX 引脚(P1.0)出现负跳变(EXEN2=1 时)，将会引起 T2 捕获操作。但是如果 RCLK=1 或 TCLK=1 时，CP/RT2 控制位不起作用，被强制工作于定时器溢出自动重装载模式。

控制寄存器 T2CON 各位的功能如表 4.4 所示。

表 4.4　T2CON 各位的功能

RCLK	TCLK	CP/RL2	工作方式
0	0	0	16 位重装载方式
0	0	1	16 位捕捉方式
0	1	X	波特率发生器方式，定时器/计数器 2 的溢出脉冲作串行口的发送时钟
1	0	X	波特率发生器方式，定时器/计数器 2 的溢出脉冲作串行口的接收时钟
1	1	X	波特率发生器方式，定时器/计数器 2 的溢出脉冲作串行口的发送、接收时钟

在 EXEN2=1 时，如果定时器/计数器 2 工作在捕捉方式，那么当 T2EX(P1.1)上出现负跳变时，TH2、TL2 的当前值自动送入 RCAP2H、RCAP2L 寄存器，同时外部中断标志 EXF2 被置 1，向 CPU 申请中断；如果定时器/计数器 2 工作在重装载方式，那么 T2EX 的负跳变将 RCAP2H、RCAP2L 的内容自动送入 TH2、TL2，同时 EXF2=1，向 CPU 申请中断。CPU 响应中断后，EXF2 必须由软件清 0。

EXEN2=0 时，T2EX 上电平的变化对定时器/计数器 2 没有影响。

2. 定时器/计数器 2 的自动重装载工作方式

RCLK=0、TCLK=0、CP/RL2=0 使定时器/计数器 2 处于自动重装载工作方式。这时 TH2、TL2 构成 16 位加法计数器，RCAP2H、RCAP2L 构成 16 位初值寄存器。

3. 定时器/计数器 2 的捕捉工作方式

RCLK=0、TCLK=0、CP/RL2=1 使定时器/计数器处于捕捉工作方式。

定时器/计数器 2 的工作与定时器/计数器 0、1 的工作方式 1 相同。C/T2=0 为 16 位定时器，C/T2=1 为 16 位计数器，计数器溢出时，由硬件置 TF2=1，向 CPU 申请中断。定时器/计数器 2 的初值必须由程序重新设定。

4. 波特率发生器工作方式

T2CON 中的 RCLK=0 或 RCLK=1，定时器/计数器 2 成为波特率发生器工作方式。这时 TH2、TL2 构成 16 位加法计数器，RCAP2H、RCAP2L 构成 16 位初值寄存器。C/T2=1 时 TH2、TL2 对 T2(P1.0)上的外部脉冲加法计数。C/T2=0 时 TH2、TL2 对 T2(P1.0)上的时钟脉冲加法计数，而不是对机器周期脉冲加法计数，这一点要特别注意。TH2、TL2 计数溢出时 RCAP2H、RCAP2L 中预置的初始值自动送入 TH2、TL2，使 TH2、TL2 从初值开始重新计数，因此溢出脉冲是连续产生的周期脉冲。

溢出脉冲经 16 分频后作为串行口发送脉冲、接收脉冲。发送脉冲、接收脉冲的频率称为波特率。

4.2.4 定时器/计数器的编程和使用

定时器是单片机应用系统中的重要组成部件，其工作方式的灵活应用对提高编程技巧、减轻 CPU 负担和简化外围电路有很大益处。因此对定时器/计数器的使用方法正确与否，关系到整个应用系统性能的好坏。下面通过应用实例说明定时器的使用方法。

在应用单片机的定时器/计数器资源时，一般都按以下几个步骤进行。

(1) 工作方式控制寄存器的初始化

在使用定时器/计数器之前，都要对其编程进行初始化，主要是对 TCON 和 TMOD 编程设置初值。在单片机复位时，TMOD 的初始值都是 00H。

通过对 TMOD 的设置，确定单片机是定时器功能或是计数器功能，并确定相应的工作方式。

(2) 装载 T0 或 T1 的初值

① 计数器初值的计数

在计数器方式下，定时器/计数器是对外来输入脉冲计算：

$$定时时间\ t=(M-X)\times T_{OSC}$$

其中 M 可以根据工作方式的不同而取不同的值，M 可取值为 2^{13}、2^{16}、2^8，T_{OSC} 为机器周期。

计数初始值为

$$X=M-t/T_{OSC}$$

单片机采用 12MHz 晶振，机器周期为 1μs，定时器工作在方式 0，定时时间为 5ms，那么 TH0 及 TL0 的设置如下：

$$X=2^{13}-5000/1=8192-5000=3192=C78H=110001111000$$

其中：TL0 取低 5 位，其余位为 TH0，则 TH0=63H，TL0=18H。

② 定时器初值的计算

在定时器方式下，定时器/计数器是对机器周期脉冲计数的，由单片机主脉冲经 12 分频后计数。因此，定时器定时时间 T 为：

$$T=(T_M-T_C)\times 12/f_{OSC}\,(\mu s)$$

公式中 T_M 为计数器从初值开始作加 1 计数到计满为全 1 所需要的时间，T_M 为模值，和定时器的工作方式有关；f_{OSC} 是单片机晶体振荡器的频率，T_C 为定时器的定时初值。

在公式中，若设 $T_C=0$，则定时器定时时间为最大(初值为 0，计数从全 0 到全 1，溢出后又为全 0)。由于 M 的值和定时器的工作方式有关，因此不同工作方式下定时器的最大定时时间也不一样。例如，若设单片机主脉冲晶体振荡器频率 $f_{OSC}=12MHz$，则最大定时时间如下。

方式 0 时：　　　　　　$T_{Mmax}=2^{13}\times 1\mu s=8.192ms$

方式 1 时：　　　　　　$T_{Mmax}=2^{16}\times 1\mu s=65.536ms$

方式 2 和 3 时：　　　$T_{Mmax}=2^{8}\times 1\mu s=0.256ms$

若定时器/计数器 T1 工作在定时器的方式 1 时，振荡频率为 6MHz，要求定时 1ms，则计数初值如下：

$(2^{16}-T_C)\times 12/6=1000\mu s$，那么 $T_C=65536-500=65036=FE0CH$。

则定时器初始值：TH1=0FEH，TL1=0CH。

(3)　开中断

若定时器/计数器工作在中断方式下时，必须令 CPU 开中断，允许中断。主要是对 IE 寄存器中的 ET1 或 ET0 进行位设置。

(4)　启动定时器/计数器

主要是设置定时器/计数器的控制寄存器的启动和控制位，即对 TR1 和 TR0 的设置。

(5)　设计服务子程序

在应用到定时器/计数器时，一般情况下都使用了其中断的工作方式。中断服务程序应尽量简练，绝对要避免中断服务程序的执行时间接近甚至大于定时或计数时间，以防止漏断对定时器/计数器中断的响应。一般情况下，应尽量把对定时器/计数器中断结果的处理放在主程序中。

1.　方式 0 的应用

【例 4.1】选用 T0 操作模式 0，用于定时，由 P1.2 输出周期为 1ms 的方波，设晶振 $f_{OSC}=6MHz$。采用查询方式编程。

解：P1.2 输出周期为 1ms 宽的方波，只要每隔 500μs 取反一次即可得到 1ms 宽的方波。因此，可以选用 T0 定时 500μs。设 T_C 为时间初值：

$$T_C=2^{13}-f_{OSC}\times t/12=8192-6\times 500/12=7942=1F06H$$

由于作 13 位计数器使用，TL0 的高 3 位未用，应填 0，TH0 占高 8 位，所以 13 位的二进制表示值应为：

$$T_C=1111100000000110B$$

所以，定时器的初值为：TL0=06H，TH0=F8H。

根据题意，设置模式控制字 TMOD：00000000=00H

由于上电复位后，TMOD 各位均为 0，所以此字可以不用写入。

源程序如下：

```
ORG      8000H
```

```
        MOV    TL0, #06H            ;T0 的计数初值 X0
        MOV    TH0, #0F8H
        SETB   TR0                  ;启动 T0
LP1:    JBC    TF0, LP2             ;查询 T0 计数溢出否，同时清除 TF0
        AJMP   LP1                  ;没有溢出等待
LP2:    MOV    TL0, #06H            ;溢出重置计数初值
        MOV    TH0, #0F8H
        CPL    P1.2                 ;输出取反
        SJMP   LP1                  ;重复循环
```

2. 方式 1 的应用

操作模式 1 是 16 位定时器/计数器，其结构和工作过程几乎与模式 0 完全相同，唯一的区别是计数器的长度为 16 位。

【例 4.2】用定时器 1 产生一个 50Hz 的方波，由 P1.2 输出，仍用程序查询方式，f_{OSC}=12MHz。

解：方波周期 T=1/50=0.02s=20ms，用 T1 定 10ms，计数初值 X_1：

$$X1=2^{16}-12\times10\times1000/12=65536-10000=55536=D8F0H$$

源程序如下：

```
        MOV    TMOD, #10H           ;T1 模式 1，定时
        SETB   TR1                  ;启动 T1
LOOP:   MOV    TH1, #0D8H           ;T1 计数初值
        MOV    TL1, #0F0H
        JNB    TF1, $               ;T1 没有溢出等待
        CLR    TF1                  ;产生溢出清 0 标志位
        CPL    P1.2                 ;P1.2 取反输出
        SJMP   LOOP                 ;循环
```

3. 方式 2 的应用

当模式 0、模式 1 用于循环重复定时计数时，每次计数满溢出，寄存器全部为 0，第二次计数还得重新装入计数初值。这样编程麻烦，而且影响定时时间精度，而模式 2 解决了这种缺陷。

【例 4.3】用定时器 1，模式 2 计数，要求每计满 100 次，将 P1.2 端取反。

解：T1 工作于计数方式，外部计数脉冲由 T1(P3.5)引脚引入，每来一个由 1 至 0 的跳变，计数器加 1，由程序查询 TF1 的状态。

计数初始值：$X_1=2^8-100=156=9CH$

TH1=TL1=9CH，TMOD=60H(计数方式，模式 2)

源程序如下：

```
        MOV    TMOD, #60H           ;T1 模式 2，计数方式
        MOV    TH1, #9CH            ;T1 计数初值
        MOV    TL1, #9CH
        SETB   TR1                  ;启动 T1
LOOP:   JBC    TF1, REP             ;TF1=1 跳转
        SJMP   LOOP                 ;否则等待
REP:    CPL    P1.2                 ;P1.2 取反输出
        SJMP   LOOP
```

本例中若要求计数值较大时(>256)，还可以用定时器/计数器 T2 的自动重装载工作方式。此时方式控制字 T2CON 中置 RCLK=0、TCLK=0、CP/RL2=0、C/T2=1、TR2=1，加法计数器对 T2(P1.0)引脚上的外部脉冲计数。相关程序与上述程序相似，读者可自行练习。

4. 方式 3 的应用

方式 3 只适合于定时器/计数器 T0。当 T0 工作在方式 3 时，TH0 和 TL0 相当于两个独立的 8 位定时器/计数器。

【例 4.4】某用户系统中已使用了两个外部中断，并置定时器 T1 工作于模式 2，作串行口波特率发生器用。现要求再增加一个外部中断源并由 P1.2 输出一个 5kHz 的方波。f_{OSC}=12MHz。

解：为了不增加其他硬件开销，可设置 T0 工作于模式 3 计数方式，把 T0 的引脚作附加的外部中断输入端，TL0 的计数初值为 FFH，当检测到 T0 引脚由 1 至 0 的负跳变时，TL0立即产生溢出，申请中断，相当于边沿触发的外部中断源。

T0 模式 3 下，TL0 作计数用，而 TH0 可用作 8 位的定时器，定时控制 P1.0 输出的 5kHz方波信号。

TL0 的计数初值为 FFH。

因为 P1.0 的方波频率为 5kHz，故周期 T=1/5kHz=0.2ms=200μs

所以用 TH0 定时 100μs，X=256-100×12/12=156

程序如下：

```
MOV      TMOD, #27H        ;T0 模式 3，计数；T1 模式 2，定时
MOV      TL0, #0FFH        ;TL0 计数初值
MOV      TH0, #156         ;TH0 计数初值
MOV      TH1, #data        ;data 是根据波特率要求设置的常数
MOV      TL1, #data
MOV      TCON, #55H        ;外部中断 0、1 边沿触发，启动 T0、T1
MOV      IE, #9FH          ;开放全部中断
...
```

TL0 溢出中断服务程序(由 00BH 传来)：

```
TL0INT: MOV   TH0, #156    ;TH0 重赋初值
CPL     P1.2               ;P1.2 取反输出
```

5. 定时器/计数器的综合举例

【例 4.5】简易顺序控制器监控程序。

在一个简易顺序控制器中，用 8031 P1 口上的 8 个继电器来控制一个机械装置的 8 个机械动作，要求 P1 口输出如图 4.12 所示的波形，现在为这个控制器配一个监控程序。

这里采用和例 2 中相似的方法。根据 P1 口的输出波形，可划分为 16 个状态，用一个工作单元记录 P1 口当前的状态数(初值为 0)。把 16 个状态的输出数据和持续时间以表格形式存放于程序存储器中。利用定时器 T0 产生 10ms(时间单位)的定时，在 T0 的中断服务程序中对当前状态的时间计数器进行计数。当计数器减 1 到 0 时，计算下一个状态，查表取出持续时间常数装入当前时间计数器，取出数据输出到 P1 口。这样便使 P1 口输出规定的

波形，实现对机械装置的操作控制。下面分别为主程序和 T0 中断服务程序。主程序中，用踏步指令代替 CPU 的其他操作，在实际应用中 CPU 还执行系统状态的监视等操作(如人工干预、机械装置异常状态输入处理等)。

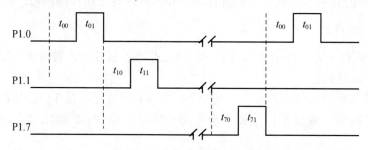

图 4.12　简易顺序控制器输出波形

程序如下：

```
          ORG    0
START:    SJMP   MAIN              ;转主程序
          ORG    0BH
          LJMP   PTFO              ;转 T0 中断服务程序
          ORG    40H
MAIN:     MOV    P1, #0            ;主程序，P1 口和栈指针初始化
          MOV    SP, #70H
          MOV    20H, #0           ;状态数初始化
          ACALL  GNI               ;取时间常数
          MOV    TMOD, #1          ;定时器 T0 和中断初始化
          MOV    TH0, #0DCH
          MOV    TL0, #0
          MOV    IE, #82H
          SETB   TR0
HERE:     SJMP   HERE              ;以踏步表示 CPU 可以处理其他工作
PTEO:     MOV    TH0, #0DCH        ;中断服务程序
          PUSH   ACC
          PUSH   PSW
          MOV    A, 31H
          JZ     PTOA
          DEC    31H               ;计数器低位减 1
PTOR:     POP    PSW
          POP    ACC
          RETI
PTOA:     MOV    A, 31H
          JZ     PTOB              ;计数器减为 0 转 PTOB
          DEC    30H               ;计数器高位减 1
          DEC    31H
          SJMP   PTOR
PTOB:     MOV    A, 20H            ;计算下一个状态数
          INC    A
          ANL    A, #0FH
          MOV    20H, A
          ACALL  SRPI              ;调用对 P1 口操作子程序
```

```
                ACALL   GNI                    ;调用取时间常数子程序
                SJMP    PTOR
    SPRI:   MOV     A, 20H                  ;P1 口操作子程序
                ADD     A, #3                  ;根据状态数取数据→P1 口
                MOVC    A, @A+PC
                MOV     P1, A
                RET
                DB      0, 1, 0, 2, 4, 0, 8, 0
                DB      10H, 0, 20H, 0, 40H, 0, 80H
    GNI:    MOV     A, 20H                  ;取时间常数子程序
                ANL     A, #0FH
    GNIO:   RL      A
                MOV     B, A
                ADD     A, #9
                MOVC    A, @A+PC
                MOV     30H, A                 ;查表得高位→30H
                MOV     A, B
                ADD     A, #4
                MOVC    A, @A+PC
    GNI1:   MOV     31H, A
                RET
    GNTB:   DW      2000, 2200, 2400, 2600
                DW      2800, 3000, 3200, 3400
                DW      3600, 3800, 4000, 4200
                DW      4400, 4600, 4800, 5000
```

【例 4.6】 脉冲宽度测试程序。

该程序的功能是测试 P3.3 上输入的正脉冲宽度,将测试的结果送内部 RAM 缓冲器中。

门控位为 1 时,仅当 P3.3 为高电平时,T1 才启动计数,利用这个方法,便可以测试 P3.3 输入脉冲的宽度,测试原理如图 4.13 所示。在本例中脉冲宽度以机器周期为单位,且小于 65536。请读者修改下面给出的程序,使之能测试宽度更大的脉冲。

图 4.13　脉冲宽度测试原理

程序如下:

```
    TPLS:   MOV     TMOD, #90H             ;T1 设为门控制方式 1 定时
                MOV     TL1, #0
                MOV     TH1, #0
    LOP1:   JB      P3.3, LOP1             ;等待下跳变
                SETB    TR1                   ;允许 T1 计数
    LOP1:   JNB     P3.3, LOP1             ;等待上跳变
    LOP3:   JB      P3.3, LOP3             ;T1 开始计数,等待下跳
                CLR     TR1                   ;禁止 T1 计数
                MOV     R0, #BUF0
                MOV     @R0, TL1              ;读 TL1→BUF0 单元
```

```
INC    R0
MOV    @, TH1                    ;TH1→BUF0+1 单元
RET
```

4.3 串 行 接 口

单片机内部有一个采用通用异步收发器(UART)工作方式的全双工串行通信接口,可以同时发送、接收数据。它具有两个独立的接收、发送缓冲器,但接收缓冲器只能读出不能写入,而发送缓冲器则只能写入不能读出。这个通信口既可以用于网络通信,也可实现串行异步通信,还可以构成同步移位寄存器使用。如果在串行口的输入/输出引脚上加上电平转换器,就可方便地构成标准的 RS-232 接口。下面分别加以介绍。

4.3.1 基本概念

在数据传送时,如果一个数据编码的各位不是同时发送的,而是按一定顺序,一位一位地在信道中被发送和接收,这种传送通信方式称为串行通信。串行通信的物理信道为串行总线。串行通信可通过串行接口实现,一般计算机都会有两个外置的 COM 口,这就是串行接口。

1. 串行传送方式

串行通信的传送方式按信息传送的方式和同时性,可以分为单工、半双工和全双工方式,如图 4.14 所示。

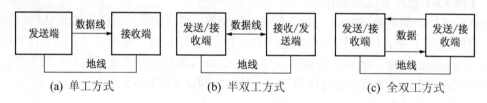

(a) 单工方式   (b) 半双工方式   (c) 全双工方式

图 4.14　串行传送方式示意图

(1) 单工方式

数据仅按一个固定方向传送,而不能沿相反方向传送的工作方式称为单工方式,如图 4.14(a)所示。因而这种传输方式的用途有限,常用于串行口的打印数据传输与简单系统间的数据采集。

(2) 半双工方式

数据可实现双向传送,但不能同时进行,这样的传送方式称为半双工方式,如图 4.14(b)所示。发送和接收是相互的,但两者之间只有一条传输线,信息只能分时在两个方向传输。实际的应用采用某种协议实现收/发开关转换。

(3) 全双工方式

信号在双方之间沿两个方向同时传送,任何一方在同一时刻既能接收又能发送信息,这种方式就是全双工方式,如图 4.14(c)所示。允许双方同时进行数据双向传送,但一般全双工传输方式的线路和设备较复杂。

3 种数据传输方式尽管在收、发控制上有所差别，但数据发送和数据接收的基本原理是相同的。双向传送信息，但在同一时间信息只能向一个方向传送的是半双工；能同时实现信息双向传送的称为全双工。

2. 异步通信和同步通信

串行通信按同步方式可分为异步通信和同步通信。

(1) 异步通信

在异步通信中，数据或字符是一帧一帧地被传送，在帧格式中，一个字符由 4 个部分组成：起始位、数据位、奇偶校验位和停止位。首先是一个起始位"0"，然后是 5~8 个数据位，接下来是奇偶校验位，最后是一个停止位"1"。起始位"0"信号用来通知接收设备一个待定的字符开始到来。线路上在不传送数据期间应保持为"1"。接收端不断检测线路状态，若连续为"1"，以后又测到一个"0"，表示又发来了一个新符号，应马上准备接收。异步通信依靠起始位、停止位保持通信同步。

异步通信对硬件要求较低，实现起来比较简单、灵活，适用于数据的随机发送/接收，但因每个字节都要建立一次同步，即每个字符都要额外附加两位，所以工作速度较低。

(2) 同步通信

在同步方式中，在数据开始同步通信时依靠同步字符来指示，并由时钟来实现发送端和接收端同步，即检测到规定的同步字符后，下面就连续按顺序传送数据，直到通信告一段落。同步通信是由 1~2 个同步字符和多字节数据位组成，同步字符作为起始位以触发同步时钟开始发送或接收数据；多字节数据之间不允许有空隙，每位占用的时间相等；空闲位需发送同步字符。

同步通信传输速度较快，但要求有准确的时钟来实现收、发双方的严格同步，对硬件要求较高，适用于成批数据传送。

4.3.2　80C51 串行接口

1. 80C51 串行接口结构

80C51 单片机内部有一个全双工的串行通信口，即串行接收和发送缓冲器(SBUF)，串行口是由发送缓冲寄存器 SBUF、发送控制器、发送控制门、接收缓冲寄存器 SBUF、接收控制寄存器、移位寄存器和中断等部分组成，简化图如图 4.15 所示。

80C51 串行接口结构中包含两个物理上独立的接收、发送缓冲器 SBUF，它们占用同一地址 99H，可以同时发送、接收数据，其中发送 SBUF 只能写入不能读出，而接收 SBUF 则只能读出不能写入。

串行接口工作过程：串行发送与接收的速率与移位时钟同步，定时器 T1 作为串行通信的波特率发生器，受特殊功能寄存器 SMOD 的控制，将 T1 溢出率分频或不分频之后送入到 16 分频器，经 16 分频之后送入发送与接收控制器。由图 4.15 可以看出，发送控制器用来控制控制门，起到控制发送数据的作用，当一帧数据发送完之后便置位发送中断标志位 TI，CPU 响应中断之后继续发送下一帧数据；而接收控制器则用来控制移位寄存器，起到控制接收数据的作用，当一帧数据进入移位寄存器并装载到接收 SBUF 中，便置位接收中断标志位 RI，CPU 响应中断从接收 SBUF 中取出数据。

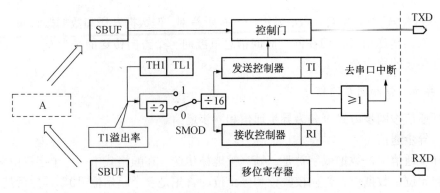

图 4.15　串行接口结构

2. 串行口特殊功能寄存器

80C51 串行接口是一个可编程的全双工串行通信接口。它可用作异步通信方式(UART)，与串行传送信息的外部设备相连接，或用于通过标准异步通信协议进行全双工的 8051 多机系统也可以通过同步方式，使用 TTL 或 CMOS 移位寄存器来扩充 I/O 口。

80C51 单片机通过引脚 RXD(P3.0，串行数据接收端)和引脚 TXD(P3.1，串行数据发送端)与外界通信。SBUF 是串行口缓冲寄存器，包括发送寄存器和接收寄存器。它们有相同名字和地址空间，但不会出现冲突，因为它们两个一个只能被 CPU 读出数据，另一个只能被 CPU 写入数据。接收时，CPU 将自动把接收到的数据存入 SBUF，用户只需从 SBUF 中读出接收数据。

与串行通信有关的控制寄存器有 4 个：SBUF、SCON、PCON 和 IE。

(1) 串行控制寄存器 SCON

串行控制寄存器 SCON 是 80C51 的一个可位寻址的专用寄存器，用于串行数据通信的控制，单元地址 98H，位地址 9FH～98H。寄存器和位地址表示如表 4.5 所示。

表 4.5　串行控制寄存器 SCON 位地址和位符号

SCON	D7	D6	D5	D4	D3	D2	D1	D0
位符号	SM0	SM1	SM2	REN	TB8	RB8	TI	RI
位地址	9FH	9EH	8DH	9CH	9BH	9AH	99H	98H

其功能说明如下。

① SM0 SM1：串行口工作方式选择位。

该两位组成 4 种不同工作方式，如表 4.6 所示。

表 4.6　串行口 4 种工作方式

SM0 SM1	工作方式	功　能	波　特　率
0　0	方式 0	8 位同步移位寄存器	$f_{osc}/12$
0　1	方式 1	10UART	可变
1　0	方式 2	11UART	$f_{osc}/32$ 或 $f_{osc}/64$
1　1	方式 3	11UART	可变

② SM2：多机通信控制位。

多机通信是工作于方式 2 和方式 3，SM2 位主要用于方式 2 和方式 3。用于主-从式多机通信的控制位。若 SM2=1 时，则允许多机通信。多机通信规定：第 9 位数据(D8)为 1，说明本帧为地址；若第 9 位数据为 0，则本帧为数据。当一个主机与多个从机通信时，所有从机的 SM2 都置 1，否则会将接收到的数据放弃。当 SM2=0 时，则不论第 9 位数据是 0 还是 1，都得将数据送入 SBUF，并发出中断申请。

在工作方式 0 时，SM2 必须为 0；在工作方式 1 时，若 SM2=1，则只有接收到有效停止位时中断标志 RI 才置 1，以便接收下一帧数据，在工作方式 0 时，SM2 应为 0。

③ REN：允许接收控制位。

REN 用于控制数据接收的允许和禁止。REN=1 时，允许接收；REN=0 时，禁止接收。该位由软件置位或复位。

④ TB8：方式 2 和方式 3 中要发送的第 9 位数据。

在方式 2 和方式 3 中，TB8 是要发送的第 9 位数据位。在多机通信中同样亦要传输这一位，并且它代表传输的是地址还是数据，TB8=0 时为数据，TB8=1 时为地址。该位由软件置位或复位。

⑤ RB8：方式 2 和方式 3 中要接收的第 9 位数据。

在方式 2 和方式 3 中，RB8 存放接收到的第 9 位数据，代表着接收的某种特征，故应根据其状态对接收的数据进行操作。

⑥ TI：发送中断标志。

可寻址标志位。方式 0 时，发送完第 8 位数据后，该位由硬件置位，在其他方式下，在发送或停止位之前由硬件置位，因此，TI=1 表示帧发送结束，其状态既可供软件查询使用，也可请求中断。TI 可由软件清 0。

⑦ RI：接收中断标志。

可寻址标志位。在工作方式 0 中，接收完第 8 位数据后，该位由硬件置位，在其他工作方式下，当接收到停止位时，该位由硬件置位。因此 RI=1，表示帧接收完成。其状态既可供软件查询使用，也可以请求中断。RI 位由软件清 0。

(2) 电源控制寄存器 PCON

PCON 主要是为 CHMOS 型单片机的电源控制而设置的专用寄存器，单元地址为 87H，其中只有一位与串行口有关，其内容如表 4.7 所示。

SMOD 称为波特选择位，在工作方式 1、工作方式 2 和工作方式 3 中，若 SMOD=1，则波特率提高一位；若 SMOD=0，则波特率不加倍。整机复位时，SMOD=0。

表 4.7　PCON 格式

PCON	D7	D6	D5	D4	D3	D2	D1	D0
位名称	SMOD	—	—	—	GF1	GF0	PD	IDL

3. 串行工作方式

8051 单片机的串行端口有 4 种基本工作方式，通过编程设置，可以使其工作在任何一种方式，以满足不同应用场合的需要。其中，方式 0 主要用于外接移位寄存器，以扩展单片机的 I/O 电路；方式 1 多用于双机之间或与外设电路的通信；方式 2、方式 3 除有方式 1 的功能外，还可用作多机通信，以构成分布式多微机系统。

(1) 方式 0

串行口的工作方式 0 为 8 位移位寄存器输入/输出方式，多用于外接移位寄存器以扩展 I/O 端口。串行数据通过 RXD(P3.0)输入或输出，TXD(P3.1)则用于输出移位时钟脉冲。收、发的数据为 8 位，低位在前，高位在后。波特率固定为 $f_{OSC}/12$。其中，f_{OSC} 为外接晶振频率。

① 方式 0 输出(发送)

发送操作是在 TI=0(由软件清零)下进行的，CPU 执行任何一条将 SBUF 作为目的寄存器送出发送字符指令(如 "MOV SBUF, A" 指令)，此命令使写信号有效后，相隔一个机器周期，发送控制端 SEND 有效(高电平)，允许 RXD 发送数据，同时，允许从 TXD 端输出同步移位脉冲，数据开始从 RXD 端串行发送，其波特率为振荡频率的 1/12，在此期间，发送控制器送出移位信号(SHIFT)，使发送移位寄存器的内容右移一位，如此直至最高位(D7 位)数字移出后，停止发送数据和移位时钟脉冲。完成了发送一帧数据的过程，并置 TI 为 1，则申请中断。CPU 响应中断后必须用软件将 TI 清零，然后再给 "SBUF(发送)" 送下一个欲发送字符，才能发送新数据。方式 0 输出时序如图 4.16 所示。

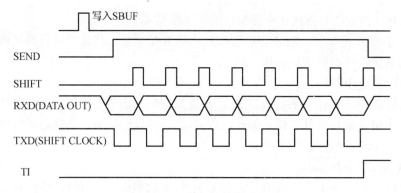

图 4.16 方式 0 输出时序

② 方式 0 输入(接收)

当串行口定义为方式 0 作为输入时，RXD 为数据输入端，TXD 为同步信号输出端，输出频率为 $f_{OSC}/12$ 的同步移位脉冲，使外部数据逐位移入 RXD。接收器以振荡频率的 1/12 的波特率接收 RXD 端输入的数据信息。

REN(SCON.4)为串行口接收器允许接收控制位。当 REN=0 时，禁止接收；REN=1 时，允许接收。所以当串行口为方式 0，且满足 REN=1 和 RI(SCON.0)=0 时，就会启动一次接收过程。当接收完一帧数据后，由硬件将输入移位寄存器中的内容写入 SBUF，中断标志 RI 置 1。如要再接收数据，必须用软件将 RI 清 0。

串行口接收过程中 TXD 每一个负脉冲对应于从 RXD 引脚接收到的一位数据。在 TXD 的每个负脉冲跳变之前，串行口对 RXD 引脚采样，并在 TXD 上跳变后使串行口的 "输入移位寄存器" 左移一位，把在此之前(TXD 上跳之前)采样 RXD 所得到的一位数据从 RXD 逐位移入 "输入移位寄存器" 变成并行数据。接收电路接收到 8 位数据后，TXD 停留在高电平不变，停止接收，同时串行口把 "输入移位寄存器" 的 8 位并行数据装到接收缓冲寄存器(SBUF)，并且使 RI 自动置 "1" 和发出串行口中断请求。CPU 查询到 RI=1 或响应中断后便可通过指令把"SBUF(接收)"中数据送入累加器 A(如"MOV A, SBUF")。

串行方式 0 接收的时序图如图 4.17 所示。

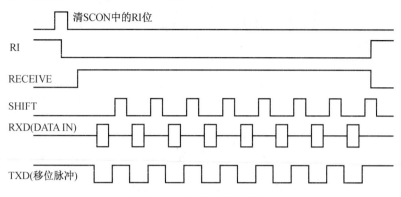

图 4.17　方式 0 输入时序

方式 0 主要用于使用 CMOS 或 TTL 移位寄存器进行 I/O 扩展的场合,方式 0 工作时 SM2 位(多机通信控制位)必须为 0。

(2)　方式 1

串行口定义为方式 1 时,它是一个 8 位异步通信口,TXD 为数据输出线,RXD 为数据输入线。传送一帧数据的格式如图 4.18 所示。

起始位	D0	D1	D2	D3	D4	D5	D6	D7	停止位

图 4.18　串行口方式 1 的数据格式

其中,1 个起始位(0),8 个数据位(由低位到高位)和 1 个停止位(1)。波特率由定时器 T1 的溢出率和 SMOD 位的状态确定。

①　方式 1 输出(发送)

CPU 向发送 SBUF 写入一个数据,便启动串行口发送,同时将 1 写入内部输出移位寄存器的第 9 位,开始发送时,$\overline{\text{SEND}}$ 和 DATA 都为低电平,把起始位的低电平输出到 TXD 端。一位时间后,DATA 变为高电平,允许输出移位寄存器的输出位送到 TXD,再经过一位时间后,发出第一个移位脉冲,使输入移位寄存器右移一位,左边移入 0。当数据的最高位 MSB 移到输出移位寄存器的输出位时,其左边为 1(原来写入的第 9 位),左边其余位全为 0,方式 1 内部有一个零检测器用来检测 SBUF 里面内容是否满足这一条件,当这一条件成立时,零检测器使控制电路进行最后一次移位,然后 $\overline{\text{SEND}}$ 为 1,输出停止位,一帧数据输出结束,将 TI 置 1。方式 1 的输出时序如图 4.19 所示。

②　方式 1 输入(接收)

当软件置 REN 为 1 时,接收器以所选择波特率的 16 倍速率采样 TXD 引脚电平,检测到 RXD 引脚输入电平发生负跳变时,则说明起始位有效,将其移入输入移位寄存器,并开始接收这一帧信息的其余位。接收过程中,数据从输入移位寄存器右边移入,起始位移至输入移位寄存器最左边时,控制电路进行最后一次移位。当 RI=0,且 SM2=0 时,将接收到的 9 位数据的前 8 位数据装入接收 SBUF 中，第 9 位进入 RB8，并置 RI=1，向 CPU 请求中断。方式 1 的输入时序如图 4.20 所示。

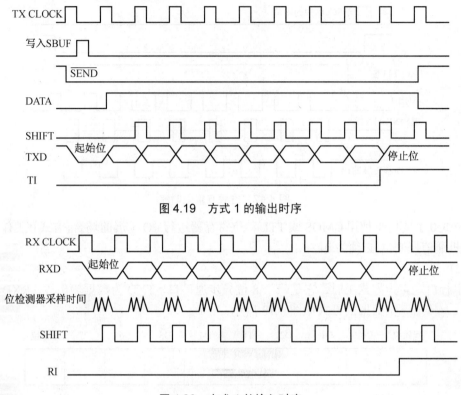

图 4.19　方式 1 的输出时序

图 4.20　方式 1 的输入时序

(3)　方式 2、3

串行口工作于方式 2 或方式 3 时，实际上是一个 9 位的异步通信接口，TXD 为数据发送端，TXD 为数据接收端，传送一帧数据的格式如图 4.21 所示。

起始位	D0	D1	D2	D3	D4	D5	D6	D7	TB8/RB8	停止位

图 4.21　方式 2、3 的数据格式

其中，1 个起始位(0)，8 个数据位(由低位到高位)，1 个附加的第 9 位和 1 个停止位(1)，故一帧数据为 11 位。方式 2 和方式 3 除波特率不同外，其他性能完全相同。发送时，发送机的第 9 位数据来自该机 SCON 中的 TB8,而接收机将接收到的第 9 位数据送入本机 SCON 中的 RB8。这个第 9 位数据通常用作数据的奇偶检验位，或在多机通信中作为地址/数据的特征位。

①　方式 2 和方式 3 输出

方式 2 和方式 3 的发送过程是由执行任何一条以 SBUF 作为目的寄存器的指令来启动的。在启动串行口发送的同时还会将 TB8 写入输出移位寄存器的第 9 位。开始发送时，$\overline{\text{SEND}}$

和 DATA 均为低电平，把起始位 0 输出到 TXD 端。经一位时间后，DATA 变为高电平，使输出移位寄存器的输出位送到 TXD 端，再经一位时间后，发第一个移位脉冲。第一次移位时，将 1 移入输出移位寄存器，以后每次移位左边移入 0，当 TB8 移至输出位时，TB8 的左边是第 1 次位写入的 1，左边其余位全为 0，检测电路检测到这一条件时使控制电路进行最后一次移位，然后 $\overline{SEND}$ 为 1 输出停止位，一帧数据输出结束，置 TI=1，向 CPU 请求中断。方式 2 和方式 3 输出时序如图 4.22 所示。

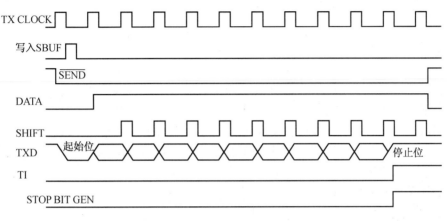

图 4.22　方式 2 和方式 3 的输出时序

② 　方式 2 和方式 3 输入

当软件置 REN 为 1 时，接收器以所选择波特率的 16 倍速率采样 TXD 引脚电平，检测到 RXD 引脚输入电平发生负跳变时，说明起始位有效，将其移入输入移位寄存器，并开始接收这一帧信息。

接收过程中，数据从输入移位寄存器右边移入，起始位移至输入移位寄存器最左边时，控制电路进行最后一次移位。在接收到附加的第 9 位数据后，当(RI)=0 或者(SM2)=0 时，第 9 位数据才进入 RB8，8 位数据才能进入接收寄存器，并由硬件置位中断标志 RI；否则信息丢失，且不置位 RI。再过一位时间后，不管上述条件是否满足，接收电路即行复位，并重新检测 RXD 上从 1 到 0 的跳变。方式 2 和方式 3 的输入时序如图 4.23 所示。

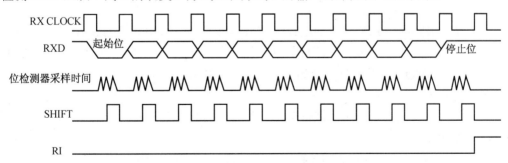

图 4.23　方式 2 和方式 3 的输入时序

(4) 　方式 1、2、3 的区别

① 　方式 1 是 8 位异步通信接口，第 0 位是起始位 0，1～8 位是数据位，最后一位是停止位，故串行口发送和接收的都是 10 位数据。

方式 2、3 是 9 位异步通信接口，在 8 位数据后，第 9 位是可编程控制位，如用 1 表示该帧是地址信息，用 0 表示该帧是数据信息。故共有 11 位数据。

② 方式 1、3 的波特率是可变的，其波特率取决于定时器 T1 的溢出率和特殊功能寄存器 PCON 和 SMOD 的值；而方式 2 的波特率只能取决于晶振频率及 PCON 和 SMOD 的设置。

③ 方式 2、3 中可以控制 TB8，作为其传送数据的奇偶校验位或作为多机通信中地址帧或数据帧的标志。

4. 波特率的设定

波特率即模拟线路信号的速率，也称调制速率，以波形每秒振荡数来衡量。如果数据不压缩，波特率等于每秒钟传输的数据位数(单位是 b/s)，如果数据进行压缩，那么每秒钟传输的数据位数通常大于调制速率，使得交换使用波特和位/秒偶尔发生错误。

假如数据传送的速率每秒钟为 120 个字符，每个字符包含 10 个代表位(1 个起始位、1 个停止位、8 个数据位)，这时传送的波特率为：10×120b/s=1200 波特(bps)。

每一位代码的传送时间：

$$T_d = \frac{1}{1200} \approx 0.833 \text{ (m/s)}$$

波特率的倒数即为每位传输所需的时间。

异步通信的传送速率在 50～19200 波特之间，常用于计算机到 CRT 终端，以及双机和多机之间的通信等。相互通信的甲、乙双方必须具有相同的波特率，否则无法成功地完成串行数据通信。

在串行通信中，收、发双方的数据传送率(波特率)要有约定。在 8051 串行口的 4 种工作方式中，方式 0、2 的波特率是固定的，而方式 1、3 的波特率是可变的，由定时器 T1 的溢出率控制。

(1) 方式 0

方式 0 的波特率固定为主振频率的 1/12。

$$\text{方式 0 的波特率} = f_{OSC}/12 \tag{4-1}$$

(2) 方式 2

方式 2 的波特率由 PCON 中的选择位 SMOD 来决定，可由式(4-2)表示，即

$$\text{方式 2 波特率} = (2^{SMOD}/64) \times f_{OSC} \tag{4-2}$$

也就是当 SMOD=1 时，波特率为 $1/32 f_{OSC}$，当 SMOD=0 时，波特率为 $1/64 f_{OSC}$。

(3) 方式 1

$$\text{方式 1 的波特率} = (2^{SMOD}/32) \times (\text{TI 溢出率}) \tag{4-3}$$

(4) 方式 3

$$\text{方式 3 的波特率} = (2^{SMOD}/32) \times (\text{TI 溢出率})$$

定时器 T1 作为波特率发生器，其公式如下：

$$\text{波特率} = \text{定时器 T1 溢出率}$$

$$\text{T1 溢出率} = \text{T1 计数率/产生溢出所需的周期数} = f_{OSC}/\{12 \times [256-(TH1)]\}$$

式中 T1 计数率取决于它工作在定时器状态还是计数器状态。

当工作于定时器状态时，T1 计数率为 $f_{OSC}/12$。

当工作于计数器状态时，T1 计数率为外部输入频率，此频率应小于 $f_{OSC}/24$。产生溢出所需周期与定时器 T1 的工作方式、T1 的预置值有关。

定时器 T1 工作于方式 0：溢出所需周期数=8192−X

定时器 T1 工作于方式 1：溢出所需周期数=65536−X

定时器 T1 工作于方式 2：溢出所需周期数=256−X

因为方式 2 为自动重装入初值的 8 位定时器/计数器模式，所以用它来做波特率发生器最恰当。当时钟频率选用 11.0592MHz 时，取易获得标准的波特率，所以在单片机的应用中，常用的晶振频率为 12MHz 和 11.0592MHz。常用的串行接口波特率以及各参数的关系如表 4.8 所示。

表 4.8　常用单片机波特率表

串行口工作方式	波特率(bps)	f_{OSC}	SMOD	定时器 T1		
				C/T	模　式	初　值
方式 0	1M	12MHz				
方式 2	375k	12MHz	1			
	187.5k	12MHz	0			
	62.5k	12MHz	1	0	2	FFH
	192.5k	11.0592MHz	1	0	2	FDH
方式 1 或方式 3	9.6k	11.0592MHz	0	0	2	FDH
	4.8k	11.0592MHz	0	0	2	FAH
	2.4k	11.0592MHz	0	0	2	F4H
	1.2k	11.0592MHz	0	0	2	F8H
	137.5k	11.0592MHz	0	0	2	1DH
	110	12MHz	0	0	1	FEEBH
方式 0	0.5M	6MHz				
方式 2	187.5k	6MHz	1			
	19.2k	6MHz	1	0	2	FEH
	9.6k	6MHz	1	0	2	FDH
	4.8k	6MHz	0	0	2	FDH
方式 1 或方式 3	2.4k	6MHz	0	0	2	FAH
	1.2k	6MHz	0	0	2	F4H
	0.6k	6MHz	0	0	2	F8H
	110	6MHz	0	0	2	72H
	55	6MHz	0	0	2	FEEBH

在使用串行口前，应对其进行初始化，主要是设置产生波特率的定时器 1、串行接口控制和中断控制，其串口初始化的步骤如下。

① 确定定时器 1 的工作方式——编程 TMOD 寄存器。

② 计算定时器 1 的初值——装载 TH1 和 TL1。

③ 启动定时器 1——编程 TCON 中的 TR1 位。

④ 确定串行口的工作方式——编程 SCON。

⑤ 串行口在中断方式工作时还要进行串行口中断设置。

4.4　中断系统

在 CPU 与外设交换信息时，存在一个快速的 CPU 与慢速的外设间的矛盾。为解决这个问题，采用了中断技术。良好的中断系统能提高计算机实时处理的能力，实现 CPU 与外设分时操作和自动处理故障，从而扩大了计算机的应用范围。

4.4.1　中断、中断源和中断优先级

当 CPU 正在处理某项事务时，如果外界或内部发生了紧急事件，要求 CPU 暂停正在处理的工作转而去处理这个紧急事件，则正在执行的程序被打断，CPU 响应该请求并转入相应的处理程序，待处理完以后再回到原来被打断的位置，继续执行原来的工作，这一过程称为中断。实现中断功能的部件称为中断系统，如图 4.24 所示。处理事件的过程，称为事件响应过程。对事件的整个处理过程，称为中断服务(或中断处理)。实现这种功能的部件称为中断系统，向 CPU 提出中断请求的源称为中断源。中断源向 CPU 提出的处理请求称为中断请求或中断申请。微型计算机一般允许有多个中断源。当几个中断源同时向 CPU 发出中断请求时，CPU 应优先响应最需紧急处理的中断请求。为此，需要规定各个中断源的优先级，使 CPU 在多个中断源同时发出中断请求时能找到优先级最高的中断源，响应它的中断请求。在优先级高的中断请求处理完以后，再响应优先级低的中断请求。

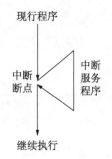

图 4.24　中断流程

当 CPU 正在处理一个优先级低的中断请求时，如果发生另一个优先级比它高的中断请求，CPU 能暂停正在处理的中断源的处理程序，转去处理优先级高的中断请求，待处理完高优先级的中断请求以后，再回到原来正在处理的低优先级中断程序，这种高级中断源能中断低级中断源的中断处理称为中断嵌套。

单片机引入中断后，其功能大大增强。

(1) 同步工作

单片机有了中断功能后，使 CPU 与外设由串行工作变成分时并行工作。在 CPU 启动外设之后，继续执行主程序，而当外部设备数据准备好或要求 CPU 对其进行相应处理之后，就向 CPU 发出中断申请，请求 CPU 中断主程序的执行，转去执行输入/输出的工作，中断服务处理完毕后，CPU 恢复执行原来的主程序，外设得到新的数据之后继续工作，这样就实现了 CPU 和外设的同步工作，大大提高了单片机的效率。

(2) 实时处理

在实时控制中，现场采集到的各种数据可在任何时刻发出中断处理请求，要求占用 CPU 资源，若此时中断是开放的，并且没有比其更高级或同级的中断服务在进行，则 CPU 可以对数据进行处理。

(3)　故障处理

如果计算机在运行过程中出现了事先预料不到的情况或故障时(如掉电、存储出错、溢出等),可以设计相关的中断服务程序,利用中断系统进行相应的处理,而不必停机。

此外,多机系统、多任务分时操作和人机接口等,也都是建立在中断基础之上的。

4.4.2　中断的控制和操作

1. 中断系统的结构

80C51 单片机的中断系统可以提供至少 5 个中断请求源,两个中断优先级、两个中断嵌套。用户可以通过软件关中断指令来屏蔽所有的内部、外部中断请求,也可以用开中断指令使 CPU 接受中断请求,如果有多个中断请求源,用户可以通过设计程序独立地为各个中断源开中断或关中断,也可以软件设定每个中断源的优先级别,80C51 单片机的中断控制系统由中断的特殊功能寄存器、中断入口、顺序查询逻辑电路等组成,其结构如图 4.25 所示。

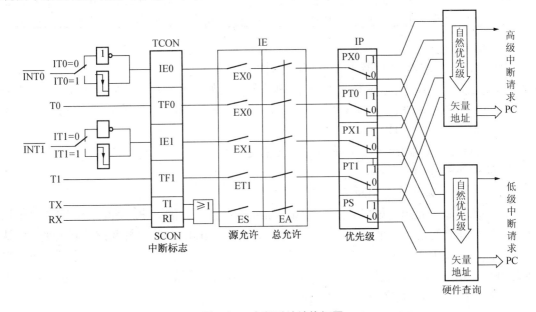

图 4.25　中断系统结构框图

由图 4.25 可得出以下几点结论。

(1)　80C51 单片机允许有 5 个中断源,提供两个中断优先级(能实现二级中断嵌套)。

(2)　每一个中断源的优先级的高低都可以通过编程来设定。

(3)　中断源的中断请求是否能得到响应,受中断允许寄存器 IE 的控制。

(4)　各个中断源的优先级可以由中断优先级寄存器 IP 中的各位来确定。

2. 中断源

80C51 单片机有 5 个中断源,若中断源不够,增加少量的硬件就可以对中断源进行扩展,其中 2 个为外部中断源,3 个为内部中断源。

- 外部中断 0: $\overline{INT0}$,中断请求信号由 P3.2 输入。
- 外部中断 1: $\overline{INT1}$,中断请求信号由 P3.3 输入。

- 定时器/计数器 0：溢出中断 T0，对外部脉冲计数由 P3.4 输入。
- 定时器/计数器 1：溢出中断 T1，对外部脉冲计数由 P3.5 输入。
- 串行中断：包括串行接收中断 RI 和串行发送中断 TI。

为了清楚地知道每个中断源在某一时刻是否产生了中断请求，中断系统对应设置了多个中断请求标志位以实现记忆。这些中断源、请求标志分别由特殊功能寄存器 TCON 和 SCON 的相应位锁存。

(1) 定时器/计数器中断控制寄存器 TCON(字节地址 88H)

TCON 作为定时器 T0、T1 的控制寄存器，同时也锁存了 T0、T1 的溢出中断源和外部中断请求源等。80C51 单片机中涉及中断控制的位如表 4.9 所示。

表 4.9　与中断有关的位

TCON	D7	D6	D5	D4	D3	D2	D1	D0
位名称	TF1	—	TF0	—	IE1	IT1	IE0	IT0
位地址	8FH	8EH	8DH	8CH	8BH	8AH	89H	88H

其中：

① TF1：定时器/计数器 T1 的溢出中断标志位。

当 T1 启动计数后，定时器/计数器 T1 从设置的初始值开始加 1 计数到计数满，产生溢出时，TF1 由硬件置"1"，向 CPU 申请中断。CPU 响应中断后，由硬件对 TF1 清 0。当工作在查询方式下时，TF1 可以由软件清 0。

② TF0：定时器/计数器 T0 的溢出中断标志。

TF0 的功能与 TF1 类似。

③ IE1：外部中断 1 中断请求标志。

当外部中断 1 是电平触发方式下，CPU 在每个机器周期的 S5P2 期间采样 P3.2 电平输入，如果采样到的是低电平，则认为有中断请求并置位 IE0；如果采样到的是高电平，则认为无中断请求或中断请求已撤销并将 IE0 清 0。在电平触发方式下，CPU 响应中断后不能自动使 IE0 清 0，也不能通过软件将 IE0 清 0，因此在中断返回前必须清除 P3.2 引脚上的低电平，否则 CPU 会再次响应中断而导致出错。

当外部中断 0 控制为边沿触发方式时，CPU 在每一个机器周期的 S5P2 期间采样 P3.2 脚输入，如果相继两次采样，一个周期采样得到的是高电平，接下来一个周期采样得到的是低电平，则表示外部中断源 0 正在向 CPU 请求中断，这时置位 IE0=1，只有等到中断请求得到 CPU 响应时，IE0 才由硬件自动清 0。在边沿触发方式中，为了保证 CPU 在两个机器周期内检测到有负跳变的下降沿，输入信号的高电平和低电平的持续时间必须至少保持 1 个机器周期。

④ IT1：外部中断 1 触发方式控制位。

当 IT1=1，则外部中断 1 为负边沿触发方式(CPU 在每个机器周期的 S5P2 采样 $\overline{INT1}$ 脚的输入电平，如果在一个周期中采样到高电平，在下个周期中采样到低电平，则硬件使 IE1 置 1，向 CPU 请求中断)；当 IT1=0，则外部中断 1 为电平触发方式。此时外部中断是通过检测 $\overline{INT1}$ 端的输入电平(低电平)来触发的。采用电平触发时，输入到 $\overline{INT1}$ 的外部中断源必须保持低电平有效，直到该中断被响应。同时在中断返回前必须使电平变高，否则将会再次产生中断。

⑤　IE0：外部中断 0 中断请求标志位。

如果使 IT0 置 1，则当 $\overline{INT0}$ 上的电平由 1 变为 0 时，IE0 由硬件置位。在 CPU 把控制转到中断服务程序时由硬件使 IE0 复位。

⑥　IT0：外部中断源 0 触发方式控制位。

其含义同 IT1。

(2)　串行控制寄存器 SCON(字节地址 98H)

SCON 为串行口控制寄存器，它锁存了串行口接收/发送中断请求标志位，其格式如表 4.10 所示。

表 4.10　SCON 格式

SCON	D7	D6	D5	D4	D3	D2	D1	D0
位名称	—	—	—	—	—	—	TI	RI
位地址	—	—	—	—	—	—	99H	98H

其中：

①　TI：串行口发送中断请求标志。

在串行口以方式 0 发送时，每当发送完 8 位数据时，TI 由硬件置 1；若串行口以方式 1、2 或 3 发送时，在发送停止位的开始时使 TI 置 1，表示串行口发送正在向 CPU 请求中断。CPU 中断后不会对 TI 清 0，必须由软件清 0。

②　RI：串行口接收中断请求标志。

如果串行口接收器允许接收，并工作在方式 0 下时，每当接收到第 9 位时使 RI 置 1；若工作在方式 1 且 SM2=0 时，只有可靠接收到停止位后，RI 自动置 1，若工作在方式 2 或 3，且 SM2=1 时，只有在接收到的第 9 位数据 RB8 为 1，且在接收到停止位的条件下才能使 RI 置 1。RI=1 表示串行口接收器正在向 CPU 请求中断。同样，CPU 中断后不会对 RI 清 0，必须由软件清 0。

3.　中断控制

中断控制主要实现对中断的开关管理和中断优先级别的管理。CPU 对中断源的开放和屏蔽以及每个中断源是否被允许中断、每个中断源的优先级，这都是通过对特殊功能寄存器 IE 和 IP 的编程设定的。

(1)　中断允许控制寄存器 IE(字节地址 A8H)

80C51 指令中没有专门的开中断和关中断指令，中断的开放和关闭主要是通过中断允许寄存器 IE 进行两级控制的。这里所谓的两级控制是中断总开关控制位 EA 和各个中断源的中断允许控制位两级控制，IE 的格式如表 4.11 所示。

表 4.11　IE 的格式

IE	D7	D6	D5	D4	D3	D2	D1	D0
位名称	EA	—	—	ES	ET1	EX1	ET0	EX0
位地址	AFH	—	—	ACH	ABH	AAH	A9H	A8H

其中：

① EA：CPU 中断允许总控制位。

若 EA=0，则单片机的所有中断源的中断请求均屏蔽；若 EA=1，则单片机的所有中断源的中断请求均被开放，但是它们最终是否能够被 CPU 响应，还取决于各个中断源的中断允许控制位的状态。EA 状态可通过程序设定。

② EX1：外部中断 $\overline{INT1}$ 中断允许控制位。

若 EX1=1，则外部中断 1 的中断请求被允许；若 EX1=0，则外部中断 1 的中断请求被关闭。但是，要使外部中断 1 的中断请求得到 CPU 的响应，除了要使 EX1=1 之外，还要求中断允许总控制位 EA=1。EX1 的状态可以通过程序设定。

③ EX0：外部中断 INT0 中断允许控制位。

EX0 的特性类似于 EX1。

④ ET1：定时器/计数器 T1 中断允许控制位。

若 ET1=1，则定时器/计数器 T1 的溢出中断请求被允许；若 ET1=0，则定时器/计数器 T1 的溢出中断请求被关闭。但是，要使定时器/计数器 T1 的溢出中断请求得到 CPU 的响应，除了要使 ET1=1 之外，还要求中断允许总控制位 EA=1。ET1 的状态可以通过程序设定。

⑤ ET0：定时器/计数器 T0 中断允许控制位。

ET0 的特性与 ET1 类似。

⑥ ES：串行口中断(包括串发、串收)允许控制位。

若 ES=1，则串行口中断被允许；ES=0，则串行口中断允许被关闭，其中还与 EA 状态有关。

说明：80C51 对中断实行两级控制，总控制位是 EA，每一中断源还有各自的控制位。首先要使 EA=1，其次还要自身的控制位置 1。

中断允许寄存器的各控制位既可以按字节寻址，又可以用字节传送指令，也可以按位寻址。如可以用下面字节传送指令来开放定时器 T0 的溢出中断：

```
MOV IE, #82H
```

也可以用位寻址指令：

```
SETB ET1
SETB EA
```

(2) 中断优先级控制寄存器 IP(字节地址 0B8H)

80C51 有两个中断优先级，即高优先级和低优先级，每个中断源都可以被编程为高优先级或低优先级，这样可以实现两级的中断嵌套，中断响应遵循的原则如下。

① 一个正在执行的低优先级中断服务程序可以被高优先级的中断程序所中断。

② 同级的或低级的中断源不能中断正在执行的同级或高级的中断服务程序。

80C51 单片机复位时，IP 的各位都被置 0，各位的状态可以通过编程设定，以便对各个中断优先级进行控制。其格式如表 4.12 所示。

表 4.12　IP 的格式

IP	D7	D6	D5	D4	D3	D2	D1	D0
位名称	—	—	—	PS	PT1	PX1	PT0	PX0
位地址	—	—	—	BCH	BBH	BAH	B9H	B8H

其中:

① PS: 串行口中断优先级控制位。PS=1, 串行口定义为高优先级中断源; PS=0, 串行口定义为低优先级中断源。

② PT1: T1 中断优先级控制位。PT1=1, 定时器/计数器 1 定义为高优先级中断源; PT1=0, 定时器/计数器 1 定义为低优先级中断源。

③ PX1: 外部中断 1 中断优先级控制位。PX1=1, 外部中断 1 定义为高优先级中断源; PX1=0, 外部中断 1 定义为低优先级中断源。

④ PT0: 定时器/计数器 0(T0)中断优先级控制位, 功能同 PT1。

⑤ PX0: 外部中断 0 中断优先级控制位。功能同 PX1。

同一优先级中的各中断源同时请求中断时, 由内部的查询逻辑来确定响应的次序。当系统复位时, 单片机的 5 个中断源都在同一优先级, 此时如果其中的几个中断源同时产生中断请求, 中断源得到响应的顺序取决于中断系统内部的查询顺序, 也就是说, 除了 IP 设定的优先级外, 若几个中断源处于同一优先级, 则按照表 4.13 所示的辅助优先结构先后响应中断请求, 其优先顺序如表 4.13 所示。

表 4.13　80C51 单片机硬件中断优先级顺序

中　断　源	同组优先级别
外部中断 0(IE0)	1(最高)
定时器 0 溢出(IF0)	2
外部中断 1(IE1)	3
定时器 1 溢出(IF1)	4
串行口中断(RI、TI)	5

4.4.3　中断的响应过程和中断矢量地址

中断响应是在满足 CPU 的中断条件之后, CPU 对中断源中断请求的回答, 在这一阶段, CPU 要完成中断服务以前的所有准备工作, 包括保护断点和把程序转向中断服务程序的入口地址(又称矢量地址)。

计算机在运行时, 并不是任何时候都会去响应中断请求, 而是在中断响应条件满足之后才会响应。

1. 中断响应过程

一个中断源的中断请求被响应, 需满足以下条件。

(1) 有中断源发出中断请求。

(2) CPU 开中断, 即中断允许位 EA=1。

(3) 申请中断的中断源的中断允许位=1，即该中断没有屏蔽。

(4) 无同级或更高级中断正在被服务。

中断响应就是对中断源提出中断请求的接受，是在中断查询之后进行的。当 CPU 查询到有效的中断请求时，在满足上述条件下，紧接着就进行中断响应。

中断响应的主要内容是由硬件自动生成一条长调用指令"LCALL addr16"。这里的 addr16 就是程序存储区中相应中断源的中断入口地址。如对于外部中断 1 的响应，产生的长调用指令为"LCALL 0013H"。生成 LCALL 指令后，紧接着就由 CPU 执行该指令。首先是将程序计数器 PC 的内容压入堆栈以保护断点，再将中断入口地址装入 PC，使程序转向相应的中断入口地址，各中断源服务的入口中断矢量地址是固定的，如表 4.14 所示。

表 4.14 中断入口地址表

中 断 源	入口地址
外部中断 0(IE0)	0003H
T0 溢出中断(IF0)	000BH
外部中断 1(IE1)	0013H
T1 溢出中断(IF1)	001BH
串行口中断(RI、TI)	0023H

CPU 从相应的入口地址开始执行中断服务程序，直至遇到一条 RETI 指令为止。若用户在中断服务程序开始安排了保护现场指令，则在 RETI 指令前应有恢复现场指令。

中断得到响应后自动清除中断标志，由硬件将程序计数器 PC 内容压入堆栈保护，然后将对应的中断矢量装入程序计数器 PC，使程序转向中断矢量地址单元中去执行相应的中断服务程序。

2. 中断响应时间

在使用外部中断时，有时需考虑从外部请求有效(外部中断请求标志置 1)到转向中断入口地址所需要的响应时间。

在不同的情况下，CPU 响应中断的时间是不同的。以外部中断为例，$\overline{INT0}$ 和 $\overline{INT1}$ 引脚的电平在每个机器周期的 S5P2 时刻经反相锁存到 TCON 的 IE0 和 IE1 标志位，CPU 在下一个机器周期才会查询到新置入的 IE0 和 IE1，如果满足响应条件，CPU 响应中断时要用两个机器周期执行一条硬件长调用指令 LCALL，由硬件完成将中断矢量地址装入程序指针 PC 中，使程序转入中断矢量入口。因此，从产生外部中断到开始执行中断程序至少需要 3 个完整的机器周期，如图 4.26 所示。

外部中断的最短响应时间为 3 个机器周期，其中，中断请求标志位查询占一个机器周期，而这个机器周期恰好是处于正在执行的指令的最后一个机器周期，在这个机器周期结束后，中断即被响应，CPU 接着执行一条硬件子程序调用指令 LCALL 以转到相应的中断服务程序的入口，而该硬件调用指令本身需要两个机器周期。

外部响应时间最长的为 8 个机器周期，这种情况发生在中断查询时，刚好开始执行 RETI 或访问 IE 或 IP 指令。

如果已经在处理同级或更高级中断时，外部中断请求的响应时间取决于正在执行的中断服务程序的处理时间，这种情况下，响应时间无法计算出来。

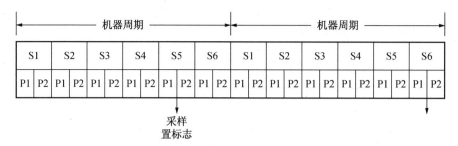

图 4.26　中断响应

这样在一个单元一个中断的系统里，外部中断请求的响应时间总是在 3～8 个机器周期。

4.5　上机指导：程序控制点亮发光二极管

1. 实验目的

掌握 P0 口的简单使用，了解 I/O 口的使用特点；学习定时器的使用。

2. 实验内容

编写程序，控制 P0 口接的 8 个发光二极管 L1～L8 按每秒钟十六进制加 1 方式点亮发光二极管。

3. 实验说明

延时子程序的延时计算问题。
对于延时程序：

```
DELAY:  MOV R6, #00H
DELAY1: MOV R7, #80H
        DJNZ    R7, $
        DJNZ    R6, DELAY1
```

查指令表可知"MOV，DJNZ"指令均需要用两个机器周期，而一个机器周期时间长度为 12/6.0MHz，所以该段指令执行时间为：

$$[(80+1)\times256+1]\times2\times(12/6000000)=132.1\text{ms}$$

4. 实验步骤

(1)　MCS-51 开发实验软件或用 PC 自带的记事本软件输入程序。注意存盘为 *.asm 文件格式。

(2)　MCS-51 开发实验软件对源文件进行编译连接为 *.hex 文件。

(3)　打开实验箱电源，通过串行口将 PC 与实验箱连接起来，设置好连接串口。然后打开 *.hex 文件，使用下载功能将它传送到实验箱。

(4)　启动开发软件的在线仿真功能，进行实验仿真运行。

5. 思考

如何通过软件方法控制 LED 的亮度。

习　　题

1. 填空题

(1) 当使用慢速外设时，最佳的传输方式是_____。

(2) 80C51 的 P0 作为输出端时，每位能驱动_____个 SL 型 TTL 负载。

(3) 80C51 串行接口有 4 种工作方式，这可以在初始化程序中用软件填写_____特殊功能寄存器加以选择。

(4) 80C51 单片机中用于定时器/计数器的控制寄存器有_____和_____两个。

(5) 80C51 单片机有 5 个中断源，分别是_____、_____、_____、_____和_____。

(6) 当定时器 T0 工作在方式_____时，要占定时器 T1 的 TR1 和 TF1 两个控制位。

(7) 80C51 单片机 5 个中断源的入口地址分别为_____、_____、_____、_____和_____。

(8) 外部中断 0 和外部中断 1 有两种引起中断的方式，一种是_____，另一种是_____。

(9) 80C51 有_____个并行 I/O 口，其中 P0～P3 是准双向口，所以由输出转输入时必须先写入_____。

(10) 要将外部中断 0 的触发方式设置成为低电平引起中断，则应将 IT0 位设置成_____。

(11) 要将外部中断 1 的触发方式设置成为下降沿引起中断，则应将 IT1 位设置成_____。

(12) 串行中断可以由_____或_____引起中断。

(13) 当计数器/定时器 1 申请中断时，T1 中断标志 TF1 将为_____；而当该中断得到了响应后，TF1 为_____。

(14) 当串行端口完成一帧字符接收申请中断时，串行中断标志_____将被系统设置为_____。当该中断得到响应后，串行中断标志的状态为_____。

(15) 定时器方式控制寄存器 TMOD 中 C/T 为 1 时，定时器工作于_____状态。

(16) 当定时器控制寄存器 TCON 中的 TF0 为 1 时，说明 T0_____。

(17) 中断服务程序必须使用_____指令返回到主程序。

(18) 80C51 单片机工作于定时状态时，计数脉冲来自_____。

(19) 80C51 单片机工作于计数状态时，计数脉冲来自_____。

(20) 计算机的数据传送共有两种方式：_____和_____。

(21) 80C51 的串行口有一个缓冲寄存器，在串行发送时，从片内总线向_____写入数据；在串行接收时，从_____向片内总线读出数据。

(22) 由于串行口的发送和接收缓冲寄存器为_____，所以发送与接收不能同时进行。

(23) 单片机中使用的串行通信都是_____方式。

(24) 单片机中断系统中共有 5 个中断源，其中优先级最高的是_____、优先级最低的是_____。

(25) 要串行口为 10 位的 UART，工作方式应选用_____。

(26) 在串行通信中，有数据传送方向_____、_____、_____3 种方式。

2．判断题

(1) 80C51 的定时器/计数器对外部脉冲进行计数时，要求输入的计数脉冲的高电平或低电平的持续时间不小于 1 个机器周期。　　　　　　　　　　　　　　　　（　　）

(2) P0 端口在作为地址总线使用时，提供的是低 8 位地址。　　　　　　（　　）

(3) 地址总线仅由 P2 口组成，数据总线仅由 P0 口组成。　　　　　　　（　　）

(4) 在读取端口的引脚信号时，必须先对端口写入 1，然后读取数据，具有这样特点的端口称为准双向端口。　　　　　　　　　　　　　　　　　　　　　　　（　　）

(5) 80C51 单片机共有 5 个中断源，因此相应地在芯片上就有 5 个中断请求输入引脚。

（　　）

(6) 只要有中断出现，CPU 就立即响应中断。　　　　　　　　　　　　（　　）

(7) 执行返回指令时，返回的断点是调用指令的首地址。　　　　　　　（　　）

(8) 80C51 单片机的定时和计数都使用同一计数机构，所不同的只是计数脉冲的来源。来自于单片机内部的是定时，而来自于外部的则是计数。　　　　　　　　　　（　　）

(9) 80C51 的串口是全双工的。　　　　　　　　　　　　　　　　　　（　　）

(10) T0 和 T1 都是减法定时器/计数器。　　　　　　　　　　　　　　（　　）

(11) 在定时工作方式 2 状态下，因为把 TH 作为预置寄存器，所以在应用程序中应当在有计数溢出时从 TH 向 TL 加载计数初值的操作。　　　　　　　　　　　　（　　）

(12) 中断初始化时，对中断控制寄存器的状态设置只能使用位操作指令，而不能使用字节操作指令。　　　　　　　　　　　　　　　　　　　　　　　　　　　（　　）

(13) 要进行多机通信，80C51 串行接口的工作方式应为方式 1。　　　（　　）

(14) 80C51 有 3 个中断源，优先级由软件填写特殊功能寄存器 IP 加以选择。（　　）

(15) 用串口扩并口时，串行接口工作方式应选为方式 1。　　　　　　　（　　）

(16) TMOD 中的 GATE=1 时，表示由两个信号控制定时器的启停。　　（　　）

(17) 80C51 有 4 个并行 I/O 口，其中 P0～P3 是准双向口，所以由输出转输入时必须先写入"0"。　　　　　　　　　　　　　　　　　　　　　　　　　　　（　　）

(18) 各中断源发出的中断请求信号，都会标记在 80C51 的 TCON 寄存器中。（　　）

选择题

(1) P1 口的每一位能驱动(　　)。
　　A. 2 个 TTL 低电平负载　　　　　　　　B. 4 个 TTL 低电平负载
　　C. 8 个 TTL 低电平负载　　　　　　　　D. 10 个 TTL 低电平负载

(2) 80C51 的并行 I/O 口信息有两种读取方法，一种是读引脚，另一种是(　　)。
　　A. 读锁存　　　　　　　　　　　　　　　B. 读数据

    C. 读 A 累加器   D. 读 CPU

(3) 80C51 的并行 I/O 口读-改-写操作，是针对该口的( )。

  A. 引脚   B. 片选信号

  C. 地址线   D. 内部锁存器

(4) 通过串行口发送或接收数据时，在程序中应使用( )。

  A. MOV 指令   B. MOVX 指令

  C. MOVC 指令   D. SWAP 指令

(5) 若要求最大定时时间为 $2^{16}\times$机器周期，则应使定时器工作于( )。

  A. 工作方式 0   B. 工作方式 1

  C. 工作方式 2   D. 工作方式 3

(6) 若要求最大定时时间为 $2^{13}\times$机器周期，则应使定时器工作于( )。

  A. 工作方式 0   B. 工作方式 1

  C. 工作方式 2   D. 工作方式 3

(7) 定时器方式控制寄存器 TMOD 中 M1M0 为 11 时，则设置定时器工作于( )。

  A. 工作方式 0   B. 工作方式 1

  C. 工作方式 2   D. 工作方式 3

(8) 12MHz 晶振的单片机在定时工作方式下，定时器可能实现的最小定时时间是( )。

  A. 1μs   B. 2μs

  C. 4μs   D. 8μs

(9) 12MHz 晶振的单片机在定时工作方式下，定时器可能实现的最大定时时间是( )。

  A. 4096μs   B. 8192μs

  C. 1638μs   D. 32768μs

(10) 定时器/计数器 0 的初始化程序如下：

```
MOV   TMOD, #06H
MOV   TH0, #0FFH
MOV   TL0, #0FFH
SETB. EA
SETB. ET0
```

  执行该程序段后，把定时器/计数器 0 的工作状态设置为( )。

  A. 工作方式 0，定时应用，定时时间 2μs，中断禁止

  B. 工作方式 1，计数应用，计数值 255，中断允许

  C. 工作方式 2，定时应用，定时时间 510μs，中断禁止

  D. 工作方式 2，计数应用，计数值 1，中断允许

(11) 以下所列特点，不属于串行工作方式 0 的是( )。

  A. 波特率是固定的，为时钟频率的 1/12

  B. 8 位移位寄存器

  C. TI 和 RI 都须用软件清零

D. 在通信时，须对定时器 1 的溢出率进行设置

(12) 下列对 SCON 的相关位描述，不正确的是(　　)。

  A. 当 REN=1 时，禁止串行口接收数据   B. 在方式 0 时，SM2 必须为 0

  C. RI 位由软件清零   D. IT1=1，表示帧发送结束

(13) 在中断服务程序里，至少有一条(　　)。

  A. 传送指令   B. 转移指令

  C. 加法指令   D. 中断返回指令

(14) 要使 80C51 能够响应定时器 T1 中断、串行接口中断，它的中断允许寄存器 IE 的内容应是(　　)。

  A. 98H   B. 84H

  C. 42H   D. 22H

(15) 用 80C51 串行接口扩展并行 I/O 口时，串行接口工作方式应选择(　　)。

  A. 方式 0   B. 方式 1

  C. 方式 2   D. 方式 3

(16) 使用定时器 T1 时，有(　　)工作模式。

  A. 1 种   B. 2 种

  C. 3 种   D. 4 种

(17) 下面(　　)传送方式适用于处理外部事件。

  A. DMA.   B. 无条件传递

  C. 中断   D. 条件传递

(18) 80C51 串行接口扩展并行 I/O 口时，串行接口工作方式应选择(　　)。

  A. 方式 0   B. 方式 1

  C. 方式 2   D. 方式 3

(19) 控制串行接口工作方式寄存器是(　　)。

  A. TCON   B. PCON

  C. SCON   D. TMOD

(20) 外部中断 1 固定对应的中断入口地址为(　　)。

  A. 0003H   B. 000BH

  C. 0013H   D. 001BH

4. 简答题

(1) 设单片机的 f_{OSC}=6MHz，定时器处于不同的工作方式时，最大计数范围和定时范围分别是多少？

(2) 简述中断、中断源、中断优先级的含义。

(3) 设置中断有什么优点和功能？

(4) 定时器 T0 和 T1 各有几种工作方式？简述之。

(5) 80C51 定时器的门控信号 GATE 设置为 1 时，定时器如何启动？

(6) 80C51 单片机能提供几个中断源？几个中断优先级？各个中断源的优先级怎样确定？在同一优先级中各个中断源的优先级怎样确定？

(7) 80C51 单片机中断有哪两种触发方式？如何选择？对外部中断源的触发脉冲或电平有何要求？

(8) 80C51 单片机的 P0～P3 口在结构上有何不同？在使用上有何特点？

(9) 80C51 有几个中断源，各中断标志是如何产生的？又如何清除的？CPU 响应中断时，其中断入口地址各是多少？

(10) 80C51 单片机内部设有几个定时器/计数器？它们各由哪些特殊功能寄存器所组成？有哪几种工作方式？简述各种工作方式的功能特点。如何选择？

(11) 串行数据传送有哪几种工作方式？各有什么特点？如何应用？

5．操作题

(1) 利用 T0 方式 0 产生 1ms 定时，在 P1.0 引脚上输出周期为 2ms 的方波，设单片机 f_{osc}=12MHz。

(2) 利用定时器来测量单次正脉冲的宽度，采用何种工作方式可获得最大的量程？当 f_{osc}=12MHz，求允许测量的最大脉宽是多少？

(3) 利用门控位 GATE，使 T0 的启动计数受 INT0 的控制，设 T0 为工作方式 2，试利用中断法设计一个电子毫秒表(即最低定时为 1ms)。晶振频率为 6MHz。

(4) 设单片机晶振频率 f_{osc}=6MHz，使用 T1 以工作方式 0 工作，要求定时 250μs，计算定时初值，并写出设置时间常数的指令。

(5) 使用定时器 T1 以工作方式 2 计数，每计数 100 次申请一次中断。求计数初值，并写出设置计数初值的指令。

(6) 设单片机的晶振频率为 f_{osc}=6MHz，使用 T1 工作于工作方式 0，设计程序，使 P1.0 端输出周期为 500μs 的连续等宽方波，要求以中断的方式编写程序。

(7) 用一条指令实现下列要求：

① $\overline{INT1}$、T0 开中断，其余禁中断；

② T1、串行口开中断，其余禁中断；

③ 全部开中断；

④ 全部禁中断；

⑤ $\overline{INT0}$、T0 开中断，其余保持不变；

⑥ $\overline{INT1}$、T1 禁中断，其余保持不变。

第5章

51 系列单片机 C 程序设计

> **教学提示：** 本章介绍了 C51 的基本内容和程序设计方法，主要
> 内容包括 C51 的数据类型、C51 的常量与变量、C51 程序的格式、
> C51 的运算符、C51 的流程控制基本语句及 C51 的程序设计方法。
>
> **教学目标：** 熟悉 C51 的结构特点，重点掌握 Turbo C 和 C51 的
> 主要区别，掌握 C51 的程序格式、数据类型、数组、函数、变量的
> 作用域、外部函数和内部函数、指针、结构体与联合体、枚举与位
> 运算和预处理等。

5.1 概 述

C 语言是一种通用的计算机程序设计语言，在国际上十分流行，它既可用来编写计算机
的系统程序，也可以用来编写一般的应用程序，以前计算机的系统软件主要用汇编语言编
写，单片机更是如此。由于汇编语言程序的可读性和可移植性都较差，采用汇编语言编写
单片机应用程序不但周期长，而且调试和排错也比较困难。为了提高编制单片机应用程序
的效率、改善程序的可读性和可移植性，采用高级语言是一种最好的选择。C 语言既有一般
高级语言的特点，又能直接对计算机的硬件进行操作，表达式和运算能力也较强，许多以
前只能采用汇编语言来解决的问题现在都可以改用 C 语言来解决。

C51 的特点和功能主要是由 80C51 单片机自身的特点所决定的，对于 C51 与标准 ANSI
C 库函数，由于部分库函数不适合单片机处理系统，因此被排除在外，如字符屏幕和图形函
数。也有一些库函数继续使用。由于 C51 程序设计语言与 ANSI C 语言没有大的差别，所以
本书并不介绍如何使用 C 语言。

5.2 数据类型、运算符、表达式

5.2.1 基本数据类型

任何程序都离不开对数据的处理，一个程序如果没有数据，就无法工作，数据在计算
机内存中的存放情况由数据结构决定。C 语言的数据结构是以数据类型的形式出现的，数据

类型可分为基本数据类型和复杂数据类型，复杂数据类型是由基本数据类型构造而成的。C
语言中的基本数据类型有 char、int、short、long、float 和 double。对于 C51 编译器来说，short
类型与 int 类型相同，double 类型与 float 类型相同。基本的数据类型如图 5.1 所示。

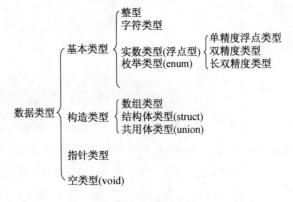

图 5.1　基本数据类型

5.2.2　字符型

1．字符常量

C 语言中的字符常量是用单引号(')括起来的一个字符，如'A'、'x'、'D'、'?'、'3'、'X'等都
是字符常量。对于字符来说，'x'和'X'是两个不同的字符。当双引号内的字符个数为 0 时，
称为空串常量。

C 语言中还规定有另一类字符常量，它们以 "\" 开头，被称为转义字符。如前面已多
次遇到的'\n'这个符号，它表示换行符号。字母 n 在字符 "\" 后改变了原来的意义，所以称
这类以 "\" 开头的字符为转义字符。

2．字符变量

字符变量是用来存放字符常量的，一个字符变量中只能存放一个字符。字符变量的定
义形式如：char x1,x2;定义了两个字符型变量。可以使用赋值语句对变量 x1 和 x2 赋值，如：
x1='x';x2='y'，字符型数据(常量和变量)在内存中占一个字节的空间。

3．字符数据在内存中的存储形式及使用方法

系统在表示一个字符型数据时，并不是将字符本身的形状存入内存，而只是将字符的
ASCII 码存入内存。在内存中所有的数据又是以二进制的形式存放的。所以上面的例子中'x'
和'y'在内存中的表示如下：'x'、'y'的 ASCII 码为 120、121。而 120、121 的二进制形式为
1111000、1111001。

所以'a'、'b'在内存中的表示为 1111000、1111001 的情况下，也可以把字符数据当成数
值来对待。看下面几个例子：

【例 5.1】
```
main()
{
char x1,x2;
```

```
x1=120;x2=121;
printf("%c, %c",x1,x2);
}
```

运行结果：

```
x, y
```

这个例子中给 x1 和 x2 两个字符型变量分别赋了两个整型常量 120 和 121。而在输出时是按照字符型数据输出 x1 与 x2 的值。运行结果是字符，这就说明：字符型数据可以看成是 0～255 之间的整型数据。

【例 5.2】

```
main()
{
char x1,x2;
x1='x';x2='y';
x1=x1-32;
x2=x2-32;
printf("%c,%c",x1,x2);
}
```

运行结果：

```
X,Y
```

这个例子是将小写字母转化为大写字母的程序。在对 ASCII 码字符表进行观察后会发现，大、小写对应的字母，它们之间的 ASCII 码正好相差 32。利用这个特性和上一个特性，可以编写出非常简单的大、小写转化程序。

4. 字符串常量

字符串常量是用双引号括起来的字符序列，如"%d,%d"、"This is my first program! "等都是字符串常量。C 语言规定字符串的存储方式为：串中的每个字符(转义字符只能被看成一个字符)按照它们的 ASCII 码值的二进制形式存储在内存中，并在存放串中最后一个字符的位置后面再存入一个字符'\0'(ASCII 码值为 0 的字符)。

5.2.3　运算符

C 语言对数据有很强的表达能力，具有十分丰富的运算符。运算符就是完成某种特定运算的符号，运算符按其在表达式中所起的作用，可分为赋值运算符、算术运算符、增量与减量运算符、关系运算符、逻辑运算符、位运算符、复合赋值运算符、逗号运算符、条件运算符、指针和地址运算符、强制类型转换运算符和 sizeof 运算符等。运算符按其在表达式中与运算对象的关系，又可分为单目运算符、双目运算符和三目运算符等。单目运算符只需有一个运算对象，双目运算符要求有两个运算对象，三目运算符要求有 3 个运算对象。掌握各种运算符的意义和使用规则，对于编写正确的 C 语言程序是十分重要的。

1. 赋值运算符

在 C51 中，符号"="是一个特殊的运算符，称为赋值运算符，赋值运算符的作用是将一个数据的值赋给一个变量，它是右结合性，且优先级最低，如 x=10。由此可见，利用赋值运算符将一个变量与一个表达式连接起来的式子为赋值表达式，在表达式后面加";"便构成了赋值语句。使用"="赋值语句的格式如下：

变量=表达式；

该语句的意义是先计算出右边表达式的值，然后将该值赋给左边的变量，上式中的表达式还可以是另一个赋值表达式，即 C 语言允许进行多重赋值。

需要注意"=="与"="两个符号的区别，有时编译报错，往往就是错在 if 之类的语句中。错将"=="用于"="。

2. 算术运算符

C51 算术运算符有以下几个，其中只有取正值和取负值的是单目运算符，其他的则都是双目运算符。

+：加或取正值运算符

−：减或取负值运算符

*：乘运算符

/：除运算符

%：模运算符

算术运算符的形式为：

运算对象 1 算术运算符 运算对象 2

运算对象可以是常量、变量、函数、数组、结构等。

如 x+y/(a−b)是合法的运算符表达式。C 语言中规定了运算符的优先级和结合性，在求一个表达式的值时，要按运算符的优先级别进行运算，算术运算符中取负值(−)的优先级最高，其次是乘法(*)、除(/)和取余(%)运算符，加法(＋)和减法(−)运算符的优先级最低。需要时可在算术表达式中采用圆括号来改变运算符的优先级，如 x+y/(a−b)。

在 C 语言中还有一个自增、自减运算符。++为自增运算符，−−为自减运算符。++和−−运算符只能用于变量，不能用于常量和表达式，++j 表示先加 1，再取其值；j++表示先取值再加 1。自减运算也是如此。

3. 关系运算符

关系运算符又称比较运算符，C51 提供了以下 6 种关系运算符：

＞：大于

＜：小于

＞=：大于等于

＜=：小于等于

==：等于

! =：不等于

前 4 种关系运算符具有相同的优先级，后两种关系运算符也具有相同的优先级，但前 4 种的优先级高于后两种。当两个表达式用关系运算符连接起来时，就是关系表达式，关系表达式通常用来判别某个条件是否满足。需要注意的是，用关系运算符的运算结果只有 0

和 1 两种，也就是逻辑的真与假，当指定的条件满足时结果为 1，不满足时结果为 0。格式如下：

表达式 1　关系运算符　表达式 2

如：

I<J, I==J,(I=4)>(J=3), J+I>J

4. 逻辑运算符

C 语言中有 3 种逻辑运算符：

||：逻辑或

＆＆：逻辑与

！：逻辑非

其中：非运算的优先级最高，而且高于算术运算符；或运算的优先级最低，低于关系运算符，但高于赋值运算符。

5. 位运算符

C51 语言也能对运算对象进行按位操作，从而使 C51 语言也具有一定的对硬件直接进行操作的能力。位运算符的作用是按位对变量进行运算，但是并不改变参与运算的变量的值。如果要求按位改变变量的值，则要利用相应的赋值运算。零位运算符是不能用来对浮点型数据进行操作的。位运算的操作对象只能是整型和字符型数据，不能是实型数据。C51 中共有 6 种位运算符。

位运算的一般表达形式如下：

变量 1 位运算符 变量 2

C51 共有 6 种运算符。

&：与运算符。两个字符或整数按位进行逻辑与运算，如 var3=var1&var2。

|：按位或。两个字符或整数按位进行逻辑或运算，如 var3=var1|var2。

^：按位异或。两个字符或整数按位进行逻辑异或运算，如 var3=var1^var2。

～：按位取反。两个字符或整数按位进行逻辑非运算，如 var1=～var2。

<<：左移。字符或整数按位进行逻辑左移运算，如 var1=var<<2。

>>：右移。字符或整数按位进行逻辑右移运算，如 var1=var>>3。

位运算符优先级从高到低依次是：～(按位取反)→<<(左移)→>>(右移)→&(按位与)→^(按位异或)→|(按位或)。

位运算符中的移位操作比较复杂，左移(<<)运算符是用来将变量 1 的二进制位值向左移动由变量 2 所指示的位数，如 a=0x8f(即二进制数 1001111)进行左移运算 a<<2，就是将 a 的全部二进制位值一起向左移动 2 位，其左端移出的位值被丢弃，并在其右端补以相应位数的"0"。因此，移位的结果是 a=0x3c(即二进制数 00111100)。右移(>>)运算符是用来将变量 1 的二进制位值向右移动同变量 2 指定的位数。进行右移运算时，如果变量 1 属于无符号类型数据，则总是在其左端补"0"；如果变量 1 属于有符号类型数据，则在其左端补入原来数据的符号位(即保持原来的符号不变)，其右端的移出位被丢弃。

这些位运算和汇编语言中的位操作指令十分类似。位操作指令是 80C51 系列单片机的重要特点，所以位运算在 C51 控制类程序设计中的应用比较普遍。

6. 复合赋值运算符

复合赋值运算符就是在赋值运算符 "=" 的前面加上其他运算符。以下是 C 语言中的复合赋值运算符：

+=：加法赋值   >>=：右移位赋值
–=：减法赋值   &=：逻辑与赋值
*=：乘法赋值 |=：逻辑或赋值
/=：除法赋值   ^=：逻辑异或赋值
%=：取模赋值   !=：逻辑非赋值
<<=：左移位赋值

复合运算的一般形式为：

变量　复合赋值运算符　表达式

其含义就是变量与表达式先进行运算符所要求的运算，再把运算结果赋值给参与运算的变量。其实这是 C 语言中一种简化程序的方法，凡是二目运算都可以用复合赋值运算符去简化表达式。例如：

a+=56 等价于 a=a+56
y/=x+9 等价于 y=y/(x+9)

很明显采用复合赋值运算符会降低程序的可读性，但这样却可以使程序代码简单化，并能提高编译的效率。对于初学 C 语言的读者在编程时最好还是根据自己的理解力和习惯去使用程序表达的方式，不要一味追求程序代码的短小。

7. 逗号运算符

在 C 语言中，逗号 "," 是一个特殊的运算符，可以用它将两个(或多个)表达式连接起来，称为逗号表达式，逗号表达式的一般形式为：

表达式 1，表达式 2，表达式 3，…，表达式 n

程序运行时，对于逗号表达式的处理是从左至右依次计算出各个表达式的值，而整个逗号表达式的值是最右边表达式(即表达式 n)的值。

在许多情况下，使用逗号表达式的目的只是为了分别得到各个表达式的值，而并不一定要得到和使用整个逗号表达式，还有一点是，并不是在程序的任何地方出现的逗号都可以认为是逗号运算符。例如，函数中的参数也是用逗号来间隔的，如库输出函数 printf("\n%d%d%d",a,b,c)中的 a、b、c 是函数的 3 个参数，而不是一个逗号表达式。

8. 指针和地址运算符

指针是 C 语言中一个十分重要的概念，在 C 语言的数据类型中专门有一种指针类型。例如，声明一个整型指针：

```
int*x;
```

其中的*表示变量 x 是一个指针类型。

变量的指针就是该变量的地址，另外，还可以定义一个指向某个变量的指针变量，为了表示指针变量和它所指向的变量地址之间的关系，C 语言提供两个专门的运算符：

*：取内容

&：取地址

取内容和取地址的一般形式分别为：

```
变量  =  *  指针变量
指针变量 = & 目标变量
```

取内容运算是将指针变量所指向的目标变量的值赋给左边的变量；取地址运算是将目标变量的地址赋给左边的变量。需要注意的是：指针变量中只能存放地址(也就是指针型数据)，一般情况下不要将非指针类型的数据赋值给一个指针变量。

5.2.4　表达式

表达式由运算符、常量及变量构成。C51 语言是一种表达式语言，遵循一般代数规则，在任意一个表达式的后面加一个分号 "；" 就构成了一个表达式语句，由运算符和表达式可以组成 C 语言程序的各种语句。有几点却是与 C 语言紧密相关的，以下将分别加以讨论。

1.　算术表达式

用算术运算符和括号将运算对象连接起来的、符合 C 语言语法规则的式子，称为算术表达式，运算对象包括常量、变量、函数和结构等。

2.　关系表达式

用关系运算符将两个表达式连接起来的式子称为关系表达式，关系表达式的结果为一个逻辑值，即真或假。C51 中用 1 代表真，0 代表假。如：若 a=4，b=3，c=1，则 a>b 的值为真，表达式的值为 1；b+c<a 的值为假，表达式的值为 0。

3.　逻辑表达式

用逻辑运算符将关系表达式或逻辑量连接起来的式子称为逻辑表达式。逻辑表达式的结合性为自左向右。逻辑表达式的值应是一个逻辑值真或假，也是以 0 表示假，以 1 代表真。逻辑表达式的一般形式为：

逻辑与：

条件式 1 && 条件式 2

逻辑或：

条件式 1 || 条件式 2

逻辑非：

! 条件式 2

例如，x&&y、a||b、!z 都是合理的逻辑表达式。

逻辑与，就是当条件式 1 "与" 条件式 2 都为真时结果为真(非 0 值)，否则为假(0 值)。

也就是说，运算会先对条件式 1 进行判断，如果为真(非 0 值)，则继续对条件式 2 进行判断，当结果为真时，逻辑运算的结果为真(值为 1)，如果结果不为真时，逻辑运算的结果为假(0 值)。如果在判断条件式 1 时不为真的话，就不用再判断条件式 2 了，而直接给出运算结果为假。

逻辑或，是指只要两个运算条件中有一个为真，运算结果就为真，只有当条件式都不为真时，逻辑运算结果才为假。

逻辑非，则是把逻辑运算结果值取反，也就是说如果两个条件式的运算值为真，进行逻辑非运算后则结果变为假，条件式运算值为假时最后逻辑结果为真。

如 a=7，b=6，c=0 时，则：

!a 为假，!c 为真。

A&&b 为真；!a&&b 为假；b||c 为真。

逻辑运算符优先级为(由高到低)：!(逻辑非)→&&(逻辑与)→||(逻辑或)，即逻辑非的优先级最高。

如有   !True || False && True

按逻辑运算的优先级别来分析，则得到(True 代表真，False 代表假)：

```
!True || False && True
False || False && True       //  !Ture 先运算得 False
False || False              //  False && True 运算得 False
False                        //  最终 False || False 得 False
```

用程序语言来表达，如下：

```
#include <AT89X51.H>
#include <stdio.h>
void main(void)
{
unsigned char True = 1;      //  定义
unsigned char False = 0;
SCON = 0x50;                 //  串口方式 1，允许接收
TMOD = 0x20;                 //  定时器 1 定时方式 2
TH1 = 0xE8;                  //  11.0592MHz 1200 波特率
TL1 = 0xE8;
TI = 1;
TR1 = 1;                     //  启动定时器
if (!True || False && True)
printf("True\n");            //  当结果为真时
else
printf("False\n");           //  当结果为假时
}
```

可以使用以往学习的方法用 Keil 或烧到片子上用串口调试。可以更改"!True || False && True"这个条件式，以实验不同算法组合来掌握逻辑运算符的使用方法。

在由多个逻辑运算符构成的逻辑表达式中，并不是所有逻辑运算符都被执行，只有在必须执行下一个逻辑运算符后才能求出表达式的值时才执行该运算符。由于逻辑运算符的结合性为自左向右。如对于运算符&&来说，只有左边的值不为假时才能继续执行右边的运

算。对于运算符||来说，只有左边的值为假时才继续进行右边的运算。

5.3　C51 的数据类型

C51 具有 ANSI C 的所有标准数据类型。其基本数据类型包括 char、int、short、long、float、double，对 C51 编译器来说，short 类型和 int 类型相同，double 类型和 float 类型相同。整型和长整型的符号位字节在最低的地址中。

除此之外，为了更加有力地利用 80C51 的结构，C51 还增加了一些特殊的数据类型，包括 bit、sfr、sfr16、sbit 等。

具有一定格式的数字或数值叫做数据。数据是计算机操作的对象，不管用何种算法进行程序设计，最终在计算机中运行的只有数据流。

数据类型：数据的不同格式叫做数据类型。

数据结构：数据按一定的数据类型进行的排列、组合及架构称为数据结构。

C51 提供的数据结构是以数据类型的形式出现的，C51 的数据结构类型如下。

1．char 字符类型

char 类型的长度是一个字节，通常用于定义处理字符数据的变量或常量。分无符号字符类型 unsigned char 和有符号字符类型 signed char，默认值为 signed char 类型。unsigned char 类型用字节中所有的位来表示数值，所以表达的数值范围是 0～255。signed char 类型用字节中最高位字节表示数据的符号，"0"表示正数，"1"表示负数，负数用补码表示。所能表示的数值范围是-128～+127。unsigned char 常用于处理 ASCII 字符或用于处理不大于 255 的整型数。正数的补码与原码相同，负二进制数的补码等于它的绝对值按位取反后加 1。

2．int 整型

int 整型长度为两个字节，用于存放一个双字节数据。分有符号 int 整型数 signed int 和无符号整型数 unsigned int，默认值为 signed int 类型。signed int 表示的数值范围是-32768～+32767，字节中最高位表示数据的符号，0 表示正数，1 表示负数。unsigned int 表示的数值范围是 0～65535。

3．long 长整型

long 长整型长度为 4 个字节，用于存放一个 4 字节数据。分有符号 long 长整型 signed long 和无符号长整型 unsigned long，默认值为 signed long 类型。signed int 表示的数值范围是-2147483648～+2147483647，字节中最高位表示数据的符号，0 表示正数，1 表示负数。unsigned long 表示的数值范围是 0～4294967295。

4．float 浮点型

float 浮点型在十进制中具有 7 位有效数字，是符合 IEEE-754 标准的单精度浮点型数据，占用 4 个字节。因浮点数的结构较复杂，故在以后的章节中再做详细讨论。

5. 指针型

指针型本身就是一个变量，在这个变量中存放的指向另一个数据的地址。这个指针变量要占据一定的内存单元，对不同的处理器长度也不尽相同，在 C51 中它的长度一般为 1～3 个字节。指针变量也具有类型，在以后的课程中有专门一节做探讨，这里就不多说了。

6. bit 位标量

bit 位标量是 C51 编译器的一种扩充数据类型，利用它可定义一个位标量，但不能定义位指针，也不能定义位数组。它的值是一个二进制位，不是 0 就是 1，类似一些高级语言中的 Boolean 类型中的 True 和 False。

7. sfr 特殊功能寄存器

sfr 也是一种扩充数据类型，占用一个内存单元，值域为 0～255。利用它可以访问 51 单片机内部的所有特殊功能寄存器。如用 sfr P1 = 0x90 这一句定义 P1 为 P1 端口在片内的寄存器，在后面的语句中用 P1 = 255(对 P1 端口的所有引脚置高电平)之类的语句来操作特殊功能寄存器。

8. sfr16 16 位特殊功能寄存器

sfr16 占用两个内存单元，值域为 0～65535。sfr16 和 sfr 一样用于操作特殊功能寄存器，所不同的是它用于操作占两个字节的寄存器，有定时器 T0 和 T1。

9. sbit 可寻址位

sbit 可寻址位是 C51 中的一种扩充数据类型，利用它可以访问芯片内部的 RAM 中的可寻址位或特殊功能寄存器中的可寻址位。如先前定义了：

```
sfr P1 = 0x90;        //因 P1 端口的寄存器是可位寻址的，所以可以定义
sbit P1_1 = P1^1;   //P1_1 为 P1 中的 P1.1 引脚
//同样可以用 P1.1 的地址去写，如 sbit P1_1 = 0x91
```

5.4 C51 程序的基本语句

5.4.1 表达式语句

C 语言是一种结构化的程序设计语言，提供了十分丰富的程序控制语句。表达式语句是最基本的一种语句。在表达式语句的后边加上一个分号 ";" 就构成了表达式语句。下面的语句都是合法的表达式语句：

```
a=++b*9;
x=8; y=7;
z=(x+y)/a;
++I;
```

表达式语句也可以由一个分号 ";" 组成，这种语句称为空语句。空语句是表达式语句的一个特例。空语句在程序设计中有时很有用。当程序在语法上需要有一个语句，但在语

义上并不要求有具体的动作时，便可以采用空语句。空语句通常有两种用法。

(1)　在程序中为有关语句提供标号，用以标记程序执行的位置。例如，采用下面的语句可以构成一个循环：

```
Repeat:
…
Goto repeat;
```

(2)　在用 while 语句构成的循环语句后面加一个分号，就形成一个不执行其他操作的空循环体。这种空语句在等待某个事件发生时特别有用。采用分号 ";" 作为空语句使用时，要注意与简单语句中有效组成部分的分号相区别。不能滥用空语句，以免引起程序的误操作，甚至造成程序语法上的错误。

5.4.2　复合语句

复合语句是由若干条语句组合而成的一种语句，用一个大括号 "{}" 将若干条语句组合在一起而形成的一种功能块。复合语句不需要以分号结束，但它内部的各条单语句仍需以分号结束。复合语句的一般形式为：

```
{
    局部变量定义;
    语句1;
    语句2;
    …
    语句n;
}
```

复合语句在执行时，其中的各条单语句依次按顺序执行。整个复合语句在语法上等价于一条单语句，因此在 C 语言程序中可以将复合语句视为一条单语句，复合语句允许嵌套，即在复合语句内部还可以包含别的复合语句。通常复合语句都出现在函数中，实际上，函数的执行部分就是一个复合语句。复合语句中的单语句一般是可执行语句，此外还可以是变量的定义语句。在复合语句内所定义的变量称为该复合语句中的局部变量，它仅在当前这个复合语句中有效，利用复合语句将多条单语句组合在一起以及在复合语句中进行局部变量定义是 C 语言的一个重要特征。

5.4.3　条件语句

条件语句又称为分支语句，是用关键字 if 构成的。C 语言提供了 3 种形式的条件语句。

第一种：

```
if (条件表达式)语句
```

其含义为：若条件表达式的结果为真(非 0 值)，就执行后面的语句；反之，就不执行后面的语句。这里的语句也可以是复合语句。

第二种：

```
if (条件表达式)语句1
else 语句2
```

其含义为：若条件表达式的结果为真(非 0 值)，就执行语句 1；反之就执行语句 2。这里的语句 1 和语句 2 均可以是复合语句。

第三种：

```
if(条件表达式 1)语句 1
else if(条件表达式 2)语句 2
…
else if (条件表达式 n)语句 n
else  语句 n+1
```

5.4.4　开关语句

开关语句也是一种用来实现多方向条件分支的语句。虽然采用条件语句也可以实现多方向条件分支，但当分支较多时，会使条件语句的嵌套层次太多，程序冗长，可读性降低。开关语句直接处理多分支选择，使程序结构清晰，使用方便，开关语句是用关键字 switch 构成的。一般形式如下：

```
switch(表达式)
{
case 常量表达式 1:语句 1
    break;
case 常用表达式 2:语句 2
    break;
    …
case 常量表达式 n:语句 n
    break;
default:语句 n+1
}
```

开关语句的执行过程是：将 switch 后面表达式的值与 case 后面各个常量表达式的值逐个进行比较，若遇到匹配时，就执行相应 case 后面的语句，然后执行 break 语句，break 语句又称间断语句，它的功能是中止当前语句的执行，使程序跳出 switch 语句。若无匹配的情况，则只执行语句 n+1。

5.4.5　循环语句

80C51 有很多地方需要用到循环控制，如对于某种操作需要反复进行多次等，这时可以用循环语句来实现。在 C 语言程序中，用来构成循环控制的语句有 while 语句、do-while 语句、for 语句和 goto 语句。下面分别加以介绍。

(1) 采用 while 语句构成循环的一般形式如下：

```
while (条件表达式) 语句;
```

其含义为：当条件表达式的结果为真(非 0 值)时，程序就重复执行后面的语句，一直执行到条件表达式的结果变为假(0 值)时为止。这种循环结构是先检查条件表达式所给出的条件，再根据检查的结果，决定是否执行后面的语句。如果条件表达式的结果一开始就为假，则后面的语句一次也不会被执行。这里的语句可以是复合语句。

(2) 采用 do-while 语句构成循环结构的一般形式如下：

```
do 语句 while (条件表达式);
```

这种循环语句的特点是先执行给定的循环体语句，然后再检查条件表达式的结果，当条件表达式的值为真时(非 0 值)时，则重复执行循环体语句，直到条件表达式的值变为假(0 值)时为止。因此，用 do-while 语句构成的循环结构在任何条件下，循环体语句至少被执行一次，和 while 语句构成循环体十分相似。它们的区别仅仅是执行循环体语句和判断条件表达式的结果的顺序不同。另外，用 do-while 语句构成的循环体语句中，while(条件表达式)的后面必须有一个分号，而用 while 语句构成的循环体结构中 while(条件表达式)后面是没有分号的。这一点在写程序时一定要注意。

(3) 采用 for 语句构成循环体结构的一般形式如下：

```
for([初值设定表达式];[循环条件表达式];[更新表达式])语句
```

for 语句的执行过程是：先计算出初值设定表达式的值作为循环控制变量的初值，再检查循环条件表达式的结果，当满足条件时，就执行循环体语句并计算更新表达式，然后再根据更新表达式的计算结果来判断循环条件是否满足，一直进行到循环条件表达式的结果为假(0 值)时退出循环体。

在 C 语言程序的循环结构中，for 语句的使用最为灵活，它不仅可以用于循环次数已经确定的情况，而且可以用于循环次数不确定而只给出循环结束条件的情况，另外，for 语句中的 3 个表达式是相互独立的，并不一定要求 3 个表达式之间有依赖关系，并且 for 语句都可能默认，但无论是哪一个表达式，其中的两个分号都不能采用默认。一般不要默认循环条件表达式，以免形成死循环。

5.4.6　goto、break 和 continue 语句

(1) goto 语句是一个无条件转向语句，它的一般形式为：

```
goto 语句标号;
```

其中，语句标号是一个带冒号 “:” 的标识符。将 goto 语句和 if 语句一起使用，可以构成一个循环结构。但更常见的是在 C 语言程序中采用 goto 语句来跳出多重循环。需要注意的是，只能用 goto 语句从内层循环跳到外层循环，而不允许从外层循环跳到内层循环。

(2) break 语句和 continue 语句。前面在介绍开关语句时曾提到，采用 break 语句可以跳出开关语句，另外，break 语句还可以用于跳出循环语句。也可以采用 break 语句来终止循环，对于多重循环，break 语句只能跳出它所处的那一层循环，而不像 goto 语句可以直接从最内层循环中跳出来。由此可见，要退出多重循环时，采用 goto 语句比较方便。需要指出的是，break 语句只能用于开关语句和循环语句之中，是一种具有特殊功能的无条件转移语句。另外还要注意，在进行实际程序设计时，为了保证程序具有良好的结构，应当尽可能少地采用 goto 语句，以使程序结构清晰易读。

在循环语句中还可以使用一种中断语句 continue，它的功能是结束本次循环，即跳过循环体中下面尚未执行的语句，把程序流程转移到当前循环语句的下一个循环周期，并根据循环控制条件决定是否重复执行该循环体。continue 语句的一般形式为：

```
continue;
```

continue 语句通常和条件语句一起，用在由 while、do-while 和 for 语句构成的循环结构中，它也是一种具有特殊功能的无条件转移语句，但与 break 语句不同，continue 语句并不跳出循环体，而只是根据循环控制条件确定是否继续执行循环语句。

5.4.7 返回语句

返回语句用于终止函数的执行，并控制程序返回到调用该函数时所处的位置。返回语句有两种形式：

- return(表达式)
- return

如果 return 语句后面带有表达式，则要计算表达式的值，并将表达式的值作为该函数的返回值。若使用不带表达式的第二种形式，则被调用函数返回主调用函数时，函数值不确定，一个函数的内部可以含有多个 return 语句，但程序仅执行其中的一个 return 语句而返回主调用函数，一个函数的内部也可以没有 return 语句，在这种情况下，当程序执行到最后一个界限符"}"处时，就自动返回主调用函数。

5.5 数 组

5.5.1 数组元素的表示方式

数组是一组具有固定数目和相同类型成分分量的有序集合。其成分分量的类型为该数组的基本类型。例如，整型变量的有序集合称为整型数组，字符型变量的有序集合称为字符型数组。这些整型或字符型变量是各自所属数组的成分分量，称为数组元素。

构成一个数组的各元素必须是同一类型的变量，而不允许在同一数组中出现不同类型的变量。

数组数据是用同一名字的不同下标访问的，数组的下标放在方括号中，是从 0 开始(0，1，2，3，…，n)的一组有序整数。数组的表示方式为：

类型说明符 数组名[整型表达式]

5.5.2 数组的赋值

数组中的值，可以在程序运行期间，用循环和键盘输入语句进行赋值。但这样做将耗费许多机器运行时间，对大型数组而言，这种情况更加突出。对此可以用数组初始化，即赋值。对数组的赋值可以用以下方法来实现。

(1) 在定义数组时对全部元素赋初值。例如：

```
int a[8]={0, 1, 2, 3, 4, 5, 6, 7}
```

(2) 可以只给一部分元素赋初值。例如：

```
int a[8]={0,1,2,3}
```

(3) 如果想使一个数组中全部元素值为 0，可以写成：

```
int a[8]={0,0,0,0,0,0,0,0};
```

或

```
int  a[10]={0};
```

不能写成：

```
int a[8]={0*10}
```

(4)　对全部元素赋初值时，可以不给数组整体赋初值。例如：

```
int[5]={1,2,3,4,5};
```

可以写成：

```
int[]={1,2,3,4,5}
```

5.5.3　二维数组

数组的下标具有两个数字，则称为二维数组。二维数组定义的一般形式如下：

```
类型说明符 数组名[常量表达式][常量表达式];
```

如：

```
int a[3][5];
```

该例定义了 3 行 5 列共 15 个元素的二维数组 a[][]。

二维数组的存取顺序是：按行存取，先存取第一行元素的第 0 列，1 列，……直到最后一行的最后一列。

二维数组的初始化，有以下两种方式。

(1)　对数组的全部元素赋初值

可以用下面两种方法对数组的全部元素赋初值。

分行给二维数组的全部元素赋初值。如"int a[3][4]={{1,2,3},{4,5,6},{7,8,9},{10,11,12}};"。这种赋值方法很直观，把第一个花括号内的数据赋给第一行元素，第二个花括号内的数据赋给第二行元素，……，即按行赋值。

也可以将所有数据写在一个花括号内，按数组的排列顺序对元素赋初值。如"int a[3][4]={1,2,3,4,5,6,7,8,9,10,11,12};"。

(2)　对数组中部分元素赋初值

如"int a{[3][4]={{1},{2},{3}};"赋值后的数组元素等同于 int a[3][4]={{1,0,0}, {2,0,0}, {3,0,0}}。

5.5.4　字符数组

基本类型为字符类型的数组称为字符数组。显然，字符数组是用来存放字符的。在字符数组中，一个元素存放一个字符，所以可以用字符数组来存储长度不同的字符串。

1. 字符数组的定义

字符数组的定义方法与数组定义方法类似。

如 char a[10]，定义 a 为一个有 10 个字符的一维字符数组。

2. 字符数组置初值

字符数组置初值的最直接方法是将各字符逐个赋给数组中的各个元素。例如：

```
char a[10]={'B', 'C', 'D', 'E', 'F', 'G', 'H', 'I', 'J', 'K'};
```

定义了一个字符数组 a[]，有 10 个数组元素组成，并且将 10 个字符分别赋值。C 语言还可以用字符串直接给字符数组置初值，其方法有以下两种形式：

```
char a[10]={"bei jing"};
char a[10]= "bei jing";
```

用双引号" "括起来的一串字符，称为字符串常量，如"happy"。C 编译器会自动地在字符末加上结束符'\0'(NULL)。

用单引号' '括起来的字符为字符的 ASCII 码值，而不是字符串。比如'a'表示 a 的 ASCII 码值 97；而"a"表示一个字符串，由两个字符 a 和\0 组成。

一个字符串可以用一维数组来装入，但数组的元素数目一定要比字符多一个，以便 C 编译器自动在其后加入结束符'\0'。

5.6 函　　数

5.6.1　函数的分类

从 C 语言程序的结构上划分，C 语言函数可分为主函数 main()和普通函数两种。

而对普通函数，从不同的角度或以不同的形式又可以进行以下分类。

从用户使用的角度划分，函数有两种，一种是标准库函数；另一种是用户自定义函数。

用户自定义函数，是用户根据自己的需要编写的函数。从函数定义的形式上可以将其划分为 3 种形式：无参数函数、有参数函数和空函数。

无参函数：此种函数在被调用时，既无参数输入，也不返回结果给调用函数。它是为完成某种操作而编写的。

有参函数：在调用此函数时，必须提供实际的输入参数。此种函数在被调用时，必须说明与实际参数一一对应的形式参数，并在函数结束时返回结果，供调用它的函数使用。

空函数：此函数体内无语句，是空白的。调用此种空函数时，什么工作也没有做，不起任何作用。而定义这种函数的目的是为以后程序功能的扩充。

标准函数是由 C 编译系统的函数库提供的。早在 C 编译系统设计过程中，系统设计者事先将一些独立的功能模块编写成公用函数，并将它们集中存放在系统的函数库中，供系统的使用者在设计应用程序时使用。故把这种函数称为库函数或标准库函数。C 语言系统一般都具备功能强大，资源丰富的标准函数库。因此，作为系统使用者，在进行程序设计时，应该善于充分利用这些功能强大、内容丰富的标准库函数资源，以提高效率，节省时间。

5.6.2　函数的定义

函数定义的一般形式为：

返回值类型标识符　函数名(形式参数列表)
{
函数体语句；
}

返回值类型可以是基本数据类型(int、char、float、double 等)及指针类型。若函数没有返回值时，则使用标识符 void 进行说明。若没有指定函数的返回值类型，默认返回值则为整型。一个函数只能有一个返回值，该返回值是通过函数中的 return 语句获得的。

函数名必须有一个合法的标识符。

形式参数(简称参数)列表包括了函数所需全部参数定义，形式参数可以是基本数据类型的数据、指针类型数据、数组等。在没有调用函数时，函数的形参和函数内部的变量未被分配内存单元，即它们是不存在的。

函数体由两部分组成：函数内部变量定义和函数体其他语句。

各函数的定义是独立的，函数的定义不能在另一个函数的内部。

5.6.3　函数的调用

函数调用的一般形式为：

函数名(实际参数列表)；

在一个函数中需要用到某个函数的功能时，就调用该函数。调用者称为主调函数，被调用者称为被调函数。若被调函数的数据称为实际参数，必须与形参在数量、类型和顺序上都一致。实参可以是常量、变量和表达式；实参对形参的数据传递是单向的，即只能将实参传递给形参。

5.6.4　函数值

通常，希望通过函数调用使主调函数能得到一个确定的值，这就是函数的返回值。

函数的返回值是通过函数的 return 语句获得的。一个函数可以有一个以上的 return 语句必须在选择结构中使用，因为被调用函数一次只能返回一个变量值。

return 语句中的返回值也可以是一个表达式。例如，可以使用冒号 “:” 选择表达式，如

```
return(x>y?x:y);
```

当 x>y 为真时，返回 x 值；否则返回 y 值。

函数的返回值类型一般在定义函数时，用返回类型标识符来指定。例如：

```
int gud(u,v);
```

在函数名 gud 之前的 int 指定函数的返回值为整型(int)。

C 语言规定，凡是不加返回值类型标识符说明的函数，都是按整型来处理，如果函数返回值的类型说明和 return 语句中表达式的变量类型不一致，则以函数返回类型标识符为标准

进行强制类型转换。

另外，有时为了明确表示被调用函数不带返回值，可以将该函数定义为"无类型"(void)。例如：

```
void print_message()
{…}
```

在许多 C 语言程序中，为了使程序减少出错，保证正确调用，凡不要求返回结果的函数，一般都被定义为 void 函数。

5.6.5　函数的递归调用

在调用一个函数的过程中，又直接或间接调用该函数本身，这种情况称为函数的递归调用。

C 语言的强大优势之一，就在于它允许函数的递归调用，函数的递归调用通常用于问题的求解，可以把一种解法逐步地用于问题的子集表示的场合。它可用于计算含嵌套括号的表达式，还普遍用于检索和分类 trees 和 lists 的数据结构。

以求一个数阶乘为例来说明函数的递归调用。一般来说，任何大于 0 的正整数 n 的阶乘等于 n 乘以(n-1)的阶乘，即 n!=n(n-1)!，用(n-1)!的值来表示 n!值的表达式就是一种递归调用，因为一个阶乘的值是以另一个阶乘为基础的，采用递归调用求正数 n 的阶乘的程序如下：

```
int factorial(n)
int n;
{
  int result;
    if(n==0)
     result=1;
    else
       result=n*factorial(n-1)
    return(result);
  }
 main( )
 {
    int j;
    for (j=0;j<11;++j)
      print("%d!=%d\n",j,factorial(j));
 }
```

在 factorial()函数中，包含着对它本身的调用。这使该函数成为递归型函数。

5.7　变量的作用域

变量可以在程序中 3 个地方说明，即函数内部、函数的参数定义中或所有的函数外部。从空间角度来看，变量可以分为全局变量和局部变量。

5.7.1　局部变量

在一个函数内部定义变量是内部变量，只能在本函数范围内有效，也就是说只有在本函数内才能使用它们，在此函数以外是不能使用这些变量的，这称为局部变量。

例如：

```
func()
{
    int x;  //局部变量 x 的作用域很明确
    ...
}
```

5.7.2　全局变量

在函数内定义的变量是局部变量，而在函数之外定义的变量称为外部变量，外部变量是全局变量。全局变量可以为本文件中其他函数所共用。它的有效范围从定义变量的位置开始到本源文件结束。

例如：

```
int x=1;
func ()
{
    x=x+1;
}
func1()
{
    x=x-1;
}
main()
{
}
```

由此不难看出整型 x 的作用范围。

5.7.3　变量的存储方式

关于变量的作用域是从变量占用空间的角度来分析问题，由此划分出了全局变量和局部变量。变量的生存期是由变量值存在的时间来分析问题，由此划分出变量的静态存储和动态存储类型。

1．全局变量的存储方式

全局变量在编译时分配在静态存储区，全局变量在其定义的文件范围内的使用方法前面已经叙述过，下面再介绍不同文件之间使用全局变量的情况。

(1)　在一个文件内定义了一个全局变量，如果在另一个文件中也引用该全局变量，则必须在引用的文件中用关键字 extern 加以说明。

(2)　只允许在所定义的文件中使用的全局变量，必须用 static 对其加以说明。

2. 局部变量的存储方式

自动变量：动态存储空间内存储的局部变量称为自动变量，用关键字"auto"作存储类型说明。"auto"也可以省略，未加"auto"说明的变量，又无其他存储形式说明的，均属动态存储。

局部静态变量：凡存入静态存储区的局部变量称为局部静态变量，用关键字"static"加以说明。对"局部静态变量"只可以赋一次初值，如果没有赋初值，则编译系统自动赋初值0。因此，只有在定义局部静态变量时才可以对数组初始化。

寄存器变量：将局部变量的值存放在运算器中的寄存器中，这种变量被称为寄存器变量，用关键字"register"说明。这样，可以提高程序的执行效率。寄存器数目有限，不能任意定义，有的小型机允许使用 3 个寄存器来容纳寄存器变量。局部静态变量不能定义为寄存器变量。

5.8 内部函数和外部函数

从 5.6.4 小节知道，每个函数都有它的返回值类型(整型、实型、void 型等)。但除了这个特性，根据函数是否能被其他源文件调用，又将函数分为内部函数与外部函数。

5.8.1 内部函数

如果函数只能被本源文件的函数所调用，则称此函数为内部函数。在定义内部函数时，给函数定义前面加上关键字"static"。格式如下：

static 类型标识符 函数名(形参表)

如：
```
static int max(a,b);
/*这个 max 函数只能在本源文件中使用*/
```

内部函数又称为静态函数。使用内部函数，可以使函数只局限于所在文件，如果在不同的文件中有同名的内部函数，则互不干扰。这样不同的人可以分别编写不同的函数，而不必担心所用函数是否与其他文件中函数同名，通常把只能由同一文件使用的函数和外部变量放在一个文件中，在它们前面冠以 static 使之局部化，其他文件不能引用。

5.8.2 外部函数

如果函数不仅能被本源文件的函数调用，还可以被其他源文件中的函数调用，则称此函数为外部函数。

在定义外部函数时，给函数定义前面加上关键字"extern"。

如：
```
extern int max(a,b);
/*这个 max 函数只能在本工程文件中的所有源文件中使用*/
```

要注意的是，如果在源文件 A 中调用另一个源文件 B 中的函数，那么必须在源文件 A 中对要调用的函数进行说明，格式如下：

```
extern int max()
```

5.9 指   针

指针是 C 语言中广泛使用的一种数据类型，运用指针编程是 C 语言最主要的风格之一。利用指针变量可以表示各种数据结构；能很方便地使用数组和字符串；并能像汇编语言一样处理内存地址，从而编出精练而高效的程序。指针极大地丰富了 C 语言的功能。

在计算机中，所有的数据都是存放在存储器中的。一般把存储器中的一个字节称为一个内存单元，不同的数据类型所占用的内存单元数不等，如整型量占 2 个单元，字符量占 1 个单元等，为了正确地访问这些内存单元，必须为每个内存单元编上号。根据一个内存单元的编号即可准确地找到该内存单元。内存单元的编号也叫做地址。既然根据内存单元的编号或地址就可以找到所需的内存单元，所以通常也把这个地址称为指针。在 C 语言中，允许用一个变量来存放指针，这种变量称为指针变量。因此，一个指针变量的值就是某个内存单元的地址或称为某内存单元的指针。但常把指针变量简称为指针。为了避免混淆，文中约定"指针"是指地址，是常量，"指针变量"是指取值为地址的变量。定义指针的目的是为了通过指针去访问内存单元。

既然指针变量的值是一个地址，那么这个地址不仅可以是变量的地址，也可以是其他数据结构的地址。在一个指针变量中存放一个数组或一个函数的首地址有何意义呢？因为数组或函数都是连续存放的。通过访问指针变量取得了数组或函数的首地址，也就找到了该数组或函数。这样一来，凡是出现数组或函数的地方都可以用一个指针变量来表示，只要该指针变量中赋予数组或函数的首地址即可。这样做将会使程序的概念十分清楚，程序本身也精练、高效。在 C 语言中，一种数据类型或数据结构往往都占有一组连续的内存单元。用"地址"这个概念并不能很好地描述一种数据类型或数据结构，而"指针"虽然实际上也是一个地址，但它却是一个数据结构的首地址，它是"指向"一个数据结构的，因而概念更为清楚，表示更为明确。这也是引入"指针"概念的一个重要原因。

5.9.1 指针变量的类型说明

对指针变量的类型说明包括 3 个内容。

(1) 指针类型说明，即定义变量为一个指针变量。

(2) 指针变量名。

(3) 变量值(指针)所指向的变量的数据类型。

其一般形式为：

类型说明符 *变量名；

其中，*表示这是一个指针变量，变量名即为定义的指针变量名，类型说明符表示本指针变量所指向的变量的数据类型。

例如：

```
int *p1;
```

表示 p1 是一个指针变量，它的值是某个整型变量的地址。或者说 p1 指向一个整型变量。至于 p1 究竟指向哪一个整型变量，应由向 p1 赋予的地址来决定。

再如：

```
staic int *p2;        /*p2 是指向静态整型变量的指针变量*/
float *p3;            /*p3 是指向浮点变量的指针变量*/
char *p4;             /*p4 是指向字符变量的指针变量*/
```

应该注意的是，一个指针变量只能指向同类型的变量，如 p3 只能指向浮点变量，不能时而指向一个浮点变量，时而又指向一个字符变量。

5.9.2 指针变量的赋值

指针变量同普通变量一样，使用之前不仅要定义说明，而且必须赋予具体的值。未经赋值的指针变量不能使用，否则将造成系统混乱，甚至死机。指针变量的赋值只能赋予地址，绝不能赋予任何其他数据，否则将引起错误。在 C 语言中，变量的地址是由编译系统分配的，对用户完全透明，用户不知道变量的具体地址。C 语言中提供了地址运算符&来表示变量的地址。

其一般形式为：

& 变量名

如&a 表示变量 a 的地址，&b 表示变量 b 的地址。变量本身必须预先说明。设有指向整型变量的指针变量 p，如要把整型变量 a 的地址赋予 p，可以有以下两种方式。

(1) 指针变量初始化的方法

```
int *p=&a;
```

(2) 赋值语句的方法

```
int *p;
p=&a;
```

不允许把一个数赋予指针变量，故下面的赋值是错误的：

```
int *p; p=1000;
```

被赋值的指针变量前不能再加"*"说明符，如写为*p=&a 也是错误的。

5.9.3 指针变量的运算

指针变量可以进行某些运算，但其运算的种类是有限的。它只能进行赋值运算和部分算术运算及关系运算。

1. 指针运算符

(1) 取地址运算符&

取地址运算符&是单目运算符，其结合性为自右至左，其功能是取变量的地址。在 scanf 函数及前面介绍指针变量赋值中，已经了解并使用了&运算符。

（2）取内容运算符*

取内容运算符*是单目运算符，其结合性为自右至左，用来表示指针变量所指的变量。在*运算符之后跟的变量必须是指针变量。需要注意的是，指针运算符*和指针变量说明中的指针说明符*不是一回事儿。在指针变量说明中，"*"是类型说明符，表示其后的变量是指针类型。而表达式中出现的"*"则是一个运算符，用以表示指针变量所指的变量。

例如：

```
main(){
int a=5,*p=&a;
printf("%d",*p);
}
…
```

表示指针变量 p 取得了整型变量 a 的地址。本程序表示输出变量 a 的值。

2. 指针变量的运算

（1）赋值运算
指针变量的赋值运算有以下几种形式。

①　指针变量初始化赋值，前面已作介绍。

②　把一个变量的地址赋予指向相同数据类型的指针变量。例如：

```
int a,*pa;
pa=&a;                        /*把整型变量 a 的地址赋予整型指针变量 pa*/
```

③　把一个指针变量的值赋予指向相同类型变量的另一个指针变量。例如：

```
int a,*pa=&a,*pb;
pb=pa;                   /*把 a 的地址赋予指针变量 pb*/
```

由于 pa、pb 均为指向整型变量的指针变量，因此可以相互赋值。

④　把数组的首地址赋予指向数组的指针变量。例如：

```
int a[5],*pa;
pa=a;            /*数组名表示数组的首地址，故可赋予指向数组的指针变量 pa*/
```

也可写为：

```
pa=&a[0];      /*数组第一个元素的地址也是整个数组的首地址，也可赋予 pa*/
```

当然也可采取初始化赋值的方法：

```
int a[5],*pa=a;
```

⑤　把字符串的首地址赋予指向字符类型的指针变量。例如：

```
char *pc;pc="c language";
```

或用初始化赋值的方法写为：

```
char *pc="C Language";
```

这里应说明的是并不是把整个字符串装入指针变量，而是把存放该字符串的字符数组的首地址装入指针变量，在后面还将详细介绍。

⑥ 把函数的入口地址赋予指向函数的指针变量。例如：

```
int (*pf)();pf=f;          /*f 为函数名*/
```

(2) 加、减算术运算

对于指向数组的指针变量，可以加上或减去一个整数 n。设 pa 是指向数组 a 的指针变量，则 pa+n、pa-n、pa++、++pa、pa--、--pa 运算都是合法的。指针变量加或减一个整数 n 的意义是把指针指向的当前位置(指向某数组元素)向前或向后移动 n 个位置。应该注意，数组指针变量向前或向后移动一个位置和地址加 1 或减 1 在概念上是不同的。因为数组可以有不同的类型，各种类型的数组元素所占的字节长度是不同的。如指针变量加 1，即向后移动 1 个位置表示指针变量指向下一个数据元素的首地址，而不是在原地址基础上加 1。

例如：

```
int a[5],*pa;
pa=a;                  /*pa 指向数组 a，也是指向 a[0]*/
pa=pa+2;               /*pa 指向 a[2]，即 pa 的值为&pa[2]*/
```

指针变量的加减运算只能对数组指针变量进行，对指向其他类型变量的指针变量作加减运算是毫无意义的。

(3) 两个指针变量之间的运算只有指向同一数组的两个指针变量之间才能进行运算，否则运算毫无意义。

① 两指针变量相减。两指针变量相减所得之差是两个指针所指数组元素之间相差的元素个数。实际上是两个指针值(地址)相减之差再除以该数组元素的长度(字节数)。例如，pf1 和 pf2 是指向同一浮点数组的两个指针变量，设 pf1 的值为 2010H，pf2 的值为 2000H，而浮点数组每个元素占 4 个字节，所以 pf1-pf2 的结果为(2000H-2010H)/4=4，表示 pf1 和 pf2 之间相差 4 个元素。两个指针变量不能进行加法运算。例如，pf1+pf2 毫无实际意义。

② 两指针变量进行关系运算。指向同一数组的两指针变量进行关系运算可表示它们所指数组元素之间的关系。例如：

pf1==pf2 表示 pf1 和 pf2 指向同一数组元素；

pf1>pf2 表示 pf1 处于高地址位置；

pf1<pf2 表示 pf2 处于高地址位置。

例如：

```
main(){
int a=10,b=20,s,t,*pa,*pb;        /*pa、pb 为整型指针变量*/
pa=&a;                            /*给指针变量 pa 赋值，pa 指向变量 a*/
pb=&b;                            /*给指针变量 pb 赋值，pb 指向变量 b*/
s=*pa+*pb;                        /*求 a+b 之和，(*pa 就是 a，*pb 就是 b)*/
t=*pa**pb;                        /*求 a*b 之积*/
printf("a=%d\nb=%d\na+b=%d\na*b=%d\n",a,b,a+b,a*b);  /*输出结果*/
printf("s=%d\nt=%d\n",s,t);       /*输出结果*/
}
```

指针变量还可以与 0 比较。设 p 为指针变量，则 p==0 表明 p 是空指针，它不指向任何变量；p!=0 表示 p 不是空指针。空指针是由对指针变量赋予 0 值而得到的。

例如：

```
#define NULL 0
int *p=NULL;
```

对指针变量赋 0 值和不赋值是不同的。指针变量未赋值时，可以是任意值，是不能使用的；否则将造成意外错误。而指针变量赋 0 值后，则可以使用，只是它不指向具体的变量而已。

再如：

```
main(){
int a,b,c,*pmax,*pmin;              //定义整型变量a、b、c和整型指针变量pmax, pmin
printf("input three numbers:\n");
scanf("%d%d%d",&a,&b,&c);           //输入3个整型变量
if(a>b){
pmax=&a;
pmin=&b;}
else{
pmax=&b;
pmin=&a;}
if(c>*pmax) pmax=&c;
if(c<*pmin) pmin=&c;
printf("max=%d\nmin=%d\n",*pmax,*pmin);        //输出最大值和最小值
}
```

5.9.4　指针变量的使用

指向数组的指针变量称为数组指针变量。

数组指针变量说明的一般形式为：

类型说明符 * 指针变量名

其中，类型说明符表示所指数组的类型。从一般形式可以看出，指向数组的指针变量和指向普通变量的指针变量的说明是相同的。

引入指针变量后，就可以用两种方法来访问数组元素了。

第一种方法为下标法，即用 a[i]形式访问数组元素。在第 4 节中介绍数组时都是采用这种方法。

第二种方法为指针法，即采用*(pa+i)的形式，用间接访问的方法来访问数组元素。

示例程序如下：

```
main(){
int a[5],i,*pa;
pa=a;
for(i=0;i<5;i++){
*pa=i;
pa++;
}
pa=a;
for(i=0;i<5;i++){
printf("a[%d]=%d\n",i,*pa)
pa++;
```

```
        }
    }
```

5.9.5　指向多维数组的指针

本小节以二维数组为例介绍多维数组的指针变量。设有整型二维数组 a[3][4]，C 语言允许把一个二维数组分解为多个一维数组来处理。因此，数组 a 可分解为 3 个一维数组，即 a[0]、a[1]、a[2]。每一个一维数组又含有 4 个元素。例如，a[0]数组，含有 a[0][0]、a[0][1]、a[0][2]、a[0][3]4 个元素。数组及数组元素的地址表示如下：a 是二维数组名，也是二维数组 0 行的首地址。a[0]是第一个一维数组的数组名和首地址；*(a+0)或*a 是与 a[0]等效的，它表示一维数组 a[0] 0 号元素的首地址；&a[0][0]是二维数组 a 的 0 行 0 列元素首地址。因此，a、a[0]、*(a+0)、*a?amp、a[0][0]是相等的。同理，a+1 是二维数组 1 行的首地址，等于 1008；a[1]是第二个一维数组的数组名和首地址，因此也为 1008；&a[1][0]是二维数组 a 的 1 行 0 列元素地址，也是 1008。因此，a+1、a[1]、*(a+1)、&a[1][0]是等同的。由此可得出，a+i、a[i]、*(a+i)、&a[i][0]是等同的。此外，&a[i]和 a[i]也是等同的。因为在二维数组中不能把&a[i]理解为元素 a[i]的地址，不存在元素 a[i]。

把二维数组 a 分解为一维数组 a[0]、a[1]、a[2]之后，设 p 为指向二维数组的指针变量。可定义为：

```
int (*p)[4]
```

它表示 p 是一个指针变量，它指向二维数组 a 或指向第一个一维数组 a[0]，其值等于 a,a[0]或&a[0][0]等。而 p+i 则指向一维数组 a[i]。从前面的分析可得出*(p+i)+j 是二维数组 i 行 j 列的元素的地址，而*(*(p+i)+j)则是 i 行 j 列元素的值。

二维数组指针变量说明的一般形式为：

```
类型说明符(*指针变量名)[长度]
```

其中，"类型说明符"为所指数组的数据类型；"*"表示其后的变量是指针类型；"长度"表示二维数组分解为多个一维数组时一维数组的长度，也就是二维数组的列数。应该注意"(*指针变量名)"两边的括号不可少，如缺少括号则表示是指针数组(本章后面将作介绍)，意义就完全不同了。

二维数组指针变量是单个的变量，其一般形式中"(*指针变量名)"两边的括号不可少。而指针数组类型表示的是多个指针(一组有序指针)。在一般形式中，"*指针数组名"两边不能有括号。例如：

```
int (*p)[3];
```

表示一个指向二维数组的指针变量。该二维数组的列数为 3 或分解为一维数组的长度为 3。int *p[3] 表示 p 是一个指针数组，有 3 个下标变量，p[0]、p[1]、p[2]均为指针变量。

下例要求把 5 个国名按字母顺序排列后输出。在以前的例子中采用了普通的排序方法，逐个比较之后交换字符串的位置。交换字符串的物理位置是通过字符串复制函数完成的。反复的交换将使程序执行的速度变慢，同时由于各字符串(国名)的长度不同，又增加了存储管理的负担。用指针数组能很好地解决这些问题。把所有的字符串存放在一个数组中，把这些字符数组的首地址放在一个指针数组中，当需要交换两个字符串时，只需交换指针数组相应两元素的内容(地址)即可，而不必交换字符串本身。程序中定义了两个函数，一个名为 sort 完成排序，其形参为指针对数组 name，即为待排序的各字符串数组的指针。形参 n 为字符串的个数。另一个函数名为 print，用于排序后字符串的输出，其形参与 sort 的形参相同。主函数 main 中，定义了指针数组 name 并作了初始化赋值。然后分别调用 sort 函数和 print 函数完成排序和输出。值得说明的是在 sort 函数中，对两个字符串比较，采用了 strcmp 函数，strcmp 函数允许参与比较的串以指针方式出现。name[k]和 name[j]均为指针，因此是合法的。字符串比较后需要交换时，只交换指针数组元素的值，而不交换具体的字符串，这样将大大减少时间的开销，提高了运行效率。

现编程如下：

```c
#include"string.h"
main(){
void sort(char *name[],int n);
void print(char *name[],int n);
static char *name[]={ "CHINA","AMERICA","AUSTRALIA","FRANCE","GERMAN"};
int n=5;
sort(name,n);
print(name,n);
}
void sort(char *name[],int n){
char *pt;
int i,j,k;
for(i=0;i<n-1;i++){
k=i;
for(j=i+1;j<n;j++)
if(strcmp(name[k],name[j])>0) k=j;
if(k!=i){
pt=name[i];
name[i]=name[k];
name[k]=pt;
}
}
}
void print(char *name[],int n){
int i;
for (i=0;i<n;i++) printf("%s\n",name[i]);
}
```

5.10　结构体和联合体

5.10.1　结构体

当有一批相同类型的数据时，使用数组来处理，而这些数据类型不相同时，就无法使用数组。例如，1002、肖小月、女、18、95，它们分别表示学生的学号、姓名、性别、年龄和成绩，其中的每一项称为数据项。由于各个数据项的数据类型不完全相同，用数组就无法表示。在 C 语言里把类似这样的数据结构用结构体进行描述。结构体类型相当于其他语言的"记录"。

1. 结构体定义

(1) 完整的结构体定义格式：

```
struct 结构体名
{
成员说明1;
成员说明2;
…
}结构体变量表;
```

(2) 仅定义结构体类型：

```
struct 结构体名
{
成员说明1;
成员说明2;
…
};
```

可以看出，第二种格式是第一种格式的简化——省略了"结构体变量表"，但它后面的分号";"不能省，这种格式只定义了结构体类型，并没有说明变量。如果需要说明结构体变量，可使用以下格式：

```
struct 结构体名结构体变量表;
```

例如：

```
struct STUDENT s1,s2;
```

其中"struct STUDENT"是由关键字"struct"和结构体名"STUDENT"两部分合成一个类型符(请比较它与"int a,b;"的区别)。这种格式的定义在实际应用中比较常见。

(3) 无名结构体：

```
struct
{
成员说明1;
成员说明2;
…
}结构体变量表;
```

可以看出，它也是第一种格式的简化——省略了"结构体名"，但"结构体变量表"不能同时省略，把这种结构体称为"无名结构体"。无名结构体只能同时说明变量，之后再想说明变量就做不到了。所以这种应用比较少见。

2. 结构体变量的引用

一般格式如下：

```
结构体变量名.成员名
```

如结构体变量t的说明如上，则有：

```
t.num=1001;
strcpy(t.name,"ChenHao");
t.sex='M';
t.birthday.year=1985;
t.birthday.month=9;
t.firthday.day=20;
```

说　明

(1)　结构体变量的成员是什么类型，则对该成员的操作与相同类型的普通变量并无区别，但需要在成员名前加上结构体变量名。例如：

```
struct STUDENT s;
int n;
char message[80];
n=100; s.num=1001;
strcpy(message,"Beijin 2008"); strcpy(s.name, "ChenHao");
```

(2)　结构体变量不能整体地输入或输出，只能对各个成员分别进行。例如：

```
struct STUDENT s;
scanf("%d,%s,%c,%d,%f",&s);      /* Error */
printf("%d,%s,%c,%d,%f\n",s);    /* Error */
scanf("%d,%s,%c,%d,%f",&s.num,s.name,&s.sex,&s.age,&s.score);  /* Ok */
```

(3)　同一类型的结构体变量可以赋值。例如：

```
struct STUDENT s1,s2;
…            /* 对结构体变量 s1 赋值*/
s2=s1;       /* s2 各个成员的值与 s1 中对应的成员相同*/
```

3. 结构体变量指针

一个结构体变量占据一块连续的内存单元，这块内存单元的起始地址可由一个结构体变量指针来指向，从而实现使用结构体变量的指针来访问结构体变量中的各个成员。

结构体指针的说明形式：

```
struct 结构体名*结构体指针变量名;
```

例如：

```
struct STUDENT a,*p;     /* p 为结构体指针变量*/
p=&a;
```

通过结构体指针对结构体变量的成员实现访问，有两种形式。

格式一：

```
(*结构体变量名).成员名
```

格式二：

```
结构体变量名->成员名
```

注 意

格式一中的括号不能省略，"." 运算符的运算级别比 "*" 要高。

5.10.2 联合体

与结构体类似，联合体也可以把许多不同类型的数据(即成员)组织在一起。我们知道，结构体在给成员分配内存空间时，是一个成员接一个成员的顺序分配内存，不同成员占有不同的内存空间。与结构体不同，联合体却是将这些成员从同一个内存地址分配，这样就使比较靠前的内存单元为所有成员所共享，所以也有人将联合体称为 "共用体"。

联合体定义的完整形式为：

```
union 联合体名
{
    成员说明1；
    成员说明2；
    …
}联合体变量表；
```

例如：

```
union DATA
{
    int a；
    char b；
    float c；
}d1,d2；
```

由于联合体的特殊性，为联合体变量所分配的内存空间是所有成员中占内存最大的成员所需空间的大小。如果想再说明 d3 是上述联合体变量，可以写成：

```
union DATA d3；
```

对联合体变量的引用，与结构体变量相似，也是通过点方式 "." 来引用成员的。例如：

```
d1.a=10；
d1.b='A'；
```

但要注意的是，由于在联合体中，比较靠前的内存单元被所有成员所共享，当给别的成员赋值时，会破坏其他成员的值。

联合体变量的使用如下。

```
union DATA
{
  int a；
  char b；
  float c；
};
main()
{
  union DATA d；
  d.a=10；
```

```
d.b='A';
printf("%d",d.a); /* Error, a 的值不确定*/
printf("%c",d.b); /* Ok */
}
```

除此之外，联合体变量不能作为函数的参数，函数的返回值也不能是联合体类型。对于联合体数组和指针仍然可以使用。

5.11　枚举和位运算

5.11.1　枚举

在实际问题中，有些变量的取值被限定在一个有限的范围内。例如，一个星期内只有 7 天，一年只有 12 个月，一个班每周有 6 门课程等。如果把这些量说明为整型，字符型或其他类型显然是不妥当的。为此，C 语言提供了一种称为"枚举"的类型。在"枚举"类型的定义中列举出所有可能的取值，被说明为该"枚举"类型的变量取值不能超过定义的范围。应该说明的是，枚举类型是一种基本数据类型，而不是一种构造类型，因为它不能再分解为任何基本类型。

枚举类型的定义和枚举变量的说明如下。

(1) 枚举的定义。枚举类型定义的一般形式为：

```
enum 枚举名
{枚举值表};
```

在枚举值表中应罗列出所有可用值。这些值也称为枚举元素。

例如：

```
enum weekday
{sun,mou,tue,wed,thu,fri,sat};
```

该枚举名为 weekday，枚举值共有 7 个，即一周中的 7 天。凡被说明为 weekday 类型变量的取值只能是 7 天中的某一天。

(2) 枚举变量的说明。如同结构和联合一样，枚举变量也可用不同的方式说明，即先定义后说明，有同时定义说明或直接说明。设有变量 a、b、c 被说明为上述的 weekday，可采用下述任一种方式：

```
enum weekday
{
...
};
enum weekday a,b,c;
```

或者为：

```
enum weekday
{
...
```

```
}a,b,c;
```

或者为：

```
enum
{
...
}a,b,c;
```

（3）枚举类型变量的赋值和使用。枚举类型在使用中有以下规定。

① 枚举值是常量，不是变量。不能在程序中用赋值语句再对它赋值。例如，对枚举 weekday 的元素再作以下赋值：sun=5;mon=2;sun=mon;都是错误的。

② 枚举元素本身由系统定义了一个表示序号的数值，从 0 开始顺序定义为 0，1，2，…。如在 weekday 中，sun 值为 0，mon 值为 1，…，sat 值为 6。

```
main(){
enum weekday
{
  sun,mon,tue,wed,thu,fri,sat} a,b,c;
  a=sun;
  b=mon;
  c=tue;
  printf("%d,%d,%d",a,b,c);
}
```

③ 只能把枚举值赋予枚举变量，不能把元素的数值直接赋予枚举变量。如：a=sum;b=mon;是正确的。而 a=0;b=1;是错误的。如一定要把数值赋予枚举变量，则必须用强制类型转换，如 a=(enum weekday)2;是将顺序号为 2 的枚举元素赋予枚举变量 a，相当于 a=tue;。还应该说明的是枚举元素不是字符常量也不是字符串常量，使用时不要加单、双引号。

```
main()
{
enum body
{ a,b,c,d } month[31],j;
int i;
j=a;
for(i=1;i<=30;i++){
month[i]=j;
j++;
if(j>d)j=a;
}
for(i=1;i<=30;i++){
switch(month[i])
{
Case a:printf(" %2d %c\t",i,'a'); break;
Case b:printf(" %2d %c\t",i,'b'); break;
Case c:printf(" %2d %c\t",i,'c'); break;
Case d:printf(" %2d %c\t",i,'d'); break;
default:break;
```

```
}
}
printf("\n");
}
```

5.11.2　位运算

前面介绍的各种运算都是以字节作为最基本单位进行的。但在很多系统程序中常要求在位(bit)一级进行运算或处理。C 语言提供了位运算的功能，这使得 C 语言也能像汇编语言一样用来编写系统程序。

C 语言提供了 6 种位运算符。

&：按位与。

|：按位或。

^：按位异或。

～：求反。

<<：左移。

>>：右移。

1. 按位与运算

按位与运算符"&"是双目运算符。其功能是参与运算的两数各对应的二进位相与。只有对应的两个二进位均为 1 时，结果位才为 1，否则为 0。参与运算的数以补码方式出现。

例如，9&5 可写算式如下：00001001(9 的二进制补码)&00000101 (5 的二进制补码)=00000001 (1 的二进制补码)，可见 9&5=1。

按位与运算通常用来对某些位清 0 或保留某些位。例如，把 a 的高 8 位清 0，保留低 8 位，可作 a&255 运算(255 的二进制数为 0000000011111111)。

程序如下：

```
main(){
int a=9,b=5,c;
c=a&b;
printf("a=%d\nb=%d\nc=%d\n",a,b,c);
}
```

2. 按位或运算

按位或运算符"|"是双目运算符。其功能是参与运算的两数各对应的二进位相或。只要对应的两个二进位有一个为 1 时，结果位就为 1。参与运算的两个数均以补码出现。

例如，9|5 可写算式如下：00001001|00000101。

00001101(十进制为 13)，可见 9|5=13。

程序如下：

```
main(){
int a=9,b=5,c;
c=a|b;
printf("a=%d\nb=%d\nc=%d\n",a,b,c);
}
```

3. 按位异或运算

按位异或运算符"^"是双目运算符。其功能是参与运算的两数各对应的二进位相异或，当两对应的二进位相异时，结果为 1。参与运算数仍以补码出现，如 9^5 可写成算式如下：00001001^00000101=00001100（十进制为 12）。

程序如下：

```
main(){
int a=9;
a=a^15;
printf("a=%d\n",a);
}
```

4. 求反运算

求反运算符"~"为单目运算符，具有右结合性。其功能是对参与运算的数的各二进位按位求反。例如，~9 的运算为：~(0000000000001001)，结果为 1111111111110110。

5. 左移运算

左移运算符"<<"是双目运算符。其功能是把"<<"左边的运算数的各二进位全部左移若干位，由"<<"右边的数指定移动的位数，高位丢弃，低位补 0。例如，a<<4 指把 a 的各二进位向左移动 4 位。例如，a=00000011(十进制为 3)，左移 4 位后为 00110000(十进制为 48)。

6. 右移运算

右移运算符">>"是双目运算符。其功能是把">>"左边的运算数的各二进位全部右移若干位，">>"右边的数指定移动的位数。

例如，设 a=15，a>>2 表示把 000001111 右移为 00000011(十进制为 3)。应该说明的是，对于有符号数，在右移时，符号位将随同移动。当为正数时，最高位补 0，而为负数时，符号位为 1，最高位是补 0 或是补 1 取决于编译系统的规定。

5.12　预　处　理

在前面各章中，已多次使用过以"#"号开头的预处理命令。如包含命令# include、宏定义命令# define 等。在源程序中这些命令都放在函数之外，而且一般都放在源文件的前面，它们称为预处理部分。

所谓预处理是指在进行编译的第一遍扫描(词法扫描和语法分析)之前所做的工作。预处理是 C 语言的一个重要功能，它由预处理程序负责完成。当对一个源文件进行编译时，系统将自动引用预处理程序对源程序中的预处理部分作处理，处理完毕自动进入对源程序的编译。

C 语言提供了多种预处理功能，如宏定义、文件包含、条件编译等。合理地使用预处理功能编写的程序便于阅读、修改、移植和调试，也有利于模块化程序设计。本节介绍常用的几种预处理功能。

5.12.1　宏定义

在 C 语言源程序中允许用一个标识符来表示一个字符串，称为"宏"。被定义为"宏"的标识符称为"宏名"。在编译预处理时，对程序中所有出现的"宏名"，都用宏定义中的字符串去代换，这称为"宏代换"或"宏展开"。

宏定义是由源程序中的宏定义命令完成的。宏代换是由预处理程序自动完成的。在 C 语言中，"宏"分为有参数和无参数两种。下面分别讨论这两种"宏"的定义和调用。

1. 无参宏定义

无参宏的宏名后不带参数。其定义的一般形式为：

#define 标识符 字符串

其中的"#"表示这是一条预处理命令。凡是以"#"开头的均为预处理命令。"define"为宏定义命令。"标识符"为所定义的宏名。"字符串"可以是常数、表达式、格式串等。在前面介绍过的符号常量的定义就是一种无参宏定义。此外，常对程序中反复使用的表达式进行宏定义。例如，# define M (y*y+3*y)定义 M 表达式(y*y+3*y)。在编写源程序时，所有的(y*y+3*y)都可由 M 代替，而对源程序作编译时，将先由预处理程序进行宏代换，即用(y*y+3*y)表达式去置换所有的宏名 M，然后再进行编译。

程序如下：

```
#define M (y*y+3*y)
main(){
int s,y;
printf("input a number:");
scanf("%d",&y);
s=3*M+4*M+5*M;
printf("s=%d\n",s);
}
```

上例程序中首先进行宏定义，定义 M 表达式(y*y+3*y)，在 s=3*M+4*M+5* M 中作了宏调用。在预处理时经宏展开后该语句变为 s=3*(y*y+3*y)+4(y*y+3*y)+5(y*y+3*y);。但要注意的是，在宏定义中表达式(y*y+3*y)两边的括号不能少；否则会发生错误。

当作#define M y*y+3*y，定义后，在宏展开时将得到下述语句：s=3*y*y+3*y+4*y*y+3*y+5*y*y+3*y;，这相当于 $3y^2+3y+4y^2+3y+5y^2+3y$;，显然与原题意要求不符。计算结果当然是错误的。因此在作宏定义时必须十分注意。应保证在宏代换之后不发生错误。对于宏定义还要说明以下几点。

(1) 宏定义是用宏名来表示一个字符串，在宏展开时又以该字符串取代宏名，这只是一种简单的代换，字符串中可以含任何字符，可以是常数，也可以是表达式，预处理程序对它不作任何检查。如有错误，只能在编译已被宏展开后的源程序时发现。

(2) 宏定义不是说明或语句，在行末不必加分号，如加上分号则连分号也一起置换。

(3) 宏定义必须写在函数之外，其作用域为宏定义命令起到源程序结束。如要终止其作用域可使用# undef 命令，例如：

define PI 3.14159

```
main()
{
...
}
# undef PI 的作用域
f1()
```

表示 PI 只在 main 函数中有效，在 f1 中无效。

(4) 宏名在源程序中若用引号括起来，则预处理程序不对其作宏代换。

```
#define OK 100
main()
{
printf("OK");
printf("\n");
}
```

上例中定义宏名 OK 表示 100，但在 printf 语句中 OK 被引号括起来，因此不作宏代换。程序的运行结果为：表示把"OK"当字符串处理。

(5) 宏定义允许嵌套，在宏定义的字符串中可以使用已经定义的宏名。在宏展开时由预处理程序层层代换。例如：

```
#define PI 3.1415926
#define S PI*y*y /* PI 是已定义的宏名*/
```

对语句：

```
printf("%f",s);
```

在宏代换后变为：

```
printf("%f",3.1415926*y*y);
```

(6) 习惯上宏名用大写字母表示，以便于与变量区别。但也允许用小写字母表示。

(7) 可用宏定义表示数据类型，使书写更方便。例如，#define STU struct stu 在程序中可用 STU 作变量说明：STU body[5],*p; #define INTEGER int 在程序中即可用 INTEGER 作整型变量说明："INTEGER a,b;"应注意用宏定义表示数据类型和用 typedef 定义数据说明符的区别。宏定义只是简单的字符串代换，是在预处理时完成的，而 typedef 是在编译时处理的，它不是作简单的代换，而是对类型说明符重新命名。被命名的标识符具有类型定义说明的功能。请看下面的例子：

```
#define PIN1 int*
typedef (int*) PIN2;
```

从形式上看这两者相似，但在实际使用中却不相同。下面用 PIN1、PIN2 说明变量时就可以看出它们的区别："PIN1 a,b;"在宏代换后变成"int *a,b;"，表示 a 是指向整型的指针变量，而 b 是整型变量。然而："PIN2 a,b;"表示 a、b 都是指向整型的指针变量。因为 PIN2 是一个类型说明符。由这个例子可见，宏定义虽然也可表示数据类型，但毕竟是作字符代换。在使用时要分外小心，以避免出错。

2. 带参宏定义

C 语言允许宏带有参数。在宏定义中的参数称为形式参数，在宏调用中的参数称为实际参数。对带参数的宏，在调用中，不仅要宏展开，而且要用实参去代换形参。

带参宏定义的一般形式为：

#define 宏名(形参表)字符串

在字符串中含有各个形参。带参宏调用的一般形式为：

宏名(实参表);

例如：

```
#define M(y) y*y+3*y          /*宏定义*/
k=M(5);                       /*宏调用*/
```

在宏调用时，用实参 5 去代替形参 y，经预处理宏展开后的语句为：k=5*5+3*5。

例如：

```
#define MAX(a,b) (a>b)?a:b
main(){
int x,y,max;
printf("input two numbers: ");
scanf("%d%d",&x,&y);
max=MAX(x,y);
printf("max=%d\n",max);
}
```

此例程序的第一行进行带参宏定义，用宏名 MAX 表示条件表达式(a>b)?a:b，形参 a、b 均出现在条件表达式中。程序第 7 行 max=MAX(x,y)为宏调用，实参 x、y 将代换形参 a、b。宏展开后该语句为：

```
max=(x>y)?x:y;
```

用于计算 x、y 中的大数。对于带参的宏定义有以下问题需要说明。

(1) 带参宏定义中，宏名和形参表之间不能有空格出现。

例如，把#define MAX(a,b) (a>b)?a:b 写为#define MAX (a,b) (a>b)?a:b 将被认为是无参宏定义，宏名 MAX 代表字符串(a,b)(a>b)?a:b。

宏展开时，宏调用语句：

```
max=MAX(x,y);
```

将变为：

```
max=(a,b)(a>b)?a:b(x,y);
```

这显然是错误的。

(2) 在带参宏定义中，形式参数不分配内存单元，因此不必作类型定义。而宏调用中的实参有具体的值。要用它们去代换形参，因此必须作类型说明。这是与函数中的情况不同的。在函数中，形参和实参是两个不同的量，各有自己的作用域，调用时要把实参值赋予形参，进行"值传递"。而在带参宏中，只是符号代换，不存在值传递的问题。

(3) 在宏定义中的形参是标识符，而宏调用中的实参可以是表达式。例如：

```
#define SQ(y) (y)*(y)
main(){
int a,sq;
printf("input a number: ");
scanf("%d",&a);
sq=SQ(a+1);
printf("sq=%d\n",sq);
}
```

此例中第一行为宏定义，形参为 y。程序第 7 行宏调用中实参为 a+1，是一个表达式，在宏展开时，用 a+1 代换 y，再用(y)*(y) 代换 SQ，得到以下语句：

```
sq=(a+1)*(a+1);
```

这与函数的调用是不同的，函数调用时要把实参表达式的值求出来再赋予形参。而宏代换中对实参表达式不作计算而是直接地照原样代换。

(4) 在宏定义中，字符串内的形参通常要用括号括起来以避免出错。在上例中的宏定义中，(y)*(y)表达式的 y 都用括号括起来，因此结果是正确的。如果去掉括号，把程序改为以下形式：

```
#define SQ(y) y*y
main(){
int a,sq;
printf("input a number:");
scanf("%d",&a);
sq=SQ(a+1);
printf("sq=%d\n",sq);
}
```

运行结果为：

```
input a number:3
```

sq=7。同样输入 3，但结果却是不一样的。问题在哪里呢？这是由于代换只作符号代换而不作其他处理而造成的。宏代换后将得到以下语句：

```
sq=a+1*a+1;
```

由于 a 为 3，故 sq 的值为 7。这显然与题意相违背，因此参数两边的括号是不能少的，即使在参数两边加括号还是不够的。

(5) 带参的宏和带参函数很相似，但有本质上的不同，除上面已谈到的各点外，把同一表达式用函数处理与用宏处理两者的结果有可能是不同的。例如：

```
/*用函数处理*/
main(){
int i=1;
while(i<=5)
printf("%d\n",SQ(i++));
```

```
}
SQ(int y)
{
return((y)*(y));
}
/*用宏处理*/
#define SQ(y) ((y)*(y))
main(){
int i=1;
while(i<=5)
printf("%d\n",SQ(i++));
}
```

在上例中函数名为 SQ，形参为 y，函数体表达式为((y)*(y))。

(6) 宏定义也可用来定义多个语句，在宏调用时，把这些语句又代换到源程序内。

5.12.2　文件包含

文件包含是 C 语言预处理程序的另一个重要功能。文件包含命令行的一般形式为：

```
#include "文件名"
```

在前面已多次用此命令包含过库函数的头文件。例如：

```
#include "stdio.h"
#include "math.h"
```

文件包含命令的功能是把指定的文件插入该命令行位置取代该命令行，从而把指定的文件和当前的源程序文件连成一个源文件。在程序设计中，文件包含是很有用的。一个大的程序可以分为多个模块，由多个程序员分别编程。有些公用的符号常量或宏定义等可单独组成一个文件，在其他文件的开头用包含命令包含该文件即可使用。这样，可避免在每个文件开头都去书写那些公用量，从而节省时间，并减少出错。

对文件包含命令还要说明以下几点。

(1) 包含命令中的文件名可以用双引号括起来，也可以用尖括号括起来。例如，以下写法都是允许的：#include "stdio.h"、#include <math.h>。但是这两种形式是有区别的：使用尖括号表示在包含文件目录中去查找(包含目录是由用户在设置环境时设置的)，而不在源文件目录中去查找；使用双引号则表示首先在当前的源文件目录中查找，若未找到才到包含目录中去查找。用户编程时可根据自己文件所在的目录来选择某一种命令形式。

(2) 一个 include 命令只能指定一个被包含文件，若有多个文件要包含，则需用多个 include 命令。

(3) 文件包含允许嵌套，即在一个被包含的文件中又可以包含另一个文件。

5.12.3　条件编译

预处理程序提供了条件编译的功能。可以按不同的条件去编译不同的程序部分，因而产生不同的目标代码文件。这对于程序的移植和调试是很有用的。条件编译有 3 种形式，下面分别介绍。

(1) 第一种形式：

```
#ifdef 标识符
程序段1
#else
程序段2
#endif
```

它的功能是，如果标识符已被 #define 命令定义过则对程序段 1 进行编译；否则对程序段 2 进行编译。如果没有程序段 2(它为空)，本格式中的#else 可以没有，即可以写为：

```
#ifdef 标识符
程序段 #endif
```

示例程序如下：

```
#define NUM ok
main(){
struct stu
{
int num;
char *name;
char sex;
float score;
} *ps;
ps=(struct stu*)malloc(sizeof(struct stu));
ps->num=102;
ps->name="Zhang ping";
ps->sex='M';
ps->score=62.5;
#ifdef NUM
printf("Number=%d\nScore=%f\n",ps->num,ps->score);
#else
printf("Name=%s\nSex=%c\n",ps->name,ps->sex);
#endif
free(ps);
}
```

由于在程序的第 15 行插入了条件编译预处理命令，因此要根据 NUM 是否被定义过来决定编译哪一个printf语句。而在程序的第一行已对NUM作过宏定义，因此应对第一个printf语句作编译，故运行结果是输出了学号和成绩。在程序的第一行宏定义中，定义 NUM 表示字符串 ok，其实也可以为任何字符串，甚至不给出任何字符串，写为#define NUM 也具有同样的意义。只有取消程序的第一行才会去编译第二个 printf 语句。读者可上机试作。

(2) 第二种形式：

```
#ifndef 标识符
程序段1
#else
程序段2
#endif
```

与第一种形式的区别是将 ifdef 改为 ifndef。它的功能是，如果标识符未被#define 命令定义过，则对程序段 1 进行编译，否则对程序段 2 进行编译。这与第一种形式的功能正相反。

(3) 第三种形式：

```
#if 常量表达式
程序段 1
#else
程序段 2
#endif
```

它的功能是，如常量表达式的值为真(非 0)，则对程序段 1 进行编译，否则对程序段 2 进行编译。因此可以使程序在不同条件下完成不同的功能。例如：

```
#define R 1
main(){
float c,r,s;
printf ("input a number:");
scanf("%f",&c);
#if R
r=3.14159*c*c;
printf("area of round is: %f\n",r);
#else
s=c*c;
printf("area of square is: %f\n",s);
#endif
}
```

5.13 上机指导：程序控制多种灯光表现

5.13.1 闪烁灯

1. 实验任务

如图 5.2 所示，在 P1.0 端口上接一个发光二极管 L1，使 L1 在不停地一亮一灭，一亮一灭的时间间隔为 0.2s。

2. 系统板上硬件连线

把"单片机系统"区域中的 P1.0 端口用导线连接到"8 路发光二极管指示模块"区域中的 L1 端口上。

3. 程序设计内容

(1) 延时程序的设计方法

作为单片机指令的执行时间是很短的，数量为微秒级，因此，要求的闪烁时间间隔为0.2s，相对于微秒来说，相差太大，所以在执行某一指令时，插入延时程序，来达到要求，但这样的延时程序如何设计呢？下面具体介绍其原理。

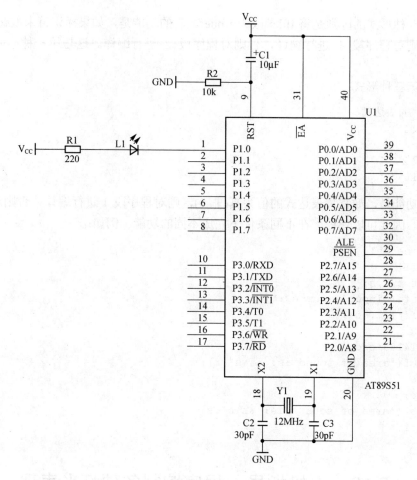

图 5.2　实训电路

图 5.2 所示的石英晶体为 12MHz，因此，1 个机器周期为 1µs。

```
      MOV R6,#20
D1:   MOV R7,#248
      DJNZ R7,$
      DJNZ R6,D1
```

因此，上面的延时程序时间为 10.002ms。

由以上可知，当 R6=10、R7=248 时延时 5ms，R6=20、R7=248 时延时 10ms，以此为基本的计时单位。如本实验要求 0.2s=200ms，10ms×R5=200ms，则 R5=20，延时子程序如下：

```
DELAY:  MOV R5,#20
D1:     MOV R6,#20
D2:     MOV R7,#248
        DJNZ R7,$
        DJNZ R6,D2
        DJNZ R5,D1
        RET
```

(2) 输出控制

如图 5.2 所示，当 P1.0 端口输出高电平，即 P1.0=1 时，根据发光二极管的单向导电性可知，这时发光二极管 L1 熄灭；当 P1.0 端口输出低电平，即 P1.0=0 时，发光二极管 L1 亮；可以使用 SETB　P1.0 指令使 P1.0 端口输出高电平，使用 CLR P1.0 指令使 P1.0 端口输出低电平。

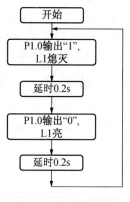

4. 程序流程图

程序流程图如图 5.3 所示。

5. 汇编源程序

汇编源程序如下：

图 5.3　程序流程图

```
                ORG 0000H
START:      CLR P1.0
                LCALL DELAY
                SETB P1.0
                LCALL DELAY
                LJMP START
DELAY:      MOV R5,#20        ;延时子程序，延时 0.2s
D1:         MOV R6,#20
D2:         MOV R7,#248
                DJNZ R7,$
                DJNZ R6,D2
                DJNZ R5,D1
                RET
                END
```

6. C 语言源程序

C 语言源程序如下：

```
#include <reg52.h>
sbit L1=P1^0;
 void delay02s(void)        //延时 0.2s 子程序
{
  unsigned char i,j,k;
  for(i=20;i>0;i--)
  for(j=20;j>0;j--)
  for(k=248;k>0;k--);
}
void main(void)            //主程序
{
  while(1)
    {
      L1=0;                //L1 灯亮
      delay02s();          //延时
      L1=1;                //L1 灯灭
      delay02s();          //延时
    }
}
```

5.13.2 广告灯的左移、右移

1. 实验任务

做单一灯的左移、右移，硬件电路如图 5.4 所示，8 个发光二极管 L1～L8 分别接在单片机的 P1.0～P1.7 接口上，输出 "0" 时，发光二极管亮，开始时 P1.0→P1.1→P1.2→P1.3→…→P1.7→P1.6→…→P1.0 亮，重复循环。

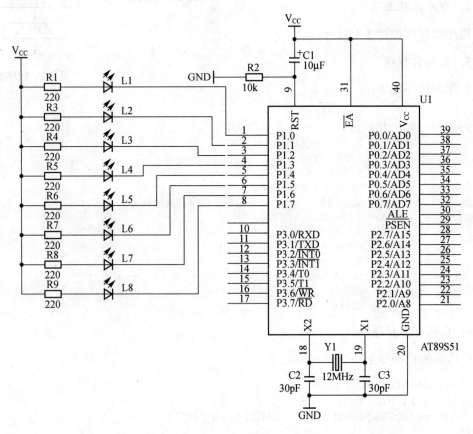

图 5.4 硬件原理

2. 系统板上硬件连线

把 "单片机系统" 区域中的 P1.0～P1.7 用 8 芯排线连接到 "8 路发光二极管指示模块" 区域中的 L1～L8 端口上，要求：P1.0 对应着 L1，P1.1 对应着 L2，……，P1.7 对应着 L8。

3. 程序设计内容

可以运用输出端口指令 "MOV　P1, A" 或 "MOV　P1, #DATA"，只要给累加器赋值或赋常数值，然后执行上述指令，即可达到输出控制的动作。

每次送出的数据是不同的，具体的数据如表 5.1 所示。

表 5.1　每次输出数据

P1.7	P1.6	P1.5	P1.4	P1.3	P1.2	P1.1	P1.0	说　明
L8	L7	L6	L5	L4	L3	L2	L1	
1	1	1	1	1	1	1	0	L1 亮
1	1	1	1	1	1	0	1	L2 亮
1	1	1	1	1	0	1	1	L3 亮
1	1	1	1	0	1	1	1	L4 亮
1	1	1	0	1	1	1	1	L5 亮
1	1	0	1	1	1	1	1	L6 亮
1	0	1	1	1	1	1	1	L7 亮
0	1	1	1	1	1	1	1	L8 亮

4. 程序流程图

程序流程图如图 5.5 所示。

5. 汇编源程序

汇编源程序如下：

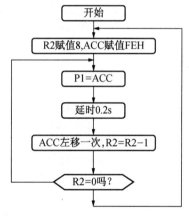

图 5.5　程序流程图

```
            ORG 0000H
START:      MOV R2,#8
            MOV A,#0FEH
            SETB C
LOOP:       MOV P1,A
            LCALL DELAY
            RLC A
            DJNZ R2,LOOP
            MOV R2,#8
LOOP1:      MOV P1,A
            LCALL DELAY
            RRC A
            DJNZ R2,LOOP1
            LJMP START
DELAY:      MOV R5,#20        ;延时子程序
D1:         MOV R6,#20
D2:         MOV R7,#248
            DJNZ R7,$
            DJNZ R6,D2
            DJNZ R5,D1
            RET
            END
```

6. C 语言源程序

C 语言源程序如下：

```
#include <reg52.h>
unsigned char i;
```

```
unsigned char temp;
unsigned char a,b;
 void delay(void)                //延时子程序
{
  unsigned char m,n,s;
  for(m=20;m>0;m--)
  for(n=20;n>0;n--)
  for(s=248;s>0;s--);
}
void main(void)                  //主程序
{
  while(1)
    {
      temp=0xfe;                 //亮最后一个灯
      P1=temp;
      delay();
      for(i=1;i<8;i++)
        {
          a=temp<<i;             // 0 左移 i 位
          b=temp>>(8-i);         //在右边补 i 个 1
          P1=a|b;
          delay();
        }
      for(i=1;i<8;i++)
        {
          a=temp>>i;             // 0 右移 i 位
          b=temp<<(8-i);         //在左边补 i 个 1
          P1=a|b;
          delay();
        }
    }
}
```

5.13.3 多路开关状态指示

1. 实验任务

如图 5.6 所示，AT89S51 单片机的 P1.0～P1.3 接 4 个发光二极管 L1～L4，P1.4～P1.7 接 4 个开关 K1～K4，编程将开关的状态反映到发光二极管上(开关闭合，对应的灯亮，开关断开，对应的灯灭)。

2. 系统板上硬件连线

(1) 把“单片机系统”区域中的 P1.0～P1.3 用导线连接到“8 路发光二极管指示模块”区域中的 L1～L4 端口上。

(2) 把“单片机系统”区域中的 P1.4～P1.7 用导线连接到“4 路拨动开关”区域中的 K1～K4 端口上。

3. 程序设计内容

(1) 开关状态检测：对于开关状态检测，相对单片机来说，是输入关系，可轮流检测每个开关状态，根据每个开关的状态让相应的发光二极管指示，可以采用"JB　P1.X, REL"或"JNB　P1.X, REL"指令来完成；也可以一次性检测 4 路开关状态，然后让其指示，可以采用"MOV　A, P1"指令一次把 P1 端口的状态全部读入，然后取高 4 位的状态来指示。

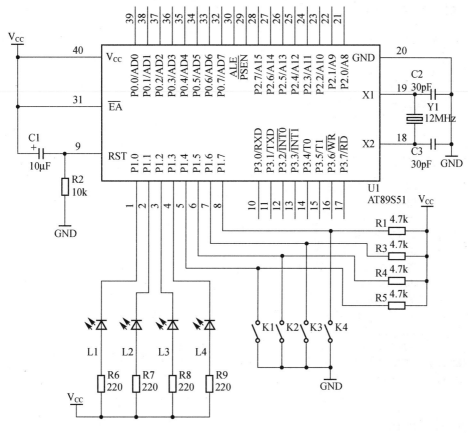

图 5.6　实验电路图

(2) 输出控制：根据开关的状态，由发光二极管 L1～L4 来指示，可以用"SETB　P1.X"和"CLR　P1.X"指令来完成，也可以采用"MOV　P1, #1111XXXXB"方法一次指示。

4. 程序框图

程序框图如图 5.7 所示。

5. 方法一(汇编源程序)

```
START:   MOV A, P1
         ANL A, #0F0H
         RR A
         RR A
         RR A
         RR A
         XOR A, #0F0H
```

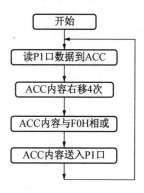

图 5.7　程序框图

```
        MOV P1,A
        SJMP START
        END
```

6. 方法一(C语言源程序)

```c
#include <reg52.h>
unsigned char temp;
 void main(void)
{
  while(1)
    {
      temp=P1>>4;  //右移4位
      temp=temp | 0xf0;
      P1=temp;
    }
}
```

7. 方法二(汇编源程序)

```
START:  JB P1.4,NEXT1
        CLR P1.0
        SJMP NEX1
NEXT1:  SETB P1.0
NEX1:   JB P1.5,NEXT2
        CLR P1.1
        SJMP NEX2
NEXT2:  SETB P1.1
NEX2:   JB P1.6,NEXT3
        CLR P1.2
        SJMP NEX3
NEXT3:  SETB P1.2
NEX3:   JB P1.7,NEXT4
        CLR P1.3
        SJMP NEX4
NEXT4:  SETB P1.3
NEX4:   SJMP START
        END
```

8. 方法二(C语言源程序)

```c
#include <reg52.h>
void main(void)
{
  while(1)
    {
      if(P1_4==0)
        {
          P1_0=0;
        }
      else
        {
          P1_0=1;
```

```
        }
    if(P1_5==0)
        {
            P1_1=0;
        }
        else
            {
                P1_1=1;
            }
    if(P1_6==0)
        {
            P1_2=0;
        }
        else
            {
                P1_2=1;
            }
    if(P1_7==0)
        {
            P1_3=0;
        }
        else
            {
                P1_3=1;
            }
    }
}
```

习　　题

1．填空题

(1)　表达式 2!=1||4<3&&0 的值为_____；3= =4?1:2 的值为_____。

(2)　凡在函数体内没有明显存储类别说明的变量是_____。

(3)　若有"int a[3]={10,12,30};"，则 a+1 是_____的地址，*(a+2)= _____。

(4)　已知 a=3、b=2，则表达式 a*=b+8 的值是_____。

(5)　a 数组定义如下：int a[10];，则 a 数组中可用的最小下标值是_____，最大下标值是_____。

(6)　在 C 语言中，若函数调用时实参是数组名，则传递给对应形参的是_____。

(7)　在程序的执行过程中，用_____结构可实现嵌套调用函数的正确返回。

(8)　C 语言中用_____表示逻辑值"假"，用_____表示逻辑值"真"。

(9)　设 x 的值为 15，n 的值为 2，则表达式 x%=(n+=3)运算后，x 的值为_____。

(10)　以下程序运行后的输出结果是_____。

```
main()
{
```

```
    int x=10,y=20,t=0;
    if(x>y)t=x;x=y;y=t;
    printf("%d,%d \n",x,y);
}
```

2. 选择题

(1) 设整型变量 n=10，i=4，则赋值运算 n%=i+1 执行后，n 的值是(   )。

    A. 0   B. 1

    C. 2   D. 3

(2) 假设已定义 char a[10]和 char *p=a，下面的赋值语句中，正确的是(   )。

    A. a[10]="Turbo C";   B. a="Turbo C";

    C. *p="Turbo C";   D. p="Turbo C";

(3) 下面关于运算符优先顺序的描述中，正确的是(   )。

    A. 关系运算符< 算术运算符< 赋值运算符< 逻辑与运算符

    B. 逻辑运算符< 关系运算符< 算术运算符< 赋值运算符

    C. 赋值运算符< 逻辑与运算符< 关系运算符< 算术运算符

    D. 算术运算符< 关系运算符< 赋值运算符< 逻辑与运算符

(4) 以下叙述中，不正确的是(   )。

    A. 在不同的函数中可以使用相同名字的变量

    B. 函数中的形式参数是局部变量

    C. 在一个函数内定义的变量只在本函数范围内有效

    D. 在一个函数内的复合语句中定义的变量在本函数范围内有效

(5) C 语言中基本数据类型包括(   )。

    A. 整型、实型、逻辑型   B. 整型、实型、字符型

    C. 整型、字符型、逻辑型   D. 整型、实型、逻辑型、实型

(6) 不能进行++和--运算的数据类型是(   )。

    A. 指针   B. double

    C. int   D. long

(7) 若用数组名作为函数调用时的实参，则实际上传递给形参的是(   )。

    A. 数组首地址   B. 数组的第一个元素值

    C. 数组中全部元素的值   D. 数组元素的个数

(8) 若有以下说明和语句：

```
struct stu
{int no;
char *name;
}student, *p=&student;
```

则以下引用方法不正确的是(   )。

    A. student.no   B. (*p).no

    C. p->no   D. student->no

(9) 若用数组名作为函数调用时的实参，则实际上传递给形参的是(   )。

    A. 数组首地址　　　　　　　　　　　B. 数组的第一个元素值

    C. 数组中全部元素的值　　　　　　　D. 数组元素的个数

(10) 为了判断两个字符串 s1 和 s2 是否相等，应当使用(　　)。

    A. if (s1 == s2)　　　　　　　　　　B. if (s1 = s2)

    C. if(strcpy(s1,s2))　　　　　　　　D. if(strcmp(s1,s2)==0)

(11) 若二维数组 a 有 m 列，则在 a[i][j] 之前的元素个数为(　　)。

    A. j*m+i　　　　　　　　　　　　　B. i*m+j

    C. i*m+j-1　　　　　　　　　　　　D. i*m+j+1

(12) 在 while(x) 语句中的 x 与下面条件表达式等价的是(　　)。

    A. x!=0　　　　　　　　　　　　　　B. x==1

    C. x!=1　　　　　　　　　　　　　　D. x==0

(13) C 语言中形参的默认存储类别是(　　)。

    A. 自动(auto)　　　　　　　　　　　B. 静态(static)

    C. 寄存器(register)　　　　　　　　　D. 外部(extern)

(14) 下列对字符串的定义中，错误的是(　　)。

    A. char　str[7] = "FORTRAN";　　　B. char　str[] = "FORTRAN";

    C. char　*str = "FORTRAN";　　　　D. char　str[] = {'F','O','R','T','R','A','N',0};

(15) 设正 x、y 均为整型变量，且 x=10、y=3，则以下语句的输出结果是(　　)。

```
pprintf("%d,%d\n",x--,--y);
```

    A. 10,3　　　　　　　　　　　　　　B. 9,3

    C. 9,2　　　　　　　　　　　　　　　D. 10,2

(16) x、y、z 被定义为 int 型变量，若从键盘给 x、y、z 输入数据，则正确的输入语句是(　　)。

    A. INPUT　x、y、z;　　　　　　　　B. scanf("%d%d%d",&x,&y,&z);

    C. scanf("%d%d%d",x,y,z);　　　　　D. read("%d%d%d",&x,&y,&z);

(17) 下列叙述正确的是(　　)。

    A. break 语句必须与 switch 语句中的 case 配对使用

    B. break 语句只能用在 switch 结构中

    C. 在 switch 结构必须使用 default

    D 在 switch 语句中，不一定使用 break 语句

(18) 在一个 C 语言程序中(　　)。

    A. main 函数必须出现在所有函数之前　　B. main 函数可以在任何地方出现

    C. main 函数必须出现在所有函数之后　　D. main 函数必须出现在固定位置

(19) 若有下面的变量定义，以下语句中合法的是(　　)。

```
int I,a[10],*p;
```

    A. p=a+2;　　　　　　　　　　　　B. p=a[5];

    C. p=a[2]+2;　　　　　　　　　　　D. p=&(i+2);

(20) 有以下定义和语句

```
int a[3][2]={1,2,3,4,5,6,},*p[3];
p[0]=a[1];
```

则*(p[0]+1)所代表的数组元素是(　　)。

A. a[0][1]   B. a[1][0]

C. a[1][1]   D. a[1][2]

3. 判断题

(1) C 语言程序的基本单位是语句。   （　）

(2) 假设所有变量均为整型，则表达式(a=2,b=5,b++,a+b)的值是 8。   （　）

(3) C 语言中规定函数的返回值类型是由 return 语句中的表达式类型所决定的。

（　）

(4) 如果在程序中定义静态变量和全局变量时，未明确指明其初始值，那么它们可以在程序编译阶段自动被初始化为 0 值。   （　）

(5) 在 C 语言中，可以用 typedef 定义一种新的数据类型。   （　）

(6) 在 C 语言中，实参与其对应的形参各占独立的存储单元。   （　）

(7) 在 C 语言中，函数的定义可以嵌套。   （　）

(8) #define　PI=3.14159;不是 C 语句。   （　）

(9) 在 C 语言中，可以用 typedef 定义一种新的类型。   （　）

(10) 共用体所占的内存空间大小取决于占空间最多的那个成员变量。   （　）

(11) 指针变量和变量的指针是同一个名词的不同说法。   （　）

(12) 在 C 语言中，二维数组元素是按行存放的。   （　）

(13) 数组不可以整体赋值。   （　）

(14) 向函数传递参数时，实参和形参不可以重名。   （　）

(15) 指向不同类型数组的两个指针不能进行有意义的比较。   （　）

4. 简答题

(1) C51 和 Turbo C 的数据类型和存储类型有哪些异同点？

(2) 编写定时器/计数器 0 的中断函数，统计从外部输入的脉冲个数。

(3) 如何编程可以不使用 goto 语句，而从 do 或 for 的循环中提前退出？

(4) 对于 80C51，为什么多于 2 维的数组不常见？

(5) C51 的 data、bdata、idata 有什么区别？

(6) 怎样使用指针解决不同存储空间的问题，所采用的折衷方案是什么？

(7) C51 中断号是如何确定的？

(8) C 语言中哪一种操作有最高的优先级？

(9) 结构的数据特征是什么？在什么场合下使用结构处理数据？

(10) 结构的定义和说明在程序中的作用是什么？在对结构初始化时应注意些什么问题？

5. 操作题

(1) 试编写程序，把 8 位位口新的输入值和前一次的输入值进行比较，然后产生一个 8 位数。这个数中位为 "1" 的条件是: 仅当新输入的位为 "0"，而前一次输入的位为 "1"。

(2) 试编写程序，输出 x3 数值表，x 为 0～10。

(3) 用 8751 制作一模拟航标灯，灯接在 P1.7 口上，INT0 接光敏元件。使它具有以下功能:

① 白天航灯熄灭; 夜间间歇发光，亮 2s，灭 2s，周而复始。

② 将 INT0 信号作门控信号，启动定时器定时。

按以上要求编写控制主程序和中断服务程序。

(4) 用 3 种循环方式分别编写程序，显示整数 1～100 的平方。

(5) 设计一个结构保存坐标值(假如在 X－Y 空间画图)。

(6) 80C51 单片机的 P1 口接有 8 个按键，分别对应 P2 口连接的 8 只 LED，要求 P1 口的任一按键被按下，则 LED 从该位置开始形成走马输出显示，再按该键则停止，试编程实现此功能需求。

(7) 求自然数 1～100 的累加和，并用 printf()函数通过单片机的串口显示在终端上。

第 6 章

开发调试环境

教学提示: 单片机的应用首先要考虑的是它的开发平台, 也即人们常说的开发环境。由于 Intel 公司的 MCS-51 系列较早进入我国, 事实上已形成了工业标准, MCS-51 的单片机应用场合随处可见, 它的软件资源相当丰富, 硬件的支持也很完善, 物美价廉的开发器材随处可取。在这一章里, 将介绍软件开发环境情况和如何下载。

教学目标: 掌握目前流行的单片机开发软件情况; 了解 ISP 在线下载的原理以及硬件调试的步骤; 熟练掌握使用 Keil 软件的操作方法; 通过上机实践, 初步掌握上述内容, 并进行灵活运用。

6.1 软件开发环境

现阶段, 国内的大部分单片机开发工程技术人员还是普遍使用汇编语言编写程序。汇编语言有着固有的缺陷: 必须十分了解所用单片机的硬件结构, 程序编写困难, 代码难以理解, 不易于识读, 难以移植, 排错困难, 编写程序花的时间相当多, 调试不便等, 但是汇编语言编写的代码最小、最直接, 效率也最高, 所以仍深得用户喜爱。随着国内单片机开发环境的完善, 开发技术水平不断提高, 现在已有相当多的开发器材支持高级语言的使用和调试, 为单片机的开发应用提供了更好的物质条件。高级语言(如 C 语言)具有开发周期短、易于识读、容易移植及便于初学者掌握等特点。诚然, 高级语言也有它的不足之处, 就是高级语言产生的代码过长, 对于早期单片机不大的 ROM 来说, 是非常突出的矛盾, 另外它的运行速度太慢, 对于本来主频不高的单片机是致命的弱点。但现在这方面的研制工作也取得了较大的进展, 高级语言的弱点也已在很大程度上予以克服。

C 语言是可以在高级计算机、PC 和单片机中使用的唯一一种高级语言, 现在很多类型的单片机已经具备了 C 语言编译软件和实时多任务操作系统。C 语言功能十分强大, 可以塑造一种良好的开发环境, 在一种单片机上编制的程序比较容易移植到另一种单片机上。

6.1.1 集成开发环境(编译器)

集成开发环境(Integrated Developing Environment, IDE)是一个综合性的工具软件, 它把程序设计全过程所需的各项功能集合在一起, 为程序设计人员提供完整的服务。

目前的 C 语言编译器有很多种，常见的有 Micro-C51、American automation、Franklin、Archimedes、BSO/TASKING、Micro computer controls 等。C51 C 语言编译器早在 20 世纪 80 年代就已经出现，但并非所有的 C 语言编译器都产生相应单片机的有效源代码，它们各有所长，以下是它们的特点。

(1) American automation 编译器通过#asm 和 endasm 预处理选择支持汇编语言，汇编速度慢，要求汇编的中间环节。

(2) Franklin 的前身是 Keil，它以代码紧凑领先，可产生最少的代码。它支持浮点和长整数，可重入和递归。它不提供库的源代码，不能生成能汇编的汇编代码，仅产生混合代码，只能修改后汇编。若使用汇编语言，必须分开汇编程序，然后手工连接。Keil/Franklin 专业级开发工具 PK51，支持 DOS 和 Windows 环境。

(3) Archimedes 的鼻祖是瑞典的 IAR，是支持分组开关(Bank)的编译器，集成环境类似于 Borland 和 Turbo，C 编译器可产生一个汇编语言文件，然后再用汇编器。

(4) BSO/TASKING 是一家专业开发和销售嵌入式系统软件工具的公司。它生产基于 Windows 的集成开发环境、调试器和交叉模拟器，支持鼠标操作，界面友好。软件格式符合 Intel OMF-51 和 Intel Hex 标准，它的汇编器和 Intel 汇编器兼容。

(5) Micro computer controls 不支持浮点数、长整数、结构和多维数组，定义不允许有参数，生成的源文件需由 Intel 或 MCC 的 8051 汇编器汇编。

单片机应用软件的设计与硬件的设计一样重要，没有控制软件的单片机是毫无用处的，它们紧密联系，相辅相成，并且硬件和软件具有一定的互换性。在应用系统中，有些功能既可用硬件来实现，也可以软件来完成。多利用硬件，可以提高研制速度，减少编制软件的工作量，争取时间和商机。诚然这样会增加产品的单位成本，对于以价格为竞争手段的产品就不宜采用。相反，以软件代替硬件来完成一些功能，最直观的是降低成本，提高可靠性，增加技术难度而给仿制者增加仿制难度，这是好的一面。不利的一面是同时也增加了系统软件的复杂性，使软件的编制工作量大，研制周期可能会加长，同时系统运行的速度可能也会降低等。因此在总体考虑时，必须综合分析以上因素，合理地制定某些功能硬件和软件的比例。

不同的单片机甚至同一公司的单片机的开发工具也不一定相同或不完全相同，这就要求在选择单片机时，需考虑开发工具的因素，原则上是以最少的开发投资满足某一项目的研制过程，最好是使用现有的开发工具或增加少量的辅助器材就可达到目的。当然，开发工具是一次性投资，而形成产品却是长远的效益，这就需平衡产品和开发工具的经济性和效益性。

6.1.2　仿真器

1. 仿真的概念

仿真的概念使用非常广泛，最终的含义就是使用可控的手段来模仿真实的情况。

在嵌入式系统的设计中，仿真应用的范围主要集中在对程序的仿真上。例如，在单片机的开发过程中，程序的设计是最为重要的，但也是难度最大的。一种最简单和原始的开发流程是：编写程序烧写芯片验证功能。这种方法对于简单的小系统是适用的，但在大系统中使用这种方法则是完全不可能的。

2. 仿真的种类

(1) 软件仿真

这种方法主要是使用计算机软件来模拟运行实际的单片机运行，因此仿真与硬件无关的系统具有一定的优点。用户不需要搭建硬件电路就可以对程序进行验证，特别适合于偏重算法的程序。软件仿真的缺点是无法完全仿真与硬件相关的部分，因此最终还要通过硬件仿真来完成最终的设计。

(2) 硬件仿真

使用附加的硬件来替代用户系统的单片机并完成单片机全部或大部分的功能。使用了附加硬件后用户就可以对程序的运行进行控制，如单步、全速、查看资源断点等。硬件仿真是开发过程中所必需的。

3. 仿真器的本质

仿真器就是通过仿真头用软件来代替目标板上的 51 芯片，关键是不用反复地烧写，不满意可以随时修改，可以单步运行，指定断点停止等，调试极为方便。

4. 仿真器硬件连接

仿真器通过串行数据线与 PC 相连，充分利用 PC 的资源，如图 6.1 所示。也可以不连接 PC，而单独使用。不连接 PC 时，欲运行的程序只能通过仿真器的键盘，将可执行的机器码逐一输入，这种情况不适于大型应用系统的开发。

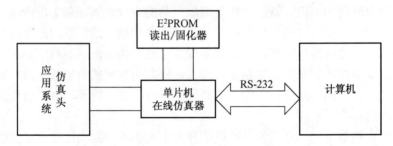

图 6.1　单片机仿真器的使用

仿真器通过仿真线，连在用户板的 CPU 插座上。用户可以在 PC 上编写汇编源程序，通过汇编程序将源程序汇编成机器码，通过 PC 串行口将机器码传入仿真器内。仿真器也可以不连用户板，仅进行软件运行测试。通过设置断点运行和单步运行等方式，可以"跟踪"程序的执行。仿真器将执行结果通过单行口回送 PC，在显示器上，用户可以很明了地看到程序运行的结果(甚至每一步执行的结果)，大大方便了程序的查错、纠错。

使用仿真器可以很直观地看到每执行一条语句 CPU 内部寄存器、状态位的变化，以及外部 LED 等的变化。发现错误后又可以很快地在 PC 上修改、汇编、重新装入、再运行检查，使用非常方便。

5. 仿真器使用注意事项

关于连接接口的注意事项：在打开计算机之前，把仿真器和计算机的串口连好。在联机后，不能带电插拔仿真器和计算机的接口，如果带电插拔仿真器，就可能会导致监控程序损坏，甚至会损坏接口电路 MAX232。注意：插拔时仿真器或者计算机至少有一方的电源是断开的。

在断开连接之前推荐步骤(以 Keil51 为例)：

(1) 单击 按钮退出仿真环境。

(2) 单击仿真器硬件复位按钮。

(3) 关闭 Keil，关闭计算机，最后再断开硬件连接，如果要经常使用则不用断开硬件连接。

6.1.3 编程器

编程器是一种将程序代码固化到指定芯片内部的工具。虽然国内生产的单片机开发装置有些也提供一些 EPROM 固化的功能，但往往只能针对某几个公司、几种型号的 EPROM 编程，局限性很大。所以在单片机开发中，编程器这一工具还是必不可少的。编程器文件形式支持二进制、十六进制等数据格式。

在系统调试过程中，编程器也占有很大的作用。在编写好程序后，通常利用仿真器来设置断点，观察变量和程序的流程，逐步对程序进行调试，修正错误。使用硬件仿真器的确是很有效的方法，但是也有以下一些缺点。

● 很多仿真器不能做到完全硬件仿真，因而会造成仿真时正常，而实际运行时出现错误的情况；也有仿真不能通过，但是实际运行正常的情况。

● 对于一些较新的芯片或者是表面贴装的芯片，要么没有合适的仿真器或仿真头；要么就是硬件仿真器非常昂贵，且不容易买到。

● 有时由于设备内部结构空间的限制，仿真头不方便接入。

● 有的仿真器属于简单的在线仿真型，仿真时有很多限制，如速度不高、实时性或稳定性不好、对断点有限制等，造成仿真起来不太方便。

1. 程序固化

编程器一般与 PC 的打印口(Printer Port)相连。需要固化程序时，启动编程器应用程序，依次执行以下 4 步操作。

(1) 选择欲编程元件(Device)。

● 选择类别(Category)，如 EPROM、Flash、E^2PROM 等。

● 选择厂商(Manufacturer)，如 AMD、Atmel、Intel 等。

● 选择某厂商的元件型号(Tyre Number)，如 AT89S51、AM2716 等。

完成上述 3 项选择后元件的容量、编程电压、编程方式等也自动确定。

(2) 装入目标文件(Load)。

将欲固化的程序代码装入缓冲区，并选择正确的文件格式。

(3) 检查代码(Buffer Edit)。

检查调入的代码是否正确，采用查看缓冲区的做法(Buffer Edit 或 Buffer Disassemble)，如果正确就可以固化程序了。

(4) 编程(Program)。

将欲固化芯片固定在编程器的锁紧插座上，可以选择自动编程(Auto)或依次执行擦除(Erase)、查空(Blank Check，如果不空继续擦除)、编程(固化 Program)、校验(Verify)操作，有些器件还可以设置加密位(Security)，加密位仅仅是使程序无法读出，并不影响程序功能的实现。

2. 编程器使用实例

这里以 80C51 测试网和电子报社合作推广的 at2000 编程器为例，简单说明编程器的使用方法。at2000 编程器如图 6.2 所示。

图 6.2　at2000 编程器

各部分说明如下。

(1) 并行通信口，用于连接电缆到计算机打印口下载烧写数据。

(2) 40 脚单片机的烧写卡座，用于 AT89C51/S51 等单片机的烧写。所有卡座插芯片均为芯片缺口向上，否则会烧毁芯片。

(3) 20 脚单片机的烧写卡座，用于 AT89C2051/4051 等单片机的烧写。

(4) 试验部分晶体，12MHz。

(5) 实验卡座：用于 C51/S51 等兼容 40 脚单片机试验。

(6) 8 个指示灯接在 P1.0～P1.7，低电平点亮。

(7) 1602 液晶插座，应取下 P3.0 的调线 1602 液晶接口，1，gnd；2，V_{CC}；3，vol(对比度调整)；4，P3.0(RS 数据命令选择)；5，P3.1 R/W 读写选择；6，P3.5 E 使能信号；7～14，p1.0～p1.7 数据总线；15～16 背景光。

(8) 烧写指示灯，在烧写芯片时会闪烁，表示正处于烧写中。

(9) 6 位数码管位选 P2.1，P2.2，P2.3，P2.4，P2.5，P2.6 段位 P0.0～P0.7，可作计数器时钟等，28h，7eh，0a2h，62h，74h，61h，21h，7ah，20h，60h；0 1 2 3 4 5 6 7 8 9 数码管的代码表。

(10) 红外线接收头，端口位置为 P3.7，用于接收红外线遥控信号。

(11) 34 针排针：从上至下为 P0.0～P3.7、+5V、gnd，当取下相邻跳线时端口资源由排针外接，可由此作外围扩展试验。

(12) 32 位跳线，分别为 P0.0～P3.7 的选择跳线，插上为板上试验，取下为端口外接。

(13) 24C02 储存器或 24C04 插座安装，用户可自行升级。

(14) 小键盘 P3.2 一端接端口另一端接地，按下端口为低电平。

(15) 小键盘 P3.3 一端接端口一端接地，按下端口为低电平。

(16) 小键盘 P3.4 一端接端口一端接地，按下端口为低电平。

(17) 小键盘 P3.5 一端接端口一端接地，按下端口为低电平。

(18) 复位键作实验时按此键，则试验部分复位运行，用于重启程序。

(19) INT 跳线，默认向下，需要时跳向上，可将 INT 指示灯的信号引入 P3.5。

(20) PEN 跳线，默认向下需要时跳向上，可将单片机 29 脚接地。

(21) 标准 RS-232 通信口，可以做上位机和单片机通信等试验。

(22) Int 指示灯，开机即会不停闪烁，兼作电源指示，配合 Int 跳线可作中断试验。

(23) 电源开关，开机后拨向 RS-232 的方向，指示灯会亮。

(24) 电源插座，插入随机电源或者 15V，150mA 的稳压电源。

(25) 小喇叭，作唱歌或者报警试验用，端口为 P3.3。

把硬件连接好之后，启动编辑器应用程序，如图 6.3 所示。操作非常简单，只要选择好芯片之后，打开文件(这套只能打开.HEX 文件)直接单击"写入"按钮，即可把程序烧入单片机中。

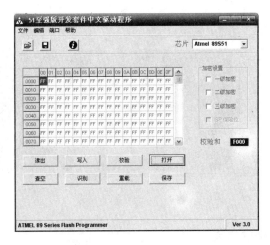

图 6.3　at2000 编程器应用程序

6.2　Keil 编程

Keil 是德国开发的一个 C51 单片机开发软件平台，最开始只是一个支持 C 语言和汇编语言的编译器软件。后来随着开发人员的不断努力以及版本的不断升级，使它已经成为了一个重要的单片机开发平台，不过 Keil 的界面并不是非常复杂，操作也不是非常困难，因此很多工程师开发的优秀程序都是在 Keil 的平台上编写出来的。可以说它是一个比较重要的软件，熟悉它的人很多，用户群也极为庞大，要远远超过伟福等厂家软件的用户群。

Keil C51 是美国 Keil Software 公司开发的 C51 系列兼容单片机 C 语言软件开发系统，Keil C51 标准 C 编译器为 8051 微控制器的软件开发提供了 C 语言环境，同时保留了汇编代码高效、快速的特点。C51 已被完全集成到 μVision2 的集成开发环境中，这个集成开发环境包含编译器、汇编器、实时操作系统、项目管理器和调试器。μVision2 IDE 可为它们提供单一而灵活的开发环境。

6.2.1　Keil 工程文件的建立、设置与目标文件的获得

Keil 软件是目前开发 MCS-51 系列单片机最流行的软件，这从近年来各仿真机厂商纷纷宣布全面支持 Keil 即可看出。Keil 提供了包括 C 编译器、宏汇编、连接器、库管理和一个功能强大的仿真调试器等在内的完整开发方案，通过一个集成开发环境(μVision)将这些部分组合在一起。运行 Keil 软件需要 Pentium 或以上的 CPU，16MB 或更多 RAM、20MB 以上空闲的硬盘空间、Windows 98/NT/2000/XP 等操作系统。掌握这一软件的使用对于使用 51 系列单片机的爱好者来说是十分必要的，如果使用 C 语言编程，那么 Keil 几乎就是不二之选，即使不使用 C 语言而仅用汇编语言编程，其方便易用的集成环境、强大的软件仿真调试工具也会令你事半功倍。

安装好 Keil 之后，双击桌面上的 图标，就可以启动该软件，如图 6.4 所示。

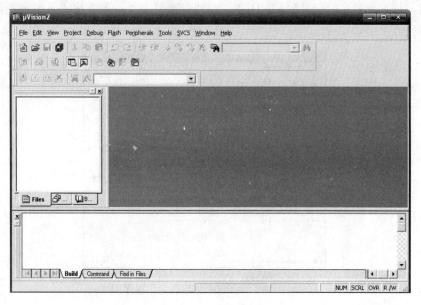

图 6.4　Keil 主窗口

μVision 启动后，程序窗口左边有一个工程管理窗口，该窗口有 3 个标签，分别是 Files、Regs 和 Books，这 3 个标签分别显示当前项目文件结构、CPU 的寄存器及特殊功能寄存器的值和所选 CPU 的附加说明文件，当然如果是第一次启动该软件，则该处 3 个标签都是空的。

μVision2 包括一个项目管理器，它可以使 8X51 应用系统的设计变得简单。要创建一个应用，需要按下列步骤进行操作。

- 启动 μVision2，新建一个项目文件并从芯片库中选择一个芯片。

- 新建一个源文件并把它加入到项目中。
- 项目工程的详细设置。
- 编译项目并生成可编程 PROM 的 HEX 文件。

接下来对上面的步骤进行详细的讲解。

1. 启动 μVision2，新建一个项目文件并从器件库中选择一个器件

(1) 选择 Project→New Project 菜单命令，如图 6.5 所示。

(2) 在弹出的 Create New Project 对话框中选择要保存项目文件的路径，比如保存到 Exercise 目录里，在"文件名"文本框中输入项目名为 example，扩展名为.uv2，如图 6.6 所示，然后单击"保存"按钮。

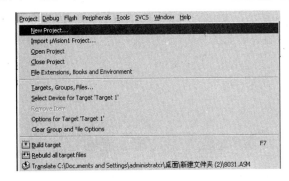

图 6.5　Project 菜单

图 6.6　Create New Project 对话框

(3) 这时会弹出一个选择单片机型号的对话框(即芯片选择)。这时就要根据使用的单片机型号来选择，Keil C51 几乎支持所有的 51 核的单片机，这里只是以常用的 AT89C51 为例来说明，如图 6.7 所示。选择 89C51 之后，右边 Description 栏中即显示单片机的基本说明，然后单击"确定"按钮。

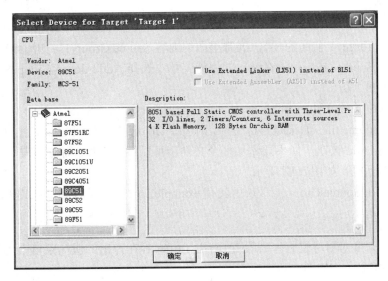

图 6.7　选择单片机的型号对话框

2. 新建一个源文件并把它加入到项目中

(1) 新建一个源程序文件。建立一个汇编或 C 文件，如果已经有源程序文件，可以忽略这一步。选择 File→New 菜单命令，在弹出的程序文本框中输入一个简单的程序，如图 6.8 所示。

(2) 选择 File→Save 菜单命令，或者单击工具栏中的相应按钮，保存文件。如果是第一次保存文件，会弹出如图 6.9 所示的对话框，从中选择要保存的路径，在"文件名"文本框中输入文件名，支持中文格式。这里要注意一定输入扩展名，如果是 C 程序文件，扩展名为.c；如果是汇编文件，扩展名为.asm；如果是 ini 文件，扩展名为.ini。这里需要存储 ASM 源程序文件，所以输入.asm 扩展名，单击"保存"按钮。

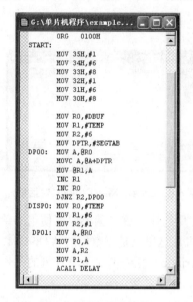

图 6.8　程序文本框

图 6.9　Save As 对话框

(3) 单击 Target 1 前面的+号，展开里面的内容 Source Group 1，如图 6.10 所示。

(4) 右击 Source Group 1，在弹出的快捷菜单中选择 Add Files to Group 'Source Group 1' 命令，如图 6.11 所示。

(5) 选择刚才的文件 example.asm，"文件类型"选择 Asm Source file(*.C)。如果是 C 文件，则选择 C Source file；如果是目标文件，则选择 Object file；如果是库文件，则选择 Library file。最后单击 Add 按钮，如果要添加多个文件，可以不断添加。添加完毕后单击 Close 按钮，关闭该对话框，如图 6.12 所示。

(6) 这时在 Source Group 1 目录里就有 example.asm 文件了，如图 6.13 所示。

3. 项目工程的详细设置

(1) 接下来要对目标进行一些设置。右击 Target 1，在弹出的快捷菜单中选择 Options for Target 'Target 1'命令，如图 6.14 所示。

(2) 弹出 Options for Target 'Target 1'对话框，这个对话框比较复杂，其中有 10 个选项卡。

图 6.10　Target 1 展开图

图 6.11　Source Group 1 的弹出菜单

图 6.12　Source Group 1 对话框

图 6.13　example.asm 文件

① 默认为 Target 选项卡，如图 6.15 所示。

图 6.14　选择 Options for Target
　　　　 'Target 1'命令

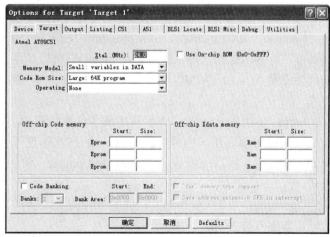

图 6.15　Target 选项卡

Xtal(MHz)：设置单片机工作的频率，默认是 24.0MHz。该数值与最终产生的代码无关，仅用于软件模拟时显示程序执行时间。

Use On-chip ROM(0x0-0xFFF)：表示使用片上的 Flash ROM，AT89C51 有 4KB 的可重编程的 Flash ROM，该选项取决于单片机应用系统，如果单片机的 EA 接高电平，则选中这个选项，表示使用内部 ROM，如果单片机的 EA 接低电平，表示使用外部 ROM，则不选中该复选框。这里选中该复选框。

Memory Model：单击 Memory Model 后面的下拉箭头，会有 3 个选项，如图 6.16 所示。

● Small：变量存储在内部 RAM 里。
● Compact：变量存储在外部 RAM 里，使用 8 位间接寻址。
● Large：变量存储在外部 RAM 里，使用 16 位间接寻址。

一般使用 Small 来存储变量，此时单片机优先将变量存储在内部 RAM 里，如果内部 RAM 空间不够，才会存在外部 RAM 中。Compact 的方式要通过程序来指定页的高位地址，编程比较复杂，如果外部 RAM 很少，只有 256B，那么对该 256B 的读取就比较快。如果超过 256B，而且需要不断地进行切换，就比较麻烦，Compact 模式适用于比较少的外部 RAM 的情况。Large 模式是指变量会优先分配到外部 RAM 里。需要注意的是，3 种存储方式都支持内部 256B 和外部 64KB 的 RAM。因为变量存储在内部 RAM 里运算速度比存储在外部 RAM 要快得多，大部分的应用都是选择 Small 模式。

使用 Small 模式时，并不说明变量就不可以存储在外部，只是需要特别指定。

Code Rom Size：单击 Code Rom Size 后面的下拉箭头，将有 3 个选项，如图 6.17 所示。

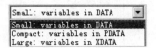

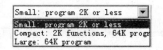

图 6.16　Memory Model 下拉列表框　　　图 6.17　Code Rom Size 下拉列表框

Small：program 2K or less，适用于 AT89C2051 这些芯片，2051 只有 2KB 的代码空间，所以跳转地址只有 2KB，编译时会使用 ACALL、AJMP 这些短跳转指令，而不会使用 LCALL、LJMP 指令。如果代码地址跳转超过 2KB，那么会出错。

Compact：2K functions，64K program，表示每个子函数的代码大小不超过 2KB，整个项目可以有 64KB 的代码。就是说在 main() 里可以使用 LCALL、LJMP 指令，但在子程序里只会使用 ACALL、AJMP 指令。只有确定每个子程序不会超过 2KB，才可以使用 Compact 方式。

Large：64KB program，表示程序或子函数代码都可以大到 64KB，使用 code bank 还可以更大。通常都选用该方式。选择 Large 方式速度不会比 Small 慢很多，所以一般没有必要选择 Compact 和 Small 方式。

Operating：单击 Operating 后面的下拉箭头，会有 3 个选项，如图 6.18 所示。

图 6.18　Operating 下拉列表框

● None：表示不使用操作系统。
● RTX-51 Tiny：表示使用 Tiny 操作系统。
● RTX-51 Full：表示使用 Full 操作系统。

Tiny 是一个多任务操作系统，使用定时器 0 做任务切换。在 11.0592MHz 时，切换任务的速度为 30ms。如果有 10 个任务同时运行，那么切换时间为 300ms。不支持中断系统的任务切换，也没有优先级，因为切换的时间太长，实时性大打折扣。多任务情况下(比如 5 个)，轮询一次需要 150ms，即 150ms 才处理一个任务，连键盘扫描这些事情都实现不了，更不要说串口接收、外部中断了。同时切换需要大概 1000 个机器周期，对 CPU 的浪费很大，对内部 RAM 的占用也很严重。实际上用到多任务操作系统的情况很少。

Keil C51 Full Real -Time OS 是比 Tiny 要好一些的系统(但需要用户使用外部 RAM)，支持中断方式的多任务和任务优先级，但是 Keil C51 里不提供该运行库。

初学者一般选择不使用操作系统 None。

Off-chip Code memory：表示片外 ROM 的开始地址和大小，如果没有外接程序存储器，那么不需要填任何数据。这里假设使用一个片外 ROM，地址从 0x8000 开始，一般填十六进制数，Size 为片外 ROM 的大小。假设外接 ROM 的大小为 0x1000 字节，则最多可以外接 3 块 ROM。

Off-chip Xdata memory： 那么可以填上外接 Xdata 外部数据存储器的起始地址和大小，一般的应用是 62256，这里特殊的指定 Xdata 的起始地址为 0x2000，大小为 0x8000。

Code Banking：是使用 Code Banking 技术。Keil 可以支持程序代码超过 64KB 的情况，最大可以有 2MB 的程序代码。如果代码超过 64KB，那么就要使用 Code Banking 技术，以支持更多的程序空间。Code Banking 支持自动的 Bank 切换，这在建立一个大型系统时是必需的。例如，在单片机里实现汉字字库，实现汉字输入法，都要用到该技术。

②　设置 Output 选项卡，如图 6.19 所示。

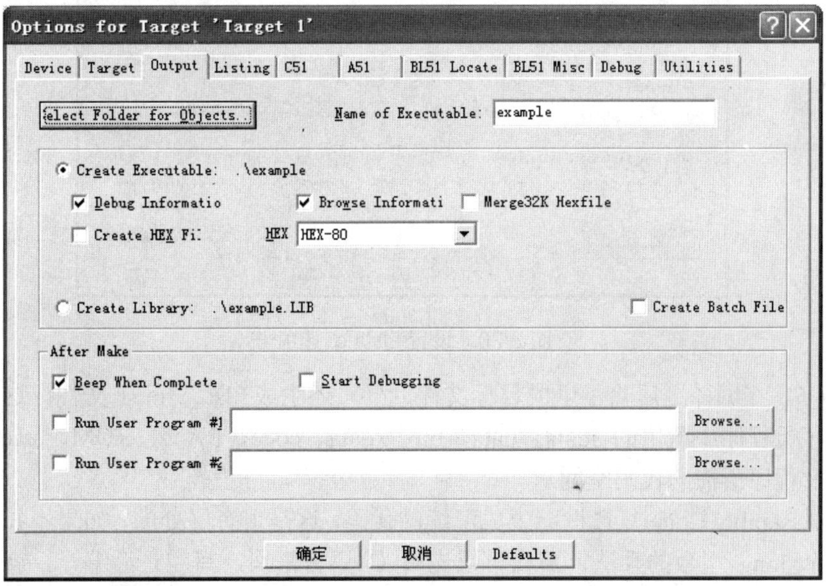

图 6.19　设置 Output 选项卡

Select Folder for Objects：单击该按钮可以选择编译后目标文件的存储目录，如果不设置，就存储在项目文件的目录里。

Name of Executable：设置生成的目标文件的名字，默认情况下和项目的名字一样。目标文件可以生成库或者 obj、HEX 的格式。

Create Executable：如果要生成 OMF 和 HEX 文件，一般选中 Debug Information 和 Browse Information。选中这两个复选框，才有调试所需的详细信息，比如要调试 C 语言程序，如果不选中，调试时将无法看到高级语言写的程序。

Create HEX File：要生成 HEX 文件，一定要选中该复选框，如果编译之后没有生成 HEX 文件，就是因为这个复选框没有被选中。默认是不选中的。

Create Library：选中该单选按钮时将生成 lib 库文件。根据需要决定是否要生成库文件，一般应用是不生成库文件的。

After Make：栏中有以下几个设置。

● Beep When Complete：编译完成之后发出 "咚" 的声音。

● Start Debugging：马上启动调试(软件仿真或硬件仿真)，根据需要来设置。

● Run User Program #1、Run User Program #2：这个文本框可以设置编译完之后所要运行的其他应用程序(比如有些用户自己编写了烧写芯片的程序，编译完便执行该程序，将 HEX 文件写入芯片)，或者调用外部的仿真器程序。根据自己的需要设置。

③ 设置 Listing 选项卡，如图 6.20 所示。

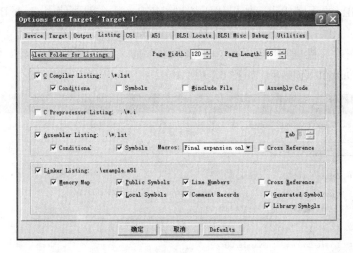

图 6.20　设置 Listing 选项卡

Keil C51 在编译之后除了生成目标文件之外，还生成*.lst、*m51 文件。这两个文件可以告诉程序员程序中所用的 idata、data、bit、xdata、code、RAM、ROM、stack 等的相关信息，以及程序所需的代码空间。

选中 Assembly Code 复选框会生成汇编的代码，这是很有好处的，如果不知道如何用汇编来写一个 long 型数的乘法，那么可以先用 C 语言来写，写完之后编译，就可以得到用汇编实现的代码。对于一个高级的单片机程序员来说，往往既要熟悉汇编语言，同时也要熟悉 C 语言，才能更好地编写程序。某些地方用 C 语言无法实现，便用汇编语言却很容易。有些地方用汇编语言很繁琐，用 C 语言就很方便。单击 Select Folder for Listings 按钮后，在出现的对话框中可以选择生成的列表文件的存放目录。不做选择时，使用项目文件所在的目录。

④　设置 Debug 选项卡，如图 6.21 所示。

这里有两类仿真形式可选：Use Simulator 和 Use：Keil Monitor-51 Driver，前一种是纯软件仿真，后一种是带有 Monitor-51 目标仿真器的仿真。

Load Application at Start：选择该复选框之后，Keil 才会自动装载程序代码。

Go till main：调试 C 语言程序时可以选择该复选框，PC 会自动运行到 main 程序处。这里选择 Use Simulator。

如果选择 Use：Keil Monitor-51 Driver 单选按钮，还可以单击图 6.21 中的 Settings 按钮，打开新的对话框，如图 6.22 所示，其中的设置如下。

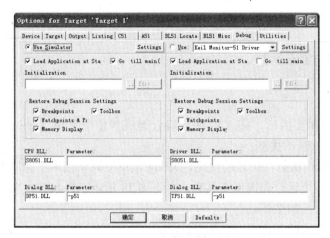

图 6.21　设置 Debug 选项卡　　　　　　图 6.22　目标仿真器设置

- Port：设置串口号，为仿真机的串口连接线 COM_A 所连接的串口。
- Baudrate：设置为 9600，仿真机固定使用 9600bit/s 与 Keil 通信。
- Serial Interrupt：允许串行中断，选中该复选框。
- Cache Options：可以选也可以不选，推荐选它，这样仿真机会运行得快一点。

4. 编译项目并生成可编程 PROM 的 HEX 文件。

(1) 编译程序，选择 Project→Rebuild all target files 菜单命令，如图 6.23 所示。

图 6.23　Rebuild all target files

或者单击工具栏中的按钮，如图 6.24 所示，开始编译程序。

如果编译成功，开发环境下面会显示编译成功的信息，如图 6.25 所示。

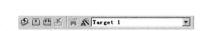

图 6.24　工具栏中的按钮

图 6.25　编译成功信息

(2) 编译完毕之后，选择 Debug→Start/Stop Debug Session 菜单命令，即进入仿真环境，如图 6.26 所示。

或者单击工具栏中的按钮，如图 6.27 所示。

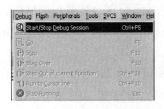

图 6.26　仿真

图 6.27　工具栏仿真按钮

6.2.2　Keil 的调试命令、在线汇编与断点设置

1. 常用调试命令

在对项目工程成功地进行汇编和连接后，按 Ctrl+F5 组合键或者使用菜单 Debug→Star/Stop Debug Session 命令即可进入调试状态。

进入调试状态后，界面与原来编辑状态有明显的变化，Debug 菜单中原来很多不能用的命令现在都可以用了。工具栏会多一个运行和调试工具条，如图 6.28 所示。Debug 菜单中大部分命令可以在工具条中找到相对应的按钮。

图 6.28　调试工具条

每个按钮的含义分别如下。

💢：单片机复位。

💢：全速运行。

💢：运行中停止。

💢：单步运行，可以进入函数内运行。

💢：过程单步运行，可以跳过函数。

💢：执行完当前子程序，如果运行某个函数，此键能直接跳出当前函数。

💢：运行到光标处。

💢：找回 PC 指针：当程序有好几个文件时，会不知道运行到哪里儿，单击该按钮就可以找回 PC 指针所在处了。

💢：仿真记录，相信很少人用到，其实这个东西可以记录仿真过程，然后回放。从回放的"录像"中可以观察每条指令的状态，如对应的运行时间、各个寄存器的值。

💢：反汇编，ASM 代码和 C 代码之间的转换，一般隐藏的 BUG 在 ASM 下无所遁形。

💢：WATCH 窗口即观察窗口。

💢：代码作用范围分析。

💢：串口显示窗，如果程序有串口程序，那么单片机串口的输出就显示在这个窗口上，如果要对单片机串口输入数据，就在串口窗口上打字即可。

□：Memory Window，存储器观察窗口，这里可以看 code、data、xdata 对应的数据。

▤：性能分析，各函数占用时间的比例，在全速运行时会动态显示，用来调试 UC/OS 时可以看到各个任务占用的时间比。

🔧：工具按钮。

调试中有以下两个重要的概念。

(1) 单步执行：每次执行一行程序，执行完该行程序后即停止，等待命令执行下一行程序，可以观察该程序执行中所需要得到的中间结果。

(2) 全速执行：一行程序执行完以后马上执行下一行程序，中间不停止。这样程序执行速度很快，并可以看到该程序执行的总体效果，即最终结果是正确还是错误。

2. 在线汇编

在进入调试环境以后，如果发现程序有错误，可以直接对程序进行修改，但是要使修改后的代码起作用，必须要先退出调试环境，重新进行编译、连接后再进行调试，这个过程相对来说比较麻烦。为此 Keil 提供了在线汇编功能，将光标定位在要修改的程序行上，执行菜单 Debug→Inline Assambly 命令即可出现在线汇编窗口，如图 6.29 所示。

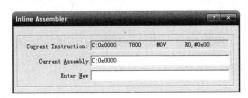

图 6.29　在线汇编窗口

在 Enter New 文本框内直接输入要更改的语句，输入完后按回车键将自动指向一条语句，可以继续修改。

3. 断点设置

程序调试时，一些程序行必须满足一定的条件才能被执行到(如果程序某变量达到一定的值、按键被按下、中断等)，这种问题用单步执行很难调试，这种情况就要用到断点设置。

断点设置的方法有很多，常用的是在某一行程序执行设置断点，设置好断点后可以全速运行程序，一旦执行到该行程序即停止，这时来观察各变量情况。

设置断点的方法是将光标置于要设置断点的程序行，使用菜单 Debug→Insert/Remove BreakPoint 命令设置或移除断点，也可直接双击该直接设置或移除断点。

6.2.3　Keil 程序调试窗口

Keil 软件在调试程序时提供了多个窗口，主要包括输出窗口(Output Windows)、观察窗口(Watch&Call Stack Windows)、存储器窗口(Memory Window)、反汇编窗口(Disassembly Window)、串行窗口(Serial Window)等。进入调试模式后，可以通过菜单 View 下的相应命令打开或关闭这些窗口。

1. 存储器窗口

存储器窗口中可以显示系统的各种内存中的值，通过在 Address 后的文本框内输入"字母：数字”即可显示相应内存值，如图 6.30 所示，如果不输入“字母：数字”，则存储器窗口为空白，如图 6.31 所示。

其中字母含义如下。

C：代码存储空间。

D：直接寻址的片内存储空间。

I：间接寻址的片内存储空间。

X：扩展的外部 RAM 空间。

数字：代表想要查看的地址。

例如，输入 D:0 即可观察到地址 0 开始的片内 RAM 单元值，输入 C:0 即可显示从 0 开始的 ROM 单元中的值，即查看程序的二进制代码。

该窗口的显示值可以以各种形式显示，如十进制、十六进制、字符型等，修改显示方式的方法是单击鼠标右键，在弹出的快捷菜单中选择相应命令，该菜单用分隔条分成两部分，如图 6.32 所示。

选中第一部分的任一选项，内容将以整数形式显示。其中 Decimal 命令是一个开关，如果选中该命令，则窗口中的值将以十进制的形式显示，否则按默认的十六进制方式显示。Unsigned 和 Signed 后分别有 3 个子命令：Char、Int、Long，分别代表以单字节方式显示、将相邻双字节组成整型数方式显示、将相邻 4 字节组成长整型方式显示，而 Unsigned 和 Signed 则分别代表无符号形式和有符号形式，究竟从哪一个单元开始的相邻单元则与设置有关。

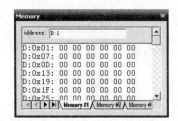

图 6.30　存储器窗口

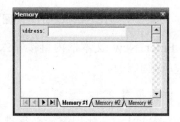

图 6.31　地址栏不输入“字母：数字”

而选中第二部分的 ASCII 命令则将以字符形式显示，选中 Float 命令将以相邻 4 字节组成的浮点数形式显示，选中 Double 命令则将以相邻 8 字节组成双精度形式显示。

2．工程窗口寄存器页

工程窗口寄存器页如图 6.33 所示，寄存器页包括了当前的工作寄存器组和系统寄存器，系统寄存器组有一些是实际存在的寄存器，如 A、B、DPTR、SP、PSW 等，有一些是实际中并不存在或虽然存在却不能对其操作的，如 PC、Status 等。每当程序中执行到对某寄存器的操作时，该寄存器会以反白(蓝底白字)显示，用鼠标单击然后按下 F2 键，即可修改该值。

3．观察窗口

观察窗口是很重要的一个窗口，工程窗口中仅可以观察到工作寄存器和有限的寄存器，如 A、B、DPTR 等，如果需要观察其他的寄存器值或者在高级语言编程时需要直接观察变量，就要借助于观察窗口。

图 6.32 Memory 右键菜单

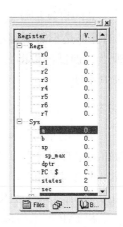

图 6.33 工程窗口寄存器页

一般情况下，仅在单步执行时才对变量值的变化感兴趣，全速运行时，变量值是不变的，只有在程序停下来之后，才会将这些值最新的变化反映出来。但是，在一些特殊场合下也可能需要在全速运行时观察变量的变化，此时可以选择 View→Periodic Window Update(周期更新窗口)命令，确认该项处于被选中状态，即可在全速运行时动态地观察有关值的变化。但是，选中该项，将会使程序模拟执行的速度变慢。

6.3 在 线 下 载

在线下载即为在线烧录，一般是指用一块单片机当主机，对其他单片机进行烧录。C51系列单片机在线编程的功能是通过一根 ISP 线将单片机和上位机相连。

ISP(In-System Programming，在系统可编程)指电路板上的空白器件可以编程写入最终用户代码，而不需要从电路板上取下器件，已经编程的器件也可以用 ISP 方式擦除或再编程。

ISP 的实现相对要简单一些，一般通用的做法是内部的存储器可以由上位机的软件通过串口来改写。对于单片机来讲，可以通过 SPI 或其他的串行接口接收上位机传来的数据并写入存储器中。所以即使将芯片焊接在电路板上，只要留出和上位机接口的这个串口，就可以实现芯片内部存储器的改写，而无须再取下芯片。

1. ISP 的优点

传统的编程方式，以单片机应用系统开发为例，如果想要对单片机进行写入程序，必须要先把单片机从电路板上取下来，然后用编程器进行编程烧写，写入程序后再次插入电路板调试，如果产品的单片机已经焊接到电路板上，想要进行程序升级，那么要将单片机拆下来就很困难了。可以看出，这种传统的开发方式有以下缺点。

(1) 需要频繁地拔插单片机芯片，很容易造成芯片引脚折断，损坏芯片(当然采用了零拔插力 ZIF 插座的实验板除外)。

(2) 如果用单片机学习开发，那么需要频繁地刷新程序，就必须重复地拔插芯片，大大降低了开发效率。

(3) 开发产品的可维护性低。

ISP 技术的优势是不需要编程器就可以进行单片机的实验和开发，单片机芯片可以直接焊接到电路板上，调试结束即成为成品，免去了调试时由于频繁地插入、取出芯片对芯片和电路板带来的不便。

2. 产品分析

目前市场上不少的单片机具有 ISP 功能。

Atmel 公司的单片机 AT89SXXXX 系列，提供了一个 SPI 串行接口对内部程序存储器编程(ISP)。Atmel 公司的单片机 AVR 系列，提供了一个 SPI 串行接口对内部程序存储器编程(ISP)。Philips 公司的 P89C51RX2xx 系列是带 ISP/IAP 的 8 位 Flash 单片机。Philips 公司为了使 ISP 技术和 IAP 技术得以推广，在芯片上免费提供了 Boot ROM 固件，并且巧妙地解决了固件和 Flash 的地址覆盖问题及一些具体实现细节问题，使它们的实现变得简单。ST 公司的 μPSD32×× 系列单片机片内带有 128KB/256KB 的 Flash 存储器及 32KB Boot ROM，通过 JTAG 串行口能很容易地实现 ISP 功能。

另外，很多家公司的单片机都具备 ISP 功能，ISP 在单片机领域的应用已成为必然的趋势。此外在外围器件中 ST 公司的 PSD 系列产品片内带大容量存储器，支持 ISP 及 IAP 功能。

6.4 硬件调试系统

在单片机开发过程中，从硬件设计到软件设计几乎是开发者针对本系统特点亲自完成的，这样虽然可以降低系统成本，提高系统的适应性，但是每个系统的调试占去了总开发时间的 2/3，可见调试的工作量比较大。

单片机系统的硬件调试和软件调试是不能分开的，许多硬件错误是在软件调试中被发现和纠正的。但通常是先排除明显的硬件故障以后，再和软件结合起来调试以进一步排除故障。可见硬件的调试是基础，如果硬件调试不通过，软件设计则无从做起。

当硬件设计从布线到焊接安装完成之后，就开始进入硬件调试阶段，调试大体分为以下几步。

6.4.1 硬件静态的调试

1. 排除逻辑故障

这类故障往往由于设计和加工制板过程中工艺性错误所造成的，主要包括接错线、开路、短路。排除的方法是首先将加工的印制板认真对照原理图，看两者是否一致。应特别注意电源系统检查，以防止电源短路和极性错误，并重点检查系统总线(地址总线、数据总线和控制总线)是否存在相互之间短路或与其他信号线路短路。必要时利用数字万用表的短路测试功能，可以缩短排错时间。

2. 排除元器件失效

造成这类错误的原因有两个：一个是元器件买来时就已坏了；另一个是由于安装错误，

造成元器件烧坏。可以采取检查元器件与设计要求的型号、规格和安装是否一致。在保证安装无误后，用替换方法排除错误。

3. 排除电源故障

在通电前，一定要检查电源电压的幅值和极性，否则很容易造成集成块损坏。加电后检查各插件上引脚的电位，一般先检查 V_{CC} 与 GND 之间电位，若在 5～4.8V 之间则属正常。若有高压，联机仿真器调试时，将会损坏仿真器等，有时会使应用系统中的集成块发热损坏。

6.4.2　联机仿真调试

联机仿真必须借助仿真开发装置、示波器、万用表等工具。这些工具是单片机开发的最基本工具。

信号线是联络单片机和外部器件的纽带，如果信号线连接错误或时序不对，那么都会造成对外围电路读写错误。C51 系列单片机的信号大体分为读信号、写信号、片选信号、时钟信号、外部程序存储器读选通信号(PSEN)、地址锁存信号(ALE)、复位信号等几大类。这些信号大多属于脉冲信号，对于脉冲信号借助示波器(这里指通用示波器)用常规方法很难观测到，必须采取一定措施才能观测到。应该利用软件编程的方法来实现。例如，对片选信号，运行下面的小程序就可以检测出译码片选信号是否正常。

```
MAIN:   MOV    DPTR, #DPTR     ;将地址送入 DPTR
        MOVX   A, @DPTR        ;将译码地址外部 RAM 中的内容送入 ACC
        NOP                    ;适当延时
        SJMP   MAIN            ;循环
```

执行程序后，就可以利用示波器观察芯片的片选信号输出脚(用示波器扫描时间为 1μs/每格挡)，这时应看到周期为数微秒的负脉冲波形，若看不到则说明译码信号有错误。

对于电平类信号，观测起来就比较容易。例如，对复位信号观测就可以直接利用示波器，当按下复位键时，可以看到单片机的复位引脚将变为高电平；一旦松开，电平将变低。

总而言之，对于脉冲触发类的信号要用软件来配合，并要把程序编为死循环，再利用示波器观察；对于电平类触发信号，可以直接用示波器观察。

6.5　上机指导：ISP 编程器应用开发

1. 实验目的

(1) 掌握 ISP 编程器的工作原理。
(2) 掌握 ISP 编程器的制作方法。

2. 实验内容

将汇编程序编译成 HEX 文件，存储在计算机中。将做好的实验板用 9 芯串口线连接到计算机，将程序下载到实验板单片机上。

3. 实验说明

下载一个 ISP 编程器 V2.0 的软件，并安装在计算机上(有些不需安装，直接解压就可以用)。双击打开后如图 6.34 所示。另外，还要准备一根 9 芯串口线。

4. 实验步骤

(1) 做电路板。电路如图 6.35 所示，电路由两块芯片构成，U1 为单片机，U2 为 MAX232。编写将连接在 P0.1 口的 LED 亮 1s 灭 1s 地闪烁，并用一个 5V 的开关电源给系统供电。当开关 S1 打向下载端时下载程序，打向运行端时运行程序，LED 亮、灭各 1s 闪烁。

(2) 编写以下灯闪程序：

```
            ORG     0000H
            LJMP    START
            ORG     0030H
START:      CLR     P0.1        ;LED 灭
            ACALL   DL1S
            SETB    P0.0        ;LED 亮
            ACALL   DL1S
            LJMP    START
DL1S:       MOV     R5,#8       ;延时 1s 程序
DLY00:      MOV     R6,#250
DLY10:      MOV     R7,#250
DLY20:      DJNZ    R7,DLY20
            DJNZ    R6,DLY10
            DJNZ    R5,DLY00
            RET
            END
```

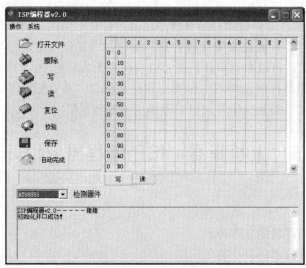

图 6.34　ISP 编程器 V2.0

(3) 下载程序。将汇编程序用 Keil 或其他软件编译生成 HEX 文件，通过 9 芯串口线将电路的 9 芯串口与计算机连接起来，将开关 S1 打向下载端，接通 5V 电源。双击打开 ISP 编程器 V2.0。进入如图 6.34 所示的下载界面。单击"打开文件"按钮，打开 LED 闪烁源程

序汇编得到的 HEX 文件输入缓存区，新的芯片直接单击"写"按钮，片刻之间显示下载完毕，老的芯片则要先擦除后再写入。

(4) 运行程序。下载好程序的电路，将开关 S1 打向运行端，可见 LED 灯以亮 1s 熄 1s 的方式闪烁。此时则 ISP 下载成功。

5. 思考

编写 LED 灯快速闪烁或慢速闪烁程序并下载到电路板上。

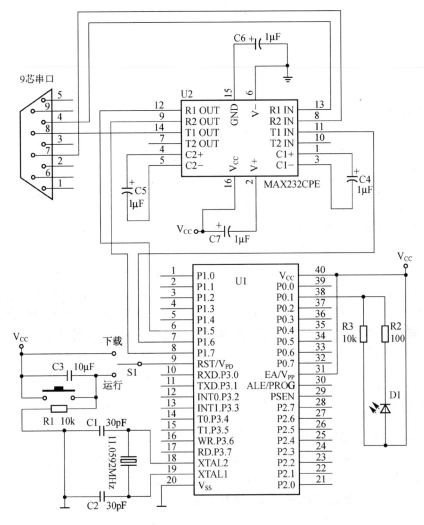

图 6.35 ISP 下载器原理图

习　　题

1. 填空题

(1) 仿真器的本质是_____。

(2) 编程器的作用是_____。

(3) μVision 包括一个项目管理器，它可以使 8x51 应用系统的设计变得简单。要创建一个应用，需要按下列步骤进行操作：_____；_____；_____；_____。

(4) Keil 存储器窗口可以显示系统中各种内存的值，通过在 Address 后的文本框内输入"字母：数字"即可显示相应的内存值，其中字母含义如下：

C：_____；

D：_____；

I：_____；

X：_____。

(5) 在线下载的定义是：_____。

(6) 硬件静态调试常用的方法有_____、_____、_____。

2．选择题

(1) 编程器支持的数据格式是(   )。

    A．.uv2   B．.hex

    C．.asm   D．.c

(2) 在 Keil 调试工具条中图标 表示的含义是(   )。

    A．单步运行，可以进入函数内运行   B．过程单步运行，可以跳过函数

    C．执行完当前子程序   D．运行到光标处

(3) 在 Keil 程序调试存储器窗口中输入 D：4000H，则查看到的内容是(   )。

    A．代码存储空间   B．直接寻址的片内存储空间

    C．间接寻址的片内存储空间   D．扩展的外部 RAM 空间

(4) 由于设计和加工制版过程中工艺性错误所造成的故障，一般通过(   )方法排除。

    A．排除元器件失效   B．排除电源故障

    C．排除逻辑故障   D．软件故障

3．判断题

(1) 仿真器也能把程序固化到芯片中。   (   )

(2) 编程器的加密功能仅使程序无法读出，并不会影响程序功能的实现。   (   )

(3) Keil 是一个支持 C 语言和汇编语言的编译器软件。   (   )

(4) 采用在线下载系统就可以省去编程器了。   (   )

4．简答题

(1) 在使用仿真器的过程中要注意哪些事项？

(2) 在 Keil 中输入程序代码要经过哪些步骤？

(3) 简述 ISP 的工作原理。

(4) 试述硬件静态调试中排除元件失效主要包括哪些内容？

5．操作题

(1)　使用 Keil C51 新建一个项目文件，编写一段程序，将内部 RAM 单元 20H～2FH 的内容与 30H～3FH 的内容对换，通过单步操作在内存窗口中观察各单元和寄存器中的变化。

(2)　使用 Keil C51 单步运行程序，完成下题。

```
MOV   A, #10H        (    ) = _____
MOV   R0, #20H       (    ) = _____
MOV   17H, R0        (    ) = _____
MOV   @R0, A         (    ) = _____
MOV   22H, A         (    ) = _____
MOV   R1, #17H       (    ) = _____
MOV   A, @R1         (    ) = _____
MOV   22H, A         (    ) = _____
MOV   11H, 22H       (    ) = _____
```

(3)　利用 T0 方式 0 产生 1ms 定时，在 P1.0 引脚上输出周期为 2ms 的方波，设单片机 f_{osc}=12MHz。使用开发装置，用示波器测试 P1.0 引脚输出波形，完成所需功能。

(4)　80C51 单片机的 P1 口接有 8 个按键，分别对应 P2 口连接的 8 只 LED，要求 P1 口的任一按键被按下，则 LED 从该位置开始形成走马输出显示，再按该键则停止，使用本章所学的开发装置，编程实现此功能需求。

(5)　利用定时器/计数器 T0 产生定时时钟，由 P1 口控制 8 个指示灯，要求使 8 个指示灯依次一个一个闪动，闪动频率为 20 次/s(8 个灯依次亮一遍为一个周期)，使用本章所学的开发装置，编程实现此功能。

第7章

80C51 单片机系统扩展

教学提示：80C51 系列单片机芯片内部集成了计算机的基本功能部件，如 CPU、RAM、ROM、并行和串行 I/O 接口以及定时器/计数器等，使用非常方便，对于小型的测控系统已经足够了。但对于较大的应用系统，往往还需要扩展一些外围芯片，以弥补片内硬件资源的不足。

教学目标：掌握 80C51 单片机总线扩展逻辑；掌握 80C51 单片机存储器扩展方法；掌握 80C51 单片机并行 I/O 接口扩展方法；掌握 80C51 单片机 I/O 接口输出技术。

MCS-51 单片机的程序存储器与数据存储器地址可以重叠使用(这是由于单片机访问这两类存储器使用不同控制信号的缘故)，因此程序存储器与数据存储器之间不会因为地址重叠而产生数据冲突问题，但外围 I/O 芯片与数据存储器是统一编址的，它不仅占用数据存储器地址单元，而且使用数据存储器的读、写控制指令与读、写指令，这就使得在单片机的硬件设计中数据存储器与外围 I/O 芯片的地址译码较为复杂。

在实际的应用系统中，不仅需要扩展程序存储器，还需要扩展数据存储器和 I/O 接口芯片。这 3 种芯片都是通过总线与单片机相连，那么要如何做才能使单片机数据总线分时地与各外围芯片进行数据传送而不发生冲突呢？

编址就是利用系统提供的地址总线，通过适当的连接，实现一个唯一地址对应系统中的一个外围芯片的过程。编址就是研究系统地址空间的分配问题。

MCS-51 单片机的地址总线宽度为 16 位，P2 口提供高 8 位地址(A8～A15)，P0 口经外部锁存后提供低 8 位地址(A0～A7)。为了唯一地选中外部某一存储单元(I/O 接口芯片已作为数据存储器的一部分)，必须进行两种选择：一是必须选择出该存储器芯片(或 I/O 接口芯片)，称为片选；二是必须选择出该芯片的某一存储单元(或 I/O 口芯片中的寄存器)，称为子选。常用的选址方法有两种：线选法和全地址译码法。

1. 线选法

若系统只扩展少量的 RAM 和 I/O 口芯片，可采用线选法。

线选法是把单片机高位地址分别与要扩展芯片的片选端相连，控制选择各条线的电路以达到选片目的，其优点是接线简单，适用于扩展芯片较少的场合，缺点是芯片的地址不连续，地址空间的利用率低。

在使用线选法时要注意以下两个问题。

(1) 地址浮动

即在扩展芯片时，当芯片的地址线没有 16 位时，除片选信号线对电平信号有要求外，其余的地址线应给予固定的电平，否则芯片的地址会发生变化(浮动)，对存储器的访问会发生错误。

(2) 地址的重叠

当不同的芯片在连接时由于共用地址线，它们的地址空间会重叠的情况下，此时就发生地址重叠，对存储器的访问同样会发生错误。

为避免以上两种情况，在外部扩展时应注意以下两点。

① 片选信号的地址线及其有效电平必须是唯一的。

② 对未用的地址线也不能输出任意的电平信号。

2. 全地址译码法

利用译码器对系统地址总线中未被外扩芯片用到的高位地址线进行译码，以译码器的输出作为外围芯片的片选信号。常用的译码器有 74LS139、74LS138、74LS154 等。优点是存储器的每个存储单元只有唯一的一个系统空间地址，不存在地址重叠现象；对存储空间的使用是连续的，能有效地利用系统的存储空间。缺点是所需地址译码电路较多，全地址译码法是单片机应用系统设计中经常采用的方法。

MCS-51 系列单片机具有很强的外部扩展功能。其外部扩展都是通过三总线进行的。

(1) 地址总线(AB)：地址总线用于传送单片机输出的地址信号，宽度为 16 位，可寻址范围为 2^{16}，即 64KB，P0 口作为数据、地址分时复用接口，所以 P0 口提供低 8 位地址时必须要经锁存器，锁存信号是由 CPU 的 ALE 引脚提供的；P2 口提供高 8 位地址。

(2) 数据总线(DB)：数据总线是由 P0 口提供的，宽度为 8 位。

(3) 控制总线(CB)：控制总线实际上是 CPU 输出的一组控制信号，如 $\overline{RD}$、$\overline{WR}$、$\overline{EA}$、$\overline{ALE}$ 等，用于读/写控制、片外 ROM 选通、地址锁存控制和片内、片外 ROM 选择。

单片机系统扩展连接如图 7.1 所示。

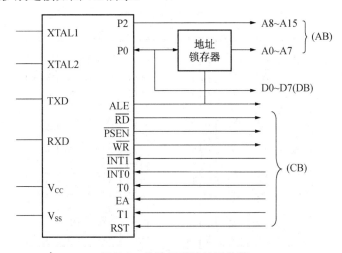

图 7.1　单片机系统扩展连接

7.1 存储器的扩展

7.1.1 程序存储器的扩展

尽管在 MCS-51 系列单片机中已经有 4KB 的 ROM 和 128B 的 RAM，但 MCS-51 系列单片机还是经常要进行 ROM 的扩展。从图 7.1 中可以看出单片机系统扩展地址总线为 P0口的 8 位和 P2 口的 8 位，加起来总共是 16 位，扩展的片外 ROM 最大容量为 64KB，地址范围是 0000H～FFFFH。扩展的片外 RAM 的最大容量也为 64KB，地址范围也是 0000H～FFFFH。虽然这两个地址是重叠的，但是因为 80C51 分别采用不同的控制信号和指令访问RAM 和 ROM，所以尽管扩展的 ROM 与 RAM 的逻辑地址是重叠的，也不会发生混乱。

CPU 对片外 ROM 的读操作由 $\overline{PSEN}$ 控制，指令用 MOVC(不需考虑写操作，因为 ROM是只读的)。

CPU 对片外 RAM 的读操作用 $\overline{RD}$ 控制，对片外 RAM 的写操作用 $\overline{WR}$ 控制，指令都用MOVX。

由于超大规模集成电路制造工艺的发展，芯片集成度越来越高，扩展 ROM 时使用的ROM 芯片数量越来越少，所以芯片选择多采用线选法，而地址译码法用得较少。

1. 程序存储器芯片

Intel 27 系列的 EPROM 芯片有 2716(2K*8)、2732(4K*8)、2764(8K*8)、27128(16K*8)、27256(32K*8)、27512(64K*8)等，这些芯片上均有一个玻璃窗口，在紫外光下照射 20min左右，存储器中的各位信息均变为 1，然后可通过相应的编程器将工作程序固化到这些芯片中。

Intel 27 系列芯片引脚功能如图 7.2 所示。

2764A/27128A					27256A						27512A		

V_{DD}	V_{DD}	A15	1	28	V_{CC}	V_{CC}	V_{CC}
A12	A12	A12	2	27	A14	A14	$\overline{PGM}$
A7	A7	A7	3	26	A13	A13	NC/A1
A6	A6	A6	4	25	A8	A8	A8
A5	A5	A5	5	24	A9	A9	A9
A4	A4	A4	6	23	A11	A11	A11
A3	A3	A3	7	22	$\overline{OE}$	$\overline{OE}$	$\overline{OE}$
A2	A2	A2	8	21	A10	A10	A10
A1	A1	A1	9	20	$\overline{CE}$	$\overline{CE}$	$\overline{CE}$
A0	A0	A0	10	19	O7	O7	O7
O0	O0	O0	11	18	O6	O6	O6
O1	O1	O1	12	17	O5	O5	O5
O2	O2	O2	13	16	O4	O4	O4
GND	GND	GND	14	15	O3	O3	O3

图 7.2　几种芯片的引脚定义

下面以芯片 2764 为例介绍其与单片机的连接。2764 采用单一+5V 电源供电，最大工作电流为 75mA，维持电流为 35mA，读出时间最大为 100～200ns。

2764 引脚符号功能如下。

A0～A12：地址线。

I/O0～I/O7：数据输出线。

$\overline{CE}$：片选信号输入线，低电平有效。

$\overline{OE}$：数据输出读选通信号输入线，低电平有效。

$\overline{PGM}$：编程脉冲输入。

V_{pp}：编程电源。

GND：接地。

NC：空引脚。

2764 的 5 种工作方式如表 7.1 所示。

表 7.1　2764 工作方式选择

方式 \ 引脚	$\overline{CE}$ (20)	$\overline{OE}$ (22)	$\overline{PGM}$ (27)	V_{PP} (1)	V_{CC} (28)	输出 (11～13) (15～19)
读	V_{IL}	V_{IL}	V_{IH}	V_{CC}	V_{CC}	D_{OUT}
维持	V_{IH}	任意	V_{IL}	V_{CC}	V_{CC}	高阻
编程	V_{IL}	V_{IH}	任意	V_{PP}	V_{CC}	D_{IN}
编程检验	V_{IL}	V_{IL}	V_{IH}	V_{PP}	V_{CC}	D_{OUT}
编程禁止	V_{IH}	任意	任意	V_{PP}	V_{CC}	高阻

2764 的编程电源 V_{pp} 随公司产品和型号不同而异，典型的有 25V、21V、12.5V 等。

2. 片外程序存储器操作时序

访问片外 ROM 的时序如图 7.3 所示。

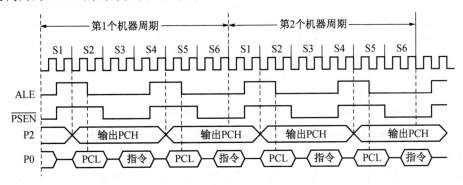

图 7.3　片外 ROM 的操作时序

ALE 是地址锁存允许控制信号，从图 7.3 中可以看出，ALE 上升为高电平后，P2 口输出高 8 位地址 PCH(S1P2 那条虚线)，P0 口输出低 8 位地址 PCL(S2P1 那条虚线)；ALE 下降为低电平后，P2 口输出的信息不变，而 P0 口将读取片外程序存储器中的指令，输出的低 8

位地址消失。因此，低 8 位地址须在 ALE 降为低电平之前由外部地址锁存起来。在接下来的 $\overline{PSEN}$ 输出 负跳变，选通片外程序存储器，P0 口转为输入状态，接受片外程序存储器的指令字节。

同时，单片机 CPU 在访问片外程序存储器的机器周期内，信号 ALE 出现两次正脉冲，程序存储器选通信号 $\overline{PSEN}$ 两次有效，这说明在一个机器周期内，CPU 可以两次访问片外程序存储器，也即在一个机器周期内可以处理 2 个字节的指令代码(双字节单周期指令)。

3. 程序存储器的扩展电路

图 7.4 给出了 2764 与单片机的硬件连接。

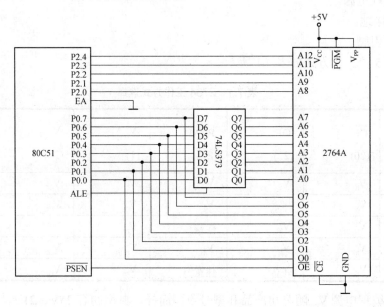

图 7.4　扩展 2764 EPROM

图 7.4 所示的 74LS373 为地址锁存器，其真值表如表 7.2 所示。

表 7.2　74LS373 真值表

Dn	LE	$\overline{OE}$	Qn
H	H	L	H
L	H	L	L
X	L	L	Q0
X	X	H	Z*

(1)　74LS373 的逻辑功能

● 在 $\overline{OE}$ 为低电平的情况下，LE 为高电平，则 D 输入的数据进入锁存器 Q(Q=D)。

● ALE 为低电平，则锁存器将保持原有数据不变(Q=Q0)。

● $\overline{OE}$ 为高电平时输出被禁止，呈高阻状态。

(2)　电可擦除可编程只读存储器 E^2PROM

E^2PROM 是一种电可擦除可编程只读存储器，其主要特点是能在计算机系统中进行在线修改，并能在断电的情况下保持修改的结果。因而在智能化仪器仪表、控制装置等领域得到普遍采用。

　　常用的 E^2PROM 芯片主要有 Intel 2817A、2864A 等。图 7.5 所示是 2864A 的引脚排列。2864A 引脚符号功能如下。

　　A12～A0：地址输入线。

　　A7～A0：双向三态数据线。

　　$\overline{CE}$：片选信号输入线，低电平有效。

　　$\overline{OE}$：读选通信号输入线，低电平有效。

　　$\overline{WE}$：写选通信号输入线，低电平有效。

　　NC：空。

　　V_{CC}：单一+5V 电源。

　　GND：接地端。

　　2864A 的工作方式如表 7.3 所示。

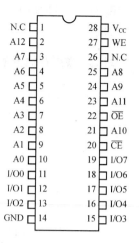

图 7.5　2864A 引脚排列

表 7.3　2864A 工作方式选择

方式 ＼ 控制脚	$\overline{CE}$	$\overline{OE}$	$\overline{WE}$	I/O0～I/O7
读出	L	L	H	输出信息
写入	L	H	L	数据输出
禁止写、不工作	H	X	X	高阻
禁止写	X	L	X	—
禁止写	X	X	H	—

　　读出方式：2864A 采用两线控制方式，为了能从数据总线上获得 2864A 的数据输出，必须同时满足 $\overline{OE}$ 为低电平和 $\overline{CE}$ 为低电平。当 2864A 在系统中占用的地址空间被确定后，在系统硬件结构上应确保地址译码线 $\overline{CE}$ 为低电平，当芯片被选中后，由输出使能端 $\overline{OE}$ 来控制。

　　一般 $\overline{OE}$ 端与系统中处理机给出的 $\overline{RD}$ 脚相连接，这样当执行指向该芯片的读指令时，即可将所指定单元内容送到数据总线上。

　　2864A 芯片内容在正确使用下可以允许无限次地读出。读出延时时间在 200～350ns 范围内，可以满足一般处理机的时序要求。

　　写入方式：早期的 E^2PROM 在写入信息时都要求高电压(21V)作为编程电压，而且都是逐一地将指定字节写入，需要较长的写时间。2864A 内部包含有电压提升电路，不必增加高压，完全由单独的+5V 供电，保证了写时在硬件结构上与平常读出的过程完全一样。以此实现完全在软件下，无需外加干预地写入，为达到便于管理、缩短写入时间的目的，在结构上提供了数据、地址的缓冲、锁存器。安排了一个 16B 的页暂存器组，并将整个 E^2PROM 存储器阵列按 16B 一页地划分成 512 页。页的区分地址由高几位地址确定。

　　按数据写入 E^2PROM 存储单元的过程可分成两步来完成。第一步：在处理器软件控制下把数据写入缓冲器；第二步：2864A 在自己内部时序的管理下，把页暂存器的内容卷入

地址指定的 E^2PROM 单元内。第一步称为"向页装入"周期，第二步就称为"页内容存储"周期。

7.1.2 数据存储器的扩展

数据存储器主要用来存取要处理的数据，在 MCS-51 系列单片机产品中片内数据存储器容量一般为 128～256B。当数据量较大时，就需要在外部扩展 RAM 数据存储器。扩展容量最大可达 64KB。

1. 数据存储器的扩展原理

数据存储器扩展与程序存储器扩展相比较有以下两个特点。

(1) 数据存储器和程序存储器地址重叠(0000H～FFFFH)，但使用不同的控制信号和指令，且与 I/O、A/D、D/A 转换电路、扩展定时器/计数器及其他外围芯片统一编址。

(2) 由于数据存储器的程序存储器地址重叠，故两者的地址总线和数据总线可以公用，但控制线不能公用，数据存储器用 $\overline{RD}$ 和 $\overline{WR}$ 控制线，而不用 $\overline{PSEN}$。

2. 数据存储器扩展连接

单片机与数据存储器的连接方法和程序存储器连接方法大致相同，简述如下：

(1) 地址总线的连接与程序存储器连接方法相同。

(2) 数据线的连接与程序存储器连接方法相同。

(3) 控制线的连接主要有下列控制信号：

① 存储器输出信号 $\overline{OE}$ 和单片机读信号 $\overline{RD}$ 相连，即和 P3.7 相连。

② 存储器写信号 $\overline{WE}$ 和单片机写信号 $\overline{WR}$ 相连，即和 P3.6 相连。

③ ALE 的连接方法与程序存储器相同。

单片机与数据存储器扩展连接如图 7.6 所示。

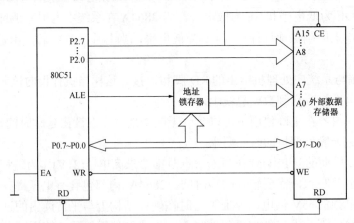

图 7.6 单片机与数据存储器的连接方法

3. 片外数据存储器的操作指令及时序

(1) 外部数据存储器的操作指令

① 低 8 位地址线寻址的外部数据区。此区域寻址空间为 256 个单元寻址。CPU 可以

使用下列读、写指令来访问此存储区。

读存储器数据指令：

```
MOVX    A,@Ri
```

写存储器数据指令：

```
MOVX    @Ri,A
```

由于 8 位寻址指令占字节少，程序运行速度快，所以经常采用。

② 16 位地址线寻址的外部数据区。当外部 RAM 容量较大，要访问 RAM 地址空间大于 256B 时，则要采用以下 16 位寻址指令。

读存储器数据指令：

```
MOVX    A ,@DPTR
```

写存储器数据指令：

```
MOVX    @DPTR ,A
```

由于 DPTR 为 16 位的地址指针，故可寻址 64KB RAM 单元。

(2) 片外数据存储器的操作时序

单片机访问片外数据存储器时，所用的控制线如下。

ALE：地址锁存控制线。

$\overline{RD}$：片外数据存储器的读控制线。

$\overline{WR}$：片外数据存储器的写控制线。

片外数据存储器的读、写操作时序如图 7.7 和图 7.8 所示。

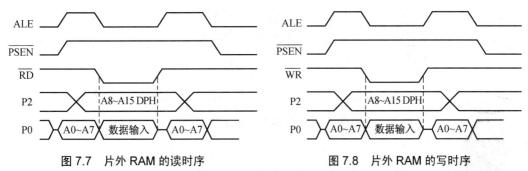

图 7.7　片外 RAM 的读时序　　　　　　图 7.8　片外 RAM 的写时序

由图中可以看出，P2 口输出片外数据存储器的高 8 位地址，P0 口输出片外数据存储器的低 8 位地址，且由 ALE 的下降沿锁存在地址锁存器中，如果接下来是读操作，则 P0 口变为数据输入方式，在读信号 $\overline{RD}$ 有效时，片外数据存储器中相应单元的内容出现在 P0 口上，由 CPU 读入累加器 A 中；若接下来是写操作，则 P0 口变为数据输出方式，在写信号 $\overline{WR}$ 有效时，将 P0 口上出现的累加器 A 中的内容写入相应的片外数据存储器单元中。

MCS-51 系列单片机通过 16 根地址线可分别对片外 64KB 程序存储器及片外 64KB 数据存储器寻址，这是因为在对片外程序存储器操作的整个取指令周期里，$\overline{RD}$ 或 $\overline{WR}$ 始终为高电平，此时片外数据存储器不会进行读、写操作。$\overline{PSEN}$ 低电平为选通片外程序存储器，而在对片外数据存储器操作的周期内，$\overline{PSEN}$ 为高电平，$\overline{RD}$ 或 $\overline{WR}$ 为低电平，CPU 对片外数据存储器进行读或写操作,因此片外数据存储器和程序存储器虽然共用 16 根地址线而地址空间能相互独立。

4. 数据存储器芯片及扩展电路

(1) 数据存储器

数据存储器扩展常使用随机存储器芯片,用得较多的是 Intel 公司的 6116(容量为 2KB)和 6264(容量为 8KB),其性能如表 7.4 所示。

表 7.4 常用 SRAM 芯片的主要性能

型号 \ 性能	容量 (bit)	读、写时间 (ns)	额定功耗 (mW)	封 装
6116	2KB×8	200	160	DIP24
6264	8KB×8	200	200	DIP28

引脚排列如图 7.9 所示。

图 7.9 常用数据存储器引脚排列

该芯片的主要引脚为:

A0～Ai:地址输入线,i=10\12\14(6116\6264\62256)。

I/O0～I/O7:双向三态数据线。

$\overline{CE}$:片选信号输入线,低电平有效。

CE2:6264 的片选信号输入线,高电平有效,可用于掉电保护。

$\overline{OE}$:读选通信号输入线,低电平有效。

$\overline{WE}$:写允许信号输入线,低电平有效。

V_{CC}:工作电源电压(+5V)。

GND:电源地。

6264 的工作方式如表 7.5 所示。

表 7.5　6264 的工作方式

工作方式＼引脚	$\overline{CE1}$	CE2	$\overline{OE}$	$\overline{WE}$	I/O0～I/O7
未选中	1	×	×	×	高阻
未选中	×	0	×	×	高阻
输出禁止	0	1	1	1	高阻
读	0	1	0	1	D_{out}
写	0	1	1	0	D_{in}

(2)　数据存储器扩展电路

80C51 与 6264 的连接如表 7.6 所示。

表 7.6　80C51 与 6264 的线路连接

80C51	6264
P0 经锁存器锁存形成 A0～A7	A0～A7
P2.0～P2.4	A8～A12
P0.0～P0.7	D0～D7
$\overline{RD}$	$\overline{OE}$
$\overline{WR}$	$\overline{WE}$

数据存储器扩展的硬件连接如图 7.10 所示。8KB 存储器需 13 条地址线，C51 单片机的 P2.7 接 6264 的片选 $\overline{CE}$，CS 接高电平，一直保持有效状态，访问芯片时采用以下指令：

```
MOVX    @DPTR,A;        //将 A 中内容送至外部 RAM
MOVX    A,@DPTR;        //将外部 RAM 中内容读至 A 中
```

如果假设不用的地址线为"1"状态，则图 7.10 中 6264 的地址范围为 6000H～7FFFH，共计 8KB。

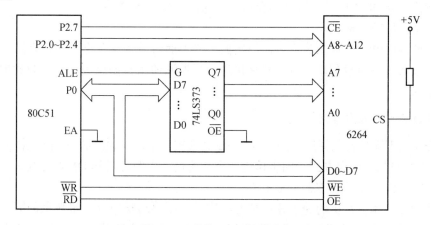

图 7.10　单片 RAM 扩展连线

7.2 并行 I/O 扩展

MCS-51 系列单片机共有 4 个并行 I/O 口，分别是 P0、P1、P2 和 P3。其中 P0 口一般作地址线的低 8 位和数据线使用；P2 口作地址线的高 8 位使用；P3 口是一个双功能口，其第二功能是一些很重要的控制信号，所以 P3 一般使用其第二功能。这样供用户使用的 I/O口就只剩下 P1 了。另外，这些 I/O 口没有状态寄存和命令寄存的功能，所以难以满足复杂的 I/O 操作要求。因此，在大部分 MCS-51 单片机应用系统的设计中都不可避免地要进行I/O 口的扩展。

7.2.1 并行 I/O 扩展原理

I/O 接口是 MCS-51 与外设交换数字信息的桥梁。I/O 扩展也属于系统扩展的一部分。真正用作 I/O 口线的只有 P1 口的 8 位 I/O 线和 P3 口的某些位线。在多数应用系统中，MCS-51单片机都需要外扩 I/O 接口电路。

由于 MCS-51 的外部数据存储器 RAM 和 I/O 口是统一编址的，因此用户可以把外部64KB 的数据存储器 RAM 空间的一部分作为扩展外围 I/O 的地址空间。这样单片机就可以像访问外部 RAM 存储器那样访问外部接口芯片，对其进行读、写操作。

1. I/O 接口的功能

I/O 接口电路应满足以下要求。

(1) 实现和不同外设的速度匹配

大多数外设的速度很慢，无法和 μs 量级的单片机速度相比。单片机只有在确认外设已为数据传送做好准备的前提下才能进行 I/O 操作。想知道外设是否准备好，需知道 I/O 接口电路与外设之间传送状态信息。

(2) 输出数据锁存

由于单片机工作速度快，数据在数据总线上保留的时间十分短暂，无法满足慢速外设的数据接收。I/O 电路应具有数据锁存器，以保证接收设备接收。

(3) 输入数据三态缓冲

输入设备向单片机输入数据时，但数据总线上面可能"挂"有多个数据源，为了不发生冲突，只允许当前时刻正在进行数据传送的数据源使用数据总线，其余的数据源应处于隔离状态。

2. I/O 数据的几种传送方式

为实现和不同外设的速度匹配，I/O 接口必须根据不同外设选择恰当的 I/O 数据传送方式。I/O 数据的几种传送方式有同步传送、查询传送、中断传送和 DMA 方式。

(1) 同步传送方式(无条件传送)

当外设速度和单片机的速度相比拟时，常采用同步传送方式，最典型的同步传送就是单片机和外部数据存储器之间的数据传送。这种传送方式的数据端口总是处于准备好的状态。

(2) 查询传送方式(条件传送、异步传送)

单片机在执行输入/输出指令前,首先要查询 I/O 口的状态,只有在查询外设状态是"准备好"后,再进行数据传送。这种传送方式通用性好,硬件连线和查询程序十分简单;但其主要缺点是循环等方式花费时间多,效率不高。为提高效率,通常采用中断传送方式。

(3) 中断传送方式

外设准备好后,发中断请求,单片机进入与外设数据传送的中断服务程序,进行数据的传送。中断服务完成后又返回主程序继续执行,这种在 I/O 设备处理数据期间,单片机就不必浪费大量的时间去查询 I/O 设备的状态,工作效率高。

(4) DMA 方式

DMA 方式也称为直接存储器存取方式。在中断方式中,单片机处理中断时要"保护现场"和"恢复现场",而这两部分操作的程序又与数据传送没有直接关系。在 DMA 方式中,它采用专用的硬件电路执行输入/输出的传送方式,使 I/O 设备可直接与内存进行高速的数据传送,而不必经过 CPU 执行传送程序,这样就去掉了"保护现场"和"恢复现场"之类的多余操作,实现了对存储器的直接存取,这种传送方式传输速度最快。

7.2.2　常用的并行 I/O 扩展芯片

MCS-51 单片机是 Intel 公司的产品,而 Intel 公司的配套外围接口芯片的种类齐全,并且与 MCS-51 单片机的接口电路逻辑简单,这样就为 MCS-51 单片机扩展外围接口芯片提供了很大方便。

在扩展外接并行 I/O 接口芯片时需注意的是,扩展 I/O 口的目的是为外设提供一个输入/输出的数据通道,因此 I/O 接口扩展的主要手段有以下几种方法。

(1) 采用 TTL 或 CMOS 系列的三态门电路或锁存器电路芯片进行扩展,如 74LS373、273、244 等。

(2) 采用标准的 80/85 系列并行接口电路进行扩展,如 8255 等。

(3) 采用具有复合功能(RAM/IO 复合、EPROM/IO 复合)扩展芯片进行扩展,如 8155 等。

1. 采用 TTL 或 CMOS 系列的三态门电路或锁存器电路芯片进行扩展

采用 TTL 或 CMOS 系列的三态门电路或锁存器电路芯片进行扩展,常采用三态门缓冲器加以实现。当缓冲器被选通时,使输入设备的数据线与单片机系统构造总线的 DB 直接连接,而当缓冲器处于非选通状态时,则将输入设备的数据线与单片机系统构造的总线的 DB 隔离,缓冲器呈高阻状态。用 TTL 芯片扩展并行 I/O 口如图 7.11 所示。

由图 7.11 中可以看出 P0 为双向接口,既能从 74LS244 输入数据,又能将数据传送给74LS273 输出。

单片机读信号时,由 P2.7 和 $\overline{RD}$ 经或门输出一个低电平连接到 74LS244 的 $\overline{1G}$ 和 $\overline{2G}$ 端,将数据信号送到 74LS244 的数据输入端,所以只有当 P2.7 和 $\overline{RD}$ 都为低电平时 P0 口才能读入信号。

单片机写信号时,由 P2.7 和 $\overline{WR}$ 经或门输出一个低电平连接到 74LS273 的 CLK 端,将 P0 口的状态经 74LS273 输出。所以只有当 P2.7 和 $\overline{WR}$ 都为低电平时，P0 口才能写出信号。

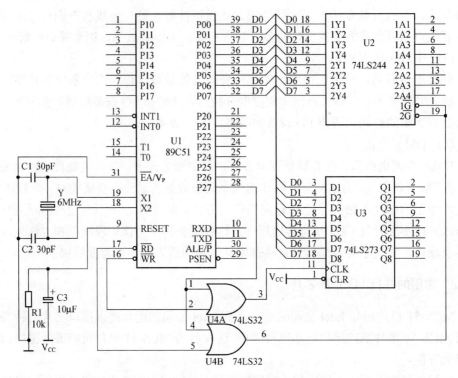

图 7.11　用 TTL 芯片扩展并行 I/O 接口

输入和输出都是在 P2.7 为低电平时有效，74LS273 和 74LS244 地址相同，但由于分别还要受 $\overline{RD}$ 和 $\overline{WR}$ 信号的控制，所以不会发生冲突。

2. 采用标准的 80/85 系列并行接口电路进行扩展

采用标准的 80/85 系列并行接口电路进行扩展，以可编程并行 I/O 口芯片 8255 为典型代表。

所谓可编程的接口芯片是指其功能可由微处理机的指令来加以改变的接口芯片，利用编程的方法，可以使一个接口芯片执行不同的接口功能。

8255A 是 Intel 公司生产的可编程并行 I/O 接口芯片，具有 3 个 8 位的并行 I/O 口，总共 24 条，分成 A、B 两大组(每组 12 条)，允许分别编程，工作方式可分为方式 0、方式 1 和方式 2 这 3 种，可通过编程改变其功能，因而使用灵活方便，通用性强。

(1) 用 8255A 可实现的各项功能

① 并行输入或输出多位数据。

② 实现输入数据锁存和输出数据缓冲。

③ 提供多个通信接口联络控制信号。

④ 通过读取状态字可实现程序对外设的查询。

(2) 8255A 的内部结构

8255A 的结构框图如图 7.12 所示，它由以下几个部分组成。

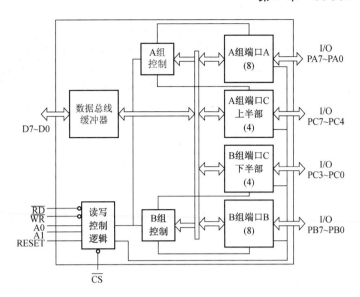

图 7.12 8255A 内部结构框图

8255A 的内部结构分成以下 4 个部分。

① 数据端口 A、B、C。

8255A 有 3 个输出端口：端口 A、端口 B 和端口 C，每个端口都是 8 位，都可以选择作为输入或输出，但功能和结构上有些差异。

PA 口：8 位的数据输出锁存和缓冲器；8 位的数据输入锁存器。

PB 口：8 位的数据输入/输出、锁存/缓冲器；8 位的数据输入缓冲器。

PC 口：8 位的数据输出锁存/缓冲器；8 位的数据输入缓冲。

PC 口可在软件的控制下，分为两个 4 位端口，作为 PA 口、PB 口选通方式操作时的状态控制信号。

② A 组和 B 组控制电路。

这是两组根据 CPU 的命令控制 8255A 工作方式的电路，它们有控制寄存器，接收 CPU 输出的命令字，然后分别决定两组的工作方式，也可以根据 CPU 的命令字对端口 C 的每一位实现按位"复位"或"置位"。

A 组：PA 口和 PC 口的上半部(PC7～PC4)。

B 组：PB 口和 PC 口的下半部(PC3～PC0)，可根据"命令字"对 PC 口按位"置 1"或"清 0"。

③ 数据总线缓冲器接线。

三态双向，作为 8255A 与单片机数据线之间接口，传送数据、指令、控制命令及外部状态信息，通常与 CPU 的双向数据总线相接。

④ 读/写控制逻辑电路线。

该电路接收 CPU 发来的控制信号、RESET、地址信号 A1、A0 等，对端口进行读、写。由它把 CPU 的控制命令或输出数据送至相应的端口；也由它控制把外设的状态信息或输入数据通过相应的端口送至 CPU。

各端口的工作状态与控制信号的关系如表 7.7 所示。

表 7.7 8255A 端口工作状态选择

A1	A0	$\overline{RD}$	$\overline{WR}$	$\overline{CS}$	工作状态
0	0	0	1	0	读端口 A：A 口数据→数据总线
0	1	0	1	0	读端口 B：B 口数据→数据总线
1	0	0	1	0	读端口 C：C 口数据→数据总线
0	0	1	0	0	写端口 A：总线数据→A 口
0	1	1	0	0	写端口 B：总线数据→B 口
1	0	1	0	0	写端口 C：总线数据→C 口
1	1	1	0	0	写控制字：总线数据→控制字寄存器
×	×	×	×	1	数据总线为三态
1	1	0	1	0	非法状态
×	×	1	1	0	数据总线为三态

(3) 8255A 采用 40 引脚、双列直插式封装，如图 7.13 所示。

各引脚功能如下：

- D7～D0：三态双向数据线，与单片机数据总线连接。
- $\overline{CS}$：片选信号线，低电平有效，表示本芯片被选中。
- $\overline{RD}$：读出信号线，控制 8255A 中数据的读出。
- $\overline{WR}$：写入信号线，控制向 8255A 数据的写入。
- V_{CC}：+5V 电源。
- PA7～PA0：A 口输入/输出线。
- PB7～PB0：B 口输入/输出线。
- PC7～PC0：C 口输入/输出线。
- A1、A0：地址线，用来选择 8255A 内部的 4 个端口。

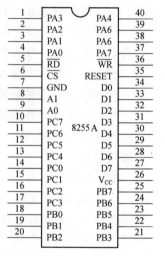

图 7.13 8255A 引脚排列

(4) 工作方式选择控制字及 C 口置位/复位控制字。

8255A 有 3 种工作方式。

- 方式 0：基本输入/输出。
- 方式 1：选通输入/输出。
- 方式 2：双向传送(仅 A 口有)。

① 工作方式选择控制字。

3 种工作方式由方式控制字来决定，8255A 有两个控制字和一个状态字，两个控制字均在 A1 和 A0 为 11 的情况下发送，共用一个设备地址。如果控制字的最高位为 1，表示是工作方式控制字；如果最高位为 0，则表示是置位/复位控制字。

工作方式控制字格式如图 7.14 所示。

C 口上半部分(PC7～PC4)随 A 口称为 A 组。

C 口下半部分(PC3～PC0)随 B 口称为 B 组。

其中，A 口可工作于方式 0、1 和 2，而 B 口只能工作在方式 0 和 1，所以 A 口工作方式选择要有两位，而 B 口只要有一位就可以了。

例如，写入工作方式控制字 95H，可将 8255A 编程为：A 口方式 0 输入，B 口方式 1

输出，C 口的上半部分(PC7～ PC4)输出，C 口的下半部分(PC3～PC0)输入。

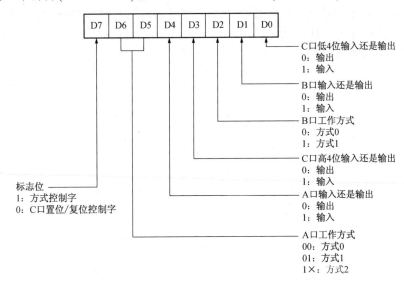

图 7.14　8255A 工作方式控制字

② 按位置位/复位控制字。

按位置位/复位控制字用对于 C 口的 I/O 引脚的输出进行控制，其中 D3～D1 指示输出的位数；D0 指示输出的值：置"1"或清"0"。利用按位置位/复位控制字可以使 C 口中每一位分别产生输出，而对其他各位不造成影响，按位置位/复位控制字如图 7.15 所示。

例如，控制字 07H 写入控制口，PC3 置"1"；08H 写入控制口，PC4 清"0"。

(5) 8255A 的 3 种工作方式

① 方式 0。

方式 0 为基本的输入/输出方式(不带联络信

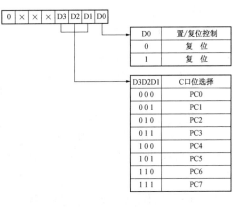

图 7.15　按位置位/复位控制字

号)，在这种工作方式下，3 个端口的每一个都可以由程序选定作为输入或输出，适用于无条件地传送数据的设备。方式 0 的基本功能如下。

- 两个 8 位端口(PA 和 PB)和两个 4 位端口(PC)。

- 任一端口都可以作为输入或输出。

- 输出是锁存的，输入是不锁存的。

- 在方式 0 时，各个端口的输入、输出可以有 16 种不同的组合。

方式 0 作基本输入的时序如图 7.16 所示。由图中可以看出，若外设的数据已经准备好，CPU 从 8255A 读入这个数据，则输入端口和地址信号必须要提前到达。从图中还可以看出 D0～D7 上的数据比输入端口的数据要慢一些，这就是 8255A 的数据缓冲作用，8255A 的缓冲时间最大为 250ns。

方式 0 作为输出时的时序如图 7.17 所示。在写信号 $\overline{\text{WR}}$ 作用下，CPU 将数据输出给外设，对于 8255A，要求写脉冲宽度至少 400ns，且地址信号 $\overline{CS}$、A1、A0 必须在 $\overline{WR}$ 信号前有效，并在 $\overline{WR}$ 信号之后保持最少 20ns。同时要写出的数据 D0～D7 必须在 $\overline{WR}$ 结束前最少100ns 时间有效，且在 $\overline{WR}$ 结束后最少还要保持 30ns 时间，最多在 350ns 时间以后写入的数据在输出端口出现。

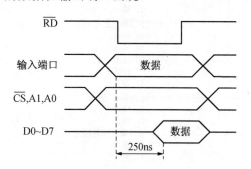

图 7.16　方式 0 作输入的时序　　　　图 7.17　方式 0 作输出的时序

在这种方式下，由于是无条件的传送，所以不需要状态端口，3 个端口都可以作为数据端口。若方式 0 作为查询式输入或输出接口时，端口 A 和 B 可分别作为一个数据端口。

例如，PA 口作为输出口，PB 口作为输入口，PA 口读入键盘操作信号送 8 位逻辑显示。设 8255A 的控制字地址为 7FFFH。

初始化程序如下：

```
MOV     DPTR,#7FFFH          ;控制字寄存器地址送 DPTR
MOV     A,#82H               ;方式 0，PA、PC 输出，PB 输入
MOVX    @DPTR,A              ;82H 送控制字寄存器
```

②　方式 1。

方式 1 为选通输入/输出工作方式(带联络信号的输入/输出)。在这种方式下，端口 A 或 B 仍作为数据的输入或输出，但同时规定端口 C 的某些位作为控制或状态信息。

方式 1 的基本功能如下。

- 用作一个或两个选通端口。
- 每一个端口包含有 8 位数据端口、3 条控制线(是固定的，不能用程序改变)、提供中断逻辑。
- 任一端口都可作为输入或输出。
- 若只有一个端口工作在方式 1，余下的 13 位可以工作在方式 0(由控制字决定)。
- 若两个端口工作在方式 1，端口 C 还留下两位，这两位也可以由程序指定作为输入或输出，也具有置位/复位功能。

方式 1 作输入时控制联络信号如图 7.18 所示。

当端口工作在方式 1 输入时，内部控制电路便自动提供两个状态触发器：中断允许触发器 INTE 和"输入数据缓冲器满"触发器 IBF，同时借用原端口 C 引脚作为 IBF 的输出端、选通信号 $\overline{STB}$ 的输入端和中断请求信号 INTR 的输出端。各控制信号意义如下。

- $\overline{STB}$：选通输入，是由输入外设送来的输入信号，低电平有效。当有效时，将输入装置的数据送入锁存器。
- IBF：输入缓冲器满信号，高电平有效。表示数据已送入 8255A 的输入锁存器，它

由 $\overline{STB}$ 信号的下降沿置位，由 $\overline{RD}$ 信号的上升沿使其复位。

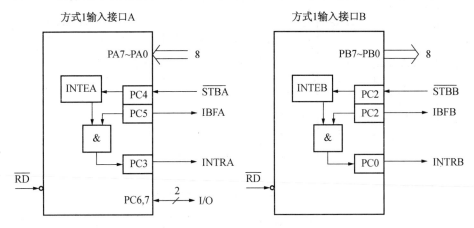

图 7.18　方式 1 作输入控制联络信号

- INTR：中断请求信号，高电平有效。由 8255A 输出，向单片机发中断请求。
- INTE A：A 口中断允许，由 PC4 的置位/复位控制。
- INTE B：B 口中断允许，由 PC2 的置位/复位控制。

方式 1 的输入时序如图 7.19 所示。

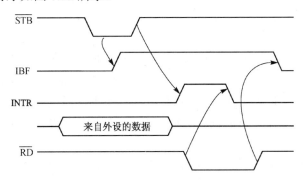

图 7.19　方式 1 输入时序

数据输入时，外设处于主动地位，当外设准备好数据并放到数据线上后，首先发 $\overline{STB}$ 信号，由它把数据输入到 8255A。

在 $\overline{STB}$ 的下降沿之后一段时间数据锁存到 8255A 的缓冲器后，引起 IBF 变为高电平，表示 8255A 的"输入缓冲器已满"，禁止输入新数据。

在 $\overline{STB}$ 的上升沿一段时间后并且中断允许 INTE=1 的情况下，IBF 的高电平产生中断请求，使 INTR 上升变为高电平，向 CPU 申请中断，CPU 响应中断后，转到相应的中断子程序。在子程序中将数据取走。若 CPU 采用查询方式，则通过查询状态字中的 INTR 位或 IBF 位是否置位来判断有无数据可读。

CPU 得知 INTR 信号有效之后，执行读操作时，$\overline{RD}$ 信号的下降沿使 INTR 复位，撤消中断请求，为下次中断请求作好准备。$\overline{RD}$ 信号的上升沿延时一段时间后清除 IBF 使其变为低电平，表示接口的输入缓冲器变空，允许外设输入新数据。

方式 1 作输出时控制联络信号如图 7.20 所示。

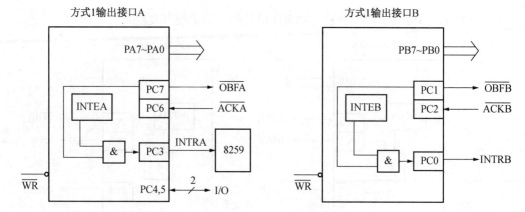

图 7.20　方式 1 作输出联络信号

当端口工作在方式 1 输出时，各控制信号的意义如下。

- $\overline{OBF}$：输出缓冲器满信号，低电平有效，8255A 输出给外设的一个控制信号，当其有效时，表示 CPU 已把数据输出给指定的端口，外设可以取走。
- $\overline{ACK}$：外设给 8255A 的回答响应信号，低电平有效。当它为低电平时，表示外设已经从 8255A 接收到了数据，它是对 $\overline{OBF}$ 的一种回答。
- INTR：中断请求信号，高电平有效，当输出设备已接收数据后，8255A 输出此信号向 CPU 提出中断请求，要求 CPU 继续提供数据。

方式 1 的输出时序如图 7.21 所示。

数据输出时，CPU 应先准备好数据，并把数据写到 8255A 输出数据寄存器，当 CPU 向 8255A 写完一个数据后，$\overline{WR}$ 的上升沿使 $\overline{OBF}$ 有效，表示 8255A 的输出缓冲器已满，通知外设读取数据，并且 $\overline{WR}$ 使中断请求 INTR 变为低电平，封锁中断请求。

外设得到 $\overline{OBF}$ 信号后，开始读取数据，当外设读取完数据后，用 $\overline{ACK}$ 回答 8255A，表示数据已收到。

$\overline{ACK}$ 的下降沿将 $\overline{OBF}$ 置高，使 $\overline{OBF}$ 无效，表示输出缓冲器清空，为下次输出作准备。在中断允许 INTE=1 的情况下，$\overline{ACK}$ 的上升沿使 INTR 变高，产生中断请求。CPU 响应中断后在中断服务程序中向 8255A 写入下一个数据。

③　方式 2。

方式 2 也称选通的双向 I/O 方式，仅适用于端口 A，这时 A 口的 PA7～PA0 作为双向的数据总线，端口 C 有 5 条引脚用作 A 的握手信号线和中断请求线，而 B 口和 C 口余下的 3 位仍可工作在方式 0 或 1。它可以认为是方式 1 输出和输入的组合，但有以下几点不同之处。

- 当 CPU 将数据写入 A 口时，尽管 $\overline{OBF}$ 变为有效，但数据并不出现在 PA7～PA0 上，只有外设发出 $\overline{ACK}$ 信号时，数据才进入 PA7～PA0。
- 输出和输入引起的中断请求信号都通过同一引脚输出，CPU 必须通过查询 $\overline{OBF}$ 和 IBF 状态才能确定是输入引起的中断请求还是输出引起的中断请求。
- $\overline{ACK}$ 和 $\overline{OBF}$ 信号不能同时有效，否则将出现数据传送"冲突"。

方式 2 是一种双向选通输入/输出方式，它把 A 口作为双向输入/输出口，把 C 口的 5 根线(PC3～PC7)作为专用应答线。方式 2 的联络信号如图 7.22 所示。

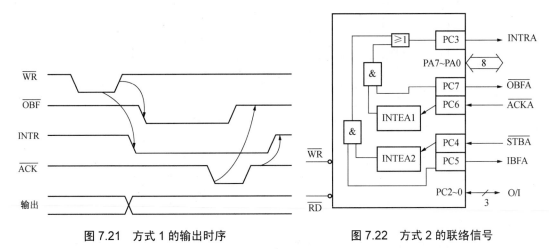

图 7.21　方式 1 的输出时序　　　　　　图 7.22　方式 2 的联络信号

方式 2 的双向传送所设置的联络信号基本上就是 A 口在方式 1 下输入和输出时两组联络信号线的组合。所以各联络信号和方式 1 的也相同，只有中断请求信号 INTR 既可以作为输入中断请求，也可以作为输出的中断请求，因此要进一步查看 IBF 和 $\overline{\text{OBF}}$ 状态位才能确定是输入还是输出产生的中断请求。

方式 2 的工作时序如图 7.23 所示。

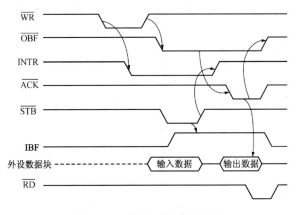

图 7.23　方式 2 的时序关系

方式 2 的时序基本上是方式 1 下输入时序与输出时序的组合，输入/输出的先后顺序是任意的，根据实际传送数据的需要选定。输出过程是由 CPU 执行输出写指令向 8255A 写数据开始的，然后外设从 8255A 读取数据，并返回 $\overline{\text{ACK}}$，而输入过程则是从外设向 8255A 发选通信号 $\overline{\text{STB}}$ 开始的，然后 CPU 执行读指令，从 8255A 读数据，因此只要求 CPU 的 $\overline{\text{WR}}$ 在 $\overline{\text{ACK}}$ 以前发生；$\overline{\text{RD}}$ 在 $\overline{\text{STB}}$ 以后发生就行。

④　MCS-51 单片机和 8255A 的接口。

●　硬件接口电路。

图 7.24 所示是单片机扩展 1 片 8255A 的电路。74LS373 是地址锁存器，P0.1、P0.0 经 74LS373 与 8255A 的地址线 A1、A0 连接；P2.7 与片选端 $\overline{\text{CS}}$ 相连，其他地址线悬空。

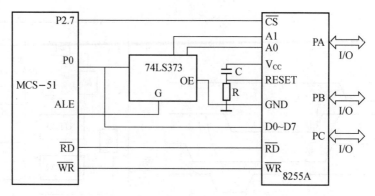

图 7.24　MCS-51 和 8255A 单片机的接口

- 端口地址确定。

    图 7.24 中 8255A 各端口寄存器的地址如下。

    A 口：　　　　　　7FFCH

    B 口：　　　　　　7FFDH

    C 口：　　　　　　7FFEH

    控制寄存器：　　　7FFFH

- 软件编程。

    要求 8255A 工作在方式 0，且 A 口作为输入，B 口、C 口作为输出，程序如下：

```
MOV     A,#90H          ;A 口方式 0 输入，B 口、C 口输出的方式控制送 A
MOV     DPTR,#7FFFH     ;控制寄存器地址→DPTR
MOVX    @DPTR,A         ;方式控制字→控制寄存器
MOV     DPTR,#7FFCH     ;A 口地址→DPTR
MOVX    A,@DPTR         ;从 A 口读数据
MOV     DPTR,#7FFDH     ;B 口地址→DPTR
MOV     A,#DATA1        ;要输出的数据 DATA1→A
MOVX    @DPTR,A         ;将 DATA1 送 B 口输出
MOV     DPTR,#7FFEH     ;C 口地址→DPTR
MOV     A,#DATA2        ;DATA2→A
MOVX    @DPTR,A         ;将数据 DATA2 送 C 口输出
```

3. 采用具有复合功能(RAM/IO 复合，EPROM/IO 复合)的扩展芯片进行扩展

与 8255A 相比，8155 具有更强的功能，8155 芯片内具有 256B 的 SRAM，2 个 8 位可编程并行 I/O 口 PA、PB，1 个 6 位可编程并行 I/O 口 PC，1 个 14 位计数器。其特点是接口简单、内部资源丰富、应用广泛。

(1) 8155 芯片的构成

8155 逻辑结构框图如图 7.25 所示。

由图可见，8155 的内部包含：

- SRAM：容量为 256B。
- 并行接口：可编程的 8 位 PA、PB 接口和 6 位 PC 接口。
- 计数器：一个 14 位的二进制减法计数器。
- 8155 还有只允许写入的 8 位命令寄存器/只允许读出的 8 位状态寄存器。

8155 引脚排列如图 7.26 所示。

8155 各引脚功能说明如下：

RESET：复位信号输入端，高电平有效，该信号的脉冲宽度一般为 600ns。复位后，3 个 I/O 口均为输入方式。

AD0～AD7：三态的地址/数据总线。与单片机的低 8 位地址/数据总线(P0 口)相连。单片机与 8155 之间的地址、数据、命令与状态信息都是通过这个总线口传送的。

$\overline{RD}$：读选通信号，控制对 8155 的读操作，低电平有效。

$\overline{WR}$：写选通信号，控制对 8155 的写操作，低电平有效。

$\overline{CE}$：片选信号线，低电平有效。

IO/$\overline{M}$：8155 的 RAM 存储器或 I/O 口选择线。当 IO/$\overline{M}$ =0 时，则选择 8155 的片内 RAM，AD0～AD7 上地址为 8155 中 RAM 单元的地址(00H～FFH)；当 IO/$\overline{M}$ =1 时，选择 8155 的 I/O 口，AD0～AD7 上的地址为 8155 的 I/O 口地址。

ALE：地址锁存信号。8155 内部设有地址锁存器，在 ALE 的下降沿将单片机 P0 口输出的低 8 位地址信息及 $\overline{CE}$ 、IO/$\overline{M}$ 的状态都锁存到 8155 内部锁存器。因此，P0 口输出的低 8 位地址信号不需外接锁存器。

PA0～PA7：8 位通用 I/O 口，其输入、输出的流向可由程序控制。

PB0～PB7：8 位通用 I/O 口，功能同 A 口。

PC0～PC5：有两个作用，既可作为通用的 I/O 口，也可作为 PA 口和 PB 口的控制信号线，这些可通过程序控制。

TIMERIN：定时器/计数器脉冲输入端。

TIMEROUT：定时器/计数器输出端。其输出信号是矩形还是脉冲，是输出单个信号还是连续信号由计数器的工作方式决定。

V_CC：+5V 电源。

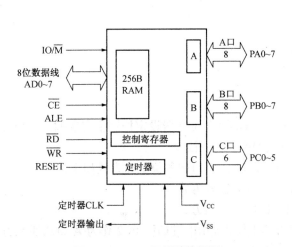

图 7.25　8155 逻辑结构框图　　　　图 7.26　8155 引脚排列

(2) 8155 的地址编码

在单片机应用系统中，8155 是按外部数据存储器统一编址的，为 16 位地址，其高 8 位

由片选线 $\overline{\text{CE}}$ 提供，$\overline{\text{CE}}$ =0，选中该片。

当 $\overline{\text{CE}}$ =0，IO/$\overline{\text{M}}$ =0 时，选中 8155 片内 RAM，这时 8155 只能作片外 RAM 使用，其 RAM 的低 8 位编址为 00H～FFH。

当 $\overline{\text{CE}}$ =0，IO/$\overline{\text{M}}$ =1 时，选中 8155 的 I/O 口，8155 的内部端口地址为：

000——命令/状态寄存器。

001——PA 口。

010——PB 口。

011——PC 口。

100——计数器低 8 位。

101——计数器高 6 位及计数器方式设置位。

(3) 8155 工作方式设置及状态字格式

8155 有一个控制命令寄存器和一个状态标志寄存器。8155 的工作方式由 CPU 写入控制命令寄存器中的控制字来确定，8155 工作方式控制字只能写入，不能读出；8155 的状态标志寄存器用来存放 A 口和 B 口的状态标志。状态标志寄存器的地址与命令寄存器的地址相同，只能读出不能写入。

在 8155 内部，从逻辑上说，存在只允许写入命令寄存器和只允许读出的状态寄存器，但实际上，读命令寄存器内容及写状态寄存器的操作是既不允许也不可能实现的。因此命令寄存器和状态寄存器可以采用同一地址，以简化硬件结构，并将两个寄存器简称为命令/状态寄存器，用 C/S 表示。

① 方式设置。

8155 的 A 口、B 口可工作在基本 I/O 方式或选通 I/O 方式。C 口可工作在基本 I/O 方式，也可作为 A 口、B 口在选通工作方式时的状态控制信号线。当 C 口作为状态控制信号时，其每位线的作用如下。

- PC0：AINTR(A 口中断请求线)。
- PC1：ABF(A 口缓冲器满信号)。
- PC2：$\overline{\text{ASTB}}$(A 口选通信号)。
- PC3：BINTR(B 口中断请求线)。
- PC4：BBF(B 口缓冲器满信号)。
- PC5：$\overline{\text{BSTB}}$(B 口选通信号)。

8155 的 I/O 工作方式选择是通过对 8155 内部命令寄存器设定控制字实现的。命令寄存器只能写入，不能读出，命令寄存器的格式如图 7.27 所示。

在 ALT1～ALT4 的不同方式下，A 口、B 口及 C 口的各位工作方式如下。

ALT1：A 口、B 口为基本输入/输出，C 口为输入方式。

ALT2：A 口、B 口为基本输入/输出，C 口为输出方式。

ALT3：A 口为选通输入/输出，B 口为基本输入/输出。PC0～PC2 作为 A 口选通应答信号(PC0 为 AINTR，PC1 为 ABF，PC2 为 $\overline{\text{ASTB}}$)，PC3～PC5 为输出。

ALT4：A 口、B 口为选通输入/输出。PC0 为 AINTR，PC0～PC2 作为 A 口选通应答信号(PC1 为 ABF，PC2 为 $\overline{\text{ASTB}}$)，PC3～PC5 作为 B 口的选通应答信号(PC3 为 BINTR，PC4 为 BBF，PC5 为 $\overline{\text{BSTB}}$)。

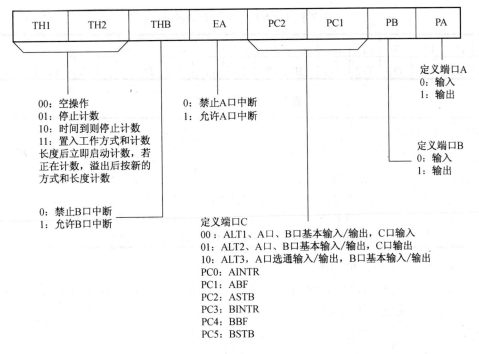

图 7.27　8155 命令寄存器的格式

② 状态字格式。

8155 内还有一个状态寄存器,状态寄存器由 8 位锁存器组成,用于锁存输入/输出口和定时器/计数器的当前状态,供 CPU 查询用。

状态寄存器的格式如图 7.28 所示。

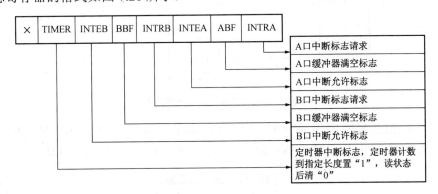

图 7.28　8155 状态寄存器格式

(4) 8155 的定时器/计数器

8155 内部的定时器/计数器实际上是一个 14 位的减法计数器,它对 TIMER IN 端输入脉冲进行减 1 计数,当计数结束(即减 1 计数"回 0")时,由 TIMER OUT 端输出方波或脉冲。当 TIMER IN 接外部脉冲时,为计数方式;接系统时钟时,可作为定时方式。

定时器/计数器由两个 8 位寄存器构成,其中的低 14 位组成计数器,剩下的两个高位 (M2、M1)用于定义输出方式。其格式如表 7.8 所示。

最高两位(M2、M1)定义计数器输出方式,如表 7.9 所示。

203

表 7.8　8155 的定时器/计数器格式

位号	15	14	13	12	11	10	9	8	7	6	5	4	3	2	1	0
格式	M2	M1	T13	T12	T11	T10	T9	T8	T7	T6	T5	T4	T3	T2	T1	T0

表 7.9　计数器输出方式

M2M1	输出方式	说　明
00	方式 0	单方波输出。计数期间为低电平，计数器回 0 后输出为高电平
01	方式 1	连续方波输出。计数前半部分输出高电平，后半部分输出低电平
10	方式 2	单脉冲输出。计数器回 0 后输出一个单脉冲
11	方式 3	连续脉冲输出(计数值自动重装)。计数器回 0 后输出单脉冲，又自动向计数器重装原计数值，回 0 后又输出单脉冲，如此循环

(5)　8155 芯片与单片机的接口

80C51 系列单片机可以与 8155 直接连接而不需要附加任何电路，使系统增加 256B 的 RAM、22 位 I/O 线及一个计数器。8051 与 8155 的连接方法如图 7.29 所示。

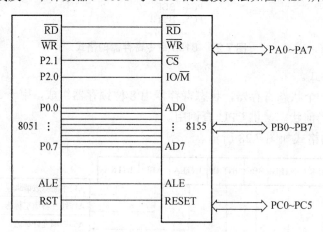

图 7.29　8155 与 8051 的连接

8155 中 RAM 地址因 P2.1(A9)=0 及 P2.0(A8)=0，故可选 1111 1100 0000 0000B(FB00H)～1111 1100 1111 1111B(FBFFH)。I/O 端口的地址由表 7.10 得 FB00H～FB05H。

表 7.10　地址分配表

A15	A14	A13	A12	A11	A10	A9	A8	A7	A6	A5	A4	A3	A2	A1	A0	I/O 口
×	×	×	×	×	×	0	1	×	×	×	×	×	0	0	0	命令/状态口
×	×	×	×	×	×	0	1	×	×	×	×	×	0	0	1	A 口
×	×	×	×	×	×	0	1	×	×	×	×	×	0	1	0	B 口
×	×	×	×	×	×	0	1	×	×	×	×	×	0	1	1	C 口
×	×	×	×	×	×	0	1	×	×	×	×	×	1	0	0	计数器低 8 位
×	×	×	×	×	×	0	1	×	×	×	×	×	1	0	1	计数器高 6 位

若 A 口定义为基本输入方式，B 口定义为基本输出方式，计数器作为方波发生器，对 8051 输入脉冲进行 24 分频，则 8155 的 I/O 口初始化程序如下：

```
START:  MOV   DPTR,#FB04H   ;指向计数寄存器低 8 位
        MOV   A,#18H        ;计数器初值为 18H(24 分频)
        MOVX  @DPTR,A       ;计数器寄存器低 8 位赋值
        INC   DPTR          ;指向计数器寄存器高 6 位及方式位
        MOV   A,#40H        ;计数器为连续方波方式
        MOVX  @DPTR,A       ;计数寄存器高 6 位赋值
        MOV   DPTR,#FB00H   ;指向命令寄存器
        MOV   A,#0C2H       ;设命令字
        MOVX  @DPTR,A       ;送命令字
```

8155 的 I/O 口可以外接打印机、A/D、D/A、键盘等控制信号的输入/输出，8155 的定时器可以作为分频器或定时器。

7.3　I/O 输出技术

工业控制系统既包括弱电控制部分，又包括强电控制部分。为了使两者之间既保持控制信号联系，又要隔绝电气方面的联系，即实行弱电和强电隔离，是保证系统工作稳定、设备与操作人员安全的重要措施。

电气隔离的目的之一是从电路上把干扰源和易干扰的部分隔离开来，从而达到隔离现场干扰的目的。

7.3.1　输出接口隔离技术

隔离技术是在控制端与被控端之间加一屏障从而切断电流连接，使测控装置与现场仅保持信号联系，不直接发生电的联系。允许控制端和被控端的地或基准电平之差值可以高达几千伏，并且防止可能损害信号的不同地电位之间的环路电流。隔离可将信号分离到一个干净的信号子系统地。基准电平之间的电连接可产生一个对于操作人员或病人不安全的电流通路。

根据信号的不同隔离技术可以分为模拟信号隔离和数字信号隔离两种。

1. 模拟信号隔离

在很多系统中，模拟信号必须隔离。模拟信号所考虑的电路参量完全不同于数字信号。模拟信号通常先要考虑精度或线性度、频率响应、噪声等。

然后是对电源的要求，电源要求高隔离、高精度、低噪声，特别是对输入级。也应该关注隔离放大器的基本精度或线性度不能依靠相应的应用电路来改善，但这些电路可降低噪声和降低输入级对电源的要求。

对于电源噪声的干扰，可以采用调制载波使模拟信号跨越这个屏障。输入信号被占空度调制并以数字方式发送跨过屏障。输出部分接收被调制的信号，把它变换回模拟信号并去掉调制/解调过程中固有的纹波成分。

对信号隔离的另一问题是隔离放大器输入级所需的功耗，而隔离放大器的输入阻抗及

自身的等效电阻是问题的关键所在。而输出级通常以机壳或地为基准，输入级通常浮动在另一个电位上。因此，输入级的电源也必须隔离。通常用一个单电源(5V/12V/15V/24V)，而不是理想中使用的正、负双电源。

2. 数字信号隔离

数字信号隔离要分成两种情况来分析，分别是隔离串行数据流和隔离并行数据总线系统。

(1) 隔离串行数据流

隔离数字信号有很大选择范围。假若数据流是位串行的，则选择方案范围从简单光耦合器到隔离收发器。主要设计考虑包括：所需的数据速率；系统隔离端的电源要求；数据通道是否必须为双向。

基于 LED 的光耦合器是用于隔离设计问题的第一种技术。一个重要的设计考虑是 LED 光输出随时间减小。所以在早期必须为 LED 提供过量电流，以使随时间推移仍能提供足够的输出光强。因为在隔离端可能提供电流很有限，所以需要提供过量电流是一个严重的问题。因为 LED 需要的驱动电流可以大于从简单逻辑输出级可获得的电流，所以往往需要特殊的驱动电路。

串行通信的第二种技术是差分总线系统装置。这些系统由 RS-422、RS-485 和 CANbus 标准描述，就要考虑采用全双工隔离收发器。这种收发器一般都可以配置为半双工和全双工形式。传输率普遍可以上 Mb/s。有些还包含了环路(Loop-back)测试功能，即每个结点都可执行自测试功能。

(2) 隔离并行数据总线系统

并行数据总线的隔离将增加 3 个更主要的设计参量：

- 总线的位宽度。
- 容许的偏移度。
- 时钟速度要求。

用一排光耦合器可完成这种任务，但支持电路可能很复杂。光耦合器之间的传播时间失配将导致数据偏移，从而引起在接收端的数据误差。为使这种问题减至最小，隔离数字耦合器尽量要支持在输入端和输出端的双缓冲数据缓存。

3. 光电隔离技术

光电隔离技术主要是采用"电—光—电"的隔离，解决模拟电路和数字电路的集成、交叉应用时的相互干扰问题，同时具有信号整形、降低误操作等功能。

使用光电隔离技术需要注意以下事项。

(1) 在光耦合器的输入部分和输出部分必须分别采用独立的电源，若两端共用一个电源，则光耦合器的隔离作用将失去意义。

(2) 当用光耦合器来隔离输入/输出通道时，必须对所有的信号(包括数字量信号、控制量信号、状态信号)全部隔离，使得被隔离的两边没有任何电气上的联系，否则这种隔离是没有意义的。

光耦合器件的原理如下。

光耦合器件是把发光器件(如发光二极管)和光敏器件(如光敏三极管)组装在一起，通过光线实现耦合构成电—光和光—电的转换器件。
图 7.30 所示为常用的三极管型光耦合器原理。

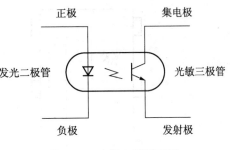

图 7.30 光耦合器原理图

当电信号送入光耦合器的输入端时，发光二极
管通过电流而发光，光敏元件受到光照后产生电
流，C-E 极导通；当输入端无信号，发光二极管不
亮，光敏三极管截止，C-E 极不通。对于数字量，
当输入为低电平"0"时，光敏三极管截止，输出
为高电平"1"；当输入为高电平"1"时，光敏三
极管饱和导通，输出为低电平"0"。若基极有引
出线，则可满足温度补偿、检测调制要求。

7.3.2 继电器输出技术

对启停负荷不大、响应速度不太高的设备，一般采用继电器隔离比用光电隔离更直接。
继电器的线圈和触点没有电气上的联系，因此，可
利用继电器的线圈接收信号，利用触点发送和输出
控制信号，从而避免强电和弱电信号之间的直接接
触，实现了抗干扰隔离。图 7.31 所示是继电器输出
隔离的实例示意图。在该电路中，通过继电器把低
压直流与高压交流隔离开来，使高压交流侧的干扰
无法进入低压直流侧。

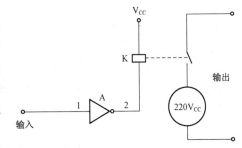

图 7.31 继电器输出接口

在继电器输出接口中，由于继电器的控制线圈
有一定的电感，在关断瞬间会产生较大的反电势，
因此在继电器的线圈上经常反向并联一个二极管用于电感反向放电，以保护驱动晶体管不
被击穿。

7.3.3 可控硅接口

可控硅接口，特别是双向可控硅具有双向导通功能，能在交流、大电流场合使用，且
无开关触点，因此在工业控制领域应用非常广泛。

传统的双向可控硅隔离驱动电路的设计，是采用一般的光隔离器和三极管驱动电路，
现在已经有与之配套的光隔离器产品，这种器件称之为双向可控硅光耦合器。

双向可控硅是一种很普通的由可控硅整流器即 SCR 发展改进的器件，双向可控硅光耦
合器的特点是用于光触发形式。将一只 SCR 和一只 LED 密封在一个封装中，就可以构成一
只光耦合的 SCR；而将一只双向可控硅和一只 LED 密封在一个封装中就可以制成一只光耦
合的双向可控硅。

图 7.32 所示是单向可控硅光耦合器，它的典型外形是被密封在一只 6 引脚的双列直插
式的封装中，它的内部有一个 LED 和一个单向可控硅，只是这个可控硅的导通与否是由 LED
的发光来控制的。

图 7.33 所示是双向可控硅光耦合器，它的外形和单向可控硅光耦合器差不多，内部也
基本上一样，差别就在于内部的可控硅不是单向的而是双向的。

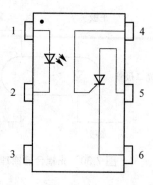

图 7.32　单向可控硅光耦合器

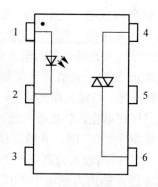

图 7.33　双向可控硅光耦合器

用光耦合双向可控硅去控制另一个大功率双向可控硅，可达到控制大功率负载的目的。图 7.34 所示是光耦合器双向可控硅控制大功率负载的电路。

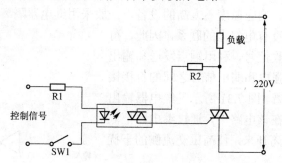

图 7.34　光耦合器双向可控硅控制大功率负载

7.3.4　固态继电器

固态继电器 SSR(Solid State Releys)是近年发展起来的一种新型电子继电器，其输入控制电流小，用 TTL、HTL、CMOS 等集成电路或加简单的辅助电路就可直接驱动。

1．固态继电器的组成

固态继电器由 3 部分组成：输入电路、隔离(耦合)和输出电路。按输入电压的不同类别，输入电路可分为直流输入电路、交流输入电路和交直流输入电路 3 种。有些输入控制电路还具有与 TTL/CMOS 兼容、正负逻辑控制和反相等功能。固态继电器的输入与输出电路的隔离和耦合方式有光耦合和变压器耦合两种。固态继电器的输出电路也可分为直流输出电路、交流输出电路和交直流输出电路等形式。交流输出时，通常使用两个可控硅或一个双向可控硅，直流输出时可使用双极性器件或功率场效应管。SSR 按使用场合可以分成交流型和直流型两大类，它们分别在交流或直流电源上做负载的开关，不能混用。

2．固态继电器的命名

由于固态继电器是由固体元件组成的无触点开关元件，所以它较之电磁继电器具有工作可靠、寿命长、对外界干扰小、能与逻辑电路兼容、抗干扰能力强、开关速度快和使用方便等一系列优点。因而具有很宽的应用领域，有逐步取代传统电磁继电器之势，并可进一步扩展到传统电磁继电器无法应用的领域。如计算机和可编程控制器的输入/输出接口、计算机外围和终端设备、机械控制、过程控制、遥控及保护系统等。在一些要求耐振、耐潮、耐腐蚀、防爆等特殊工作环境中以及要求高可靠的工作场合，SSR 都较之传统的电磁继电器有无可比拟的优越性。图 7.35 所示为固态继电器 SSR 的命名方法。

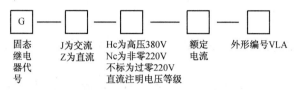

图 7.35　固态继电器型号命名

3. 固态继电器的原理

图 7.36 所示是固态继电器的工作原理框图，图中的部件 1～4 构成交流 SSR 的主体，从整体上看，SSR 只有两个输入端(A 和 B)及两个输出端(C 和 D)，是一种四端器件。工作时只要在 A、B 上加上一定的控制信号，就可以控制 C、D 两端之间的"通"和"断"，实现"开关"的功能，其中耦合电路的功能是为 A、B 端输入的控制信号提供一个输入/输出端之间的通道，但又在电气上断开 SSR 中输入端和输出端之间的(电)联系，以防止输出端对输入端的影响，耦合电路用的元件是光耦合器；由于输入端的负载是发光二极管，这使 SSR 的输入端很容易做到与输入信号电平相匹配，在使用可直接与计算机输出接口相接，即受"1"与"0"的逻辑电平控制。触发电路的功能是产生合乎要求的触发信号，驱动开关电路 4 工作，但由于开关电路在不加特殊控制电路时，将产生射频干扰并以高次谐波或尖峰等污染电网，为此特设"过零控制电路"。

所谓"过零"是指当加入控制信号，交流电压过零时，SSR 即为通态；而当断开控制信号后，SSR 要等待交流电的正半周与负半周的交界点(零电位) 时，SSR 才为断态。这种设计能防止高次谐波的干扰和对电网的污染。吸收电路是为防止从电源中传来的尖峰、浪涌(电压)对开关器件双向可控硅管的冲击和干扰而设计的，一般是用 R-C 串联吸收电路或非线性电阻。

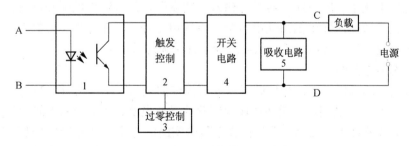

图 7.36　固态继电器工作原理框图

4. 直流型固态继电器

直流型的 SSR 与交流型的 SSR 相比，无过零控制电路，也不必设置吸收电路，开关器件一般用大功率开关三极管，其他工作原理相同。不过，直流型 SSR 在使用时应注意以下几点。

(1) 负载为感性负载时，如直流电磁阀或电磁铁，应在负载两端并联一只二极管，二极管的电流应等于工作电流，电压应大于工作电压的 4 倍。

(2) 固态继电器工作时应尽量把它靠近负载，其输出引线应满足负荷电流的需要。

(3) 使用电源属经交流降压整流所得的，其滤波电解电容应足够大。

5. 交流固态继电器

交流型固态继电器分为非过零型和过零型，二者都是用双向晶闸管作为开关器件，用于交流大功率驱动场合。

对于非过零型 SSR，在输入信号时，不管负载电源电压相位如何，负载端立即导通；而过零型 SSR 必须在负载电源电压接近零且输入控制信号有效时，输出端负载电源才导通，可以抑制射频干扰。

6. 固态继电器的特点

固态继电器(SSR)与机电继电器相比，是一种没有机械运动，不含运动零件的继电器，但它具有与机电继电器本质上相同的功能。SSR 是一种全部由固态电子元件组成的无触点开关元件，它利用电子元器件的电、磁和光特性来完成输入与输出的可靠隔离，利用大功率三极管、功率场效应管、单向可控硅和双向可控硅等器件的开关特性，来达到无触点、无火花地接通和断开被控电路。

交流型 SSR 由于采用过零触发技术，因而可以使 SSR 安全地用在计算机输出接口上，此外，SSR 还有能承受在数值上可达额定电流 10 倍左右的浪涌电流的特点。

(1) 固态继电器的优点

① 高寿命，高可靠。SSR 没有机械零部件，有固体器件完成触点功能，由于没有运动的零部件，因此能在高冲击、振动的环境下工作，由于组成固态继电器的元器件的固有特性，决定了固态继电器的寿命长，可靠性高。

② 灵敏度高，控制功率小，电磁兼容性好。固态继电器的输入电压范围较宽，驱动功率低，可与大多数逻辑集成电路兼容，不需加缓冲器或驱动器。

③ 快速转换。固态继电器因为采用固体器件，所以切换速度可从几毫秒至几微秒。

④ 电磁干扰小。固态继电器没有输入"线圈"，没有触点燃弧和回跳，因而减少了电磁干扰。大多数交流输出固态继电器是一个零电压开关，在零电压处导通，零电流处关断，减少了电流波形的突然中断，从而减少了开关瞬态效应。

(2) 固态继电器的缺点

① 导通后的管压降大，可控硅或双向可控硅的正向降压可达 1～2V，大功率晶体管的饱和压降为 1～2V 之间，一般功率场效应管的导通电阻也较机械触点的接触电阻大。

② 半导体器件关断后仍可有数微安至数毫安的漏电流，因此不能实现理想的电隔离。

③ 由于管压降大，导通后的功耗和发热量也大，大功率固态继电器的体积远远大于同容量的电磁继电器，成本也较高。

④ 电子元器件的温度特性和电子线路的抗干扰能力较差，耐辐射能力也较差，如不采取有效措施，则工作可靠性低。

⑤ 固态继电器对过载有较大的敏感性，必须用快速熔断器或 RC 阻尼电路对其进行过压保护。固态继电器的负载与环境温度明显有关，温度升高，负载能力将迅速下降。

7.3.5　集成功率开关

集成功率开关是一种可用于数字电路直接驱动的直流功率电子开关器件，具有开关速度快、无触点、无噪声、寿命长等特点，常用于微电机控制、电磁阀驱动等场合，在微机测控系统中也用于取代机械触点或继电器作为开关量输出器件。

集成功率开关一般用于直流和电流不大(一般在几安以下)的场合，有时也可以在交流场合使用。集成功率开关是一种逻辑开关而不是模拟开关，其输出受控制端和输入端控制，一般控制端为低电平工作，此时输出是否导通受输入端控制。

7.4　上机指导：输入/输出控制

7.4.1　8255 输入/输出实验

1．实验要求

利用 8255 可编程并行口芯片，实现输入/输出实验，实验中用 8255 的 PA 口作输出，PB 口作输入。

2．实验目的

(1)　了解 8255 芯片结构及编程方法。
(2)　了解 8255 输入/输出实验方法。

3．实验设备

计算机一台，软件 Keil，天煌 THKSCM-2 型单片机综合实验装置(含仿真器)，串行数据通信线，扁平线，导线若干。

4．实验内容及步骤

本实验分两种情况来进行：①PA 口作为输出口；②PA 口作为输出口，PB 口作为输入口。

(1)　PA 口作为输出口，接 8 位发光二极管，程序功能使发光二极管单只从右到左轮流循环点亮。

①　单片机最小应用系统的 P0 口接 8255 的 D0～D7 口，8255 的 PA0～PA7 接 16 位逻辑电平显示，单片机最小应用系统的 P2.0、P2.1、P2.7、$\overline{\text{RD}}$、$\overline{\text{WR}}$、RESET 分别接 8255 的 A0、A1、$\overline{\text{CS}}$、$\overline{\text{RD}}$、$\overline{\text{WR}}$、RESET，硬件连接如图 7.37 所示(不接 PB 口)。

②　安装好仿真器，用串行数据通信线连接计算机与仿真器，把仿真头插到模块的单片机插座中，打开模块电源，打开仿真器电源。

③　启动计算机，打开伟福仿真软件，进入仿真环境。选择仿真器型号、仿真头型号、类型；选择通信端口，测试串行口。

④　输入下面源程序，编译无误后全速运行程序。发光二极管单只从右到左轮流循环点亮。

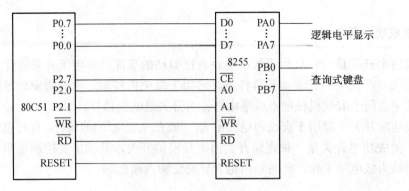

图 7.37　硬件连接

源程序：

```
ORG 0000H
        LJMP  START
        ORG   0100H
START:  MOV A,#80H                    ;设置 8255 工作方式
        MOV DPTR,#7FFFH
        MOV @DPTR,A
LOOP:   MOV A,#01H
        MOV R2,#08H
OUTPUT:MOV DPTR,#7FFCH
        MOVX    @DPTR,A
        ACALL   DELAY
        RL      A
        DJNZ    R2,OUTPUT
        LJMP    LOOP
DELAY:  MOV R6,#0FFH
        MOV R7,#0FFH
DELAYLOOP:
        DJNZ    R6,DELAYLOOP
        DJNZ    R7,DELAYLOOP
        RET
        END
```

(2) PA 口作为输出口，PB 口作为输入口，PB 口读入键盘操作信号送 16 位逻辑电平进行模块显示。

① 单片机最小应用系统的 P0 口接 8255 的 D0～D7 口，8255 的 PA0～PA7 接 16 位逻辑电平显示，PB 口接查询键盘模块，单片机最小应用系统的 P2.0、P2.1、P2.7、$\overline{RD}$、$\overline{WR}$、RESET 分别接 8255 的 A0、A1、$\overline{CS}$、$\overline{RD}$、$\overline{WR}$、RESET。硬件连接如图 7.37 所示(接 PB 口)。

② 输入下面源程序，编译无误后全速运行程序，观察发光二极管的亮灭情况，发光二极管与按键相对应，按下为点亮，松开为熄灭。

③ 程序框图：程序框图如图 7.38 所示。

图 7.38　程序框图

源程序：

```
            MODE    EQU 082H        ; 方式 0，PA、PC 输出，PB 输入
            PORTA   EQU 7CFFH       ; 端口 A
            PORTB   EQU 7DFFH       ; 端口 B
            PORTC   EQU 7EFFH       ; 端口 C
            CADDR   EQU 7FFFH       ; 控制字地址
            ORG     0000H
            LJMP    START
            ORG     0100H
START:      MOV     A,#MODE
            MOV     DPTR,#CADDR
            MOVX    @DPTR,A
EX_B:       MOV     DPTR,#PORTB
            MOVX    A,@DPTR         ;读 PB 口
            MOV     DPTR,#PORTA
            MOVX    @DPTR,A         ;输出到 PA 口
            CALL    DELAY
            LJMP    EX_B
DELAY:
DD2:        MOV     R6,#0F6H
DD1:        MOV     R7,#255
DD0:        DJNZ    R7,DD0
            DJNZ    R6,DD1
            DJNZ    R5,DD2
            RET
            END
```

7.4.2　8155 输入/输出实验

1. 实验目的

了解 8155 的内部资源与结构；掌握 8155 与单片机的接口逻辑；熟悉对 8155 的初始化编程、输入和输出程序的设计方法。

2. 实验设备

计算机一台，软件 Keil，天煌 THKSCM-2 型单片机综合实验装置(含仿真器)，串行数据通信线，扁平线，导线若干。

3. 实验内容及步骤

本实验分两种情况来进行：①PA 口、PB 口作输出；②PA 口作输入，PB 口、PC 口作输出。

(1) 用 8155 的 PA 口作段码输出口，PB 口作位码输出口，编写程序，显示数据"1、2、3、4、5、6"。

思路：本实验 8155 仅作基本 I/O 口的输出使用，PB 口作 LED 数码管段码输出口，PA 口作位码输出口。

步骤：

① 硬件连接如图 7.39 所示。

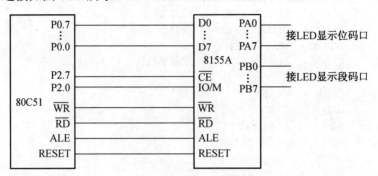

图 7.39　8155 输出实验图

② 安装好仿真器，用串行数据通信线连接计算机与仿真器，把仿真头插到模块的单片机插座中，打开模块电源，打开仿真器电源。

③ 启动计算机，打开仿真软件 Keil C51 进入仿真环境，选择 CPU 类型，设置通信波特率。

④ 输入以下源程序，编译无误后，全速运行，LED 数码管显示"1、2、3、4、5、6"。

实验程序：

```
        MOV     79H,#06H
        MOV     7AH,#05H
        MOV     7BH,#04H
        MOV     7CH,#03H
        MOV     7DH,#02H
        MOV     7EH,#01H
S:      ACALL   DISP
        LJMP    S
DISP:   MOV     A,#03H            ;初始化设置，PA、PB 口作为输出
        MOV     DPTR,#7F00H
        MOVX    @DPTR,A
        MOV     R0,#79H
        MOV     R3,#01H
        MOV     A,R3
LD0:    MOV     DPTR,#7F01H       ;PA 口输出位码
        MOVX    @DPTR,A
        INC     DPTR
        MOV     A,@R0
        ADD     A,#0DH
        MOVC    A,@A+PC
        MOVX    @DPTR,A           ;PB 口输出段码
        ACALL   DL1
        INC     R0
        MOV     A,R3
        JB      ACC.5,ELD1
        RL      A
        MOV     R3,A
```

```
        AJMP    LD0
ELD1:   RET
TABLE:  DB      3FH,06H,5BH,4FH,66H,6DH
        DB      7DH,07H,7FH,6FH,77H,7CH
        DB      39H,5EH,79H,71H,40H,00H
DL1:    MOV     R7,#00H
DL:     MOV     R6,#00H
DL6:    DJNZ    R6,DL6
        DJNZ    R7,DL
        RET
```

(2) 用 8155 实现键盘扫描和数码管显示，将由键盘输入的数字显示在数码管上。

思路： 本程序使用查询式键盘，PA 口作为输入口，接查询式键盘。PC 口作为输出口，接 LED 数码管显示位码，PB 口作为输出口，接数码管段码。

步骤：

① 硬件连接如图 7.40 所示。

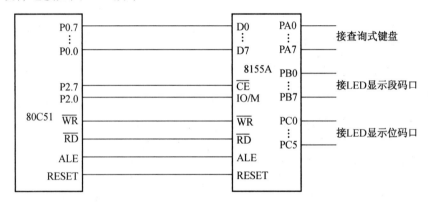

图 7.40　8155 输入/输出实验图

② 输入以下程序，编译无误后全速运行，按查询式键盘各键，观察发光 LED 数码管显示数据的变化。

实验程序：

```
        MOV     79H,#06H
        MOV     7AH,#05H
        MOV     7BH,#04H
        MOV     7CH,#03H
        MOV     7DH,#02H
        MOV     7EH,#01H
        MOV     DPTR,#7F00H     ;8155 初始化 PA 输入，PB、PC 输出
        MOV     A,#0EH
        MOVX    @DPTR,A
START:  MOV     DPTR,#7F01H     ;读键盘 PA 口
        MOVX    A,@DPTR
        JNB     ACC.0,POF
        JNB     ACC.1,P1F
        ...
        LCALL   DISP
```

```
            JMP     START
POF:        MOV     79H,#00H              ;按键一
            MOV     7AH,#00H
            MOV     7BH,#00H
            MOV     7CH,#00H
            MOV     7DH,#00H
            MOV     7EH,#00H
            LCALL   DISP
            LJMP    START
P1F:        MOV     79H,#08H              ;按键二
            MOV     7AH,#00H
            MOV     7BH,#00H
            MOV     7CH,#05H
            MOV     7DH,#01H
            MOV     7EH,#00H
            LCALL   DISP
            LJMP    START
P2F:        …
            …
DISP:       MOV     R0,#79H              ;显示部分
            MOV     R3,#20H
            MOV     A,R3
LD1:        MOV     DPTR,#7F03H
            MOVX    @DPTR,A
            MOV     DPTR,#7F02H
            MOV     A,@R0
            ADD     A,#0EH
            MOVC    A,@A+PC
            MOVX    @DPTR,A
            ACALL   DL1
            INC     R0
            MOV     A,R3
            JB      ACC.6,ELD2
            RR      A
            MOV     R3,A
            AJMP    LD1
ELD2:       RET
TABLE1:  DB     3FH,06H,5BH,4FH,66H,6DH
         DB     7DH,07H,7FH,6FH,77H,7CH
         DB     39H,5EH,79H,71H,40H,00H
DL2:        MOV     R7,#00H
DL9:        MOV     R6,#00H
DL3:        DJNZ    R6,DL3
            DJNZ    R7,DL9
            RET
```

4．思考

试用 8155 的 PA 口、PC 口作为输出口，PB 口作为输入口，完成查询键盘和 LED 显示部分。

习　　题

1. 填空题

(1) MCS-51 系列单片机具有很强的外部扩展功能。其外部扩展都是通过三总线进行的，它们分别是_____、_____、_____。

(2) 2764 是容量为 8KB 的 EPROM，该芯片的地址线为_____根。

(3) 可编程接口 8155 的内部端口地址为命令/状态寄存器_____、PA 口_____、PB 口_____、PC 口_____、计数器低 8 位_____、计数器高 6 位_____。

(4) 线选法是指_____。

(5) I/O 口输出技术采用电气隔离的主要目的是: _____。

(6) 单片机系统扩展地址总线用于传送单片机输出的地址信号，宽度为_____位，可寻址范围为_____，_____口提供低 8 位地址，_____口提供高 8 位地址。

2. 选择题

(1) MCS-51 系列单片机 8031 片内 EPROM 有(　　)。

    A.　0KB　　　　B.　4KB　　　　　　C.　2KB　　　　　　D.　8KB

(2) 当 8031 外扩程序存储器 8KB 时，需使用 EPROM 2716(　　)。

    A.　2 片　　　　B.　3 片　　　　　　C.　4 片　　　　　　D.　5 片

(3) 8031 单片机外接 ROM 时，其 P2 口用作(　　)。

    A.　数据总线　　　　　　　　　　B.　I/O 口

    C.　地址总线低 8 位　　　　　　　D.　地址总线高 8 位

(4) 使用 8255 可以扩展出的 I/O 口线是(　　)。

    A.　22 根　　　　B.　24 根　　　　　C.　25 根　　　　　D.　28 根

(5) 单片机的地址总线为 16 位，扩展的片外 ROM 的最大容量为 64KB，地址范围是(　　)。

    A.　00H～0FFH　　　　　　　　　B.　00H～1FH

    C.　0000H～1FFFH　　　　　　　D.　0000H～0FFFFH

(6) 当使用快速外部设备时，最好使用的输入/输出方式是(　　)。

    A.　中断　　　　B.　条件传送　　　　C.　DMA　　　　　D.　无条件传送

3. 判断题

(1) MCS-51 外扩 I/O 口与外部 RAM 是统一编址的。　　　　　　　　　( )

(2) EPROM 的地址线为 11 条时，能访问的存储空间有 4KB。　　　　　( )

(3) 扩展存储器时 CPU 对 ROM 的读操作由 $\overline{PSEN}$ 控制,指令用 MOVC; CPU 对 RAM

的读操作用 $\overline{RD}$ 控制，指令用 MOVX。　　　　　　　　　　　　　　　（　　）

（4）8255A 内部有 3 个 8 位并行口，即 A 口、B 口、C 口。　　　　（　　）

（5）8155 芯片内具有 256B 的静态 RAM，2 个 8 位和 1 个 6 位的可编程并行 I/O 口，1 个 14 位定时器等常用部件及地址锁存器。　　　　　　　　　　　　（　　）

（6）隔离技术是在控制端与被控端之间加一屏障从而切断电流连接，使测控装置与现场仅保持信号联系，不直接发生电的联系。　　　　　　　　　　　　（　　）

4．简答题

（1）当单片机应用系统中数据存储器 RAM 地址和程序存储器 ROM 地址重叠时，是否会发生冲突，为什么？

（2）设计扩展 2KB 的 RAM 和 4KB 的 ROM 电路图。

（3）I/O 口扩展与外部数据存储器扩展有何共同点？

（4）某 8155 片内定时器的输入脉冲序列的频率为 100kHz，为得到 1kHz 的方波脉冲输出应对计数长度寄存器赋何初值？

（5）8255 的哪一个端口可以在双向总线方式下运作？置位/复位命令适用于哪个端口？

（6）在向 8255 控制寄存器进行写操作时，如何区分控制字和置位/复位命令？

5．操作题

（1）单片机应用系统扩展 32KB 程序存储器，要求：CPU 采用 80C51，程序存储器芯片采用 EPROM，地址为 0000H～7FFFH，连接电路图。

（2）扩展 8KB 的 RAM。要求：CPU 使用 80C51 芯片，RAM 使用 6264 芯片，连接电路图，确定存储空间。

（3）试编程对 8155 进行初始化，设 A 口为选通输出，B 口为选通输入，C 口作为控制联络口，并启动定时器/计数器按方式 1 工作，工作时间为 10ms，定时器计数脉冲频率为单片机的时钟频率 24 分频，$f_{osc}=12MHz$。

（4）80C51 扩展 8255A，将 PA 口设置成输入方式，PB 口设置成输出方式，PC 口设置成输出方式，给出初始化程序。

第8章

单片机的典型外围接口技术

教学提示：利用单片机芯片的总线结构，通过片外程序存储器、数据存储器和I/O接口的扩展，可以方便地构成一个以单片机芯片为核心的计算机主机系统，但要用它组成一个完整的单片机应用系统时，则还要根据不同外设的类型、速度、信号形式等特点来设计相应的I/O接口，实现单片机与外设之间的速度适配、信号适配和时序适配等。

教学目标：掌握80C51单片机键盘接口；掌握80C51单片机显示接口；掌握数模转换器DAC0832的结构、引脚功能及与单片机的连接；掌握模数转换器ADC0809的结构、引脚功能及与单片机的连接。

8.1 键盘接口

键盘是由若干个按键组成的开关矩阵，它是最简单的单片机输入设备，操作员通过键盘输入数据或命令，实现简单的人机对话。只有通过键盘，操作人员才能输入数据和对系统状态进行干预。单片机控制系统都是专用计算机应用系统，为满足系统微型化的要求，系统的键盘控制程序和键的数量都是根据系统功能要求设计的。

单片机控制系统的键盘从结构形式上可分为非编码键盘和编码键盘，非编码键盘通过软件识别按键，编码键盘则通过硬件识别按键。按键从功能上可分为用于功能转换的功能键和用于数据输入的数字键。

设计键盘控制程序的目的是可靠、迅速地实现键信息的输入和完成键功能任务。因此，一个完整的键盘控制程序应包含以下功能。

- 监测有无按键按下。
- 键识别功能，确定被闭合键所在的行、列位置。
- 产生相应的键代码(键值)功能。
- 消除按键抖动及对付多键串按(复按)功能。
- 执行相应的键处理程序。

8.1.1 键盘的工作原理和扫描方式

1. 独立键盘工作原理

将 I/O 的每根线上各接入一个按键，就可组成一个简易式键盘。每根输入线上的按键工作状态不会影响其他线上的工作状态，所以称为独立式键盘。独立式键盘配置灵活，软件结构简单，但每个按键必须占用一根接口线，在按键数量多时，接口线占用多。所以，独立式键盘常用于按键数量不多的场合。

单片机对独立式键盘的控制方式有 3 种：程序控制扫描方式、定时扫描方式和中断扫描方式。

(1) 程序控制扫描方式：该方式只有当 CPU 空闲时才调用键盘扫描子程序，响应键盘的输入请求。

(2) 定时扫描方式：这种扫描方式中，通常利用单片机内的定时器产生定时中断，CPU 响应定时器发出的中断请求，对键盘进行扫描，响应键盘的输入请求，定时器中断服务程序流程如图 8.1 所示。图中，KM 为去抖动标志位，KP 为处理标志位。

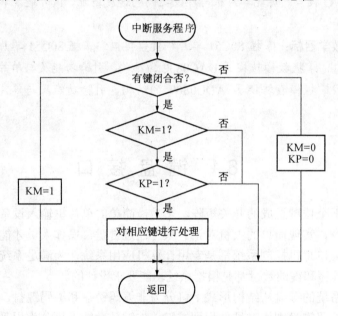

图 8.1 定时器中断服务程序流程

(3) 中断扫描方式：这种扫描方式中，当键盘上有键闭合时产生中断请求，CPU 响应中断，执行中断服务程序，判别键盘上闭合键的键号，并作相应的处理，这种方式可以大大提高 CPU 的效率，如图 8.2 所示。

系统的中断应用程序段如下：

```
        ORG     0003H
        LJMP    INSE0           ;转外部中断 0 服务程序入口
        …
INSE0:  PUSH    PSW
        PUSH    ACC
```

```
        JNB     P1.0, DV1        ;0 键按下，转 0 键处理程序
        JNB     P1.1, DV2        ;1 键按下，转 1 键处理程序
        JNB     P1.2, DV3        ;2 键按下，转 2 键处理程序
        JNB     P1.3, DV4        ;3 键按下，转 3 键处理程序
INRET:  POP     ACC
        POP     PSW
        RETI
DV1:    …       …                ;0 键处理程序
        AJMP    INRET
DV2:    …       …                ;1 键处理程序
        AJMP    INRET
DV3:    …       …                ;2 键处理程序
        AJMP    INRET
DV4:    …       …                ;3 键处理程序
        AJMP    INRET
```

2. 矩阵键盘工作原理

独立式键盘的每个按键需占用一根输入口线，在按键数量较多时，输入口浪费大，电路结构显得很繁杂。这种情况可采用矩阵式键盘，它由行线和列线组成，按键位于行、列的交叉点上，因此又称行列式键盘，如图 8.3 所示。

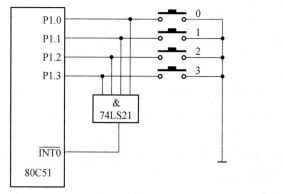

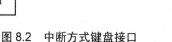

图 8.2　中断方式键盘接口

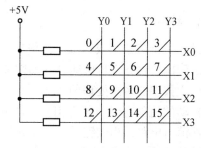

图 8.3　矩阵式键盘结构

图 8.3 中 X0、X1、X2 和 X3 定义为行线，Y0、Y1、Y2、Y3 定义为列线，一起组成一个 4×4 键盘，配置 16 个按键。键盘行线通过上拉电阻接到+5 V 上(芯片内如果有上拉电阻的，就不需再接了)，平时无键按下时，行线处于高电平状态，而当有按键按下时。行线电平状态将由与此行线相连的列线电平决定。列线电平如果为低，则行线电平为低；列线电平若为高，则行线电平亦为高，这一点是识别矩阵键盘是否有键按下的关键所在。

矩阵键盘中行、列线为多键共用，各按键均影响该键所在行和列的电平。所以在识别按键过程中必须将行、列线信号配合起来并作适当的处理，才能确定闭合键的位置。具体方法有扫描识别法和线反转识别法。

(1) 扫描识别法

判断有无键按下：将行线(X0～X3)接至单片机的输入接口，列线(Y0～Y1)接至单片机的输出接口。首先使所有列线为低电平，然后读行线状态，若行线均为高电平，则没有键按下；若读出的行线状态不全为高电平，则可以判断有键按下，不为高电平的那一行有键

按下。

判断是哪一个键按下：先使 Y0 输出为低电平，其余列线为高电平，再读行线状态，如果行线状态不全为"1"，则说明按键就在 Y0 这一列，否则不在该列；然后让 Y1 列为低电平，其他列为高电平，判断 Y1 列是否有键按下。依此类推，可以找到按键所在的行、列位置。

(2) 线反转识别法

扫描识别法要逐列扫描查询，当被按的键处于最后一列时，则要经过多次扫描才能最后获得按键所处的行、列值。而线反转法则显得很简练，只需经过两步便能获得此按键所在的行、列值，第一步：把列线置成低电平，行线置成输入状态，读行线；第二步：把行线置成低电平，列线置成输入状态，读列线。有键按下时，由两次所读状态即可确定按键所在的位置。

3. 键盘的编码

识别按键之后要根据所按的键散转进入相应的功能程序。为了散转的方便，通常应得到按下的键号。键号是键盘对每个键的编号，可以是十进制也可以是十六进制。

最常用的一种编码方法就是根据行号和列号依次排序，若将第 1 行第 1 列的按键编成 0 号，则每个键号与所在行列号的关系为：

$$键号=(行号-1)\times列数+(列号-1)$$

比如由 3 行 8 列组成的键盘，其第 3 行第 3 列的按键号=(3-1)×8+(3-1)=12H。

4. 抖动

抖动是指当按下或释放一个键时，往往会出现按键在闭合位置和断开位置之间跳几下才稳定到闭合状态，其抖动过程如图 8.4 所示，抖动的持续时间通常为 5～10ms，抖动可能造成一次按键的多次处理问题。

抖动的消除有专门硬件消抖电路和软件延时两种方法。当按键较少时，通常采用专门的硬件消抖电路；当按键较多时，常采用软件延时的办法。

硬件消抖电路常有双稳态电路和斯密特电路，双稳态硬件消抖电路如图 8.5 所示。由两个与非门组成一个 RS 触发器，当开关处于 a 位置时输出为 1，处于 b 位置时输出为 0，且具有触发锁住状态性能。具体原理是：当 K 到达 a 位置时，A 端为 0，C 端为 1，使 F 等于 0，锁住 C 为 1 状态，这时即使 K 在抖动，A 点出现一连串的 1 和 0，也不影响 C 端的输出状态；当 K 到达 b 位置时，E 端为 0，P 端为 1 使 C 为 0 锁住 F 为 1 状态。同样 K 抖动使 E 出现一连串的 1 和 0，也不影响 F 端和 C 端的输出，从而达到消除抖动的目的。

软件延时的办法是当单片机检测到有键按下时先延时 10ms，然后再检测按键的状态，如果检测到仍有键按下时，则认为是有键按下，否则就是抖动。

5. 重键

重键指两个或多个键同时闭合，也称为串按或复按。对重键的处理有以下几种情况。

(1) 简单情况：不予识别，认为是错误的按键；通常情况：只承认先识别出来的键。

(2) 连锁法：直到所有键都释放后，读入下一个键。

(3) 巡回法：等被识别的键释放以后，就可以对其他闭合键作识别，而不必等待全部键释放。

(4) 正常的组合键：都识别出来。

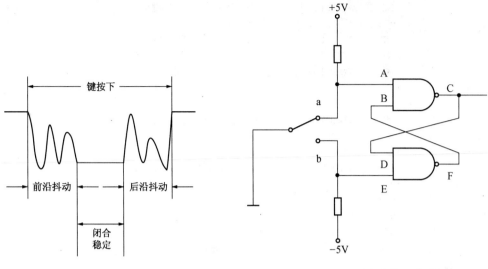

图 8.4　按键的抖动　　　　　图 8.5　双稳态硬件消抖电路

8.1.2　键盘的接口电路

键盘的接口电路分为独立键盘接口电路和矩阵键盘接口电路。

1. 独立键盘接口电路

独立式按键软件常采用查询式结构。先逐位查询每根 I/O 口线的输入状态，如某一根 I/O 口线输入为低电平，则可确认该 I/O 口线所对应的按键是否已按下，然后再转向该键的功能处理程序。图 8.6 所示的独立键盘接口电路使用程序查询扫描方式，程序如下：

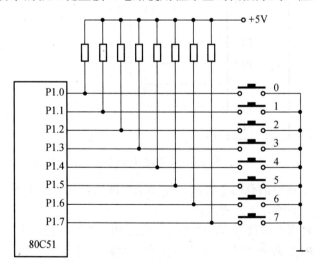

图 8.6　独立键盘接口电路

```
INPUT-SCAN:   ORL     P1,#0FFH        ;P1 口为输入方式
              MOV     A,P1            ;读 P1 口信息
              JNB     ACC.0,J0        ;0 键按下，转 0 键处理
              JNB     ACC.1,J1        ;1 键按下，转 1 键处理
              …
              JNB     ACC.6,J6        ;6 键按下，转 6 键处理
              JNB     ACC.7,J7        ;7 键按下，转 7 键处理
              JMP     INPUT-SCAN      ;无键按下返回，继续扫描
J0:           …
              …
              JMP     INPUT-SCAN      ;处理完返回，继续扫描
J1:           …
              …
              JMP     INPUT-SCAN      ;处理完返回，继续扫描
              …
              …
J7:           …
              …
              JMP     INPUT-SCAN      ;处理完返回，继续扫描
```

2. 矩阵键盘接口电路

根据矩阵键盘的工作原理，现在把单片机的 P1 口用作键盘 I/O 口，键盘的列线接到 P1 口的高 4 位，键盘的行线接到 P1 口的低 4 位。列线 P1.0～P1.3 分别接有 4 个上拉电阻到正电源+5V，并把列线 P1.4～P1.7 设置为输入线，行线 P1.0～P.13 设置为输出线。4 根行线和 4 根列线形成 16 个相交点，如图 8.7 所示。

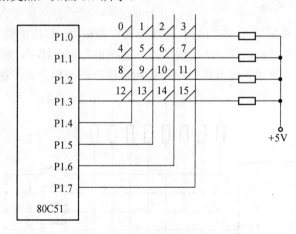

图 8.7 矩阵键盘接口电路

矩阵键盘接口电路检测有两个方法：扫描法和线反转法，这里采用扫描法。为满足键盘接口电路的功能，要做以下几步操作。

(1) 检测当前是否有键被按下。检测的方法是 P1.4～P1.7 输出全 "0"，读取 P1.0～P1.3 的状态，若 P1.0～P1.3 为全 "1"，则无键闭合，否则有键闭合。无键闭合不做处理，有键闭合则进入第二步。

(2) 去除键抖动。当检测到有键按下后，延时一段时间再做下一步的检测判断。若有

键被按下，进入第 3 步。

(3)　按键识别。方法是对键盘的行线进行扫描。P1.4～P1.7 按如表 8.1 所示的 4 种组合依次输出。

表 8.1　P1.4～P1.7 的 4 种组合依次输出

组　合	1.7	1.6	1.5	1.4
1	1	1	1	0
2	1	1	0	1
3	1	0	1	1
4	0	1	1	1

在每组行输出时读取 P1.0～P1.3，若全为"1"，则表示为"0"这一行没有键闭合，否则有键闭合。由此得到闭合键的行值和列值，然后可采用计算法或查表法将闭合键的行值和列值转换成所定义的键值。

从以上分析得到键盘扫描程序的流程如图 8.8 所示。

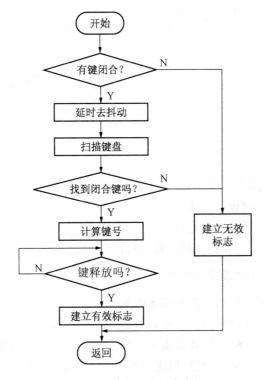

图 8.8　键盘扫描程序流程

键盘扫描程序如下：

```
SCAN:   MOV     P1,#0FH          ;P1 接口高 4 位为"0"，低 4 位为输入状态
        MOV     A,P1             ;读 P1 接口
        ANL     A,#0FH           ;屏蔽高 4 位
        CJNE    A,#0FH,KEY1      ;有键按下，转 KEY1
        SJMP    KEY3             ;无键接下，建立无效标志
```

```
KEY1:   ACALL  D20MS                    ;延时 20ms，去抖动
        MOV    A,#0EFH                  ;找闭合键，P1.4～P1.7 第一次输出"1110"
KEY2:   MOV    R1,A
        MOV    P1,A
        MOV    A,P1
        ANL    A,#0FH
        CJNE   A,#0FH,KCODE             ;如果有键按下，则转键值计算
        MOV    A,R1
        SETB   C
        RLC    A
        JC     KEY2                     ;这一列无键按下，转下一列
KEY3:   MOV    R0,#00H                  ;建立无效标志
        RET
KCODE:  MOV    R0,#00H                  ;求键号
KEY4:   RRC    A                        ;找按键的列号
        INC    R0
        JC     KEY4
        MOV    A,R1
        SWAP   A
        MOV    B,#00H
KEY5:   RRC    A                        ;找按键的行号
        INC    B
        JC     KEY5
        ADD    A,R0                     ;求键号，键号=行号+列号
        PUSH   A                        ;保护键号
        …                               ;等待键释放
        …
```

8.1.3 键盘接口的编程

常用的键盘接口电路有以下几种：

- 利用 8155 构成键盘接口电路。
- 利用 8279 构成键盘接口电路。
- 利用单片机的串行口构成键盘接口电路。

1. 利用 8155 构成的键盘接口电路

利用 8155 构成的键盘接口电路如图 8.9 所示。

由图 8.9 可知，单片机与 8155 扩展 I/O 接口，一个 4×8 矩阵键盘电路，键盘采用编程扫描方式工作，8155 的 C 口的低 4 位输入行扫描信号，A 口输出 8 位列扫描信号，二者均为低电平有效。8155 的 IO/$\overline{\text{M}}$ 与 P2.0 相连，$\overline{\text{CS}}$ 与 P2.1 相连，$\overline{\text{WR}}$、$\overline{\text{RD}}$ 分别与单片机的 $\overline{\text{WR}}$、$\overline{\text{RD}}$ 相连。由此可确定 8155 的口地址。

命令/状态口：

0100H(P2 未用口线规定为 0)
    A 口：0101H
    B 口：0102H
    C 口：0103H

在图 8.9 中，A 口为基本输出口，C 口为基本输入口，因此，方式命令控制字应设置为

43H。在编程扫描方式下，键盘扫描子程序应完成以下几个功能。

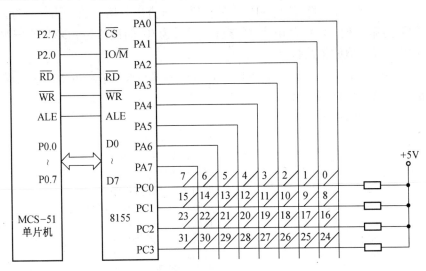

图 8.9 利用 8155 构成的键盘接口电路

(1) 判断有无键按下。其方法为：A 口输出全为 0，读 C 口状态，若 PC0～PC3 全为 1，则说明无键按下；若不全为 1，则说明有键按下。程序如下：

```
KS1: MOV    DPTR,#7F01H    ;指向 A 口
     MOV    A,#00H
     MOVX   @DPTR,A        ;A 口输出"0"
     INC    DPTR
     INC    DPTR           ;指向 C 口
     MOVX   A,@DPTR        ;读 C 口状态
     CPL    A              ;以高电平表示有键按下
     ANL    A,#0FH         ;屏蔽高位
     RET                   ;子程序出口，结果保存在 A 中
                           ;A 为 0 说明无键按下，A 为 1 则有键按下
```

(2) 消除按键抖动的影响。其方法为：在判断有键按下后，用软件延时的方法延时 10ms 后，再判断键盘状态，如果仍为有键按下状态，则认为有一个按键按下，否则当作按键抖动来处理。

(3) 求按键位置。为了方便键处理程序的设计，一般采用依次排列键值的方法，以保证键值和键号一致。根据前述键盘扫描法，进行逐列置 0 扫描，图 8.9 中 32 个键的键值分布如下(键值由 4 位 16 进制数码组成，前两位是列的值，即 A 口数据，后两位是行的值，即 C 口数据，X 为任意值)：

FEXE	FDXE	FBXE	F7XE	EFXE	DFXE	BFXE	7FXE
FEXD	FDXD	FBXD	F7XD	EFXD	DFXD	BFXD	7FXD
FEXB	FDXB	FBXB	F7XB	EFXB	DFXB	BFXB	7FXB
FEX7	FDX7	FBX7	F7X7	EFX7	DFX7	BFX7	7FX7

按键键值确定后，即可确定按键位置。相应的键号可根据下述公式进行计算：

$$键号=行首键号+列号$$

图 8.9 中每行的行首可给予固定的编号 0(00H)，8(08H)，16(10H)，24(18H)，列号依列线顺序为 0～7。例如，对键值为 FEXE 的按键，可查出其所在的行为第一行，行首键号为 0，所在的列为第一列，列号为 0。这样该键的键号为 0；而键值为 FDXE 的按键的键号为 1。这样就可以实现键值的依次排列。

(4) 判别闭合的键是否释放。按键闭合一次只能进行一次功能操作，因此，等按键释放后才能根据键号执行相应的功能键操作。

键盘扫描程序清单如下：

```
KEY1:   ACALL   KS1                 ;判断有无键按下
        JNZ     LK1                 ;有键按下，转去抖动
        AJMP    KEY1                ;无键按下继续扫描
LK1:    ACALL   DELA12              ;调用 12ms 延时程序
        ACALL   KS1                 ;延时之后再判断有无键按下
        JNZ     LK2                 ;有键按下，判断是哪一个键按下
        AJMP    KEY1                ;无键按下，是抖动
LK2:    MOV     R2,#0FEH            ;逐列扫描
        MOV     R4,#00H             ;保存首列号
LK4:    MOV     DPTR,#7F01H         ;列扫描字从 A 口输出
        MOV     A,R2
        MOVX    @DPTR,A
        INC     DPTR
        INC     DPTR
        MOVX    A,@DPTR             ;读行状态
        JB      ACC.0,LONE          ;判断第 0 行有无键按下
        MOV     A,#00H              ;第 0 行有键按下，设置行首键号
        AJMP    LKP                 ;求键号
LONE:   JB      ACC.1,LTWO          ;判断第 1 行有无键按下
        MOV     A,#08H              ;第 1 行有键按下，设置行首键号
        AJMP    LKP                 ;求键号
LTWO:   JB      ACC.2,LTHR          ;判断第 2 行有无键按下
        MOV     A,#10H              ;第 2 行有键按下，设置行首键号
        AJMP    LKP                 ;求键号
LTHR:   JB      ACC.3,NEXT          ;判断第 3 行有无键按下，无键按下查下一列
        MOV     A,#18H              ;第 3 行有键按下，设置行首键号
LKP:    ADD     A,R4                ;求键号，键号=行首键号+列号
        PUSH    ACC                 ;保存键号
LK3:    ACALL   KS1                 ;等待键释放
        JNZ     LK3                 ;没有释放，继续等待
        POP     ACC                 ;键释放，扫描结束
        AJMP    OVER
NEXT:   INC     R4                  ;列号加 1，指向下一列
        MOV     A,R2                ;判断 8 列是否扫描完
        JNB     ACC.7,KND
        RL      A                   ;没有扫描完，左移一位
        MOV     R2,A
        AJMP    LK4                 ;转下一列扫描
KND:    AJMP    KEY1
OVER:   RET
```

2．利用 8279 构成的键盘接口

8279 是 Intel 公司生产的通用可编程键盘和显示器 I/O 接口器件，由于它本身可提供扫描信号，因而可代替处理器完成键盘和显示的控制，从而减轻了主机的负担。8279 的主要特点如下。

- 可同时进行键盘扫描及文字显示。
- 键盘扫描模式(Scanned Keyboard Mode)。
- 传感器扫描模式(Scanned Sensor Mode)。
- 激发输入模式(Strobe Input Entry Mode)。
- 8×8 键盘 FIFO(先进先出)。
- 具有接点消除抖动，2 键锁定及 N 键依此读出模式。
- 双排 8 位数或双排 16 位数的显示器。
- 右边进入或左边进入。16 位字节显示存储器。

8279 引脚排列如图 8.10 所示。

8279 的引脚功能如下。

- DB0～DB7：双向数据总线。在 CPU 与 8279 间做数据与命令传送。
- CLK：8279 的系统时钟，100Hz 为最佳选择。
- RESET：复位输入线。输入 HI 时可复位 8279。
- $\overline{CS}$：芯片选择信号线。当这个输入引脚为低电平时，可将命令写入 8279 或读取 8279 的数据。

1	RL2	V_{CC}	40
2	RL3	RL1	39
3	CLK	RL0	38
4	IRQ	CNTL/STB	37
5	RL4	SHIFT	36
6	RL5	SL3	35
7	RL6	SL2	34
8	RL7	SL1	33
9	RESET	SL0	32
10	$\overline{RD}$	OUTB0	31
11	$\overline{WR}$	OUTB1	30
12	DB0	OUTB2	29
13	DB1	OUTB3	28
14	DB2	OUTA0	27
15	DB3	OUTA1	26
16	DB4	OUTA2	25
17	DB5	OUTA3	24
18	DB6	$\overline{BD}$	23
19	DB7	$\overline{CS}$	22
20	V_{SS}	A0	21

图 8.10　8279 引脚排列

- A0：缓冲器地址选择线。A0=0 时，读、写一般数据；A0=1 时，读取状态标志位或写入命令。
- $\overline{RD}$：读取控制线。RD=0 时，8279 输送数据到外部总线。
- $\overline{WR}$：写入控制线。WR=0 时，8279 从外部总线接收数据。
- IRQ：中断请求。平常 IRQ 为 LO，在键盘模式下，每次读取 FIFO/SENSOR RAM 的数据时，IRQ 变为 HI，读取后转为 LO；在传感器模式下，只要传感器一有变化，就会使 IRQ 变为 HI，读取后转为 LO。
- SL0～SL3：扫描按键开关或传感器矩阵及显示器，可以是编码模式(16∶1)或解码模式(4∶1)。
- RL0～RL7：键盘/传感器的返回线。无按键被按下时，返回线为 HI；有按键被按下时，该按键的返回线为 LO。在激发输入模式时，为 8 位的数据输入。
- SHIFT：在键盘扫描模式时，引脚的输入状态会与其他按键的状态一同储存(在 BIT6)，内部有上拉电阻，未按下时为 HI，按下时为 LO。
- CNTL/STB：在键盘扫描模式时，引脚的输入状态会与 SHIFT 以及其他按键的状态同一储存，内部有上拉电阻，未按下时为 HI，按下时为 LO。在激发输入模式时，作为返回线 8 位数据的使能引脚。
- OUTA0～OUTA3：动态扫描显示的输出口(高 4 位)。
- OUTB0～OUTB3：动态扫描显示的输出口(低 4 位)。

● $\overline{BD}$：消隐输出线。

8279 和 51 系列的单片机的连接非常简单，其接口电路的一般连接方法如图 8.11 所示。8279 键盘配置最大为 8×8，扫描线由 SL0～SL2 通过 3－8 译码器提供，接入键盘列线，查询由反馈输入线 RL0～RL7 提供，接入行线。

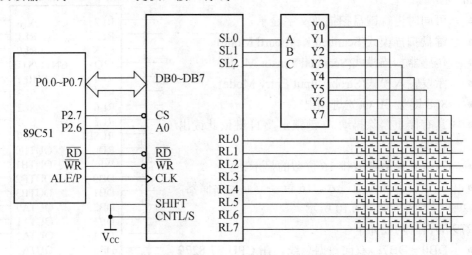

图 8.11　8279 扩展键盘接口电路

当有键按下时，8279 内部由硬件自动生成一个与之相应的代码，编码的格式如表 8.2 所示。

表 8.2　8×8 键盘的键值表

输入线	键 值							
RL7 111	07H	0FH	17H	1FH	27H	2FH	37H	3FH
RL6 110	06H	0EH	16H	1EH	26H	2EH	36H	3EH
RL5 101	05H	0DH	15H	1DH	25H	2DH	35H	3DH
RL4 100	04H	0CH	14H	1CH	24H	2CH	34H	3CH
RL3 011	03H	0BH	13H	1BH	23H	2BH	33H	3BH
RL2 010	02H	0AH	12H	1AH	22H	2AH	32H	3AH
RL1 001	01H	09H	11H	19H	21H	29H	31H	39H
RL0 000	00H	08H	10H	18H	20H	28H	30H	38H
	Y0	Y1	Y2	Y3	Y4	Y5	Y6	Y7
	000	001	010	011	100	101	110	111

3.　利用单片机的串行口构成键盘接口电路

当单片机的串行口未用于串行通信时，可以将其用于键盘的接口扩展电路，这里给出接口电路如图 8.12 所示。

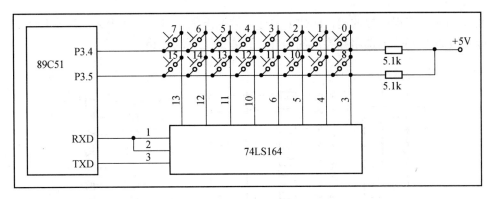

图 8.12   8031 串行 I/O 口扩展的行列式键盘接口

8.2 显 示 接 口

显示系统是单片机控制系统的重要组成部分，主要用于显示各种参数的值，以便使现场工作人员能够及时掌握生产过程。

8.2.1 LED 显示器的工作原理

1. 7 段 LED 显示器的工作原理

常用的显示器件有 CRT、LED、LCD 等。CRT 不仅可以进行字符显示，而且可以进行画面显示，和计算机配合使用，可十分方便地实现生产过程的管理和监视。但 CRT 体积大、价格贵，所以只适用于大型控制系统，在中、小型控制系统的生产过程中，为了使工作人员能在现场直接看到生产情况和报警信号，一般用 LCD 和 LED 作为显示器件。LCD 和 LED 都具有体积小、功耗低、响应速度快、可靠性高和寿命长等优点。

7 段 LED 通常构成字型"8"，还有一个发光二极管用来显示小数点，因此有人称 7 段 LED 数码管为 8 段显示器。LED 数码管的管脚配置如图 8.13(a)所示。

LED 数码管有共阴极和共阳极两类，如图 8.13(b)所示。将多只 LED 的阴极连在一起即为共阴式，而将多只 LED 的阳极连在一起即为共阳式。以共阴式为例，如把阴极接地，在相应段的阳极接上正电源，该段即会发光。当然，LED 的电流通常较小，一般均需在回路中接上限流电阻。假如将"b"和"c"段接上正电源，其他端接地或悬空，那么"b"和"c"段发光，此时，数码管将显示数字"1"。而将"a"、"b"、"d"、"e"和"g"段都接上正电源，其他引脚悬空，此时数码管将显示"2"。

使用 LED 显示器时，要注意区分这两种不同的接法。为了显示数字或字符，必须对数字或字符进行编码，通常称为控制发光二极管的 8 位字节数据为段选码。7 段数码管加上一个小数点，共计 8 段，因此为 LED 显示器提供的编码正好是一个字节。用 LED 显示器显示十六进制数的编码如表 8.3 所示。

2. 一位的 LED 显示电路

单片机最小应用系统的 P1 口直接与 LED 数码管的 a～g 引脚相连，中间接上限流电阻，如图 8.14 所示。值得一提的是，80C51 并行口的输出驱动电流并非很大，为使 LED 有足够的亮度，LED 数码管应选用高亮度的器件，或者加上驱动电路。

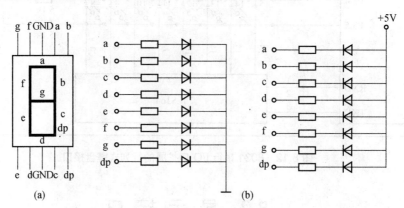

图 8.13　7 段 LED 显示器

表 8.3　7 段 LED 段选码

显示字符	共 阴 极	共 阳 极	显示字符	共 阴 极	共 阳 极
0	3FH	0C0H	9	6FH	90H
1	06H	0F9H	A	77H	88H
2	5BH	0A4H	B	7CH	83H
3	4FH	0B0H	C	39H	0C6H
4	66H	99H	D	5EH	0A1H
5	6DH	92H	E	79H	86H
6	7DH	82H	F	71H	8EH
7	07H	0F8H	灭	00H	0FFH
8	7FH	80H			

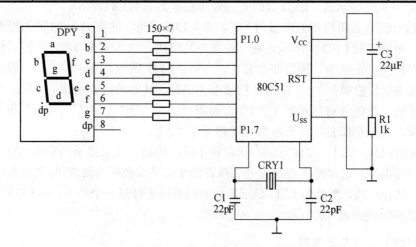

图 8.14　一位的 LED 显示电路

显示 0～9 这 10 个数字的程序清单如下：

```
START:    ORG     0100H                  ;程序起始地址
MAIN:     MOV     R0,#00H                ;从"0"开始显示
          MOV     DPTR,#TABLE            ;表格地址送数据指针
DISP:     MOV     A,R0                   ;送显示
          MOVC    A,@A+ADPTR             ;指向表格地址
          MOV     P1,A                   ;数据送 LED
          ACALL   DELAY                  ;延时
          INC     R0                     ;指向下一个字符
          CJNE    R0,#0AH,DISP           ;未显示完，继续
          AJMP    MAIN                   ;下一个循环
DELAY:    MOV     R1,#0FFH               ;延时子程序，延时时间赋值
LOOP0:    MOV     R2,#0FFH
LOOP1:    DJNZ    R2,LOOP1
          DJNZ    R1,LOOP0
          RET                            ;子程序返回
TABLE:    DB      0C0H,0F9H,0A4H,0B0H,99H,92H,82H,0F8H,80H,90H
```

8.2.2　显示电路的分类与接口

LED 显示方式有静态显示和动态扫描显示两种方式。

1. 静态显示

所谓静态显示，是指显示器显示某一字符时，相应段的发光二极管恒定地导通或截止。4 位静态 LED 显示如图 8.15 所示。静态显示的特点是：LED 由接口芯片直接驱动，采用较小的驱动电流就可以得到较高的显示亮度；但这种显示方式每一位都需要有一个 8 位输出口控制，所以占用硬件多，一般用于显示器倍数较小的场合。当位数较多时，用静态显示所需的 I/O 口太多，一般采用动态显示方式。

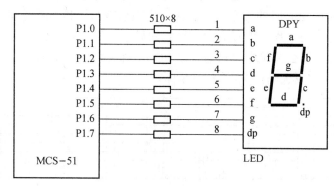

图 8.15　4 位静态 LED 显示

图 8.15 所示单片机的 P1 口接了一个共阳极的数码管，编写程序让数码管从 0～9 重复显示。其源程序可设计如下：

```
          ORG     0000H                        ;程序初始化
          AJMP MAIN
MAIN:     MOV     R0, #00H
          MOV     DPTR, #TABLE                  ;基址初始化
```

```
LOOP:   MOV     A, R0               ;计数显示初始化
        MOVC    A, @A+DPTR          ;查表获取数码管显示值
        MOV     P1, A               ;数码管显示查表值
        LCALL   DELAY               ;调用延时子程序
        INC     R0                  ;R0 值加 1
        CJNE    R0, #0AH, LOOP      ;10 次不到继续计数
        AJMP    MAIN
TAB:    DB      0C0H, 0F9H, 0A4H    ;0, 1, 2
        DB      0B0H, 99H, 92H      ;3, 4, 5
        DB      82H, 0F8H, 80H      ;6, 7, 8
        DB      90H, 88H, 83H,      ;9, A, B
        DB      0C6H, 0A1H, 86H     ;C, D, E
        DB      8EH                 ;F
DELAY:  MOV     R0, #100            ;1s 延时
DEL2:   MOV     R1, #10
DEL1:   MOV     R2, #7DH
DEL0:   NOP
        NOP
        DJNZ    R2, DEL0
        DJNZ    R1, DEL1
        DJNZ    R0, DEL2
        RET
        END
```

2. 动态扫描显示

所谓动态显示就是一位一位地轮流点亮各位显示，对于每一位显示器来说，每隔一段时间点亮一次，虽然在同一时刻只有一位显示在工作，但由于人眼的视觉暂留效应和发光二极管熄灭时的余辉效应，所以看到的却是多个字符"同时"显示，就像看胶片电影一样，一张张静止的胶片图片，当轮换速度足够快时，看起来就是连续的了。

显示器的亮度跟点亮时的导通电流有关，也跟点亮时间和间隔时间的比例有关。调整电路和时间的参数，可实现亮度较高、较稳定的显示。若显示器的位数不大于 8 位，则控制显示，则控制显示器公共极电位只需一个 I/O 口(称为扫描口)，控制各位显示器所显示的字形也需一个 8 位口(段选码)，如图 8.16 所示。

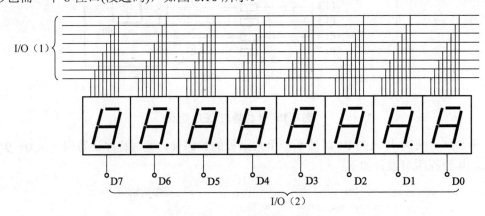

图 8.16　8 位动态 LED 显示

8.2.3　显示接口编程

1．并口动态扫描显示电路

如图 8.17 所示，图中 6 个 LED 采用共阴极连接，8255 芯片为扩展的并行接口，8255 的 A 口接 LED 显示器位扫描口，当某根 A 口线输出为低电平时，所连接的 LED 就被选通。8255 的 B 口接 LED 显示器段数据输出口。

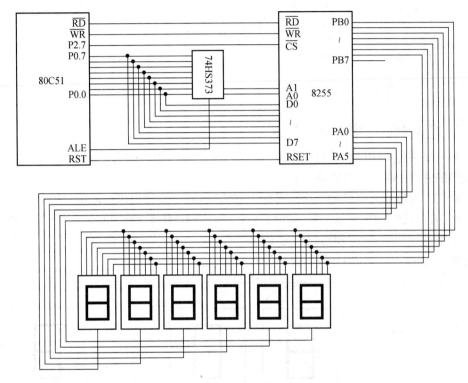

图 8.17　6 位动态 LED 显示电路

由图中可以得出 8255 的 A 口、B 口、C 口、控制寄存器的地址分别为 7FFCH、7FFDH、7FFEH、7FFFH。

单片机内部 RAM 中设置了 6 个显示缓冲单元 79H～7EH，分别存放 6 位显示器的显示数据，程序清单如下：

```
DIS:    MOV     DPTR,#7FFFH
        MOV     R0,#79H
        MOV     A,#80H
        MOVX    @DPTR,A            ;写控制字
        MOV     R3,#0FEH
        MOV     A,R3
LD:     MOV     DPTR,#7FFCH
        MOVX    @DPTR,A            ;最左边灯亮
        INC     DPTR              ;指向 B 口
        MOV     A,@R0             ;取显示数据
        ADD     A,#0DH
        MOVC    A,@A+PC           ;查数据编码
```

```
          MOVX     @DPTR,A               ;写 B 口
          ACALL    DELAY                 ;延时
          INC      R0
          MOV      A,R3
          JNB      ACC.5,ED
          RL       A
          MOV      R3,A
          AJMP     LD
ED:       RET
LEDTAB:   DB       3FH,06H,5BH,4FH,66H,6DH,7DH,07H,7FH
DELEY:    MOV      R7,#03H
DELEY1:   MOV      R6,#0FFH
LOOP:     DJNZ     R6,LOOP
          DJNZ     R7,DELEY1
          RET
```

2. 串行口静态扫描显示电路

单片机并行 I/O 口数量总是有限的，有时并行口需作其他更重要的用途，一般不会用数量众多的并行 I/O 口专门驱动显示电路。

80C51 的串行通信口是一个功能强大的通信口，下面利用串行通信口设计一个 5 位 LED 显示电路，如图 8.18 所示。显示器由 5 个共阴极 LED 数码管组成。输入只有两个信号，它们是串行数据线 DIN 和移位信号 CLK。5 个串/并移位寄存器芯片 74LS164 首尾相连。每片的并行输出作为 LED 数码管的段码。

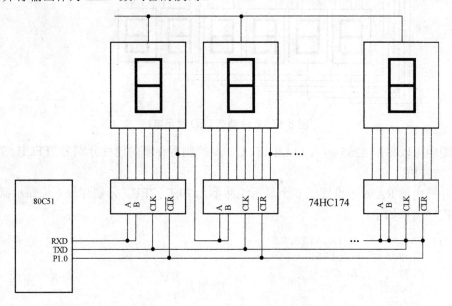

图 8.18 串行口静态扫描显示电路

74LS164 是一个 8 位串入并出的移位寄存器，它的功能是将单片机串行通信口输出的串行数据译码并在其并行线上输出，从而驱动 LED 数码管。

74LS164 为 8 位串入并出移位寄存器，A、B 为串行输入端，Q0～Q7 为并行输出端，CLK 为移位时钟脉冲，上升沿移入一位；$\overline{CLR}$ 为清零端，低电平时并行输出为零。

这一部分程序可参照第 9 章之后再来分析。

```
          DBUF0   EQU    30H
          TEMP    EQU    40H
          DIN     BIT    P3.0
          CLK     BIT    P3.1
          ORG     0000H
          LJMP    START
          ORG     0100H
START:    MOV     30H,#8
          MOV     31H,#0
          MOV     32H,#0CH
          MOV     33H,#5
          MOV     34H,#1
DISP:     MOV     R0,  #DBUF0
          MOV     R1,  #TEMP
          MOV     R2,  #5
DP10:     MOV     DPTR,#SEGTAB
          MOV     A,   @R0
          MOVC    A,   @A+DPTR
          MOV     @R1, A
          INC     R0
          INC     R1
          DJNZ    R2,  DP10
          MOV     R0,  #TEMP
          MOV     R1,  #5
DP12:     MOV     R2,  #8
          MOV     A,   @R0
DP13:     RLC     A
          MOV     DIN, C
          CLR     CLK
          SETB    CLK
          DJNZ    R2,  DP13
          INC     R0
          DJNZ    R1,  DP12
OK:       SJMP    OK
SEGTAB:   DB      3FH,06H,5BH,4FH,66H,6DH
          DB      7DH,07H,7FH,6FH,77H,7CH
          DB      39H,5EH,7BH,71H,00H,40H
          END
```

8.3 DAC 接口

在数字系统的应用中，通常要将一些被测量的物理量通过传感器送到数字系统进行加工处理；经过处理获得的输出数据又要送回物理系统，对系统物理量进行调节和控制。传感器输出的模拟电信号首先要转换成数字信号，数字系统才能对模拟信号进行处理。这种模拟量到数字量的转换称为模-数(A/D)转换。处理后获得的数字量有时又需转换成模拟量，这种转换称为数-模(D/A)变换。A/D 转换器简称为 ADC，D/A 转换器简称为 DAC，它们都是数字系统和模拟系统的接口电路。

因为 A/D 转换器中包含有 D/A 转换器，所以首先介绍 D/A 转换器。数/模转换器(DAC)是一种把数字信号转换成模拟信号的器件。数字量是二进制代码的位组合，每一位数字代码都有一定的"权"，并对应一定大小的模拟量。为了将数字量转换成模拟量，应将数字量的每一位都转换成相应的模拟量，然后对其求和即可以得到与该数字量成正比的模拟量。

8.3.1　D/A 转换器及其接口电路的一般特点

1．D/A 转换器的基本原理

D/A 转换器有并行和串行两种，在工业控制中，主要使用并行 D/A 转换器。D/A 转换器的原理可以归纳为"按权展开，然后相加"。因此，D/A 转换器内部必须要有一个解码网络，以实现按权值分别进行 D/A 转换。

解码网络通常有两种：二进制加权电阻网络和 T 型电阻网络。

目前常用的数/模转换器是 T 型电阻网络，T 型电阻网络转换器以 4 位为例，如图 8.19 所示，输出的数字信号存储在 4 位 DAC 寄存器中，模拟开关 S0～S3 把数字信号的高低变成对应的电子开关状态。当数字量某位为 1 时，电子开关就将基准电压源 V_{REF} 接入电阻网络的相应支路，开关打在右边；若为 0 时，则该支路接地开关打在左边。根据基尔霍夫定律，如下关系成立：

总电流：$I = V_{REF} / R$

$I3 = 2^3$；$I2 = 2^2$；$I1 = 2^1$；$I0 = 2^0$

当输入数据 b3～b0 为 1111 时，有：

$Iout1 = I3 + I2 + I1 + I0 = (I/2^4) \times (2^3 + 2^2 + 2^1 + 2^0)$

$Iout2 = 0$

取 $Rf = R$，则

$Vout = -Iout1 \times Rf = -Iout1 \times R = -[(V_{REF}/R)/2^4] \times (2^3 + 2^2 + 2^1 + 2^0)R$

$= -(V_{REF}/2^4) \times (2^3 + 2^2 + 2^1 + 2^0)$

由上式可以得出输出 V_{out} 的大小与数字量有对应关系，这样就完成了数字量到模拟量的转换。

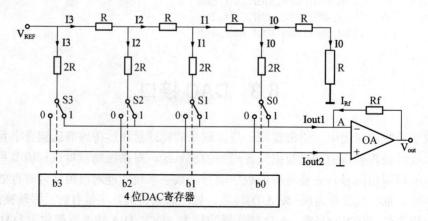

图 8.19　DAC 的原理

2. D/A 转换器的性能指标

D/A 转换器的主要技术指标包括转换精度、分辨率、转换速度和温度系数等。

(1) 转换精度和分辨率

D/A 转换器的转换精度通常用分辨率和转换误差来描述。

分辨率用于表征 D/A 转换器对输入微小量变化的敏感程度。其定义为 D/A 转换器模拟量输出电压可能被分离的等级数。输入数字量位数越多，输出电压可分离的等级越多，即分辨率越高。所以在实际应用中，往往用输入数字量的位数表示 D/A 转换器的分辨率。此外，D/A 转换器也可以用能分辨最小输出电压与最大输出电压之比给出。n 位 D/A 转换器的分辨率可表示为 $1/(2^n-1)$。它表示 D/A 转换器在理论上可以达到的精度。D/A 转换器的转换精度通常用分辨率和转换误差来描述。

由于 D/A 转换器中各元件参数存在误差、基准电压不够稳定和运算放大器的零漂等各种因素的影响，使得 D/A 转换器实际精度还与一些转换误差有关，如比例系数误差、失调误差和非线性误差等。

比例系数误差是指实际转换特性曲线的斜率与理想特性曲线斜率的偏差。

失调误差由运算放大器的零点漂移引起，其大小与输入数字量无关，该误差使输出电压的偏移特性曲线发生平移。

非线性误差是一种没有一定变化规律的误差，一般用在满刻度范围内，用偏离理想的转移特性的最大值来表示。引起非线性误差的原因较多，如电路中的各模拟开关不仅存在不同的导通电压和导通电阻，而且每个开关处于不同位置(接地或接 V_{REF})时，其开关压降和电阻也不一定相等。又如，在电阻网络中，每个支路上电阻误差不相同，不同位置上的电阻的误差对输出电压的影响也不相同等，这些都会导致非线性误差。

综上所述，为获得高精度的 D/A 转换精度，不仅应选择位数较多的高分辨率的 D/A 转换器，而且还需要选用高稳定的 V_{REF} 和低零漂的运算放大器才能达到要求。

(2) 转换速度

当 D/A 转换器输入的数字量发生变化时，输出的模拟量并不能立即达到所对应的量值，它需要一段时间。通常用建立时间和转换速率两个参数来描述 D/A 转换器的转换速度。

建立时间(t_{set})指输入数字量变化时，输出电压变化到相应稳定电压值所需要的时间。一般用 D/A 转换器输入的数字量 N_B 从全 0 变为全 1 时，输出电压达到规定的误差范围(LSB/2)时所需时间表示。D/A 转换器的建立时间较快，单片集成 D/A 转换器建立时间最短可达 $0.1\mu s$ 以内。

转换速率(SR)用大信号工作状态下(输入信号由全 1 到全 0 或由全 0 到全 1)模拟电压的变化率表示。一般集成 D/A 转换器在不包含外接参考电压源和运算放大器时，转换速率比较高。实际应用中，要实现快速 D/A 转换不仅要求 D/A 转换器有较高的转换速率，而且还应选用转换速率较高的集成运算放大器。

(3) 温度系数

温度系数是指在输入不变的情况下，输出模拟电压随温度变化产生的变化量。一般用满刻度输出条件下温度每升高 1℃，输出电压变化的百分数作为温度系数。

3. 典型的 D/A 转换器芯片 DAC0832

DAC0832 是一个 8 位 D/A 转换器。单电源供电，从 +5～+15V 均可正常工作。基准电压的范围为±10V；电流建立时间为 1μs；CMOS 工艺，功耗 20mW。

DAC0832 转换器芯片为 20 引脚，双列直插式封装，其引脚排列如图 8.20 所示。

D/A 转换电路是一个 R-2R 的 T 型电阻网络，实现 8 位数据的转换。对各引脚信号说明如下。

(1) D7～D0：转换数据输入。

(2) $\overline{CS}$：片选信号(输入)，低电平有效。

(3) ILE：数据锁存允许信号(输入)，高电平有效。

(4) $\overline{WR1}$：第 1 写信号(输入)，低电平有效。

(5) $\overline{WR2}$：第 2 写信号(输入)，低电平有效。

(6) $\overline{XFER}$：数据传送控制信号(输入)，低电平有效。

(7) Iout1：电流输出 1。

(8) Iout2：电流输出 2。

(9) Rf：反馈电阻端。

(10) V_{REF}：基准电压，其电压可正可负，范围为-10～+10V。

(11) DGND：数字地。

(12) AGND：模拟地。

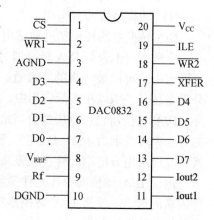

图 8.20 DAC0832 引脚说明

DAC0832 内部结构框图如图 8.21 所示。该转换器由输入寄存器和 DAC 寄存器构成两级数据输入锁存。使用时数据输入可以采用两级锁存(双锁存)形式、单级锁存(一级锁存，一级直通)形式或直接输入(两级直通)形式。

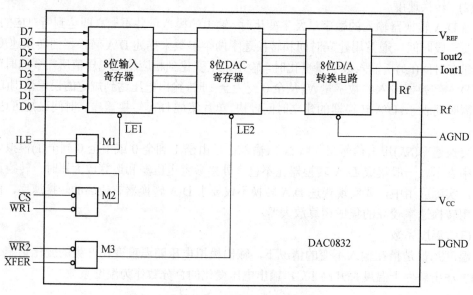

图 8.21 DAC0832 内部结构框图

因 DAC0832 是电流输出型 D/A 转换芯片，为了取得电压输出，需在电流输出端接运算放大器，Rf 为运算放大器的反馈电阻端。运算放大器的接法如图 8.22 所示。

4．DAC0832 工作方式

由 DAC0832 内部结构框图图可以看出，DAC0832 的内部有两个起数据缓冲器作用的寄存器，分别受 $\overline{LE1}$ 和 $\overline{LE2}$ 的控制。

(1)　直通方式

数据不通过缓冲器，即 $\overline{WR1}$、$\overline{WR2}$、$\overline{XFER}$、$\overline{CS}$ 均接地，使 $\overline{LE1}$ 和 $\overline{LE2}$ 都接高电平，则 D7～D0 上的信号可直通地到达"D/A 转换器"，进行 D/A 转换。此时必须通过 I/O 接口与微处理器连接，以匹配微处理器与 D/A 的转换。

(2)　单缓冲方式

所谓的单缓冲方式就是使 DAC0832 的两个输入寄存器中有一个处于直通方式，而另一个处于受控的锁存方式。这种方式适用于只有一路模拟量输出或几路模拟量非同步输出的情形。

(3)　双缓冲方式

所谓双缓冲方式，就是把 DAC0832 的两个锁存器都接成受控锁存方式。此方式适用于多个 DAC0832 同时输出的情形。

5．DAC0832 的应用

(1)　单极性输出

单极性输出的接线如图 8.23 所示，图中 ILE 接+5V，Iout2 接地，Iout1 输出电流经运算放大器变换后输出单极性电压，电压范围为 0～+5V。

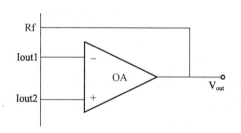

图 8.22　运算放大器接法　　　　　图 8.23　单极性 DAC 的接法

(2)　双极性输出

在需要双极性输出的情况下，可以采用如图 8.24 所示接线。

由图可得：

$$U1 = -V_{REF} \times \frac{RW}{R_1} - \frac{RW}{R_2} \times U$$

$$U = -V_{REF} \times \frac{D_n'}{2^8}$$

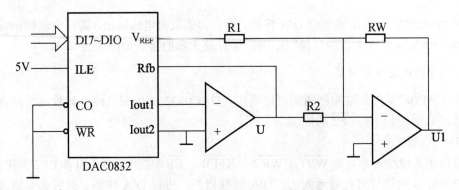

图 8.24　双极性 DAC 的接法

V_{REF} 为 DAC0832 提供的参考电压，D_n' 为输入的波形数据。由上两式可得：

$$U1 = -V_{REF} \times \frac{RW}{R1} + \frac{RW}{R2} \times V_{REF} \times \frac{D_n'}{2^8} = V_{REF} \times RW \times \left(\frac{D_n'}{2^8 R2} - \frac{1}{R1} \right)$$

取 $R1 = 2R2$，当：

$$D_n' = 0 \text{ 时，} \quad U1 = -V_{REF} \times \frac{RW}{2R2} ;$$

$$D_n' = 128 \text{ 时，} \quad U1 = 0 ;$$

$$D_n' = 255 \text{ 时，} \quad U1 = +V_{REF} \times \frac{RW}{2R2} 。$$

由上述分析可以看出，D_n' 取不同数据时(0～255)，可得对称的双极性波形输出。再取 $RW = R1$，则：

$$U1 = V_{REF} \times \left(\frac{D_n'}{128} - 1 \right)$$

由上式可知，输出信号的幅度随 V_{REF} 的改变而改变。

在图 8.25 中，第二个运算放大器的作用是将第一个运算放大器的单向输出转变为双向输出。双极性输出的比例关系可用图 8.25 来表示。

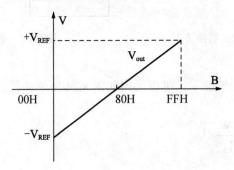

图 8.25　双极性输出线性关系

8.3.2　D/A 转换器的接口电路

由于 DAC0832 芯片本身具有数据锁存功能，所以可以从 P0 口直接送入。

1. 单缓冲输出方式——产生锯齿波

前面提到了单缓冲方式就是使 DAC0832 的两个输入寄存器中有一个处于直通方式，而另一个处于受控的锁存方式。

通过在 DAC0832 的输出端接运算放大器，由运算放大器产生锯齿波来实现，电路连接如图 8.26 所示。图中的 DAC8032 工作于单缓冲方式，其中输入寄存器受控，而 DAC 寄存器直通。图中 $\overline{CS}$ 和 $\overline{XFER}$ 连在一起接 8051 的 P2.7，$\overline{WR2}$ 和 $\overline{WR1}$ 连在一起接 8051 的 $\overline{WR}$，在这种接线方式下，只要选通 DAC0832 进行写操作，DAC0832 的 DAC 寄存器处于直通方式，而输入寄存器处于受控锁存方式，因此是单缓冲方式。

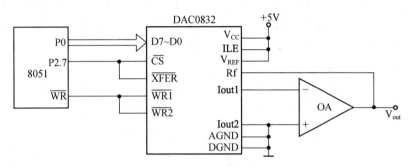

图 8.26　DAC0832 单缓冲方式接口

在软件设计之前对锯齿波的产生原理进行简单的说明如下。

(1) 程序每循环一次，A 加 1，因此实际上锯齿波的上升沿是由 256 个小阶梯构成的。但由于阶梯很小，所以宏观上看就是线性增长锯齿波，如图 8.27 所示。

(2) 可通过循环程序段的机器周期数，计算出锯齿波的周期。并可根据需要，通过延时的办法来改变波形周期。当延迟时间较短时，可用 NOP 指令来实现；当需要延迟时间较长时，可以使用一个延时子程序。延迟时间不同，波形周期不同，锯齿波的斜率就不同。

(3) 通过 A 加 1，可得到正向的锯齿波；如要得到负向的锯齿波，改为减 1 指令即可实现。

(4) 程序中 A 的变化范围是从 0~255，因此得到的锯齿波是满幅度的。如要求得到非满幅锯齿波，可通过计算求得数字量的初值和终值，然后在程序中通过置初值判终值的办法即可实现。

由图 8.26 中可以看出，DAC0832 采用的是单缓冲单极性的接线方式，它的选通地址为 7FFFH。

图 8.27　输出的锯齿波

程序清单如下：

```
        ORG     0000H
        MOV     DPTR,#7FFFH         ;输入寄存器地址
        CLR     A                  ;转换初值
LOOP:   MOVX    @DPTR,A            ;D/A 转换
```

```
INC      A                    ;转换值增量
NOP                           ;延时
NOP
NOP
SJMP     LOOP
END
```

2. 双缓冲方式

所谓双缓冲方式,就是将 DAC0832 内部的输入寄存器和 DAC 寄存器均连成独立的受控锁存方式。单片机需发送两次写信号才可完成一次完整的 D/A 转换。DAC0832 的数字量输入锁存和 D/A 转换输出分两步完成。首先,将数字量输入到各路 D/A 转换器的输入寄存器,然后控制各路 D/A 转换器,使各路 D/A 转换器输入寄存器中的数据,同时进入 DAC 寄存器,并转换输出。所以,在这种工作方式下,DAC0832 占用两个 I/O 地址,输入寄存器和 DAC 寄存器各占一个 I/O 地址。这种方式一般用于多路 D/A 转换时进行同步模拟量输出。即单片机利用数据总线分时向各路 D/A 转换器的第一缓冲(输入寄存器)送放需转换的数据,然后同时启动各路转换器的第二级缓冲(DAC 寄存器),使之同时进行 D/A 转换的输出。该方式的接口连接如图 8.28 所示。

图 8.28 所示是 8051 和两片双缓冲器方式 DAC0832 的接口电路。利用此电路可以输出一对同步信号,如从 X、Y 输出一组同步的锯齿波和正弦波信号。

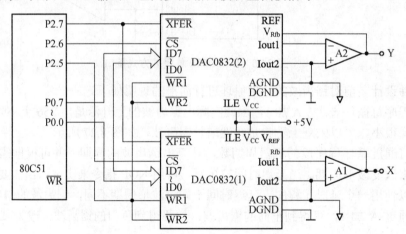

图 8.28 双缓冲方式下单片机与 DAC0832 的连接

该连接方式的特点如下。

(1) 由单片机提供两根地址线,分别接两路 DAC0832 的 $\overline{CS}$,分别作为第一级缓冲(输入寄存器)的选通控制信号,实现分时控制。

(2) 由单片机提供 1 根地址线,同时连接两路 DAC0832 的 $\overline{XFER}$,共同作为第二级缓冲(DAC 寄存器)的选通控制信号,实现同步控制。

(3) 由单片机提供 $\overline{WR}$ 信号,连接各路 DAC0832 的 $\overline{WR1}$ 和 $\overline{WR2}$ 作为共同的选通信号,完成各级缓冲寄存器的办公设备数据锁存。

下面是从 X、Y 同步输出不同电压的程序:

```
M()V   DPTR, #addr1          ;1#输入寄存器地址
```

```
MOV    A, DATA1                    ;数字量 1 送 A
MOV    @DPTR, A                    ;数字量 1 送 1#输入寄存器
MOV    DPTR, #addr2               ;2#输入寄存器地址
MOV    A, DATA2                    ;数字量 2 送 A
MOV    @DPTR, A                    ;数字量 2 送 2#输入寄存器
MOV    DPTR, #addr3               ;1#、2#DAC 寄存器地址
MOV    @DPTR, A                    ;1#、2#输入寄存器的数字量 1、2 分别同时送
                                   ;1#、2#DAC 寄存器, 并同时转换, 同步输出
```

8.4　ADC 接口

由于在一些控制系统中, 被控对象的参数一般都是温度、压力、流量等非电物理量, 经常需要先使用各种传感器把这些非电量变换成连续变化的电信号, 然而这些连续变化的电信号计算机是无法直接进行识别的, 所以在这中间就加入 A/D 转换器。

A/D 转换器的功能是将输入的模拟电压转换为输出的数字信号。将模拟量转换成与其成比例的数字量。一个完整的 AD 转换过程, 必须包括采样、保持、量化、编码 4 部分电路。在具体实施时, 常把这 4 个步骤合并进行。例如, 采样和保持是利用同一电路连续完成的, 量化和编码是在转换过程中同步实现的。

8.4.1　A/D 转换器及其接口电路的一般特点

A/D 转换器按转换原理可分为 4 种, 即计数式 A/D 转换器、双积分式 A/D 转换器、逐次逼近式 A/D 转换器和并行式 A/D 转换器。

目前最常用的是双积分式 A/D 转换器和逐次逼近式 A/D 转换器。双积分式 A/D 转换器的主要优点是转换精度高、抗干扰性能好、价格便宜, 但转换速度较慢, 因此这种转换器主要用于速度要求不高的场合。另一种常用的 A/D 转换器是逐次逼近式的, 逐次逼近式 A/D 转换器是一种速度较快、精度较高的转换器。其转换时间大约在几微秒到几百微秒之间。

1. A/D 转换器的性能指标

A/D 转换器的主要技术指标有转换精度、转换时间等。选择 A/D 转换器时, 除考虑这两项技术指标外, 还应注意满足其输入电压的范围、输出数字的编码、工作温度范围和电压稳定度等方面的要求。

(1) 转换精度

单片集成 A/D 转换器的转换精度是用分辨率和转换误差来描述的。

① 分辨率。

A/D 转换器的分辨率以输出二进制(或十进制)数的位数来表示。它说明 A/D 转换器对输入信号的分辨能力。从理论上讲, n 位输出的 A/D 转换器能区分 2 个不同等级的输入模拟电压, 能区分输入电压的最小值为满量程输入的 $1/2^n$。在最大输入电压一定时, 输出位数越多, 分辨率越高。例如, A/D 转换器输出为 12 位二进制数, 或者说分辨率为满刻度的 $1/2^{12}$, 输入信号最大值为 10V, 那么这个转换器应能区分出输入信号的最小电压为 $10V \times 1/2^{12} = 2.4mV$。

② 转换误差。

转换误差通常是以输出误差的最大值形式给出的。它表示 A/D 转换器实际输出的数字量和理论上的输出数字量之间的差别。常用最低有效位的倍数表示。例如，给出相对误差≤±LSB/2，这就表明实际输出的数字量和理论上应得到的输出数字量之间的误差小于最低位的半个字。

(2) 转换时间

转换时间是指 A/D 转换器从转换控制信号到来开始，到输出端得到稳定的数字信号所经过的时间。A/D 转换器的转换时间与转换电路的类型有关。不同类型的转换器转换速度相差甚远。其中，并行比较 A/D 转换器的转换速度最高，8 位二进制输出的单片集成 A/D 转换器转换时间可达到 50ns 以内，逐次比较型 A/D 转换器次之，它们多数转换时间在 10～50s 以内，间接 A/D 转换器的速度最慢，如双积分 A/D 转换器的转换时间大都在几十毫秒至几百毫秒之间。在实际应用中，应从系统数据总的位数、精度要求、输入模拟信号的范围以及输入信号极性等方面综合考虑 A/D 转换器的选用。

(3) 线性度

线性度也称为非线性度，它是指转换器实际的转换特性与理想直线的最大偏差。

(4) 电源灵敏度

当电源电压变化时，将使 A/D 转换器的电源发生变化，这种变化的实际作用相当于 A/D 转换器输入量的变化，从而产生误差。通常 A/D 转换器对电源变化的灵敏度用相当于同样变化的模拟量输入值的百分数来表示。

2. 逐次逼近式 A/D 转换器的工作原理

逐次逼近式 ADC 包括 n 位逐次比较型 A/D 转换器，如图 8.29 所示。它由控制逻辑电路、时序产生器、移位寄存器、D/A 转换器及电压比较器组成。

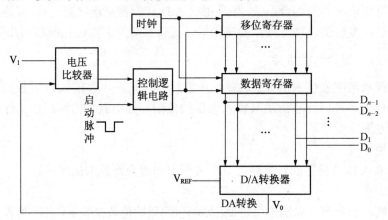

图 8.29 逐次比较型 A/D 转换器框图

逐次逼近转换过程和用天平称重物非常相似。天平称重物的过程是，从最重的砝码开始试放，与被称物体进行比较，若物体重于砝码，则该砝码保留，否则移去。再加上第二个次重砝码，由物体的重量是否大于砝码的重量决定第二个砝码是留下还是移去。照此一直加到最小一个砝码为止。将所有留下的砝码重量相加，就得此物体的重量。仿照这一思路，逐次比较型 A/D 转换器就是将输入模拟信号与不同的参考电压作多次比较，使转换所得的数字量在数值上逐次逼近输入模拟量对应值。

对图 8.29 所示的电路来说，它由启动脉冲启动后，在第一个时钟脉冲作用下，控制电路使时序产生器的最高位置 1，其他位置 0，其输出经数据寄存器将 1000···0 送入 D/A 转换器。输入电压首先与 D/A 转换器输出电压($V_{REF}/2$)相比较，如 $V_1 \geqslant V_{REF}/2$，比较器输出为 1，若 $V_1 < V_{REF}/2$，则为 0。比较结果存于数据寄存器的 D_{n-1} 位。然后在第二个 CP 作用下，移位寄存器的次高位置 1，其他低位置 0。如最高位已存 1，则此时 $V_o = (3/4)V_{REF}$。于是 V_1 再与 $(3/4)V_{REF}$ 相比较，如 $V_1 \geqslant (3/4)V_{REF}$，则次高位 D_{n-2} 存 1，否则 $D_{n-2}=0$；如最高位为 0，则 $V_o = V_{REF}/4$，与 V_o 相比较，如 $V_1 \geqslant V_{REF}/4$，则 D_{n-2} 位存 1，否则存 0。以此类推，逐次比较得到输出数字量。

3. 典型的 A/D 转换芯片 ADC0809

ADC0809 是一种常用的 8 位逐次逼近型 A/D 转换器。

(1) ADC0809 的主要特性

- 分辨率为 8 位。
- 转换电压为 -5～+5V。
- 转换路数为 8 路模拟量。
- 转换时间为 100μs；
- 转换绝对误差小于 ±1LSB。
- 功耗仅为 15mW。
- 单+5V 电源。

(2) ADC0809 内部结构

ADC0809 内部结构如图 8.30 所示。

从图上可以看出，ADC0809 由片内带有锁存功能的 8 通道模拟多路开关、一个高阻抗斩波比较器、一个带有 256 个电阻分压器的树状开关网络、一个控制逻辑环节、8 位逐次逼近数码寄存器和 8 位三态输出锁存器组成。8 路输入模拟量受多路开关地址寄存器的控制，当选中某路时，该路模拟信号 V_X 进入比较器，与 D/A 输出的 V_R 相比较，直至 V_R 与 V_X 相等或达到允许误差为止，然后将对应的 V_X 的数码寄存器值送入三态锁存器。当 OE 有效时，便可输出对应 V_X 的 8 位数码。

(3) ADC0809 引脚功能

ADC0809 采用双列直插式封装，共有 28 条引脚。其引脚排列如图 8.31 所示。

① IN7～IN0：8 条模拟量输入通道。

在多路开关控制下，某一时刻只能有一路模拟量经相应通道输入到 A/D 转换器的比较器中。

ADC0809 对输入模拟量的要求：信号单极性，电压范围是 0～5V，若信号太小，必须进行放大；输入的模拟量在转换过程中应该保持不变，如模拟量变化太快，则需在输入前加采样保持电路。

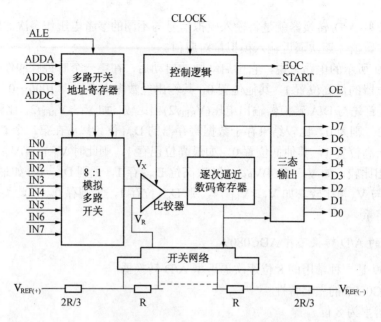

图 8.30　ADC0809 内部结构

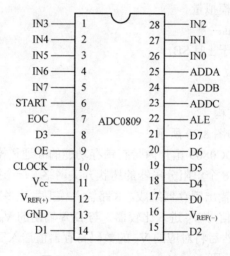

图 8.31　ADC0809 引脚排列

②　地址输入和控制线：4 条。

ALE：地址锁存信号输入端。该信号的上升沿可将地址选择信号 ADDA、ADDB、ADDC 锁入地址寄存器内。

ADDA、ADDB、ADDC：多路开关地址选择输入端。用于选通 IN7～IN0 上的一路模拟量输入，通道选择如表 8.4 所示。

表 8.4　被选通道和地址的关系

ADDC	ADDB	ADDA	选择的通道
0	0	0	IN0
0	0	1	IN1

续表

ADDC	ADDB	ADDA	选择的通道
0	1	0	IN2
0	1	1	IN3
1	0	0	IN4
1	0	1	IN5
1	1	0	IN6
1	1	1	IN7

③　数字量输出及控制线：11 条。

START：启动 A/D 转换信号输入端。该信号的上升沿用以清除 ADC 内部寄存器，下降沿用以启动 A/D 转换器工作。在转换期间，START 应保持低电平。

EOC：转换结束信号输出端。转换结束后该端将由低电平跳转为高电平。

OE：输出允许控制端，高电平有效。该信号用以打开三态数据输出锁存器，将转换后的 8 位数据送至单片机的数据总线上。OE=1，输出转换得到的数据；OE=0，输出数据线呈高阻状态。

D7～D0：8 位数字量输出端。可直接接入单片机的数据总线。

④　电源线及其他：5 条。

CLOCK：转换定时时钟输入端，由于 ADC0809 的内部没有时钟电路，所需时钟信号必须由外界提供，它的频率决定了 A/D 转换器的转换速度。时钟频率既不能高于 640kHz，也不能低于 100kHz，通常使用频率为 500kHz 的时钟信号。

$V_{REF(+)}$、$V_{REF(-)}$：A/D 转换器参考电压的正、负端。它们可以不与本机电源和地相连，但 $V_{REF(-)}$ 不得为负值，且不得高于 $V_{REF(+)}$，还要满足 $[V_{REF(+)}+V_{REF(-)}]/2$ 与 $V_{CC}/2$ 之差不得大于 0.1V。

V_{CC}：+5V 电源线。

GND：地线。

8.4.2　A/D 转换器的接口电路

由于 ADC0809 带有输出锁存器，因此可以和 MCS-51 系列单片机直接相连。连接时应注意以下几点。

- 要给 START 端送一个 100ns 宽的启动正脉冲。
- 根据 EOC 的状态来判断转换是否结束。
- 使 OE 端为高电平，读出转换后的数据。

MCS-51 和 A/D 转换器的接口通常采用查询或中断方式。采用中断方式时，EOC 端经反相后作为中断请求信号，单片机响应中断后，在中断服务程序中使 OE 端变为高电平，读出转换后的数据。

1. 查询方式

查询方式就是查询 EOC 状态,当 EOC 变为"1"时,给 OE 送一个高电平,读出 A/D 转换后的数据

图 8.32 所示为采用查询方式进行 A/D 转换的 ADC0809 与 MCS-51 系列单片机的接口电路。前面提到由于 ADC0809 片内无时钟,故利用 80C51 提供的地址锁存允许信号 ALE 经 D 触发器二分频后获得。ALE 的频率为 80C51 时钟频率的 1/6。如果 80C51 时钟频率为 6 MHz,则其 ALE 脚的输出频率为 1MHz,再二分频后为 500kHz,符合 ADC0809 CLOCK 的要求。由于 ADC0809 具有输出三态锁存器,故其 8 位数据输出线 D7~D0 直接与 8031 的 P0 口相连。ADDA、ADDB、ADDC 分别与 8031 的地址总线 A0、A1、A2 相连,以选中 IN7~IN0 的某一路。将 P2.7 作为片选信号,由单片机的写信号 $\overline{RD}$ 控制 ADC0809 的地址锁存和转换启动。由于 ADC0809 的 ALE 和 START 连在一起,故在锁存通道的同时启动并进行转换。输出允许信号 OE 由 80C51 的读信号与 P2.7 组合产生,显然 P2.7 为低电平。

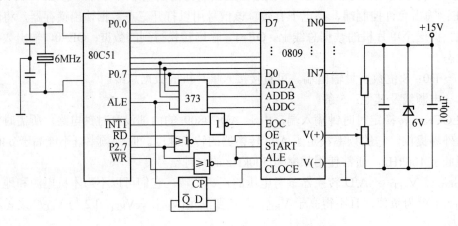

图 8.32 ADC0809 和 8031 接线

以下程序采用软件延时方法,分别对 8 路模拟信号轮流采样一次,并依次把转换结果存储到片内 RAM 以 DATA 为起始地址的连续单元中。

```
MAIN:   MOV    R1, #DATA          ;置数据区指针初值
        MOV    DPTR, #07FF8H      ;指向通道 0
        MOV    R7, #08H           ;置通道数
LOOP:   MOVX   @DPTR, A           ;启动 A/D 转换
        MOV    R6, #0AH           ;软件延时 100μs 左右,等待转换结果
DLAY:   NOP
        NOP
        NOP
        NOP
        DJNZ   R6, DLAY
        MOVX   A, @DPTR           ;读取 A/D 转换结果
        MOV    @R1, A             ;存储于数据区
        INC    DPTR               ;指向下一个通道
        INC    R1                 ;修改数据区指针
        DJNZ   R7, LOOP           ;8 个通道转换完否?
```

2. 中断方式

采用中断方式，EOC 端经反相后作为中断请求信号，单片机响应中断后，在中断服务程序中使 OE 端变为高电平，读出转换后的数据。

ADC0809 与 80C51 的中断方式接口电路只需将图 8.32 中 ADC0809 的 EOC 端经一反相器连接到 80C51 的 $\overline{\text{INT1}}$ 端即可，如图 8.32 虚线中所示。采用中断方式可大大节省 CPU 的时间。当转换结束时，EOC 向 80C51 发出中断申请信号，CPU 响应中断请求，由中断服务子程序读取 A/D 转换结果并存于 RAM 中，然后启动 ADC0809 的下一次转换。

以下程序采用中断方式，读取 IN0 通道输入的模拟量经 ADC0809 转换后的数据，并送至片内 RAM 以 DATA 为首地址的连续单元中。

```
        ORG    0013H          ;中断服务程序入口
        AJMP   SUB            ;转至中断服务程序
        ORG    8130H          ;主程序
MAIN:   MOV    R1, #DATA       ;置数据区首地址
        SETB   IT1            ;边沿触发
        SETB   EX1            ;允许中断
        SETB   EA             ;CPU 开放中断
        MOV    DPTR, #07FF8H   ;指向 IN0 口
        MOVX   @DPTR, A       ;启动 A/D 转换
LOOP:   NOP
        AJMP   LOOP
        ORG    8310H          ;真正中断服务程序入口
SUB:    PUSH   PSW            ;保护现场
        PUSH   ACC
        PUSH   DPL
        PUSH   DPH
        MOV    DPTR, #07FF8H   ;指向 IN0 口
        MOVX   A, @DPTR       ;读取转换后的数据
        MOV    @R1, A         ;数据存入以 DATA 为首地址的内部 RAM 中
        INC    R1             ;修改数据指针
        MOV    @DPTR, A       ;再次启动 A/D 转换
        POP    DPH            ;恢复现场
        POP    DPL
        POP    ACC
        POP    PSW
        RETI                  ;返回
```

3. 举例

如图 8.33 所示，试编程对 8 个模拟通道上的模拟电压进行一遍数字采集，并将采集结果送入内部 RAM 以 30H 单元为起始地址的输入缓冲区。

解：从图中可以看出，接线方式为中断方式。ADDA、ADDB 和 ADDC 三端接 80C51 的 P0.0、P0.1 和 P0.2，故通道号是通过数据线来选择的。

程序清单如下：

```
        ORG    0000H
        MOV    R0, #30H        ;数据区起始地址送 R0
        MOV    R7, #08H        ;通道数送 R7
```

```
        MOV     R6, #00H          ;IN0 地址送 R6
        MOV     IE, #84H          ;开中断
        SETB    IT1               ;外中断请求信号为下跳沿触发方式
        MOV     R1, #0F0H         ;送端口地址到 R1
        MOV     A, R6             ;IN0 地址送 A
        MOVX    @R1, A            ;启动 A/D 转换
LOOP:   SJMP    LOOP              ;等待中断
        END
;中断服务程序：
        ORG     0013H             ;外部中断 1 的入口地址
        AJMP    1000H             ;转中断服务程序的入口地址
        ORG     1000H
        MOVX    A, @R1            ;读入 A/D 转换数据
        MOV     @R0, A            ;将转换后的数据存入数据区
        INC     R0                ;数据区指针加 1
        INC     R6                ;模拟通道号加 1
        MOV     A, R6             ;新的模拟通道号送 A
        MOVX    @R1, A            ;启动下一通道的 A/D 转换
        DJNZ    R7, LOOP1         ;8 路采样未结束，则转向 LOOP1
        CLR     EX1               ;8 路采样结束，关中断
LOOP1:  RETI                      ;中断返回
```

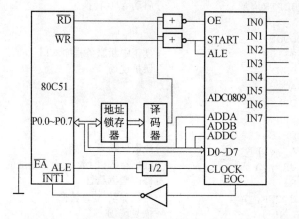

图 8.33　80C51 和 ADC0809 的接口

8.5　上机指导：键盘显示与信号转换

8.5.1　键盘显示实验

1.　实验目的

(1)　掌握独立式键盘的工作原理。

(2)　掌握独立式键盘按键的软件识别方法。

2．实验设备

计算机一台，软件 Keil，天煌 THKSCM-2 型单片机综合实验装置(含仿真器)，串行数据通信线，扁平线，导线若干。

3．实验说明

本实验提供了 8 个按钮的小键盘，如果有键按下，则相应输出为低，否则输出为高。通过这样可以判断按下什么键。

4．实验内容及步骤

(1) 用一根扁平数据线连接查询式键盘实验模块与 8 位逻辑显示模块，无键按下时，键盘输出全为 "1"，发光二极管全部熄灭，有键按下时，对应发光二极管点亮。此种电路的程序要判断是否有两个或两个以上的键盘同时按下，以免键盘分析错误。

(2) 一根 8 位数据线连接查询式键盘实验模块与扫描显示实验模块。无键按下时，LED 数码显示 8 段全部熄灭；有键按下时，则对应 LED 段点亮。

(3) 使用静态串行显示模块显示键值。单片机最小应用系统的 P1 口接查询式键盘输出口，RXD 接静态数码显示 DIN，TXD 接 CLK。

(4) 安装好仿真器。

(5) 启动计算机，进入仿真环境，选择仿真器型号、仿真头型号、CPU 类型；选择通信端口，测试串行口。

(6) 输入程序，编译无误后运行程序，在键盘上按下某个键，观察数显是否与按键一致。

5．源程序

```
            DBUF    EQU     30H
            TEMP    EQU     40H
            ORG     0000H
            LJMP    START
            ORG     0100H
START:  MOV     A,#10H
MAIN:   ACALL   DISP
            ACALL   KEY
            AJMP    MAIN
KEY:    MOV     P1,#0FFH
            MOV     A,P1
            CJNE    A, #0FFH, K00
            AJMP    KEY
K00:    ACALL   DELAY
            MOV     A,P1
            CJNE    A,#0FFH,K01
            AJMP    KEY
K01:    MOV     R3,#8
            MOV     R2,#0
            MOV     B,A
            MOV     DPTR,#K0TAB
```

```
     K02:    MOV      A,R2
             MOVC     A,@A+DPTR
             CJNE     A,B,K04
     K03:    MOV      A,P1
             CJNE     A,#0FFH,K03
             ACALL    DELAY
             MOV      A,R2
             RET
     K04:    INC      R2
             DJNZ     R3,K02
             MOV      A,#0FFH
             LJMP     MAIN
   K0TAB:    DB       0FEH,0FDH,0FBH,0F7H
             DB       0EFH,0DFH,0BFH,07FH
    DISP:    MOV      DBUF,A
             MOV      DBUF+1,#16
             MOV      DBUF+2,#16
             MOV      DBUF+3,#16
             MOV      DBUF+4,#16
             MOV      R0,#DBUF
             MOV      R1,#TEMP
             MOV      R2,#5
    DP10:    MOV      DPTR,#SEGTAB
             MOV      A,@R0
             MOVC     A,@A+DPTR
             MOV      @R1,A
             INC      R0
             INC      R1
             DJNZ     R2,    DP10
             MOV      R0,    #TEMP
             MOV      R1,    #5
    DP12:    MOV      R2,    #8
             MOV      A,     @R0
    DP13:    RLC      A
             MOV      0B0H,C;DIN, C
             CLR      0B1H    ;CLK
             SETB     0B1H    ;CLK
             DJNZ     R2,    DP13
             INC      R0
             DJNZ     R1,    DP12
             RET
  SEGTAB:    DB       3FH,06H,5BH,4FH,66H,6DH
             DB       7DH,07H,7FH,6FH,77H,7CH
             DB       58H,5EH,79H,71H,00H,40H
   DELAY:    MOV      R4,    #02H
     AA1:    MOV      R5,    #0F8H
      AA:    NOP
             NOP
             DJNZ     R5,     AA
             DJNZ     R4,     AA1
```

```
        RET
        END
```

8.5.2　DAC0832 数模转换实验

1. 实验目的

(1) 掌握 DAC0832 直通方式，单缓冲器方式、双缓冲器方式的编程方法。

(2) 掌握 D/A 转换程序的编程方法和调试方法。

2. 实验设备

计算机一台，软件 Keil，天煌 THKSCM-2 型单片机综合实验装置(含仿真器)，串行数据通信线，扁平线，导线若干。

3. 实验说明

DAC0832 是 8 位 D/A 转换器，它采用 CMOS 工艺制作，具有双缓冲器输入结构，其输出是电流，故要经运放转换成电压输出。

4. 实验步骤

(1) 单片机最小应用系统的 P0 口接 DAC 0832 的 DI0～DI7 口，单片机最小应用系统的 P2.0、WR 分别接 D/A 转换的 P2.0、WR，V_{REF} 接-5V，D/A 转换的 OUT 接示波器探头。

(2) 安装好仿真器，用串行数据通信线连接计算机与仿真器，把仿真头插到模块的单片机插座中，打开模块电源，打开仿真器电源。

(3) 启动计算机，进入仿真环境。选择仿真器型号、仿真头型号、CPU 类型；选择通信端口，测试串行口。

(4) 输入源程序，编译无误后全速运行程序，观察示波器，测量输出波形的周期和幅度。

5. 源程序

```
        ORG    0000H
        AJMP   START
        ORG    0100H
START:  MOV    DPTR,#0FEFFH     ; 置 DAC0832 的地址
LP:     MOV    A,#0FFH          ; 设定高电平
        MOVX   @DPTR,A          ; 启动 D/A 转换，输出高电平
        LCALL  DELAY            ; 延时显示高电平
        MOV    A,#00H           ; 设定低电平
        MOVX   @DPTR,A          ; 启动 D/A 转换，输出低电平
        LCALL  DELAY            ; 延时显示低电平
        SJMP   LP               ; 连续输出方波
DELAY:  MOV    R3,#11           ; 延时子程序
D1:     NOP
        NOP
        NOP
        NOP
        NOP
```

```
DJNZ    R3,D1
RET
END
```

6. 思考题

(1) 计算输出方波的周期，并说明如何改变输出方波的周期。

(2) 在硬件电路不改动的情况下，请编程实现输出波形为锯齿波及三角波。

(3) 请画出 DAC0832 在双缓冲工作方式时的接口电路，并用两片 DAC0832 实现图形 x 轴和 y 轴偏转放大同步输出。

8.5.3　ADC0809 转换实验

1. 实验目的

(1) 掌握 ADC0809 转换芯片与单片机的连接方法及 ADC0809 的典型应用。

(2) 掌握用查询方式、中断方式完成模/数转换程序的编写方法。

2. 实验设备

计算机一台，THKSCM-2 型单片机综合实验装置(含仿真器)，串行数据通信线，扁平线，导线若干。

3. 实验说明

本实验使用 ADC0809 转换器，ADC0809 是 8 通道 8 位 CMOS 逐次逼近式 A/D 转换芯片，片内有模拟量通道选择开关及相应的通道锁存、译码电路，A/D 转换后的数据由三态锁存器输出，由于片内没有时钟需外接时钟信号。

4. 实验步骤

(1) 单片机最小应用系统的 P0 口接 A/D 转换的 D0~D7 口，单片机最小应用系统的 Q0~Q7 口接 ADC0809 的 A0~A7 口，单片机最小应用系统的 WR、RD、P2.0、ALE、INT1 分别接 A/D 转换的 WR、RD、P2.0、CLOCK、INT1，A/D 转换的 IN 接入+5V，单片机最小应用系统的 RXD、TXD 连接到串行静态显示实验模块的 DIN、CLK。

(2) 安装好仿真器，用串行数据通信线连接计算机与仿真器，把仿真头插到模块的单片机插座中，打开模块电源，打开仿真器电源。

(3) 启动计算机，进入仿真环境。选择仿真器型号、仿真头型号、CPU 类型；选择通信端口，测试串行口。

(4) 输入源程序，编译无误后全速运行程序，LED 静态显示 "AD XX"，"XX" 为 AD 转换后的值，8 位逻辑电平显示 "XX" 的二进制值，调节模拟信号输入端的电位器旋钮，显示值随着变化，顺时针旋转值增大，AD 转换值的范围是 0~FFH。

5. 源程序

```
DBUF0   EQU 30H
TEMP    EQU 40H
ORG     0000H
LJMP    START
```

```
        ORG     0100H
START:  MOV     R0,#DBUF0
        MOV     @R0,#0AH
        INC     R0
        MOV     @R0,#0DH
        INC     R0
        MOV     @R0,#11H
        INC     R0
        MOV     DPTR,#0FEF3H
        MOV     A,#0
        MOVX    @DPTR,A
WAIT:   JNB     P3.3,$
        MOVX    A,@DPTR          ;读入结果
        MOV     P1,A
        MOV     B,A
        SWAP    A
        ANL     A,#0FH
        XCHD    A,@R0
        INC     R0
        MOV     A,B
        ANL     A,#0FH
        XCHD    A,@R0
        ACALL   DISP1
        ACALL   DELAY
        AJMP    START
DISP1:  MOV     R0,#DBUF0
        MOV     R1,#TEMP
        MOV     R2,#5
DP10:   MOV     DPTR,#SEGTAB
        MOV     A,@R0
        MOVC    A,@A+DPTR
        MOV     @R1,A
        INC     R0
        INC     R1
        DJNZ    R2,DP10
        MOV     R0,#TEMP
        MOV     R1,#5
DP12:   MOV     R2,#8
        MOV     A,@R0
DP13:   RLC     A
        MOV     0B0H,C
        CLR     0B1H
        SETB    0B1H
        DJNZ    R2,DP13
        INC     R0
        DJNZ    R1,DP12
        RET
SEGTAB: DB      3FH,06H,5BH,4FH,66H,6DH
        DB      7DH,07H,7FH,6FH,77H,7CH
        DB      58H,5EH,79H,71H,00H,00H
DELAY:  MOV     R4,#0FFH
```

```
AA1:    MOV     R5,#0FFH
AA:     NOP
        NOP
        DJNZ    R5,AA
        DJNZ    R4,AA1
        RET
        END
```

6. 思考题

(1) A/D 转换程序有 3 种编制方式：中断方式、查询方式、延时方式，实验中使用了查询方式，请用中断方式编制程序。

(2) P0 口是数据/地址复用的端口，请说明实验中 ADC0809 的模拟通道选择开关在利用 P0 口的数据口或地址口时，程序指令和硬件连线的关系。

习　　题

1. 填空题

(1) 采用共阴极 7 段数码管显示数字 "4"，其段码应该是_____。

(2) 一个完整的键盘控制程序应包含的功能有_____、_____、_____、_____、_____。

(3) 键盘接口电路分为_____和_____。

(4) LED 显示方式有_____和_____两种方式。

(5) DAC 转换器的主要技术指标有_____、_____和_____，等。

(6) A/D 转换器按转换原理可分为 4 种，即_____、_____、_____和_____。

2. 选择题

(1) 下列(　　)的控制方式不能用于独立键盘。
    A. 程序控制扫描方式　　　　　　B. 定时扫描方式
    C. 中断扫描方式　　　　　　　　D. 线反转方式

(2) 采用共阳极 7 段数码管显示数字 "3"，其段码应该是(　　　)。
    A. 0C0K　　　　B. 0B0H　　　　C. 92H　　　　　　D. 7DH

(3) DAC0832 是(　　)位的 D/A 转换器。
    A. 4　　　　　　B. 8　　　　　　C. 16　　　　　　D. 14

(4) ADC0809 的转换电压为(　　)。
    A. −3〜+3V　　B. −8〜+8V　　C. −5〜+5V　　　D. −15〜15V

3. 判断题

(1) 为了消除按键的抖动，常用的方法有硬件和软件两种方法。　　　　　　(　　)

(2) LED 显示器显示亮度只与流过 LED 的电流大小有关。（　　）

(3) DAC0832 处于单缓冲工作方式下，控制引脚连接方法是：$\overline{CS}$ 和 $\overline{XFER}$ 连在一起，$\overline{WR2}$ 和 $\overline{WR1}$ 连在一起。（　　）

(4) 一个完整的 AD 转换过程，必须包括采样、保持、量化、编码 4 部分电路。在具体实施时，要用 4 种不同的电路分别实现。（　　）

4．简答题

(1) 为什么按键开关有去抖动问题？如何消除？

(2) 键盘扫描控制方式有哪几种？各有什么优、缺点？

(3) 什么叫 LED 的动态显示和静态显示？

(4) 试设计一计时秒表，当按下计时键后，开始计时；按下停止键后，终止计时，并显示计时时间。试画出电路图并写出相应程序。

(5) 试述 D/A 与 A/D 转换器有哪些重要指标？

(6) D/A 转换器主要由哪几部分组成？各部分的作用是什么？

(7) 逐次逼近式 A/D 转换器由哪几部分组成？各部分的作用是什么？

(8) 多片 D/A 转换器为什么要采用双缓冲接口方式？

5．操作题

(1) 某 MCS-51 系列单片机应用系统，其显示部分的连接线为：用 P1 口的 P1.0～P1.6 送段码，用 P3 口的 P3.0、P3.1 和 P3.3～P3.6 送位码，试编程满足下列要求：
- 令数码管显示：111222。
- 令数码管显示：121212。
- 令数码管显示：123456。
- 令最左边数码管显示提示符"—"，其他均灭。

(2) 用 80C51 的 P1 口监测某一按键开关，使每按键一次，输出一个正脉冲(脉宽随意)。编出汇编语言程序。

(3) 设计 80C51 和 ADC0809 的接口，采集 2 通道 10 个数据，存入内部 RAM 的 50H～59H 单元，画出电路图，编出：
- 延时方式。
- 查询方式。
- 中断方式中的一种程序。

(4) 试编写一个 8 位 D/A 转换器产生三角波的程序，要求：三角波周期为 10ms，V_{min} = 1V、V_{max} = 4V，等边三角波，D/A 口的地址设为 2FFFH。

第 9 章

串行通信及接口

教学提示：通信是人们传递信息的方式。计算机通信是将计算机技术和通信技术相结合，完成计算机与外部设备或计算机与计算机之间的信息交换。串行通信技术是构建单片机应用系统的关键技术，尤其是构建网络控制单片机应用系统。

教学目标：复习 80C51 单片机串行接口结构；了解 80C51 单片机串行接口原理；掌握 80C51 单片机串行接口的使用方法。

9.1 串行口的结构

计算机通信有两种方式：并行通信方式与串行通信方式。并行通信是将数据字节的各位用多条数据线同时进行传送，并行通信的特点是：控制简单，传输速度快，但传输线较多，长距离传送时成本高且接收方的各位同时接收存在困难。串行通信是将数据字节分成一位一位的形式，在一条传输线上逐个地传送，串行通信的特点是：传输线少，长距离传送时成本低，且可以利用电话网等现成的设备，但数据的传送控制比并行通信复杂。80C51内部有一个串行通信 I/O 口，通过它可以实现和其他单片机系统、PC 系统的串行通信。

80C51 单片机通过引脚 RXD(P3.0，串行数据接收端)和引脚 TXD(P3.1，串行数据发送端)与外界通信。SBUF 是串行口缓冲寄存器，包括发送寄存器和接收寄存器。它们有相同的名字，占用同一地址 99H，但不会出现冲突，因为它们两个一个只能被 CPU 读出数据，另一个只能被 CPU 写入数据。发送缓冲器只能写入不能读出；接收缓冲器只能读出不能写入。

在一定条件下，向 SBUF 写入数据就启动了发送过程；读 SBUF 就启动了接收过程。串行通信的波特率可以程控设定。在不同工作方式中，由时钟振荡频率的分频值或由定时器 T1 的溢出率确定，使用十分方便灵活，串行口的结构在第 4 章已经进行过详细介绍。

9.2 串行通信的原理

所谓"串行通信"是指外设和计算机间使用一根数据信号线，数据在一根数据信号线上按位进行传输，每一位数据都占据一个固定的时间长度。这种通信方式使用的数据线少，在远距离通信中可以节约通信成本。当然，其传输速度比并行传输慢。数据接收设备将接收到的串行形式数据转换成并行形式进行存储或处理，所以串行口的本质就是单片机与外围数据设备的数据格式转换(或者称为串/并转换器)，即当数据从外围设备输入计算机时，数据格式由位(bit)转化为字节数据；反之，当单片机发送下行数据到外围设备时，串口又将字节数据转化为位数据。

9.2.1 串行通信的基本原理

单片机使用串行口进行异步通信时，其接收和发送过程如下。

(1) 接收。串行口按设定的工作方式和波特率通过 P3.0 口串行移入格式化数据到输入寄存器，待整帧数据接收完毕后进行反格式化处理，然后送入数据缓冲器，形成中断请求 RI，通知 CPU 读取数据。

(2) 发送。当单片机 CPU 向串行口的发送数据缓冲寄存器移入所需发送的数据后，串行口自动按设定的格式将数据组装成标准格式帧，然后以规定的波特率，借助于发送缓冲器的移位功能通过 P3.1 逐位移出。数据移完后，形成中断请求 TI，通知 CPU 准备下一帧数据的发送过程。

1. 串/并口转换

方式 0 输出时，串行口可以外接串行输入并行输出的移位寄存器作为输出口，其接口逻辑如图 9.1 所示；方式 0 输入时，串行接口可以外接并行输入串行输出的移位寄存器作为输入口，其接口逻辑如图 9.2 所示。

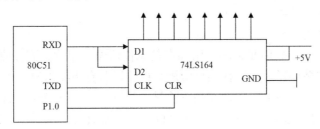

图 9.1 外接移位寄存器输出

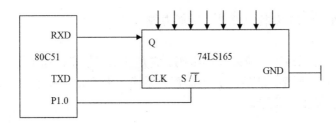

图 9.2 外接移位寄存器输入

2. 信号的调制与解调

直接使用数字信号传输数据时，数字信号几乎要占用整个频带，终端设备把数字信号转换成脉冲信号时，这个原始的电信号所固有的频带，称为基本频带，简称基带。在信道中直接传送基带信号时，称为基带传输。大多数计算机通信使用的都是基带传输。

计算机的通信要求传送的是数字信号，在远程数据通信时，通常要借用现存的公用电话网，但电话网是为 300~3400Hz 的音频模拟信号设计的，对二进制数据的传输是不合适的。使用模拟信号传输数字数据时，需要借助于调制解调装置，把数字信号转换成模拟信号，使其变为适合于电话线路传输的信号。调制就是用基带脉冲对载波波形的某些参量进行控制，使这些参量随基带脉冲变化。经过调制的信号称为已调信号。已调信号通过线路传输到接收端，在接收端通过解调恢复为原始基带脉冲。

任何载波信号有 3 个特征：振幅(A)、频率(f)和相位(P)。相应的，把数字信号转换成模拟信号就有 3 种基本技术：振幅调制(ASK)、频率调制(FSK)和相位调制(PSK)。

3. 错误校验

信号在物理信道中传输时，线路本身电气特性造成的随机噪声、信号幅度的衰减、频率和相位的畸变、电气信号在线路上产生反射造成的回音效应、相邻线路间的串扰以及各种外界因素都会造成信号的失真。在数据通信中，将会使接收端收到的二进制数位和发送端实际发送的二进制数位不一致，从而造成由"0"变成"1"或由"1"变成"0"的差错。常用的校验方法介绍如下。

(1) 奇偶校验码

奇偶校验码是一种通过增加冗余位使得码字中"1"的个数为奇数或偶数的编码方法，它是一种检错码。当约定为奇校验时，数据中"1"的个数与校验位"1"的个数之和应为奇数；当约定为偶校验时，数据中"1"的个数与校验位"1"的个数之和应为偶数。在接收方与发送的校验方式应一致，接收方对"1"的个数进行校验，若发现不一致，则说明传输数据过程中出现了差错。

(2) 循环冗余码

在发送端产生一个循环冗余码，附加在信息位后面一起发送到接收端，接收端收到的信息按发送端形成循环冗余码同样的算法进行校验，若有错需重发。

循环冗余码在发送端编码和接收端校验时，都可以利用事先约定的生成多项式 $G(X)$ 来得到，K 位要发送的信息位可对应于一个 $(K-1)$ 次多项式 $K(X)$，R 位冗余位则对应于一个 $(R-1)$ 次多项式 $R(X)$，由 R 位冗余位组成的 $n=K+R$ 位码字则对应于一个 $n-1$ 次多项式 $T(X)=XR \times K(X)+R(X)$。

循环冗余校验码的主要特点就是纠错能力强。

(3) 海明码

海明码是一种可以纠正一位差错的编码。它是利用在信息位为 L 位，增加 R 位冗余位，构成一个 $n=K+R$ 位的码字，然后用 R 个监督关系式产生的 R 个校正因子来区分无错和在码字中的 n 个不同位置的一位错。

4. 数据传输质量

数据传输质量的好坏通常按下列指标衡量：传输速度、传输差错率、信道容量。

传输速率指标有两个：信息速率和码元速率。信息速率表示每秒传送信息量的多少，信息量的单位是"比特"(bit)，所以信息速率的单位是"比特/秒"(b/s 或 b/s 或 bps)。码元速率表示每秒传送的"码元"数多少，其单位是"波特"(baud)。所以波特率和比特率不总是相同的，如每个信号(码元)携带 1 个比特的信息，比特率就和波特率是相同的，但如果 1

个信号(码元)携带 2 个比特的信息,则比特率就是波特率的 2 倍。对于将数字信号 1 或 0 直接用两种不同电压表示的所谓基带传输,波特率和比特率是相同的,所以也经常用波特率表示数据的传输速率。

传输差错指标有两个:误码率和误比特率。误码率是指错误接收的码元数在传送总码元数中所占的比例,或者更确切地说,误码率是码元在传输系统中被传错的概率。误比特率是指错误接收的比特数在传输总比特数中所占的比例,但这两者不是任何时候都相等的。例如,一个码有两个比特,但是错了一个,这时发一个码,误码率是 100%,误比特率是 50%。

信道容量:传输速率不可能无止境地提高,它是有限的,这个极限就是有名的香农公式提出的"信道容量"。信道容量 C 就是指信道可能达到的最大传输能力,即极限信息速率。

9.2.2　串行通信接口标准

所谓接口标准就是明确定义信号线,使接口电路标准化、通用化。借助串行通信标准接口,不同类型的数据通信设备可以很容易实现它们之间的串行通信连接。不同的计算机系统或通信设备之间要顺利地实现通信,必须遵循同一规则,这个规则就是一个标准。标准的异步串行通信接口有 RS-232C、RS-449、RS-422、RS-423 和 RS-485。

1. RS-232 接口

RS-232 接口(又称 EIA RS-232 C)是目前最常用的一种串行通信接口。它是在 1962 年由美国电子工业协会(EIA)联合贝尔系统、调制解调器厂家及计算机终端生产厂家共同制定的用于串行通信的标准。它的全名是"数据终端设备(DTE)和数据通信设备(DCE)之间串行二进制数据交换接口技术标准"该标准规定采用一个 25 个脚的 DB25 连接器,对连接器的每个引脚信号内容加以规定,还对各种信号的电平加以规定。

目前 RS-232 是 PC 与通信工业中应用最广泛的一种串行接口。RS-232 被定义为一种在低速率串行通信中增加通信距离的单端标准。RS-232 采取不平衡传输方式,即所谓单端通信。由于其发送电平与接收电平的差仅为 2~3V,所以其共模抑制能力差,再加上双绞线上的分布电容,其传送距离最大约为 15m,最高速率为 20kb/s。RS-232 是为点对点(即只用一对收、发设备)通信而设计的,其驱动器负载为 3~7kΩ。所以 RS-232 适合本地设备之间的通信。

(1) 机械特性

串口信号线的一个完整的 RS-232 接口有 22 根线,采用标准的 25 芯插头座(或者 9 芯插头座)。25 芯和 9 芯的主要信号线相同,使用 25 针的标准连接口,可以满足同步、异步两种模式的串行通信需要。25 引脚定义如表 9.1 所示。

表 9.1　25 芯 RS-232 标准引脚功能定义

引脚编号	功能定义	引脚编号	功能定义
1	保护接地(PG)	14	辅助通道发送数据
2	发送数据(TXD)	15	发送时钟(TXC)
3	接收数据(RXD)	16	辅助通道接收数据

引脚编号	功能定义	引脚编号	功能定义
4	请求发送(RTS)	17	接收时钟
5	允许发送(CTS)	18	未定义
6	数据准备好(DSR)	19	辅助通道请求
7	信号地(SG)	20	数据终端准备好
8	数据载波检测(DCD)	21	信号质量检测
9	发送返回	22	振铃 RI
10	未定义	23	信号速率选择
11	数据发送	24	发送时钟
12	辅助通道接收线信号检测	25	未定义
13	辅助通道清除发送		

25 引脚的 RS-232 接口标准中许多信号是为了实现同步串行通信定义，实际串行通信应用领域大都采用异步通信模式，而 RS-232 用于异步通信模式的只要用其中的 9 根信号线。所以在实际应用中常常使用 9 芯替代 25 芯连接器，25 芯和 9 芯连接器如图 9.3 所示。

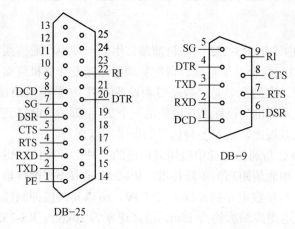

图 9.3　25 芯和 9 芯连接器引脚定义

9 芯 RS-232 引脚定义以及与 25 芯转换如表 9.2 所示。

表 9.2　9 芯 RS-232 引脚定义与 25 芯转换

引　脚	定　义	符　号	25 芯接口引脚
1	载波检测	DCD	8
2	接收数据	RXD	3
3	发送数据	TXD	2
4	数据终端准备好	DTR	20
5	信号地	SG	7
6	数据准备好	DSR	6
7	请求发送	RTS	4

引　　脚	定　　义	符　　号	25 芯接口引脚
8	清除发送	CTS	5
9	振铃提示	RI	22

(2) 电气特性

RS-232 采用负逻辑电平。

在 TXD 和 RXD 上：高电平逻辑"1"为-3～-15V；低电平逻辑"0"为+3～+15V。

在 RTS、CTS、DSR、DTR 和 DCD 等控制线上：信号有效(接通，ON 状态，正电压)=+3～+15V；信号无效(断开，OFF 状态，负电压)=-3～-15V。

对于数据：逻辑"1"的电平低于-3V，逻辑"0"的电平高于+3V。

对于控制信号：接通状态(ON)即信号有效的电平高于+3V，断开状态(OFF)即信号无效的电平低于-3V，也就是当传输电平的绝对值大于 3V 时，电路可以有效地检查出来，介于-3～+3V 之间的电压无意义，低于-15V 或高于+15V 的电压也认为无意义，因此，实际工作时，应保证电平在±(3～15)V 之间。

RS-232 与 TTL 转换：RS-232 的逻辑电平与通常的 TTL 和 MOS 电平不兼容，它们的区别在于：RS-232 是用正负电压来表示逻辑状态；而 TTL 则是以电平的高低来表示逻辑状态。因此，为了能够同计算机接口或终端的 TTL 器件连接，必须在 RS-232 与 TTL 电路之间进行电平和逻辑关系的变换。实现这种变换的方法可用分立元件，也可用集成电路转换芯片。目前较为广泛地使用集成电路转换器件，如 MC1488、SN75150 芯片可完成 TTL 电平到 EIA 电平的转换，而 MC1489、SN75154 可实现 EIA 电平到 TTL 电平的转换，MC1488 和 MC1489 的内部结构和引脚如图 9.4 所示。

MC1488 的引脚(2)、(4，5)、(9，10)和(12，13)接 TTL 输入。引脚 3、6、8、11 输出端接 RS-232。MC1498 的 1、4、10、13 脚接 RS-232 输入，而 3、6、8、11 脚接 TTL 输出。

MC1488 和 MC1489 只能做单向的电平转换，最近越来越多的系统中采用自升压电平转换电路，这类芯片虽然比较多，但原理类似，主要功能是在单+5V 电源下，有 TTL 信号输入到 RS-232 输出的功能，也有 RS-232 输入到 TTL 输出的功能，如 RS-232 双工发送器/接收器接口电路 MAX232，它能满足 RS-232 的电气规范，且只要+5V 电源，利用内部的电源电压变换器，可以把 5V 电压变换成 RS-232 输出电平所需的-10～+10V 电压，使用很方便，RS-232 引脚排列如图 9.5 所示。

图 9.5 中 10、11 脚 $T1_{IN}$、$T2_{IN}$ 可直接接 TTL/CMOS 电平的 MCS-51 型单片机的串行发送端 TXD；12、9 脚 $R1_{OUT}$、$R2_{OUT}$ 可直接接 TTL/CMOS 电平的 MCS-51 型单片机的串行接收端 RXD；14、7 脚 $T1_{OUT}$、$T2_{OUT}$ 可直接接 PC 的 RS-232 串口接收端 RXD；13、8 脚 $R1_{IN}$、$R2_{IN}$ 可直接接 PC 的 RS-232 串口发送端 TXD。硬件原理如图 9.6 所示。

C1、C2、C3、C4 及 V+，V-是电源变换部分。实际应用中，器件对电源噪声很敏感。因此，V_{CC} 对地需要加去耦电容，其值为 1.0μF，图中没有画出来。电容 C1、C2、C3、C4 取同样数值的电解电容，以提高抗干扰能力。

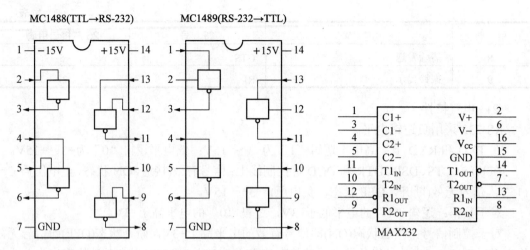

图 9.4 1488 和 1489 的内部结构和引脚   图 9.5 RS-232 引脚排列

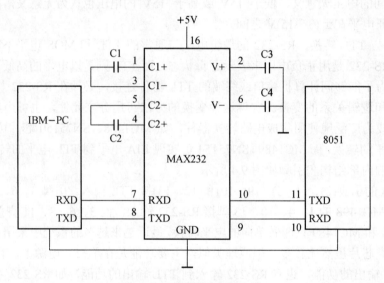

图 9.6 MAX232 硬件连接

2. RS-422 与 RS-485 串行接口标准

由于 RS-232 接口标准出现较早，难免有不足之处，主要有以下 4 点。

(1) 接口的信号电平值较高，易损坏接口电路的芯片，又因为与 TTL 电平不兼容，故需使用电平转换电路方能与 TTL 电路连接。

(2) 传输速率较低，在异步传输时，波特率为 20kb/s。

(3) 接口使用一根信号线和一根信号返回线而构成共地的传输形式，这种共地传输容易产生共模干扰，所以抗噪声干扰性能弱。

(4) 传输距离有限，最大传输距离标准值为 50 英尺，实际上也只能 用在 50m 左右。

针对 RS-232 的不足，于是就不断出现了一些新的接口标准，RS-422、RS-485 就是比较有代表性的两种标准。

①　平衡传输。

RS-422、RS-485 与 RS-232 不一样，数据信号采用差分传输方式，也称为平衡传输，它使用一对双绞线，将其中一线定义为 A，另一线定义为 B，通常情况下，发送驱动器 A、B 之间的正电平在+2～+6V 之间，是一个逻辑状态，负电平在-2～-6V 之间，是另一个逻辑状态。另有一个信号地 C，在 RS-485 中还有一"使能"端，而在 RS-422 中这是可用可不用的。"使能"端是用于控制发送驱动器与传输线的切断与连接。当"使能"端起作用时，发送驱动器处于高阻状态，称为"第三态"，即它是有别于逻辑"1"与"0"的第三态。

接收器也作与发送端相对的规定，收、发端通过平衡双绞线将 AA 与 BB 对应相连，当在收端 AB 之间有大于+200mV 的电平时，输出正逻辑电平，小于-200mV 时，输出负逻辑电平。接收器接收平衡线上的电平范围通常在 200mV～6V 之间。

②　RS-422 电气规定。

RS-422 标准全称为"平衡电压数字接口电路的电气特性"，它定义了接口电路的特性。典型的 RS-422 是 4 线接口。实际上还有一根信号地线，共 5 根线。由于接收器采用高输入阻抗和发送驱动器比 RS-232 更强的驱动能力，故允许在相同传输线上连接多个接收节点，最多可接 10 个节点。即一个主设备(Master)，其余为从设备(Salve)，从设备之间不能通信，所以 RS-422 支持点对多点的双向通信。接收器输入阻抗为 4kΩ，故发端最大负载能力是 10×4kΩ+100Ω(终接电阻)。RS-422 4 线接口由于采用单独的发送和接收通道，因此不必控制数据方向，各装置之间任何必需的信号交换均可以按软件方式(XON/XOFF 握手)或硬件方式(一对单独的双绞线)实现。

RS-422 的最大传输距离为 1219m，最大传输速率为 10Mb/s。其平衡双绞线的长度与传输速率成反比，在 100kb/s 速率以下，才可能达到最大传输距离。只有在很短的距离下才能获得最高速率传输。一般 100m 长的双绞线上所能获得的最大传输速率仅为 1Mb/s。

RS-422 需要一终接电阻，要求其阻值约等于传输电缆的特性阻抗。在短距离传输时可不需终接电阻，即一般在 300m 以下不需终接电阻。终接电阻接在传输电缆的最远端。

③　RS-485 电气规定。

由于 RS-485 是从 RS-422 基础上发展而来的，所以 RS-485 的许多电气规定与 RS-422 相仿，如都采用平衡传输方式、都需要在传输线上接终接电阻等。RS-485 可以采用 2 线与 4 线方式，2 线制可实现真正的多点双向通信，而采用 4 线连接时，与 RS-422 一样只能实现点对多点的通信，即只能有一个主设备，其余为从设备，但它比 RS-422 有改进，无论是 4 线还是 2 线连接方式，总线上可最多接到 32 个设备。

RS-485 与 RS-422 的不同还在于其共模输出电压是不同的，RS-485 在-7～+12V 之间，而 RS-422 在-7～+7V 之间，RS-485 接收器最小输入阻抗为 12kΩ，RS-442 是 4 kΩ，RS-485 满足所有 RS-422 的规范，所以 RS-485 的驱动器可以在 RS-422 网络中应用。

④　RS-485 有关电气规定。

RS-485 与 RS-422 一样，其最大传输距离约为 1219m，最大传输速率为 10Mb/s。平衡双绞线的长度与传输速率成反比，在 100kb/s 速率以下，才可能使用规定最长的电缆长度。只有在很短的距离内才能获得最高速率传输。一般 100m 长的双绞线最大传输速率仅为 1Mb/s。RS-485 需要两个终接电阻，其阻值要求等于传输电缆的特性阻抗。在短距离传输时可不需终接电阻，即一般在 300m 以下不需终接电阻。终接电阻接在传输总线的两端。

3. 3 种标准的比较

RS-232、RS-422 和 RS-485 有关电气参数比较如表 9.3 所示。

表 9.3　RS-232、RS-422 和 RS-485 有关电气参数比较

规　定		RS-232	RS-422	RS-485
工作方式		单端	差分	差分
节点数		1 收、1 发	1 发 10 收	1 发 32 收
最大传输电缆长度		50 英尺	4000 英尺	4000 英尺
最大传输速率		20kb/s	10Mb/s	10Mb/s
最大驱动输出电压		+/-25V	−0.25～+6V	−7～+12V
驱动器输出信号电平 (负载最小值)	负载	+/-5～+/-15V	+/-2.0V	+/-1.5V
驱动器输出信号电平 (空载最大值)	空载	+/-25V	+/-6V	+/-6V
驱动器负载阻抗(Ω)		3～7k	100	54
摆率(最大值)		30V/μs	N/A	N/A
接收器输入电压范围		+/-15V	−10～+10V	−7～+12V
接收器输入门限		+/-3V	+/-200mV	+/-200mV
接收器输入电阻(Ω)		3～7k	4k(最小)	≥12k
驱动器共模电压			−3～+3V	−1～+3V
接收器共模电压			−7～+7V	−7～+12V

9.3　通 信 协 议

所谓通信协议是指通信双方的一种约定。在约定中对数据格式、同步方式、传送速度、传送步骤、检纠错方式及控制字符定义等作出统一规定，通信双方必须共同遵守。因此，也叫做通信控制规程，或称传输控制规程。

按照串行数据的时钟控制方式，串行通信可分为异步通信和同步通信两类。

9.3.1　异步通信

1. 异步通信原理

简单来说，异步通信(Asynchronous Communication)就是以一个字符为传输单位，用起始位表示字符的开始，用停止位表示字符结束，在异步通信中，数据通常是以字符为单位组成字符帧传送的。字符帧由发送端一帧一帧地发送，每一帧数据均是低位在前，高位在后，通过传输线被接收端一帧一帧地接收。发送端和接收端可以由各自独立的时钟来控制数据的发送和接收，这两个时钟彼此独立，互不同步。

在异步通信中，接收端是依靠字符帧格式来判断发送端是何时开始发送，何时结束发

送的。字符帧格式是异步通信的一个重要指标。

异步传输格式亦称为起止异步协议，其特点如下：

起止式异步协议的特点是一个字符、一个字符传输，并且传送一个字符总是以起始位开始，以停止位结束，因为发送与接收双方之间的数据处理速度有可能不一样，因此在两个字符之间需一定的时间间隔。

异步传输格式字符帧也叫数据帧，由起始位、数据位、奇偶校验位和停止位 4 部分组成，其格式如图 9.7 所示。

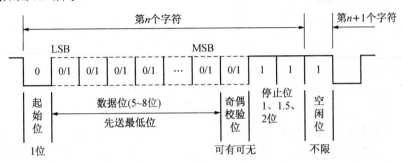

图 9.7　异步通信的字符帧格式

从图 9.7 中可以看出，异步传输格式的 4 部分特点如下。

(1) 起始位：位于字符帧开头，只占一位，为逻辑 0 低电平，用于向接收设备表示发送端开始发送一帧信息。

(2) 数据位：紧跟起始位之后，用户根据情况可取 5 位、6 位、7 位或 8 位，低位在前，高位在后。

(3) 奇偶校验位：位于数据位之后，仅占一位，用来表征串行通信中采用奇校验还是偶校验，奇偶位的状态取决于选择的奇偶校验类型。如果选择奇校验，则该字符数据中为 1 的位数与校验位相加，结果应为奇数，这一位可有可无。

(4) 停止位：位于字符帧最后，为逻辑 1 高电平。通常可取 1 位、1.5 位或 2 位，用于向接收端表示一帧字符信息已经发送完，停止位后面是不定长度的空闲位。停止位和空闲位都规定为高电平(逻辑值)，这样就保证起始位开始处一定有一个下跳沿。

从图中还可以看出，这种格式是靠起始位和停止位来实现字符的界定或同步的，故称为起始式协议。传送时，数据的低位在前，高位在后。

起/止位的作用：起始位实际上是作为联络信号附加进来的，当它变为低电平时，告诉接收方传送开始。它的到来表示下面接着是数据位来了，要准备接收。而停止位标志一个字符的结束，它的出现表示一个字符传送完毕。这样就为通信双方提供了何时开始收/发，何时结束的标志。传送开始前，发/收双方把所采用的起/止式格式(包括字符的数据位长度、停止位位数、有无校验位以及是奇校验还是偶校验等)和数据传输速率作统一规定。传送开始后，接收设备不断地检测传输线，看是否有起始位到来。当收到一系列的"1"(停止位或空闲位)之后，检测到一个下跳沿，说明起始位出现，起始位经确认后，就开始接收所规定的数据位和奇偶校验位及停止位。经过处理将停止位去掉，把数据位拼装成一个并行字节，并且经校验后，无奇偶错才算正确地接收一个字符。一个字符接收完毕，接收设备有继续测试传输线，监视"0"电平的到来和下一个字符的开始，直到全部数据传送完毕。

由上述工作过程可以看到，异步通信是按字符传输的，每传输一个字符，就用起始位来通知接收方，以此来重新核对收、发双方同步。若接收设备和发送设备两者的时钟频率略有偏差，这也不会因偏差的累积而导致错位，加之字符之间的空闲位也为这种偏差提供一种缓冲，所以异步串行通信的可靠性高。但由于要在每个字符的前后加上起始位和停止位这样一些附加位，使得传输效率变低了，只有约 80%。因此，起止协议一般用在数据速率较慢的场合(小于 19.2kb/s)。在高速传送时，一般要采用同步协议。

2．异步传输的错误检测

由于线路或程序出错等原因，使得通信过程中经常产生传送错误。因为异步通信的实质为字符的发送是随机的，所以接收方通常可检测到以下一些错误。

(1) 奇偶错：在通信线路上因噪声干扰而引起的某些数据位的改变，则会引起奇偶校验错。一般，接收方检测到奇偶错时，则要求发送方重新发送。

(2) 超越错：在上一个字符还未被处理器读出之前，本次又接收到了一个字符，则会引起超越错。如果处理器周期检测"接收数据就绪"的速率小于串行接口从通信线上接收字符的速率，就会引起超越错。通常，接收方检测到超越错时，可提高处理器周期检测的速率或者接收和发送双方重新修改数据的传输速率。超越错也称为溢出错。

(3) 帧格式错：若接收方在停止位的位置上检测到一个空号(信息 0)，则会引起一个帧格式错。一般来说，帧格式错的原因较复杂，可能是双方协议的数据格式不匹配；或线路噪声改变了停止位的状态；因时钟不匹配或不稳定未能按照协议装配成一个完整的字符帧等。通常，当接收方检测到一个帧格式错时，应按各种可能性作相应的处理，如要求重发等。

9.3.2 同步通信

采用同步通信时，将许多字符组成一个信息组，这样字符可以一个接一个地传输，每个数据块的头部和尾部都要附加一个特殊的字符或比特序列，标记一个数据块的开始和结束，一般还要附加一个校验序列(如 16 位或 32 位 CRC 校验码)，以便对数据块进行差错控制。所谓同步传输是指数据块与数据块之间的时间间隔是固定的，必须严格规定它们的时间关系。在没有信息要传输时，要填上空字符，因为同步传输不允许有间隙。在同步传输过程中，一个字符可以对应 5～8 位。当然，对同一个传输过程，所有字符对应同样的数位，比如说 n 位。这样，传输时按每 n 位划分为一个时间片，发送端在一个时间片中发送一个字符，接收端则在一个时间片中接收一个字符。同步通信数据格式如图 9.8 所示。

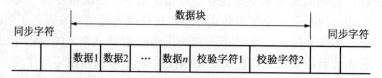

图 9.8　同步通信数据格式

同步通信传送信息的位数几乎不受限制，通常一次通信传送的数据有几十到几千个字节，通信效率较高。但它要求在通信中保持精确的同步时钟，所以其发送器和接收器比较复杂，成本也较高，一般用于传送速率要求较高的场合。

同步主要包括位同步和字符同步。

位同步：目的是使接收方可以正确地接收各个二进制位。通常，分为自同步和外同步两种方法。自同步方法是指接收方直接利用通信编码的特点从数据块中获取同步信息，包括利用独特的信号来激活接收动作，或者利用数据块中的电平变换调整接收采样脉冲；外同步方法是指发送方在发送数据之前，先向接收方发出一串同步时钟序列，接收方根据这一时钟脉冲频率和时序锁定接收频率，以便在接收数据过程中始终与发送方保持同步。

字符同步：也称群同步，其目的是使接收方可以正确地识别数据(常指一个字符)，以构成完整的信息。显然，字符同步是基于位同步的，仅当识别了独特的同步模式后，才可是真正数据接收。

根据同步通信规程，同步传输又分为面向字符的同步传输和面向位流的同步传输。

1.　面向字符的同步协议

这种协议的典型代表是 IBM 公司的二进制同步通信协议(BSC)。它的特点是一次传送由若干个字符组成的数据块，而不是只传送一个字符，并规定了 10 个字符作为这个数据块的开头与结束标志以及整个传输过程的控制信息，它们也叫做通信控制字或控制字符。由于被传送的数据块是由字符组成的，故被称为面向字符的协议。

控制字符的格式如图 9.9 所示，它每位的含义如下：

SYN	SYN	SOH	标题	STX	数据块	ETB/ETX	块校验

图 9.9　面向字符的同步协议

SYN：同步字符(SYNchronous character)，每一帧开始处都有 SYN，加一个 SYN 的称单同步，加两个 SYN 的称双同步。设置同步字符可起联络作用，传送数据时，接收端不断检测，一旦出现同步字符，就知道是一帧开始了。

SOH：标题开始(Start Of Header)也称序始字符，它表示标题的开始。

标题：Header，包含源地址(发送方地址)、目的地址(接收方地址)、路由指示。

STX：文始字符(Start of Text)，它标志着传送的正文(数据块)开始。

数据块：正文(Text)，被传送的正文内容，由多个字符组成。

ETB：块传输结束(End of Transmission Block)或组终字符，标识本数据块结束。

ETX：全文结束(End of Text)或文终字符(全文分为若干块传输)。

块校验：它对从 SOH 开始到 ETX(或 ETB)字段进行校验，校验方式可以是纵横奇偶校验或 CRC。

面向字符的同步协议，不同于异步起止协议，需要在每个字符前后附加起始位和停止位，它是一次传送由若干字符组成的数据块，而不是只传送一个字符，因此，传输效率提高了。同时，由于采用了一些传输控制字，故增强了通信控制能力和校验功能。但也存在一些问题。例如，如何区别数据字符代码和特定字符代码的问题，因为在数据块中完全有可能出现与特定字符代码相同的数据字符，这就会发生误解。比如正文有个与文终字符 ETX 的代码相同的数据字符，接收端就不会把它当作为普通数据处理，而误认为是正文结束，因而产生差错。因此，协议应具有将特定字符作为普通数据处理的能力，这种能力叫做"数据透明"。为此，协议中设置了转移字符 DLE(Data Link Escape)。当把一个特定字符看成数据时，在它前面要加一个 DLE，这样接收器收到一个 DLE 就可预知下一个字符是数据字符，而不会把它当作控制字符来处理。DLE 本身也是特定字符，当它出现在数据块中时，也要在它前面加上另一个 DLE。这种方法叫字符填充。字符填充实现起来相当麻烦，且依赖于字符的编码。正是由于以上的缺点，故又产生了新的面向位流的同步协议。

2. 面向位流的同步协议(ISO 的 HDLC)

面向位流的同步协议中最具有代表性的是 IBM 的同步数据链路控制规程 SDLC(Synchronous Data Link Control)，国际标准化组织 ISO(International Standard Organization)的高级数据链路控制规程 HDLC(High Level Data Link Control)，美国国家标准协会 ANSI(Americal National Standard Institute)的先进数据通信规程 ADCCP(Advanced Data Communication Control Procedure)。这些协议的特点是所传输的一帧数据可以是任意位，而且它是靠约定的位组合模式，而不是靠特定字符来标志帧的开始和结束，故称"面向位流"的协议。这种协议的一般帧格式如图 9.10 所示。

图 9.10　面向位流同步协议帧格式

这种协议的特点是：所传输的一帧数据可以是任意位而且它靠约定的位组合模式，而不是靠特定字符来标志帧的开始和结束。帧信息的分段：SDLC/HDLC 的一帧信息包括以下几个场(Field)，所有场都是从有效位开始传送。

(1) SDLC/HDLC 标志字符：作为一帧的开始和结束标志，标志字符为 8 位，即 01111110。SDLC/HDLC 协议规定，所有信息传输必须以一个标志字符开始，且以同一个字符结束。这个标志字符是 01111110，称标志场(F)。从开始标志到结束标志之间构成一个完整的信息单位，称为一帧(Frame)。所有的信息是以帧的形式传输的，而标志字符提供了每一帧的边界。接收端可以通过搜索"01111110"来探知帧的开头和结束，以此建立帧同步。

(2) 地址场和控制场：在标志场之后，可以有一个地址场 A(Address)和一个控制场 C(Control)。地址场用来规定与之通信的次站的地址。控制场可规定若干个命令。SDLC 规定 A 场和 C 场的宽度为 8 位或 16 位。接收方必须检查每个地址字节的第一位，如果为"0"，则后面跟着另一个地址字节；若为"1"，则该字节就是最后一个地址字节。同理，如果控制场第一个字节的第一位为"0"，则还有第二个控制场字节，否则就只有一个字节。

(3) 信息场：跟在控制场之后的是信息场 I(Information)。I 场包含有要传送的数据，并不是每一帧都必须有信息场。即数据场可以为 0，当它为 0 时，则这一帧主要是控制命令。

(4) 帧校验信息：紧跟在信息场之后的是两字节的帧校验，帧校验场称为 FC(Frame Check)场或帧校验序列 FCS(Frame Check Sequence)。SDLC/HDLC 均采用 16 位循环冗余校验码 CRC(Cyclic Redundancy Code)。除了标志场和自动插入的"0"以外，所有的信息都参加 CRC 计算。

3. 同步通信的"0 位插入和删除技术"

在同步通信中，一帧信息以一个(或几个)特殊字符开始，如 F 场=01111110B。但在信息帧的其他位置，完全可能出现这些特殊字符，为了避免接收方把这些特殊字符误认为帧的开始，发送方采用"0 位插入技术"，相应的，接收方采用"0 位删除技术"。

发送方的"0 位插入技术"：除了起始字符外，当连续出现 5 个 1 时，发送方自动插入一个 0。使得在整个信息帧中，只有起始字符含有连续的 6 个 1。

接收方的"0 位删除技术"：接收方收到连续 6 个 1，作为帧的起始，把连续出现 5 个 1 后的 0 自动删除。

4. SDLC/HDLC 异常结束

若在发送过程中出现错误，则 SDLC/HDLC 协议常用异常结束(Abort)字符，或称为失效序列使本帧作废。在 HDLC 规程中，7 个连续的"1"被作为失效字符，而在 SDLC 中失效字符是 8 个连续的"1"。当然在失效序列中不使用"0"位插入/删除技术。SDLC/HDLC 协议规定，在一帧之内不允许出现数据间隔。在两帧之间，发送器可以连续输出标志字符序列，也可以输出连续的高电平，它被称为空闲(Idle)信号。

9.3.3　异步通信和同步通信的比较

异步通信和同步通信的比较，具有以下差别：

(1) 异步通信简单，双方时钟可允许一定误差；同步通信较复杂，双方时钟的允许误差较小。

(2) 异步通信只适用于点到点，同步通信可用于点到多点。

(3) 通信效率方面，异步通信低，同步通信高。

9.4　单机通信

9.4.1　PC 与单片机通信

在工业控制领域中，单片机常常作为前置机用来对被控对象进行参数检测和控制，PC 作为后置机对单片机进行某种管理和控制，因此，PC 和单片机之间也存在一个数据通信问题，这种通信常常是利用 PC 的 RS-232 串行口和单片机的 UART 串行口实现的，故它们也是一种串行数据通信。按所用 RS-232 接口芯片的不同，PC 和单片机之间的连接又可分为多种形式，现以 MAX232 为例加以介绍。

1. 复习 RS-232 和波特率计算

RS-232 使用−3～−25V 表示数字"1"，使用 3～25V 表示数字"0"，RS-232 在空闲时处于逻辑"1"状态，在开始传送时，首先产生一起始位，起始位为一个宽度的逻辑"0"，紧随其后为所要传送的数据，所要传送的数据由最低位开始依此送出，并以一个结束位标志该字节传送结束，结束位为一个宽度的逻辑"1"状态。

波特率计算：

方式 1、3 的波特率=$(2^{SMOD}/32) \times$(T1 溢出率)

定时器 T1 作为波特率发生器，其公式如下：

$$波特率 = 定时器 T1 溢出率$$
$$T1 溢出率 = T1 计数率 / 产生溢出所需的周期数 = f_{OSC} / \{12 \times [256 - (TH1)]\}$$

式中，T1 计数率取决于它工作在定时器状态还是计数器状态。

当工作于定时器状态时，T1 计数率为 $f_{OSC}/12$。

当工作于计数器状态时，T1 计数率为外部输入频率，此频率应小于 $f_{OSC}/24$。产生溢出所需周期与定时器 T1 的工作方式、T1 的预置值有关。

定时器 T1 工作于方式 0：溢出所需周期数=8192-x。

定时器 T1 工作于方式 1：溢出所需周期数=65536-x。

定时器 T1 工作于方式 2 或方式 3：溢出所需周期数=256-x。

2. 连接原理

单片机 UART 是标准的 TTL 逻辑电平，RS-232 采用的是负逻辑，逻辑 1 电平是-15～-5V，逻辑 0 电平是+5～+15V，所以二者之间进行通信必须进行电平转换。

PC 与单片机采用 RS-232 标准通信的连接框图如图 9.11 所示，其中电平转换方法很多，可以采用分离元件实现，也可以采用 MC1488/MC1489 实现电平转换，还可以采用 MX232 实现电平转换。

图 9.11 单片机与 PC 连接框图

工作过程如下：

(1) 发送

执行任何一条 MOV SBUF，＃data 指令时，启动内部串行发送允许，随后在同步移位时钟($f_{OSC}/12$)作用下每一个机器周期由 TXD 发送一个移位脉冲，同时将数据从 RXD 端移出一位(低位开始)，一帧数据发送完毕时，置位 TI=1。

(2) 接收

在串行控制寄存器 SCON 中 REN=1 和 RI=0 时启动一次接收过程。接收的仍由 TXD 发送移位脉冲，串行数据由 RXD 输入，接收完一帧后，置位 RI，再次接收一帧时，必须由软件清 RI。

(3) 串口初始化

在使用串行接口前，应对其进行初始化，主要是设置产生波特率的定时器 1、串行接口控制和中断控制，其串口初始化的步骤如下：

① 确定定时器 1 的工作方式——编程 TMOD 寄存器。

② 计算定时器 1 的初值——装载 TH1，TL1。

③ 启动定时器 1——编程 TCON 中的 TR1 位。

④ 确定串行口的工作方式——编程 SCON。

⑤ 串行口在中断方式工作时，须进行中断设置——编程 IE 寄存器。

3. PC 串行通信控制芯片 8250

PC 的串行通信适配器，其核心为可编程异步收发器 UART 8250 芯片，利用它可以实现异步串行通信。它使 PC 有能力与其他具有标准的 RS-232 接口的计算机或设备进行通信。而 MCS-51 单片机本身具有一个全双工的串行口，因此只要配以电平转换的驱动电路、隔离电路就可组成一个简单可行的通信接口。

8250 是一种可编程的串行异步通信接口芯片，它支持异步通信规程；芯片内设置时钟发生电路，可通过编程改变传送数据的波特率；它提供 MODEM 的状态信息，极易通过 MODEM 实现远程通信；它具有数据回送功能，为调试自检提供方便。

8250 内部有 10 个可访问的寄存器，除数寄存器是 16 位的，占用两个连续的 8 位端口，内部寄存器用引脚 A0～A2 来寻址；同时还要利用通信线路控制寄存器的最高位，即除数寄存器访问位 DLAB 的 0 和 1 两种状态，来区别共用 1 个端口地址所访问的两个寄存器。表 9.4 给出了 8250 内部寄存器端口地址。

表 9.4　8250 内部寄存器端口地址

适配器地址	DLAB	A2A1A0	访问寄存器名称
3F8H	0	0 0 0	接收数据寄存器(读)
			发送保持寄存器(写)
3F9H	0	0 0 1	中断允许寄存器
3F8H	1	0 0 0	波特率除数锁存寄存器(低字节)
3F9H	1	0 0 1	波特率除数锁存寄存器(高字节)
3FAH	×	0 1 0	中断识别寄存器
3FBH	×	0 1 1	线路控制寄存器
3FCH	×	1 0 0	MODEM 控制寄存器
3FDH	×	1 0 1	线路状态寄存器
3FEH	×	1 1 0	MODEM 状态寄存器

8250 芯片引脚排列如图 9.12 所示。

引脚功能如下：

数据线 D7～D0：在 CPU 与 8250 之间交换信息。

地址线 A0～A2：寻址 8250 内部寄存器。

片选线：8250 设计了 3 个片选输入信号 CS0、CS1、$\overline{CS2}$ 和一个片选输出信号 CSOUT。3 个片选输入都有效时，才选中 8250 芯片，同时 CSOUT 输出高电平有效。

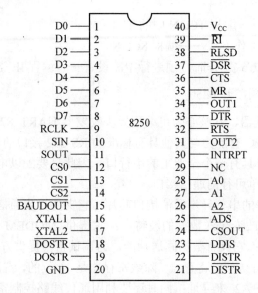

图 9.12　8250 芯片引脚排列

地址选通信号 $\overline{\text{ADS}}$：当该信号低电平有效时，锁存上述地址线和片选线的输入状态，保证读写期间的地址稳定。

读控制线：数据输入选通 DISTR(高电平有效)和 $\overline{\text{DISTR}}$ (低电平有效)有一个信号有效，CPU 从 8250 内部寄存器读出数据，相当于 I/O 读信号。

写控制线：数据输出选通 DOSTR(高电平有效)和 $\overline{\text{DOSTR}}$ (低电平有效)有一个有效，CPU 就将数据写入 8250 内部寄存器，相当于 I/O 写信号。

8250 读、写控制信号有两对，每对信号作用完全相同，只不过有效电平不同而已。

驱动器禁止信号 DDIS：CPU 从 8250 读取数据时，DDIS 引脚输出低电平，用来禁止外部收发器对系统总线的驱动；其他时间 DDIS 为高电平。

主复位线 MR：硬件复位信号(master reset)高电平有效，当 MR=1 时，内部寄存器及控制逻辑复位。

中断请求线 INTRPT：8250 有 4 级共 10 个中断源，当任一个未被屏蔽的中断源有请求时，INTRPT 输出高电平向 CPU 请求中断。

$\overline{\text{OUT1}}$ 和 $\overline{\text{OUT2}}$：两个一般用途的输出信号，由调制解调器控制寄存器的 D2 和 D3，使其输出低电平有效信号，复位使其恢复为高。

时钟输入引脚 XTAL1：8250 的基准工作时钟。

时钟输出引脚 XTAL2：基准时钟信号的输出端。

波特率输出引脚 $\overline{\text{BAUDOUT}}$：基准时钟经 8250 内部波特率发生器分频后产生发送时钟。

接收时钟引脚 RCLK：接收外部提供的接收时钟信号；若采用发送时钟作为接收时钟，则只要将 RCLK 引脚和 $\overline{\text{BAUDOUT}}$ 引脚直接相连即可。

4. PC 端采用 8088 汇编语言编写程序

PC 和 MCS-51 单片机之间进行全双工串行数据通信，硬件电路如图 9.13 所示。图中单片机从 TXD 端输出的 TTL 电平经 MC1488 转换为 PC 可以接收的 RS-232 电平信号,从 RXD 输入 PC,MC1488 的供电电压为±12V;PC 从 TXD 端输出的 RS-232 电平经过 MC1489 转换为 TTL 电平信号,经过 RXD 输入单片机,MC1489 的供电电压为+5V。

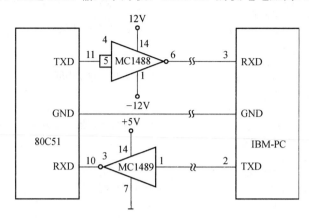

图 9.13　利用 MC1488/MC1489 实现电平转换与 PC 的通信

以一个实用的通信测试软件为例,介绍通信软件设计过程。软件实现功能是 PC 将键盘输入的字符发送给单片机,单片机接收到 PC 发来的数据后回送同一数据给 PC,并在其屏幕上显示出来。只要屏幕上所显示的字符与所输入的字符相同,即可表明 PC 与单片机间通信正常。

通信约定:

● 波特率 2400 波特。

● 信息格式 8 个数据位 1 个停止位。

● 传送方式 PC 采用查询方式收、发数据,单片机采用中断方式接收信息。

(1) PC 通信软件

采用 8088 汇编语言编写的程序如下:

```
Stack       Segment para stack 'stack'
db          256 dup(0)
Stack       ends
Code        segment para public 'code'
Start       proc  far
            assume cs: code, ss:stack
            PUSH  DS                  ;标准序
            MOV   AX, 0
            PUSH  AX
            CLI
INTOUT:     MOV   DX, 3FBH            ;通信线控制寄存器第 7 位置 1
                                        (DLAB =1)以便设置波特率
            MOV   AL, 80H
            OUT   DX, AL
            MOV   DX, 3F8H            ;设置除数锁存器低位
            MOV   AL, 30H
            OUT   DX, AL
            MOV   DX, 3F9H            ;设置除数锁存器低位
```

```
                MOV    AL, 0
                OUT    DX, AL
                MOV    DX, 3FBH         ;设置数据格式
                MOV    AL, 03H
                OUT    DX, AL
                MOV    DX, 3FCH         ;设置 MODEM 控制信号
                MOV    AL, 03H
                OUT    DX, AL
                MOV    DX, 39H          ;禁止所有 8250 中断
                MOV    AL, 0
                OUT    DX, AL
     FOREVER:   MOV    DX, 3FDH         ;发送保持寄存器不空则循环等待
                IN     AL, DX
                TEST   AL, 20H
                JZ     FOREVER
     WAIT:      MOV    AH, 1            ;检查键盘缓冲区无字符则循环等待
                INT    16H
                JZ     WAIT
                MOV    AH, 0            ;若有，则取键盘字符
                INT    16H
     SENDCHAR:  MOV    DX, 3F8H         ;发送输入的字符
                OUT    DX, AL
     RECEIVE:   MOV    DX, 3FDH         ;检查接收数据是否准备好
                IN     AL, DX
                TEST   AL, 01H
                JZ     RECEIVE
                TEST   AL, IAH          ;判断接收的数据是否出错
                JNZ    ERROR
                MOV    DX, 3F8H         ;从接收寄存器中读取数据
                IN     AL, DX
                AND    AL, 7FH          ;去掉无效位，得到数据
                PUSH   AX
                MOV    BX, 0            ;显示接收到的字符
                MOV    AH, 14
                INT    10H
                POP    AX
                CMP    AL, ODH          ;得到的数据若不是回车符则退回
                JNZ    FOREVER
                MOV    AL, OAH          ;是回车符则回车换行
                MOV    BX, 0
                MOV    AH, 14
                INT    10H
                JMP    FOREVER
     ERROR:     MOV    DX, 3F8H         ;读接收寄存器，清除错误字符
                IN     AL, DX
                MOV    AL, '?'          ;功能调用，显示"？"号
                MOV    BX, 0
                MOV    AH, 14
                INT    10H
                JMP    FOREVER          ;继续循环
     Start      ends
```

```
Code      ends
          Ends
```

(2) 单片机通信软件

单片机通过中断方式接收 PC 发送过来的字符，并回送给 PC。初始化设置如下：

波特率设置：T1 方式 2 工作，计数常数 F3H，SMOD=1，波特率为 2400 波特。

串行口初始化：方式 1，允许接收。

程序清单如下：

```
                ORG     0000H
                LJMP    INITOUT         ;转到初始化程序
                ORG     0023H
                LJMP    SERVE           ;串行口中断服务程序入口
                ORG     0050H
INITOUT:        MOV     TMOD, ＃20H      ;定时器 T1 初始化
                MOV     TH1, #0F3H
                MOV     TL1, #0F3H
                MOV     SCON, #50H      ;串行口初始化
                MOV     PCON, #80H      ;SMOD=1
                SETB    TR1             ;启动定时器 TI
                SETB    EA              ;开中断
                SETB    ES              ;允许串行口中断
                …
SERVE:          CLR     EA              ;关中断
                CLR     RI              ;清除接收中断标志
                PUSH    DPH             ;保护现场
                PUSH    DPL
                PUSH    A
RECEIVE:        MOV     A, SBUF         ;接收 PC 发过来的数据
SENDBACK:       MOV     SBUF, A         ;将数据回送给 PC
WAIT:           JNB     TI, WAIT        ;发送器不空则循环等待
                CLR     TI
RETURN:         POP     A               ;恢复现场
                POP     DPL
                POP     DPH
                SETB    EA              ;开中断
                RETI                    ;返回
```

5. 采用 Visual Basic 可视化高级语言进行 PC 端通信程序编程

采用 8088 汇编语言编写 PC 端程序，程序员需要具备相当多的硬件知识，才有可能着手编写 PC 下的串行通信程序。而在 Visual Basic 下，利用现有的 Microsoft Comm control 控件，只需要编写少量的程序代码，就可以轻松、高效地完成任务。

(1) Microsoft Comm control 控件简介

微软公司提供的 Microsoft Comm control 控件(简称 MSComm)为编程者提供了简化的 Windows 下的串行通信编程，使编程者不必掌握诸多关于硬件方面的知识。它提供了两种处理串行通信的方法：一是事件驱动方法；二是查询法。

① 事件驱动法。

这是一种功能很强的处理串口活动的方法。当串口接收到或发送完指定数量的数据时，

或当状态发生改变时，MSComm 控件都将触发 OnComm 事件，该事件也可以捕获通信中的错误。当应用程序捕获到这些事件后，可通过检查 MSComm 控件的 CommEvent 属性值来获知所发生的事件或错误，从而执行相应的处理。这种方法具有程序响应及时，可靠性高等优点。

② 查询法。

可以在每个重要的程序之后查询 MSComm 控件某些属性(如 CommEvent 属性和 InBufferCount 属性)的值来检测事件和通信错误。这对小的程序比较常用。

MSComm 控件的主要属性和方法如下。

- CommPort：设置或返回串行端口号，其取值范围为 1～99，为 1 时对应 COM1；为 2 时对应 COM2。默认值为 1。
- Setting：设置或返回串行端口的波特率、奇偶校验位、数据位数、停止位，如 MSComm.Setting="9600, n, 8, 1"。
- PortOpen：打开或关闭串行端口。
- RThreshold：该属性为一阈值，它确定当接收缓冲区内字节个数达到或超过该值后就产生 MSComml--OnComm 事件。
- Input：从接收缓冲区移走一字符串。
- Output：向发送缓冲区传送一字符串。
- InputLen：设置和返回 Input 属性从接收缓冲区中读取的字节数。
- InputMode：设置和返回的类型。该属性为 0 时，Input 属性所检取的数据是文本；为 1 时，Input 属性所检取的数据是二进制数据。这个属性对与单片机的通信尤为重要。

如果在通信过程中发生错误或事件，就会引发 OnComm 事件并由 CommEvent 属性代码反映错误类型，可根据该属性值来执行不同的程序操作或数据处理。以下是部分属性常数值及其含义。

- ComEvSend：其值为 1，发送缓冲区的内容少于 SThreshold 指定的值。
- ComEvReceive：其值为 2，接收缓冲区内字符数达到 RThreshold 值，该事件在缓冲区中数据被移走前将持续产生。
- ComEventRxParity：其值为 1009，奇偶校验。
- ComEvEOF：其值为 7，接收数据中出现文件结束字符。

(2) 通信线路连接

PC 的某个串行口通过电缆线与 RS-232 收发器 MAX232 的 232 电平端口连接，如图 9.6 所示。

(3) 编程实现

- 实现功能

  具体功能为利用键盘在 PC 中输入一个 6B(12 位的 0~9，A~F)的二进制数，然后用鼠标单击通信命令按钮，PC 就将此二进制数发给单片机，单片机收到此数后再原样发回，PC 收到后显示在窗体上。通过肉眼比较发送和接收的两个数据，检验通信是否成功。

- 通信协议

  波特率：19.2kb/s；无奇偶校验；8 位数据位；1 位停止位。

● PC 的 Visual Basic 程序

① 在工程项目中添加一个窗体,取名为 frmcomm,设置其 Caption 属性为通信。

② 在窗体中添加两个大小一样的文本框,分别取名为 txtSend 和 txtRcv。

③ 在窗体中添加一个命令按钮,取名为 cmdcomm,设置其 Caption 属性为通信。

④ 在窗体中添加 MSComm 控件,取名为 MSComm1。

⑤ 打开代码窗口,在 cmdcomm 控件的 Click 事件中加入以下程序代码:

```
Private Sub cmdcommClick()
    Dim Senddat(5) As Byte,Rcvdat() As Byte,
        dattemp As Variant,i As Integer
    cmdcomm.Enabled=False                    '使 cmdcomm 按钮失效
    For i=0 To 5                             '从发送文本框 txtSend 获取发送数据
        Senddat(i)=&H & Mid(txtSend.Text,i * 2+1,2)
    Next i
    MSComm1.CommPort=1                       '设置端口号为 1
    MSComm1.Settings="19200,N,8,1"           '设置波特率等通信协议
    MSComm1.InputLen=6                        '设置一次从串口读取 6 个字节
    MSComm1.PortOpen=True'打开串行口
    MSComm1.InputMode=comInputModeBinary     '从串口读取二进制数据
    MSComm1.Output=Senddat                   '发送数据
    Do Until MSComm1.InBufferCount >= 6       '查询方式,等待接收到 6 个字节
        DoEvents
    Loop
    dattemp=MSComm1.Input                    '从串口读取数据至变体变量
    Rcvdat=dattemp                           '数据送至接收二进制数组
        txtRcv.Text=" "
    For i=0 To 5                             '接收数据送至接收文本框 txtRcv 显示
        txtRcv.Text=txtRcv.Text & Right(0 & Hex(Rcvdat(i)),2)
    Next i
    MSComm1.PortOpen=False                    '关闭串行口
    cmdcomm.Enabled=True                      '使能 cmdcomm 按钮
End Sub
```

⑥ 选择开始—运行。用 PC 键盘在输入文本框中输入要发送的 6B 二进制数据,然后用鼠标单击"通信"按钮即可。

(4) 单片机 C51 程序

MCS-51 单片机晶振为 11.0592MHz,串行口的工作方式设置为方式 1,10 位异步收发。采用查询方式接收和发送,程序清单如下:

```
#include
#include uchar unsigned char
main() {
    uchar temp,datmsg[6];
    TMOD=0x20;                              //设置波特率为 19.2kb/s
    PCON=0x80;
    TH1=0xfd; TL1=0xfd;
    TR1=1;                                  //启动定时器 1
    SCON=0x50;                              //设置串行口为 10 位异步收发,且允许接收
    while(1) {for(temp=0;temp<6;temp++)     //连续接收 6 个字节
```

```
    {while(RI==0); RI=0;
    datmsg[temp]=SBUF;
    }
    for(temp=0;temp<6;temp++)          //连续发送 6 个字节
    {SBUF=datmsg[temp]; while(TI==0);TI=0;
    }
  }
}
```

9.4.2 单片机和单片机通信

单片机和单片机之间交换信息，也称点对点的通信或双机通信。

1. 硬件连接

两个单片机之间采用 TTL 电平直接传输信息，其传输距离一般不应超过 5m。所以实际应用中通常采用 RS-232 标准电平进行点对点的通信连接，如图 9.14 所示。

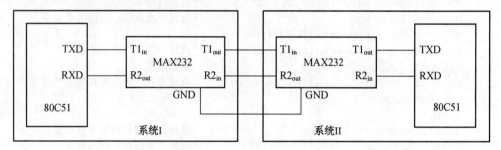

图 9.14　点对点通信接口电路

2. 应用程序

- 双机通信程序(晶振 6MHz)。
- 串行口工作于方式 1，用定时器 1 产生 4800b/s 的波特率。
- 一帧信息为 10 位，其中有 1 个起始位、8 个数据位和一个停止位，T1 工作方式为 2。

功能：将系统 I 内部 RAM 中从 30H 单元开始的 10H 个数发送到系统 II 内部，并保存在系统 II 内部 RAM 中以 50H 开始的单元中。

通信协议：

(1) 系统 I 首先发送联络信号(23H)，系统 II 接收到之后返回一个联络信号(27H)，表示系统 II 已准备好接收。

(2) 当系统 I 收到系统 II 的(27H)应答信号后开始发送数据块，每发送一个数据字节计算一次"校验和"。

(3) 数据块发送完成后紧接着发送"校验和"。

(4) 系统 II 接收到一个数据字节后，立即计算"校验和"，当数据块接收完成立即接收"校验和"，并与本机计算出来的"校验和"相比较，最后把比较结果返回给系统 I，比较结果正确回送"10H"，不正确回送"03H"。

(5) 系统 I 收到系统 II 的比较结果再决定是否重发。

系统 I 程序清单如下：

```
         ORG     0030H
MAIN:    MOV     IE,#90H          ;开中断总控位，串行口中断，关 T1 中断
         MOV     TMOD,#20H        ;定时器 1 工作于方式 2
         MOV     TH1,#0FDH        ;波特率为 4800
         MOV     TL1,#0FDH
         SETB    TR1              ;启动定时器 1
         MOV     SCON,#50H        ;串行口工作于方式 1，允许接收
         MOV     PCON,#00H        ;SMOD=0
HAND:    MOV     SBUF,#23H        ;发送联络信号
         JNB     TI,$             ;等待联络信号发送完成
         CLR     TI               ;软件置位 TI
         JNB     RI,$             ;等待系统 II 的应答信号
         CLR     RI               ;软件置位 RI
         MOV     A,SBUF           ;读取系统 II 的应答信号
         CJNE    A,#27H,HAND      ;判断系统 II 是否已经准备好，没有准备则重新发送联
                                  ; 络信号
SEND:    MOV     R0,#30H          ;系统 II 已经准备好，发送缓冲区数据指针
         MOV     R1,#10H          ;待发送数据长度
         MOV     R2,#00H          ;R2 保存计算校验和结果
SEND_D:  MOV     SBUF,@R0         ;发送数据字节
         MOV     A,R2             ;计算校验和
         ADD     A,@R0
         MOV     R2,A
         INC     R0               ;数据指针指向下一个数据
         JNB     TI,$             ;等待一个字节数据发送完成
         CLR     TI
         DJNZ    R1,SEND_D        ;判断是否已经发送完成
         MOV     SBUF,R2          ;发送校验和
         JNB     TI,$
         CLR     TI
         JNB     RI,$
         CLR     TI
         MOV     A,SBUF
         CJNE    A,#10H,NEXT      ;系统 II 应答"10H"则表示正确返回
         SJMP    SEND             ;系统 II 应答不是"10H"转重发
NEXT:    RETI
```

系统 II 程序清单：

```
         ORG     0030H
MAIN:    MOV     IE,#90H
         MOV     TMOD,#20H
         MOV     TH1,#0FDH
         MOV     TL1,#0FDH
         SETB    TR1
         MOV     SCON,#050H
         MOV     PCON,#00H
         MOV     R0,#50H          ;接收缓冲区数据指针
         MOV     R1,#10H          ;接收数据长度
         MOV     R2,#00H
```

```
HAND:      JNB      RI,$                  ;接收联络信号
           CLR      RI
           MOV      A,SBUF
           CJNE     A,#23H,HAND           ;不是系统Ⅰ的联络信号则返回等待
           MOV      SBUF,#27H             ;是系统Ⅰ的联络信号则发送应答信号
           JNB      TI,$
           CLR      TI
RXD_INT:   JNB      RI,$                  ;接收数据
           CLR      RI
           MOV      A,SBUF
           MOV      @R0,A
           INC      R0
           ADD      A,R2                  ;计算校验和
           MOV      R2,A
           DJNZ     R1,RXD_INI            ;判断数据块是否接收完成
           JNB      RI,$                  ;接收校验和
           CLR      RI
           MOV      A,SBUF
           MOV      60H,R2
           CJNE     A,60H,ERROR           ;判断校验和
           MOV      SBUF,#10H             ;接收不正确,则发送"10H"
           JNB      TI,$
           CLR      TI
           SJMP     RXD_INI
ERROR:     MOV      SBUF,#03H             ;接收正确,则发送"03H"
           RET
```

9.5 多 机 通 信

在许多场合,单机及双机通信不能满足实际需要,而需多台单片机互相配合才能完成某个过程或任务,多台单片机间的相互配合是按实际需要将它们组成一定形式的网络,使它们之间相互通信,以完成各种功能。单片机构成的多机系统有两种形式:主从式和串行总线式,如图 9.15 所示。

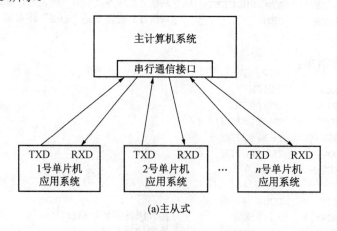

(a)主从式

图 9.15　单片机构成的多机系统框图

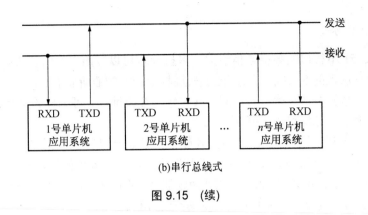

(b)串行总线式

图 9.15　(续)

9.5.1　MCS-51 对 MCS-51 多机通信

1. 多机通信原理

8051 的全双工串行通信接口具有多机通信功能。在多机通信中，为了保证主机与所选择的从机实现可靠的通信，必须保证通信接口具有识别功能，可以通过控制 8051 的串行口控制寄存器 SCON 中的 SM2 位来实现多机通信的功能，其控制原理简述如下。

图 9.16 所示是主从式多机通信的一种连接示意图，利用 8051 串行口方式 2 或方式 3 及串行口控制寄存器 SCON 中的 SM2 和 RB8 的配合，可完成主从式多机通信。另外，采用不同的通信标准时，还需进行相应的转换，有时还要对信号进行光电隔离。在实际的多机应用系统中，常采用 RS-485 串行标准总线进行数据传输。

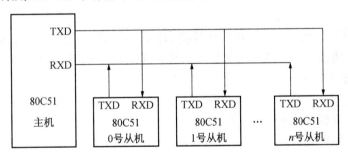

图 9.16　主从式多机通信连接

在单片机串行口以方式 2 或方式 3 接收时：

一方面，若 SM2=1，表示置多机通信功能位。这时有两种情况：① 接收到第 9 位数据为 1，此时数据装入 SBUF，并置 RI=1，向 CPU 发出中断请求；② 接收到第 9 位数据为 0，此时不产生中断，信息将丢失，不能接收。

另一方面，若 SM2=0，则接收到的第 9 位信息无论是 1 还是 0，都产生 RI=1 的中断标志，接收的数据装入 SBUF。根据这个功能，就可以实现多机通信。

在编程前，首先要给各从机定义地址编号，如分别为 00H、01H、02H 等。在主机想发送一个数据块给某个从机时，它必须先送出一个地址字节，以辨认从机。

2. 多机通信协议

根据 MCS-51 串行口的多机通信能力，多机通信可以按照以下协议进行：

(1) 使所有从机的 SM2 位置 1，处于只接收地址帧的监听状态。

(2) 主机向从机发送一帧地址信息，其中包含 8 位地址，可编程的第 9 位为 1(TB8=1)，表示发送的是地址，这样可以中断所有从机。

(3) 从机接收到地址后，都来判别主机发来的地址信息是否与本从机地址相符。若与本从机地址相同，则清除 SM2，进入正式通信状态，并把本机的地址发送回主机作为应答信号，然后开始接收主机发送过来的数据或命令信息。其他从机由于地址不符，它们的 SM2=1 保持不变，无法与主机通信，对主机随后发来的数据不予理睬。

(4) 主机收到从机应答地址后，确认地址是否相符。如果地址不符，发复位信号(数据帧中 TB8=1)；如果地址相符，则清 TB8，开始发送数据。

(5) 从机收到复位命令后回到监听地址状态(SM2=1)；否则开始接收数据和命令。

(6) 从机发送数据结束后，要发送一帧校验和，并置第 9 位(TB8)为 1，作为从机数据传送结束的标志。

(7) 主机接收数据时先判断数据接收标志(RB8)，或 RB8=1，表示数据传送结束，并比较各帧校验和，若正确则回送正确信号，此信号命令该从机复位(即重新等待地址帧)；若校验和出错，则发送错误命令，命令该从机重发数据。若接收帧的 RB8=0，则存数据缓冲区，并准备接收下一帧信息。

(8) 通信的各机之间必须以相同的帧(字符)格式及波特率进行通信。

3. 应用程序

下面以主机循环地命令各从机发送数据为例，进一步说明主从系统通信原理，主机和从机均采用查询方式。所谓查询方式通信，就是通过查询 RI 和 TI 状态来接收和发送数据。

(1) 主机通信程序

设主机发送的地址联络信号为 00H、01H、02H、…，为从机设备地址，地址 FFH 为命令各从机复位，即恢复 SM2 为 1 状态。

主机的命令编码为：

```
00  复位命令(从机 SM2=1)
01  状态询问命令
02  请求从机接收主机的数据命令(约定一次传送为 16 个字节)
03  请求从机向主机发送数据命令(约定一次传送为 16 个字节)
    其他 非法命令
```

设从机的状态字节格式如表 9.5 所示。

表 9.5 举例从机的状态字节格式

位	D7	D6	D5	D4	D3	D2	D1	D0
格式	ERR	0	0	0	0	0	TRDY	RRDY

其中，RRDY=1，从机准备好接收主机的数据。

TRDY=1，从机准备好向主机发送数据。

ERR=1，从机接收到的命令是非法的。

工作寄存器设定为：

(R0)——存放接收到从机发送来的数据块首地址。

(R7)——从机发送的数据块长度。

(R2)——存放被联络的从机地址。

主机程序清单如下：

```
MSTART: MOV    TMOD, #20H      ;T1 定义为方式 2
        MOV    TL1, #0F3H      ;置初值
        MOV    TH1, #0F3H
        SETB   TR1             ;启动 T1，产生波特率
        MOV    PCON, #80H
        MOV    SCON, #0D8H     ;串口定义为方式 3
ML0:    MOV    R2, #00H        ;R2 存放从机地址
MLL:    MOV    A, R2
ML1:    ACALL  DL              ;调用延时子程序或转实际程序
        MOV    SBUF, A         ;发送地址
ML2:    JBC    RI, ML3         ;等待回答
        SJMP   ML2
ML3:    MOV    A, SBUF         ;判断地址是否符合
        XRL    A, R2
        JZ     ML5
ML4:    MOV    SBUF, #0FFH     ;地址不符，从机恢复 SM2=1
        AJMP   MLL             ;重新联络
ML5:    CLR    TB8             ;地址符号，清 TB8
        MOV    SBUF, #03H      ;发送命令，要求从机发送数据
ML6:    JBC    RI, ML7
        SJMP   ML6
ML7:    MOV    A, SBUF         ;判断命令是否被从机接收
        JBC    ACC.7, ML9
ML8:    SETB   TB8             ;非法命令，复位
        SJMP   ML4             ;重新联络
ML9:    JNB    ACC.1, ML8      ;判断从机是否准备好
        MOV    R0, #50H        ;数据指针置初值
        MOV    R7, #10H        ;数据长度置初值
ML10:   JBC    RI, ML11
        SJMP   ML10
ML11:   MOV    A, SBUF         ;读入数据
        MOV    @R0, A
        INC    R0
        DJNZ   R7, ML10
        ACALL  PDATA           ;调用数据处理子程序
        SETB   TB8             ;数据传送完
        INC    R2
        MOV    A, R2           ;联络下一个从机
        CJNE   A, #03H, 00H
        JC     ML12
        AJMP   ML0
ML12:   JMP    ML1
```

```
DL:      MOV    R5, #0A0H        ;延迟子程序
DL5:     DJNZ   R5, DL5
         RET
```

(2) 从机通信程序(以 2 号从机为例)

工作寄存器设定为:

(R0)——发送数据块首地址。

(R7)——发送数据块长度。

```
START: MOV    TMOD, #20H       ;TI 初始化为方式 2
       MOV    TL1, #0F3H
       MOV    TH1, #0F3H
       SETB   TRI              ;产生波特率
       MOV    PCON, #80H
       MOV    SCON, #0F0H      ;串行口初始化
ML0:   JBC    RI, ML1          ;等待主机联络(等待主机中断本机)
       SJMP   ML0
ML1:   MOV    A, SBUF          ;接收地址信号
       XRL    A, #02H          ;是否为本机地址(02H 号机)
       JNZ    MLO              ;不是本机地址重新联络
       CLR    SM2              ;是本机地址准备通信
       MOV    SBUF, #02H       ;与主机通信, 地址→主机
ML2:   JBC    RI, ML3          ;等待主机发命令
       SJMP   ML2
ML3:   JNB    RB8, ML4         ;判断是否为控制命令(数据 RB8=0? )
       SETB   SM2              ;不是则恢复 SM2 为 1
       AJMP   ML0              ;重新联络
ML4:   MOV    A, SBUF          ;读入主机命令
       CJNE   A, #04H, 00H
       JC     ML5
       MOV    SBUF, #80H       ;非法命令, 回答错
       AJMP   ML7
ML5:   MOV    DPTR, #MTAB
       RL     A
       JMP    @A+DPTR
MTAB:  AJMP   COMD0            ;命令散转表
       AJMP   COMD1
       AJMP   COMDZ
COMD3: JB PSW.5, ML6           ;判断本机发送数据准备好否?
                               ;PSW.5 由数据采集程序置位
       MOV    SBUF, #00H
       AJMP   ML7
ML6:   MOV    SBUF, #02H       ;回答状态
ML7:   ACALL  DL
ML8:   JBC    RI, ML9
       AIMP   ML8
ML9:   JNB    RB8, ML10
       SETB   SM2
       AJMP   ML0
ML10:  CLR    PSW.5            ;清标志开始向主机发送数据
       CLR    TI
```

```
          MOV    R0, #50H
          MOV    R7, #10H
ML11:     MOV    A, @R0
          MOV    SBUF, A
ML12:     JBC    TI, ML13
          AJMP   ML12
ML13:     INC    R0
          DJNZ   R7, ML11
          SETB   SM2
          AJMP   ML0
DL:       MOV    R6, #80H
DL6:      DJNZ   R6, DL6
          RET
```

9.5.2　PC 对 MCS-51 多机通信

前面介绍 MCS-51 对 MCS-51 多机通信通过控制 SCON 中的 SM2 位可以控制多机通信，使主机与一个从机通信，但 PC 的串行通信没有这一功能，其串行口发出的数据可设为与 8051 串行数据格式相匹配的 11 位格式，其中第 9 位是奇偶位，所以就不能像 MCS-51 对 MCS-51 多机通信那样进行主从式通信了。

而现在采用以 PC 为控制中心的数据采集自动化控制系统应用又非常普遍，这种系统通常需要单片机采集数据，然后用异步串行通信方式传给 PC，PC 对单片机进行定时控制，需要多个单片机协同工作。如果系统不很复杂，可通过定时器控件控制收发过程，在必要的地方自动接收装置，使定时控制和通信过程完美地结合起来。这样，可以免去"握手"协议的繁琐过程，简化编程，提高速度。这里还是介绍在 Windows 环境下利用 Visual Basic 来实现 PC 与多个单片机之间的串行通信。

1. 主机端通信程序的设计

Visual Basic 提供了串行端口控制 MSComm 来为应用程序提供串行通信。该控件屏蔽了通信过程中的底层操作，程序员可以设置、监视 MSComm 控件的属性和事件，结合 Timer 控件即可完成对串行口的初始化和数据的输入/输出工作，MSComm 控件在 9.4.2 小节中已经介绍过，这里介绍一下 Timer 控制。

Timer 控件的主要属性如下：

● Enabled 返回或设置一个值，该值用来确定一个窗体或控件是否能够对用户产生的事件作出反应。通过把 Enabled 设置为 False 来使 Timer 控件成为无效，将取消由控件的 Interval 属性所建立的倒计时数。

● Interval 返回或设置对 Timer 控件的计时事件调用时间的毫秒数。Timer 控件的 Enabled 属性决定该控件是否对时间的推移作出响应。将 Enabled 设置为 False 会关闭 Timer 控件，设置为 True 则打开 Timer 控件。当 Timer 控件置为有效时，倒计时总是从其 Interval 属性设置值开始。创建 Timer 事件程序，可通知 Visual Basic 在每次 Interval 到时该做什么。Timer 控件和 Enabled 属性设置为 True 时，Visual Basic 将在 Interval 时间到后自动访问 Timer_Timer 过程。

为实现通信程序，须在 Visual Basic 开发环境下设置一个用作控制通信的窗体。窗体上主要有一个通信控件 MSComm1 和两个 Timer 控件。Visual Basic 的特点是事件驱动，定时器控件会定时触发相应事件的驱动程序。

(1) 发送单片机命令

为了使主机能够对整个检测过程进行实时控制，需要在发送命令以后设定等待的时间，也可以通过条件判断下一步是发送还是接收命令。对发送的命令，可能是文本方式或二进制代码。在发送二进制代码时，应特别注意发送的格式。

发送命令过程是一个带参过程，这样可使发送命令简便易行。具体程序如下：

```
Sub 发送单片机命令过程(command As Byte)
Dim 输出命令(1 To 1)As Byte
DoEvents
输出命令(1)=command
MSComm1.OutBufferCount=0
MSComm1.Output=输出命令
MSComm1.InBufferCount=0
End Sub
```

(2) 接收数据

接收数据是一个被动的过程，可以通过函数来实现，由定时器开启。在接收过程中，多数用特征字符，如"OK"、"#"等。这些需要在通信协议中约定。

```
Function 接收数据()
Do
DoEvents
In_buffer $=In_buffer$&MSComm2.Input
Loop Until InStr(_buffer$,"OK")          '从串行端口读"OK"响应
In_buffer=Left(In_buffer,len(In_buffer)-2)
接收数据=In_buffer$
End Function
```

(3) Timer 控件控制

通过 Timer 控件来控制通信中的发送命令和接收数据过程，在通信程序中设置两个 Timer 控件分别控制发送单片机命令和接收单片机数据。为了实现一台 PC 和多单片机之间的通信，可在一个 Timer 控件的过程中，在发送命令之前设定命令参数和要接收数据的单片机号，然后发送单片机命令；在另一个 Timer 控件的过程中，根据发送前设定的单片机号，接收不同单片机的数据。

Timer 控件控制程序如下：

```
'发送命令主控程序
Privata Sub TimerSend_Timer()
TimerSend.Enabled=False
Select Case command
Case 1
Call 发送单片机命令过程(任务1)
TimerReceive.Enabled=False'启动自动接收
Case2
Call 发送单片机命令过程(任务2)
MSComm1.Rthreshold=0'关闭自动接收
```

```
TimerReceive.Interval=500
TimerReceive.Enabled=True'启动定时器接收机号=1
Case 3
Call 发送单片机命令过程(任务3)
MSComm1.Rthreshold=0'关闭自动接收
TimerReceive.lnterval=500
TimerReceive.Enabled=True'启动定时器接收
机号=2
Case 4
  ⋮
Case n
…
End Select
End.Sub
'接收数据主控程序
Private Sub TimerReceive_Timer()
TimerReceive.Enabled=False
Select Case 机号
Case 1
In_buffer$=接收数据(机号)
Call 任务2
Case 2
In_buffer$=接收数据(机号)
Call 任务3
Case 3
  ⋮
Case n
In_buffer$=接收数据(机号)
Call 任务n
End Select
End Sub
```

(4) 自动接收、监视总线状态和通信错误的处理

自动接收、监视总线状态和通信错误的处理可以通过 OnComm 事件实现。Visual Basic 程序运行过程中只要设置 MSComm1.Rthreshold=1，在接收事件发生时程序就会自动访问 MSComm1.OnComm() 过程。

由于外界干扰或电压波动等原因，PC 和单片机之间的通信可能会出现错误，如接收缓冲区溢出、网络端口超速等。这些可能发生的事件都能在代码中引起运行错误。为了处理这些错误，需要将错误处理代码添加到程序中。通过控件中的 OnComm 事件可以捕捉和处理错误。在通信过程中所发生的通信错误是 CommEvent 属性返回的。当 CommEvent 属性值发生改变时，表明有通信错误，就会产生 OnComm 事件。同时，可以利用自动引发 OnComm 事件的特点在接收过程中加入状态显示码。这样可以监视通信线路状态，得到单片机和主机及单片机和单片机之间的通信进程。通信错误的处理程序如下：

```
Private Sub MSComm1_OnComm()
Select Case MSComm1.CommEvent
Case ComReceive 'Receive data '自动数据接收、监视总线通信信息
Select Case In_buffer $
Call A
```

```
Label.Enabled="正在执行任务1"
Call B
…
End Select
Case comFrame 'Framing Error  '通信错误处理
X=MsgBox("Framing Error!",16)
…'错误处理
Case comEventOverrun  '数据丢失
X=MsgBox("数据丢失!", 16)
…'错误处理
End Select
End Sub
```

2. 从机端通信程序设计

从机端设为串行工作方式 1，即允许串口接收。中断允许寄存器 IE 的开放或禁止所有中断位 EA 为 1，开放或禁止串行通道中断位 ES 为 1，即允许串行口中断。程序简介如下：

串行口初始化：

```
MOV TH1,# XXH                    ;设定波特率
MOV TL1, #XXH
MOV SCON, #50H                   ;串行工作方式为 1
MOV PCON, #80H
SETB TR1                         ;允许定时器 1 计数
SETB      EA                     ;允许所有中断
SETB      ES                     ;允许串行中断
;串口中断入口
PUSH      ACC
PUSH      PSW
CLR       EA
CLR       RI
MOV       A, SBUF
MOV       R0,A
CJNE      R0, #0FEH, LH1         ;判断是否为本 AT89C51 的标志，不是则跳出串
                                 ;行中断，是则处理相应的程序
…                                ;在此处添加相应的处理程序
LH1:      POP PSW
POP       ACC
SETB      EA
RETI
```

9.6 上机指导：串行静态显示电路

1. 实验目的

(1) 掌握单片机串行口数据发送。

(2) 掌握单片机串并转换工作原理。

(3) 静态显示的原理和相关程序的编写。

2. 实验设备

计算机一台，软件 Keil，天煌 THKSCM-2 型单片机综合实验装置(含仿真器)，串行数据通信线，扁平线，导线若干。

3. 实验内容

静态显示电路显示器由 5 个共阴极 LED 数码管组成。输入只有两个信号，它们是串行数据线 DIN 和移位信号 CLK，5 个串/并移位寄存器芯片 74LS164 首尾相连。每片的并行输出作为 LED 数码管的段码。

74LS164 为 8 位串入并出移位寄存器，1、2 为串行输入端，Q0～Q7 为并行输出端，CLK 为移位时钟脉冲，上升沿移入一位；MR 为清零端，低电平时并行输出为零。

4. 实验步骤

单片机的 P3.0 作数据串行输出，P3.1 作移位脉冲输出。

(1) 使用单片机最小应用系统模块，用导线连接 RXD、TXD 到串行静态显示模块的 DIN、CLK 端。

(2) 安装好仿真器，用串行数据通信线连接计算机与仿真器，把仿真头插到模块的单片机插座中，打开模块电源和仿真器电源。

(3) 启动计算机，打开仿真软件，进入仿真环境。选择仿真器型号、仿真头型号、CPU 类型；选择通信端口，测试串行口。

(4) 编写源程序，编译无误后全速运行程序。LED 显示"80C51"。程序停止运行时，显示不变，说明数据锁存具有静态显示功能。

源程序如下：

```
        DBUF0 EQU       30H
        TEMP  EQU       40H
        DIN   BIT       P3.0
        CLK   BIT       P3.1
        ORG   0000H
        LJMP  START
        ORG   0100H
START:
        MOV 30H,#8
        MOV 31H,#0
        MOV 32H,#0CH
        MOV 33H,#5
        MOV 34H,#1
 DISP:  MOV   R0, #DBUF0
        MOV   R1, #TEMP
        MOV   R2, #5
 DP10:  MOV   DPTR, #SEGTAB
        MOV   A, @R0
        MOVC  A, @A+DPTR
        MOV   @R1, A
        INC   R0
        INC   R1
```

```
        DJNZ   R2, DP10
        MOV    R0, #TEMP
        MOV    R1, #5
DP12:   MOV    R2, #8
        MOV    A, @R0
DP13:   RLC    A
        MOV    DIN, C
        CLR    CLK
        SETB   CLK
        DJNZ   R2, DP13
        INC    R0
        DJNZ   R1, DP12
OK:     SJMP   OK
SEGTAB: DB     3FH,06H,5BH,4FH,66H,6DH
        DB     7DH,07H,7FH,6FH,77H,7CH
        DB     39H,5EH,7BH,71H,00H,40H
        END
```

5. 思考题

如果再连接键盘，试实现用键盘控制输出显示。

习   题

1. 填空题

(1) 串行通信是指_____。

(2) 串行通信的4种工作方式波特率的计算:

方式0的波特率=_____

方式1的波特率=_____

方式2的波特率=_____

方式3的波特率=_____

(3) 在通信过程中往往要对数据传送的正确与否进行校验，校验是为保证准确无误传输，常用的校验方法有_____、_____及_____。

(4) 异步通信是指_____。

(5) 标准的异步串行通信接口有_____、_____、_____、_____和_____。

2. 选择题

(1) 串行通信中串行口控制寄存器是(   )。

A. PCON   B. SCON

C. SMOD   D. PC

(2) 串行通信方式中数据帧为10位的8位异步通信方式是(   )。

A. 方式0   B. 方式1   C. 方式2   D. 方式3

(3) 对于 RS-232 电气特性，下列说法正确的是(　　)。

　　A. 低电平逻辑 1=−3～−15V;　　　　B. 高电平逻辑 0=+3～+15V;

　　C. 高电平逻辑 1=−3～−15V;　　　　D. 低电平为 0V。

(4) 在异步通信数据格式中，只占数据一位，为逻辑 0 低电平，用于向接收设备表示发送端开始发送一帧信息，该位是(　　)。

　　A. 起始位　　　B. 数据位　　　C. 校验位　　　D. 停止位

(5) 用 MCS-51 串行扩展并行 I/O 口时，串行接口工作方式选择(　　)。

　　A. 方式 0　　　B. 方式 1　　　C. 方式 2　　　D. 方式 3

3. 判断题

(1) 计算机通信中并行通信比串行通信要快。　　　　　　　　　　　　　　　　(　　)

(2) 串行口控制寄存器 SCON 中的 TI 位，当第 8 位发送结束时，由硬件自动置位，CPU响应中断后会由硬件自动清 0。　　　　　　　　　　　　　　　　　　　　　(　　)

(3) 在任何时候波特率和比特率都是相同的。　　　　　　　　　　　　　　　(　　)

(4) 在异步通信中发送方的发送速率与接收方的接收速率允许有一定的偏差。

　　　　　　　　　　　　　　　　　　　　　　　　　　　　　　　　　　(　　)

4. 简答题

(1) 8051 单片机串行口有几种工作方式？如何选择？简述其特点。

(2) 什么是异步串行通信？它有哪些特点？异步通信的数据传输格式如何？

(3) 在串行通信中通信速率与传输距离之间的关系如何？

(4) 简述 8051 单片机多机通信的特点。

5. 操作题

(1) 设串行口工作方式 1，SMOD=0，f_{OSC}=11.059MHz，定时器/计数器 1 工作于方式 2，TH1、TL1 的初值为 F4H，试计算波特率。

(2) 设定时器 T1 处于工作方式 2，PCON=00H，单片机处于串行工作方式 1，要产生1200b/s 的波特率，设单片机晶振频率 f_{OSC} 分别为 6MHz 和 12MHz，分别求在这两种频率下T1 的定时初值。

(3) 编写程序，通过 P2.0、P2.1 口实现串行输出经过 74LS164 转换驱动数码管。在数码管上显示的 0000，然后每 1 秒加 1，同时为十进制数的加。R0 放低 8 位，R1 放高 8 位(R1R0=0000～9999)。

(4) 编写一个程序，将累加器中的一个字符从串行接口发送出去。

(5) 编写一子程序，从串行接口接收一个字符。

第10章 使用单片机开发应用系统

教学提示： 单片机作为微型计算机家庭中的一员、发展中的一个分支，以其独特的结构和优点，越来越深受各个领域的关注和重视，其应用系统的设计方法和思想与一般的微型计算机应用系统的设计在许多方面是一致的，但由于单片机应用系统通常作为系统的最前端，设计时更应注意应用现场的工程实际问题，使系统的可靠性能够满足用户的要求。

教学目标： 了解 80C51 单片机开发应用系统的过程；掌握 80C51 单片机的开发工具和开发方法；熟练掌握 80C51 单片机软件抗干扰原理与方法。

10.1 开发应用系统过程

单片机本身只是一个微控制器，只有当它和其他器件、设备有机地组合在一起，并配置适当的工作程序后，才能构成一个单片机应用系统，完成规定的操作，具有特定的功能。一个单片机应用系统从提出任务到正式投入运行的过程称为对单片机的开发，开发过程所用的设备就称为开发工具。因此，单片机的开发应用系统应包括以下几个步骤。

1. 确定任务

这一步也称为可行性调研，可行性调研的目的是分析完成这个项目的可能性。进行这方面的工作，可参考国内外有关资料，看是否有人进行过类似的工作，了解该系统的市场应用概况。如果有，则可分析他人是如何进行这方面工作的，分析系统当前存在的问题，研究系统的市场前景；如果没有，则须作进一步的调研，此时的重点应放在能否实现这个环节，首先从理论上进行分析，探讨实现的可能性，所要求的客观条件是否具备，然后结合实际情况，再决定能否立项的问题。

简单地说，这一步就是通过调研克服旧缺点、开发新功能。在确定大方向的基础上，就应该对系统的具体实现进行规划，包括应该采集的信号种类、数量、范围，输出信号的匹配和转换，控制算法的选择，技术指标的确定等。

2. 方案设计

在确定研制任务之后，就可以进行下一步工作——系统总体方案的设计。工作的重点应放在该项目的技术难度上，根据系统的不同部分和要实现的功能，提出合理而可行的技术指标，从而完成系统总体方案设计。包括以下几项。

(1) 单片机机型和器件的选择

● 性能与功能尽量满足设计要求。

● 性能价格比要高。

● 货源稳定，有利于批量增加和系统的维护。

(2) 硬件与软件的功能划分

系统的硬件与软件要作统一的规划，因为系统中的某一个功能通常情况下既可以用硬件来实现，又可以用软件来实现。而用硬件实现与用软件实现又有各自的特点。

用硬件实现，优点是：速度比较快，可以节省 CPU 的时间；缺点是：系统的硬件接线复杂，系统成本高。

用软件实现，优点是：成本低，更为经济；缺点是：过多地占用 CPU 时间。

所以，要根据系统的实时性和系统的性能价格比综合确定。

3. 硬件设计

硬件设计是根据总体设计要求，具体确定系统中所要使用的元件，并设计出系统的电路原理图，还应包括后期的工艺结构设计、电路板制作和样机的组装等。一般来说，硬件设计应包括的几个部分如图 10.1 所示，所以硬件设计主要包括以下内容。

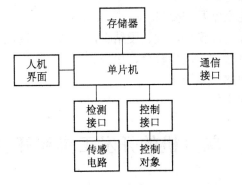

图 10.1　硬件设计框图

(1) 外部存储器扩展设计

80C51 单片机芯片内部集成了存储器，使用也非常方便，对于小型的测控系统已经足够了，但对于较大的应用系统，往往还需要扩展一些外围芯片，所以就必须考虑外部存储器的扩展设计。

(2) 接口设计

按照外设信号的特性及操作方式选择接口，外设信号主要有以下几种。

① 开关量。

② 脉冲。

③ 模拟量。

④ 串行数据。

⑤ 并行数据。

(3) I/O 端口分配

按接口信号的特性分配 I/O 端口，并应考虑将来程序设计的方便。如果 I/O 端口不足，可考虑改选型号或采用总线扩展。

(4) 总线扩展设计

总线扩展设计包括对地址分配读写控制总线扩展端口。

(5) 电源设计

在影响单片机系统可靠性的诸多因素中，电源干扰占 90%左右，所以要根据具体的要求设计一款不同档次的电源电路。

(6) 其他辅助电路设计

其他辅助电路设计主要完成时钟电路、复位电路、供电电路的设计。

(7) 人机界面

人机界面主要完成按键、开关、显示器、报警等电路的设计。

4. 软件设计

单片机应用系统的设计中，软件设计包括数据采集和处理程序、控制算法实现程序、人机联系程序和数据管理程序等。软件设计应按功能要求规划，以硬件结构为依托。采用模块化、结构化，与自底而上的设计方法，总体来说软件设计应该按照以下流程来做：

(1) 结构设计：面向对象划分功能模块，自顶向下安排程序结构，自动方式以过程为主线，人工方式以操作命令为源头。

(2) 存储器分配，定义常数与变量。

(3) 自底向上，设计功能模块，软、硬结合，分别进行调试。

(4) 从模块、局部到整体，逐步整合、协调。

(5) 整机联调，全面的性能测试。

(6) 总结建档与工程文件。

10.2 单片机的开发工具和开发方法

单片机本身并没有自开发能力，必须借助于开发工具来开发应用软件以及对硬件系统进行诊断。当单片机开发系统调试成功后，还需要利用开发工具将程序固化到单片机的内部或外部 4ROM 芯片中。

因此开发工具的主要作用如下：

(1) 系统硬件电路的诊断与检查。

(2) 程序的输入与修改。

(3) 程序的运行、调试，具有单步运行、没断点运行、状态查询等功能。

(4) 能将程序固化到 EPROM 芯片口去。

除了上述基本功能外，一个较完善的开发工具还应具备以下几点。

(1) 较齐全的开发用软件工具。

(2) 有全速跟踪调试、运行的能力，开发装置占用单片机的硬件资源最少。

(3) 为了方便模块化软件调试，还应配置软件转储、程序文本打印功能及设备。

10.2.1 单片机开发系统的功能

单片机开发系统的性能优劣和单片机应用系统的研制周期密切相关。一个单片机开发系统功能的强弱，可以从在线仿真、调试、软件辅助设计、目标程序固化等几个方面来分析。

1. 在线仿真功能

仿真器就是通过仿真头用软件代替在目标板上的 51 芯片，关键是不用反复烧写，不满意随时可以修改，可以单步运行，指定断点停止等，调试方面极为方便。

图 10.2 所示是仿真器工作方式示意图，用户系统或者又叫目标系统，就是用户设计的电路和它的测控对象组成的应用系统。仿真器通过仿真头连接到电路中安装单片机的位置，它在电路中扮演单片机的角色。有所不同的是，仿真器通常是在上位机的支持下工作，用户可以监控程序运行的过程。当在开发系统上通过在线仿真器调试单片机应用系统时，就像使用应用系统中真实的单片机一样，这种觉察不到的"替代"称为"仿真"。

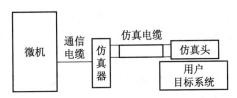

图 10.2 单片机工作方式示意图

仿真器的原理和特点如下。

仿真器内部的 P 口等硬件资源和 51 系列单片机基本是完全兼容的。仿真主控程序被存储在仿真器芯片特殊的指定空间内，有一段特殊的地址段用来存储仿真主控程序，仿真主控程序就像一台计算机的操作系统一样控制仿真器的正确运转。

仿真器和计算机的上位机软件(如 Keil)通过串口相连，通过仿真器芯片的 RXD 和 TXD 端口和计算机的串行口做联机通信，RXD 负责接收计算机主机发来的控制数据，TXD 负责给计算机主机发送反馈信息。控制指令由 Keil 发出，由仿真器内部的仿真主控程序负责执行接收到的数据，并且进行正确的处理。进而驱动相应的硬件工作，这其中也包括把接收到的 BIN 或者其他格式的程序存放到仿真器芯片内部，用来存储可执行程序的存储单元(这个过程和把程序烧写到 51 芯片里面是类似的，只是仿真器的擦写是以覆盖形式来做的)，这样就实现了类似编程器反复烧写来试验的功能。不同的是，通过仿真主控程序可以做到让这些目标程序，做特定的运行，比如单步、指定断点、指定地址的等，并且通过 Keil 可以时时观察到单片机内部各个存储单元的状态。仿真器和计算机主机联机后就像是两个精密的齿轮互相咬合的关系，一旦强行中断这种联系(比如强行给仿真器手动复位或者拔去联机线等)，计算机就会提示联机出现问题，这也体现了硬件仿真的鲜明特性，即"所见即所得"。这些都是编程器无法做到的。这些都给调试、修改及生成最终程序提供了比较有力的保证，从而实现较高的效率。

在线仿真器的英文名为 In Circuit Emulator(ICE)。ICE 是由一系列硬件构成的设备。开发系统中的在线仿真器应能仿真目标系统(即应用系统)中的单片机，并能模拟目标系统的 ROM、RAM 和 I/O 口。使在线仿真时目标系统的运行环境和脱机运行的环境完全"逼真"，以实现目标系统的一次性开发。仿真功能具体地体现在以下几个方面。

① 单片机仿真功能。

在线仿真时，开发系统应能将在线仿真器中的单片机完整地出借给目标系统，不占用目标系统单片机的任何资源，使目标系统在联机仿真和脱机运行时的环境(工作程序、使用的资源和地址空间)完全一致，实现完全的一次性仿真。

单片机的资源包括片上的 CPU、RAM、SFR、定时器、中断源、I/O 口以及外部可扩充的程序存储器和数据存储器地址空间。这些资源应允许目标系统充分自由的使用，不应受到任何限制，使目标系统能根据单片机固有的资源特性进行硬件和软件的设计。

② 模拟功能。

在开发目标系统的过程中，单片机的开发系统允许用户使用它内部的 RAM 存储器和输入/输出来替代目标系统中的 ROM 程序存储器、RAM 数据存储器和输入/输出，使用户在目标系统样机还未完全配置好以前便可借用开发系统提供的资源进行软件开发。

在研制目标系统开始的初级阶段，目标程序还未生成，此时用户编写的程序必须存放在开发系统 RAM 存储器内，以便于对程序进行调试和修改。开发系统所能出借的可作为目标系统程序存储器的 RAM，常称为仿真 RAM，开发系统中仿真 RAM 容量和地址映射应和目标系统完全一致。对于 MCS-51 系列单片机开发系统，最多能出借 64KB 的仿真 RAM，并保持原有复位入口和中断入口地址不变，但不同的开发系统所出借的仿真 RAM 容量不一定相同，使用时应参考有关说明。

2. 调试功能

开发系统对目标系统软、硬件的调试功能强弱，将直接关系到开发的效率。性能优良的单片机开发系统应具有下列调试功能。

(1) 运行控制功能

开发系统应能使用户有效地控制目标程序的运行，以便检查程序运行的结果，对存在的硬件故障和软件错误进行定位。

① 单步运行：能使 CPU 从任意的程序地址开始执行一条指令后停止运行。

② 断点运行：允许用户任意设置断点条件，启动 CPU 从规定地址开始运行后，当碰到断点条件(程序地址和指定断点地址符合或者 CPU 访问到指定的数据存储器单元等条件)符合以后停止运行。

③ 全速运行：能使 CPU 从指定地址开始连续地全速运行目标程序。

④ 跟踪运行：类似单步运行过程，但可以跟踪到子程序中运行。

(2) 目标系统状态的读出修改功能

当 CPU 停止执行目标系统的程序后，允许用户方便地读出或修改目标系统资源的状态，以便检查程序运行的结果、设置断点条件及设置程序的初始参数。可供用户读出/修改的目标系统资源包括以下几种：

① 程序存储器(开发系统中的仿真 RAM 存储器或目标机中的程序存储器)。

②　单片机中片内资源(工作寄存器、特殊功能寄存器、I/O 口、RAM 数据存储器、位单元)。

③　系统中扩展的数据存储器、I/O 口。

(3)　跟踪功能

高性能的单片机开发系统具有逻辑分析仪的功能,在目标程序运行过程中,能跟踪存储目标系统总线上的地址信号、数据信号和控制信号的状态变化,跟踪存储器能同步地记录总线上的信息,用户可以根据需要显示跟踪存储器搜集到的信息,也可以显示某一位总线状态变化的波形。使用户掌握总线上状态变化的过程,对各种故障的定位特别有用,可大大提高工作效率。

3.　辅助设计功能

软件辅助设计功能的强弱也是衡量单片机开发系统性能高低的重要标志。单片机应用系统软件开发的效率在很大程度上取决于开发系统的辅助设计功能。

(1)　程序设计语言

单片机的程序设计语言有机器语言、汇编语言和高级语言。

机器语言只在简单的开发装置中才使用,程序的设计、输入、修改和调试都很麻烦,只能用来开发一些非常简单的单片机应用系统。

汇编语言具有使用灵活、程序容易优化的特点,是单片机中最常用的程序设计语言。但是用汇编语言编写程序还是比较复杂的,只有对单片机的指令系统非常熟悉,并具有一定的程序设计经验,才能研制出功能复杂的应用程序。

高级语言通用性好,程序设计人员只要掌握开发系统所提供的高级语言的使用方法,就可以直接用该语言编写程序。MCS-51 系列单片机的编译型高级语言有 PL/M51、C-51、MBASIC-51 等。解释型高级语言有 BASIC-52、Tiny Basic 等。编译型高级语言可生成机器码,解释型高级语言必须在解释程序支持下直接解释执行,因此编译型高级语言才能作为微机开发语言。高级语言对不熟悉单片机指令系统的用户比较适用,这种语言的缺点是不易编写出实时性很强的、高质量的、紧凑的程序。

(2)　程序编辑

单片机大都在一些简单的硬件环境中工作,因此大都直接使用机器代码程序。如何将用户系统的源程序翻译成目标程序呢?可借助开发系统提供的软件来完成。

通常几乎所有的单片机开发系统都能与 PC 连接,允许用户使用 PC 的编辑程序编写汇编语言或高级语言编写程序。例如,PC 上的 EDLIN 行编辑和 PE、WS 等屏幕编辑程序,可使用户方便地将源程序输入到计算机开发系统中,生成汇编语言或高级语言的源文件。然后利用开发系统提供的交叉汇编或编译系统在 PC 上,将源程序编译成可在目标机上直接运行的目标程序。由于开发型单片机一般都具有能和 PC 串行通信的接口,在 PC 上生成的目标程序可通过命令直接传输到开发机的 RAM 中,这大大减轻了人工输入机器码的繁重劳动。

一些单片机的开发系统还提供反汇编功能,并可提供用户宏调用的子程序库,以减少用户软件研制的工作量。

4. 程序固化功能

在单片机应用系统中常要扩展 EPROM 或 EEPROM 作为存放程序和常数的程序存储器，当应用程序尚未调好之前可借用开发系统的存储器。当系统调试完毕，确认软件无故障时，应把用户应用系统的程序固化到 EPROM 中去，EPROM 写入器就是完成这种任务的专用设备，它也是单片机开发系统的重要组成部分。

10.2.2 单片机应用系统调试

在完成用户系统样机的组装和软件设计以后，便进入系统的调试阶段。用户系统的调试步骤和方法基本上是相同的，但具体细节和所采用的开发机以及用户系统选用的单片机型号有关。单片机应用系统调试的一般方法如下。

1. 硬件调试方法

单片机应用系统的硬件调试和软件调试是分不开的，许多硬件故障是在调试软件时才发现的。但通常是先排除系统中明显的硬件故障后才和软件结合起来调试。

(1) 常见的硬件故障

① 逻辑错误。

样机硬件的逻辑错误是由于设计错误和加工过程中的工艺性错误所造成的。这类错误包括错线、开路、短路等几种，其中短路是最常见的故障。在印制电路板布线密度高的情况下，很容易因工艺原因造成短路。

② 元器件失效。

元器件失效的原因有两个方面：一是器件本身已损坏或性能不符合要求；二是由于组装错误造成的元器件失效，如电解电容、二极管的极性错误，集成块安装方向错误等。

③ 可靠性差。

引起系统不可靠的因素很多，如金属化孔、接插件接触不良会造成系统时好时坏；内部和外部的干扰、电源纹波系数过大、器件负载过大等造成逻辑电平不稳定；另外，走线和布局的不合理等也会引起系统可靠性差。

④ 电源故障。

若样机中存在电源故障，则加电后将造成器件损坏。电源的故障包括：电压值不符合设计要求；电源引出线和插座不对应；电源功率不足、负载能力差。

(2) 硬件调试方法

① 脱机调试。

脱机调试是在样机加电之前，先用万用表等工具，根据硬件电气原理图和装配图仔细检查样机线路的正确性，并核对元器件的型号、规格和安装是否符合要求。应特别注意电源的走线，防止电源之间的短路和极性错误，并重点检查扩展系统总线是否存在相互间的短路；或其他信号线的短路。

对于样机所用的电源事先必须单独调试，调试好后，检查其电压值、负载能力、极性等均符合要求，才能加到系统的各个部件上。在不插仿真头的情况下，加电检查各插件上引脚的电位，仔细测量各地点电位是否正常，尤其应注意单片机插座上的各点电位是否正常，若有高压，联机时将会损坏开发机。

② 联机调试。

通过脱机调试可排除一些明显的硬件故障。有些硬件故障还是要通过联机调试才能发现和排除。

联机前先断电，把开发系统的仿真插头插到样机的单片机插座上，检查一下开发机与样机之间的电源、接地是否良好。一切正常，即可打开电源。

通电后执行开发机读写指令，对用户样机的存储器、I/O 端口进行读写操作、逻辑检查，若有故障，可用样机的存储器、I/O 端口进行读写操作、逻辑检查，若还有故障，可用示波器观察波形(如输出波形、读写控制信号、地址数据波形及有关控制电平)。通过对波形的观察分析，寻找故障原因，并进一步排除故障。可能的故障有线路连接上有逻辑错误、有断路或短路现象、集成电路失效等。

在用户系统的样机(主机部分)调试好后，可以插上用户系统的其他外围部件，如键盘、显示器、输出驱动板、A/D、D/A 板等，再对这些部件进行初步调试。在调试中若发现用户系统工作不稳定，可能有下列情况：电源系统供电电流不够，联机时公共地线接触不良；用户系统主机板负载过大；用户系统各级电源滤波不完善等。

对于工作不稳定的问题，一定要认真查出原因，加以排除。

2. 软件调试方法

软件调试与所选用的软件结构和程序设计技术有关。如果采用模块程序设计技术，则逐个模块调试好以后，再进行系统程序总调试。如果采用实时多任务操作系统，一般是逐个任务分别调试，下面进一步予以说明。

对于模块结构程序，要一个一个子程序分别调试。调试子程序时，一定要符合现场环境，即入口条件和出口条件。调试的手段可采用单步运行方式和断点运行方式，通过检查用户系统 CPU 的现场、RAM 的内容和 I/O 口的状态，检测程序执行结果是否符合设计要求。通过检测，可以发现程序中的死循环错误、机器码错误及转移地址的错误，同时也可以发现用户系统中的硬件故障、软件算法及硬件设计错误。在调试过程中不断调整用户系统的软件和硬件，逐步通过一个个程序模块。

各程序模块通过后，可以把各功能模块联合起来一起进行整体程序综合调试。在这阶段若发生故障，可以考虑各子程序在运行时是否破坏现场，缓冲单元是否发生冲突，零位的建立和清除在设计上是否有失误，堆栈区域是否有溢出，输入设备的状态是否正常等。若用户系统是在开发系统的监控程序下运行时，还要考虑用户缓冲单元是否和监控程序的工作单元发生冲突。

单步和断点调试后，还应进行连续调试，这是因为单步运行只能验证程序的正确与否，而不能确定定时精度、CPU 的实时响应等问题。待全部完成后，应反复运行多次，除了观察稳定性之外，还要观察用户系统的操作是否符合原始设计要求、安排的用户操作是否合理等，必要时还要作适当修正。

对于实时多任务操作系统的调试方法与上述方法有很多相似之处，只是实时多任务操作系统的应用程序是由若干个任务程序组成，一般是逐个任务进行调试，在调试某一个任务时，同时也调试相关的子程序、中断服务程序和一些操作系统的程序。逐个任务调试好以后，再使各个任务同时运行，如果操作系统中没有错误，一般情况下系统就能正常运转。

在全部调试和修改完成后，将用户软件固化在 EPROM 中，插入用户样机后，用户系统即能脱离开发机独立工作，全此系统研制完成。

10.3 单片机系统可靠性与抗干扰技术

单片机应用系统的工作环境一般都比较恶劣，干扰源较多，因此系统的输入中会存在大量的噪声和干扰信号。

10.3.1 抗干扰技术

1. 硬件抗干扰常用方法

(1) 干扰的基本要素

影响单片机系统可靠安全运行的因素主要来自系统内部和外部的各种电气干扰，并受系统结构设计、元器件选择、安装、制造工艺影响。这些都构成单片机系统的干扰因素，常会导致单片机系统运行失常，轻则影响产品质量和产量，重则会导致事故，造成重大经济损失。

形成干扰的基本要素有 3 个。

① 干扰源。指产生干扰的元件、设备或信号，如雷电、继电器、可控硅、电机、高频时钟等都可能成为干扰源。

② 传播路径。指干扰从干扰源传播到敏感器件的通路或媒介。典型的干扰传播路径是通过导线的传导和空间的辐射。

③ 敏感器件。指容易被干扰的对象，如 A/D、D/A 变换器，单片机，数字 IC，弱信号放大器等。

(2) 干扰的分类

干扰的分类有好多种，通常可以按照噪声产生的原因、传导方式、波形特性等进行不同的分类。

按产生的原因划分，可分为放电噪声、高频振荡噪声、浪涌噪声。

按传导方式划分，可分为共模噪声和串模噪声。

按波形划分，可分为持续正弦波、脉冲电压、脉冲序列等。

(3) 干扰的耦合方式

干扰源产生的干扰信号是通过一定的耦合通道才对测控系统产生作用的。因此，有必要清楚干扰源和被干扰对象之间的传递方式。

干扰的耦合方式，无非是通过导线、空间、公共线等，细分下来主要有以下几种。

① 直接耦合：这是最直接的方式，也是系统中存在最普遍的一种方式。比如干扰信号通过电源线侵入系统。对于这种形式，最有效的方法就是加入去耦电路。

② 公共阻抗耦合：这也是常见的耦合方式，这种形式常常发生在两个电路电流有共同通路的情况。为了防止这种耦合，通常在电路设计上就要考虑。使干扰源和被干扰对象间没有公共阻抗。

③ 电容耦合：又称电场耦合或静电耦合，是由于分布电容的存在而产生的耦合。

④　电磁感应耦合：　又称磁场耦合，是由于分布电磁感应而产生的耦合。

⑤　漏电耦合：　这种耦合是纯电阻性的，在绝缘不好时就会发生。

(4)　常用硬件抗干扰技术

针对形成干扰的三要素，采取的抗干扰主要有以下手段。

①　选择良好的元器件与单片机

硬件抗干扰技术是系统设计时首选的抗干扰措施，它能有效抑制干扰源，阻断干扰传输通道。常用的硬件设计抗干扰措施如下。

● 现在市场上出售的元器件种类繁多，有些元器件虽然可用但性能不佳，有些元器件极易受到干扰，因此在选择关键元器件如译码器、键盘扫描控制器、RAM 等时，最好选用性能稳定的工业级产品。

● 单片机的选择不光考虑硬件配置、存储容量等，更要选择抗干扰性能较强的单片机。

● 外时钟是高频的噪声源，对系统的内、外都能产生干扰，因此在满足需要的前提下，选用频率低的单片机是明智之举。

②　抑制电源干扰

单片机系统中的各个单元都需要使用直流电源，而直流电源一般是市电电网的交流电经过变压、整流、滤波、稳压后产生的，因此电网上的各种干扰便会引入系统。除此之外，由于交流电源共用，各电子设备之间通过电源也会产生相互干扰，因此抑制电源干扰尤其重要。电源干扰主要有以下几类：

● 电源线中的高频干扰。供电电力线相当于一个接收天线，能把雷电、电弧、广播电台等辐射的高频干扰信号通过电源变压器初级耦合到次级，形成对单片机系统的干扰。

● 感性负载产生的瞬变噪声。切断大容量感性负载时，能产生很大的电流和电压变化率，从而形成瞬变噪声干扰，成为电磁干扰的主要形式。

● 晶闸管通断时的干扰。晶闸管通断时的电流变化率很大，使得晶闸管在导通瞬间流过一个具有高次谐波的大电流，在电源阻抗上产生很大的压降，从而使电网电压出现缺口，这种畸变了的电压波形含有高次谐波，可以向空间辐射或通过传导耦合，干扰其他设备。此外，还有电网电压波动或电压瞬时跌落产生干扰等。

电源干扰的抑制，通常可采用以下几种方法：

● 接地技术。为单片机系统提供良好的地线，对提高系统的抗干扰能力极为有益。特别是对有防雷击要求的系统，良好的接地至关重要。在雷击、浪涌式干扰以及快脉冲群干扰时要设法去除，而去除的方法都是将干扰引入大地，如果系统不接地，或虽有地线但接地电阻过大，则这些元件都不能发挥作用。为单片机供电电源的地俗称逻辑地，它们和大地的地的关系可以相通、浮空或接一电阻，要视应用场合而定。不能把地线随便接在暖气管子上。绝对不能把接地线与动力线的火线、零线中的零线混淆。

● 屏蔽线与双绞线传输。屏蔽线对静电干扰有较强的抑制作用，而双绞线有抵消电磁感应干扰的作用。开关信号检测线和模拟信号检测线可以使用屏蔽双绞线，来抵御静电和电磁感应干扰；特殊的干扰源也可以用屏蔽线连接，屏蔽了干扰源向外施加干扰。

● 隔离技术。信号的隔离目的之一是从电路上把干扰源和易干扰的部分隔离开来，使监控装置与现场仅保持信号联系，但不直接发生电的联系。隔离的实质是把引进的干扰通道切断，从而达到隔离现场干扰的目的。

一般单片机应用系统既有弱电控制系统又有强电控制系统，通常实行弱电和强电隔离，是保证系统工作稳定、设备与操作人员安全的重要措施。常用的隔离方式有光电隔离、变压器隔离、继电器隔离和布线隔离等。

● 模拟信号采样抗干扰技术。单片机应用系统中通常要对一个或多个模拟信号进行采样，并将其通过 A/D 转换成数字信号进行处理。为了提高测量精度和稳定性，不仅要保证传感器本身的转换精度、传感器供电电源的稳定、测量放大器的稳定、A/D 转换基准电压的稳定，而且要防止外部电磁感应噪声的影响，如果处理不当，微弱的有用信号可能完全被无用的噪声信号淹没。在实际工作中，可以采用具有差动输入的测量放大器，采用屏蔽双绞线传输测量信号，或将电压信号改变为电流信号，以及采用阻容滤波等技术。

在许多信号变化比较慢的采样系统中，如人体生物电(心电图、脑电图)采样、地震波记录等，影响最大的是 50Hz 的工频干扰。因此对工频干扰信号的抑制是保证测量精度的重要措施之一。抑制和消除工频干扰，常用的方法是在 A/D 转换电路之前加 RC 滤波器，或者采用采样时间是 50Hz 的工频周期整数倍的双积分式 A/D 转换器。

③ 数字信号传输通道的抗干扰技术

数字输出信号可作为系统被控设备的驱动信号(如继电器等)，数字输入信号可作为设备的响应回答和指令信号(如行程开关、启动按钮等)。数字信号接口部分是外界干扰进入单片机系统的主要通道之一。在工程设计中，对数字信号的输入/输出过程采取的抗干扰措施有：传输线的屏蔽技术，如采用屏蔽线、双绞线等；采用信号隔离措施；合理接地，由于数字信号在电平转换过程中形成公共阻抗干扰，选择合适的接地点可以有效抑制地线噪声。

④ 硬件监控电路

在单片机系统中，为了保证系统可靠、稳定的运行，增强抗干扰能力，需要配置硬件监控电路，硬件监控电路从功能上包括以下几个方面。

● 上电复位：保证系统加电时能正确的启动。

● 掉电复位：当电源失效或电压降到某一电压值以下时，产生复位信号对系统进行复位。

● 数据保护：当电源或系统工作异常时，对数据进行必要的保护，如写保护、后备电池切换等。

● 电源监测：供电电压出现异常时，给出报警指示信号或中断请求信号。

● 硬件看门狗：当处理器遇到干扰或程序运行混乱产生"死锁"时，对系统进行复位。

⑤ 印制板电路合理布线

印制电路板(PCB)是电子产品中电路元件和器件的支撑件，它提供电路元件和器件之间的电气连接。随着电子技术的飞速发展，PCB 的密度越来越高，PCB 设计得好坏对抗干扰能力影响很大。因此，在进行 PCB 设计时，必须遵守 PCB 设计的一般原则，并应符合抗干扰设计的要求。下面着重说明两点：

- 关键器件放置：在器件布置方面与其他逻辑电路一样，应把相互有关的器件尽量放得靠近些，这样可以获得较好的抗噪声效果。时钟发生器、晶振和 CPU 的时钟输入端都易产生噪声，要相互靠近些；CPU 复位电路、硬件看门狗电路要尽量靠近 CPU 相应引脚；易产生噪声的器件、大电流电路等应尽量远离逻辑电路，如有可能，应另外做电路板。
- D/A、A/D 转换电路要特别注意地线的正确连接，否则干扰影响将很严重。D/A、A/D 芯片及采样芯片均提供了数字地和模拟地，分别有相应的管脚。在线路设计中，必须将所有器件的数字地和模拟地分别相连，但数字地与模拟地仅在一点上相连。

另外，也可以采用屏蔽保护，屏蔽可用来隔离空间辐射。对噪声特别大的部件(如变频电源、开关电源)可以用金属盒罩起来以减少噪声源对单片机的干扰，对容易受干扰的部分，可以增加屏蔽罩并接地，使干扰信号被短路接地。

2. 软件抗干扰常用方法

尽管以上采取了硬件抗干扰措施，但由于干扰信号产生的原因错综复杂，且具有很大的随机性，很难保证系统完全不受干扰。因此，往往在硬件抗干扰措施的基础上，采取软件抗干扰技术加以补充，作为硬件措施的辅助手段。软件抗干扰方法具有简单、灵活方便、耗费低等特点，在单片机系统中被广泛应用，软件抗干扰的常用方法有数字滤波方法、输入信号重复检测法、输出端口数据刷新法、指令冗余法及软件陷阱技术等，这部分内容将在下一节重点介绍。

(1) 数字滤波方法

数字滤波是在对模拟信号多次采样的基础上，通过软件算法提取最逼近真值数据的过程。数字滤波的算法灵活，可选择权限参数，其效果往往是硬件滤波电路无法达到的。

(2) 输入信号重复检测方法

输入信号的干扰是叠加在有效电平信号上的一系列离散尖脉冲，作用时间很短。当控制系统存在输入干扰，又不能用硬件加以有效抑制时，可用软件重复检测的方法，达到"去伪存真"的目的，直到连续两次或连续两次以上的采集结果完全一致时方为有效。若信号总是变化不定，在达到最高次数限额时，则可给出报警信号。对于来自各类开关型传感器的信号，如限位开关、行程开关、操作按钮等，都可采用这种输入方式。如果在连续采集数据之间插入延时，则能够对抗较宽的干扰。

(3) 输出端口数据刷新方法

开关量输出软件抗干扰设计，主要是采取重复输出的方法，这是一种提高输出接口抗干扰性能的有效措施。对于那些用锁存器输出的控制信号，这些措施很有必要。在尽可能短的周期内，将数据重复输出，受干扰影响的设备在还没有来得及响应时，正确的信息又到来，这样就可以及时防止误动作的产生。在程序结构的安排上，可为输出数据建立一个数据缓冲区，在程序的周期性循环体内将数据输出。对于增量控制型设备不能这样重复送数，只有通过检测通道，从设备的反馈信息中判断数据传输得正确与否。

在执行重复输出功能时，对于可编程接口芯片，工作方式控制字与输出状态字一并重复设置，使输出模块可靠地工作。

(4) 指令冗余方法

CPU 取指令过程是先取操作码，再取操作数。当 PC 受干扰出现错误，程序便脱离正常轨道"乱飞"，当乱飞到某双字节指令，若取指令时刻落在操作数上，误将操作数当作操作码，程序将出错。若"飞"到了三字节指令，出错概率更大。

在关键地方人为插入一些单字节指令，或将有效单字节指令重写，称为指令冗余。通常是在双字节指令和三字节指令后插入两个字节以上的 NOP。这样即使乱飞程序飞到操作数上，由于空操作指令 NOP 的存在，避免了后面的指令被当作操作数执行，程序自动纳入正轨。

此外，对系统流向起重要作用的指令如 RET、RETI、LCALL、LJMP、JC 等指令之前插入两条 NOP，也可将乱飞程序纳入正轨，确保这些重要指令的执行。

(5) 软件陷阱的设计

当乱飞程序进入非程序区，冗余指令便无法起作用。通过软件陷阱，拦截乱飞的程序，将其引向指定位置，再进行出错处理。

软件陷阱是指用来将捕获的乱飞程序引向指定的入口地址指令。

10.3.2 可靠性设计任务与方法

一个单片机系统的可靠性是其自身软、硬件与其所处工作环境综合作用的结果，因此系统的可靠性也应从这两个方面去分析与设计。对于系统自身而言，能不能在保证系统各项功能实现的同时，对系统自身运行过程中出现的各种干扰信号及直接来自于系统外部的干扰信号进行有效的抑制，是决定系统可靠性的关键。有缺陷的系统往往只从逻辑上去保证系统功能的实现，而对于系统运行过程中可能出现的潜在问题考虑欠缺，采取的措施不足，在干扰信号真正袭来时，系统就可能会陷入困境。任何系统的可靠性都是相对的，在一种环境下能够很好工作的系统在另一种环境下却有可能是很不稳定的。这就充分说明环境对系统可靠运行的重要性。在针对系统运行环境去设计系统的同时，应尽量采取措施改善系统运行的环境，降低环境干扰，但这样的措施往往比较有限。

可靠性设计是一项系统工程，单片机系统的可靠性必须从软件、硬件及结构设计等方面全面考虑。硬件系统的可靠性设计是单片机系统可靠性的根本，而软件系统的可靠性设计起到抑制外来干扰的作用。通过软件系统的可靠性设计，达到最大限度地降低干扰对系统工作的影响，确保单片机及时发现因干扰导致程序出现的错误，并使系统恢复到正常工作状态或及时报警的目的。

1. 电路设计

影响单片机测控系统可靠性的因素有 45%来自系统设计，为了保证测控系统的可靠性，在对电路设计时，应进行最坏情况的设计。

各种电子元件的特性不可能是一个恒定值，总是在其标注值的上下有一个变化的范围。同时，电源电压也有一个波动范围，最坏的设计(指工作环境最坏情况下)方法是考虑所有元件的公差，并取其最不利的数值。核算电路的每一个规定的特性。如果这一组参数值都能保证正常工作，那么在公差范围内的其他所有元件值都能使电路可靠地工作。在设计应用系统电路时，还要根据元件的失效率特征及其使用场所采取相应措施：

在元件级，对那些容易产生短路的部件，以串联方式复制；对那些容易产生断路的部件，以并联方式复制，并在这些部分设置报警和保护装置。

2. 元器件选择

(1) 型号与公差

在确定元器件参数之后，还要确定元器件的型号，这主要取决于电路所允许的公差范围。对于电容器，如果用于常温环境中，一般的电解电容就可以满足要求，对于电容公差要求较高的电路系统，则电解电容就不宜选用。

(2) 降额使用

元器件的失效率随工作电压成倍增加。因此，系统供电电源的容量就大于负载的最大值，元器件的额定工作条件是多方面的，如电流电压频率、功率、机械强度及环境温度等。所说的降额使用，就是要降低以上这些参数，在电路设计中，首先考虑的是降低它的功效。选用电容器时要降低它的工作电压，使用电压一般小于额定电压的 60%。选用二极管及可控硅时，应使其工作电流低于额定电流，对于晶体管、稳压管等应考虑工作时的耗散功率。

集成电路的降额使用同样是从电气参数及环境因素来考虑的。在电气上要降低功耗，对 CMOS 芯片和线性集成电路在满足输出要求的前提下，应降低电源电压或减少下级负载。而 TTL 电路对电源电压要求比较严，这时应注意它们的带负载能力，民用元器件的温度使用范围较窄，如果用于工业控制中，在整体设计时应降额使用。

3. 结构设计

结构可靠性设计是硬件可靠性设计的最后阶段，结构设计时首先应注意元器件及设备的安装方式；其次是控制系统工作的环境条件，如通风、除湿、防尘等。

4. 噪声抑制

噪声对模拟电路作用会影响系统的精度，对数字电路会造成误动作，因此在工程设计中，必须采用抑制措施。干扰信号可分为串模干扰和共模干扰两大类。

(1) 抗串模干扰的措施

① 光电隔离，在输入和输出通道上采用光耦合器件进行信息传输，以免上一级干扰窜到下一级。

② 硬件滤波电路，常用 RC 低通滤波器接在一些低频信号传送电路中(如热电偶输入线路等)，它可大大削弱各类高频干扰信号(如各类"毛刺"干扰)。

③ 过压保护电路，在输入/输出通道上应采用一定的过压保护电路，以防止引入高电压伤害单片机系统。

④ 采用抗干扰稳压电源，微机系统的供电线路是干扰的主要入侵途径。通常采用以下几种措施：

● 单片机系统的供电线路和产生干扰的用电设备分开供电。

● 通过低通滤波器和隔离变压器接入电网。

● 整流元件上并接滤波电容，选用高质量的稳压电路。

(2) 抗共模干扰措施

共模干扰通常是针对平衡输入信号而言的，抗共模干扰的方法有以下几种：

① 平衡对称输入，在设计信号源时，通常是各类信号尽可能做到平衡对称。

② 选用高质量的差动放大器。

③ 要有良好的接地系统。

④ 系统接地点要正确连接；系统中的大功率元件地线与小功率信号地线也要分开布线或加粗地线，数字地与模拟地必须分开，最后只在一点相连。如果系统中的数字地与模拟地不分，则数字信号电流在模拟系统的地线中形成干扰(地电位改变)，使模拟信号失真，这一点请初学者特别注意。

⑤ 屏蔽，用金属外壳或金属匣将整机或部分元器件包围起来，再将金属外壳或金属匣接地，就能起到屏蔽作用。对于各种通过电磁感应引起的干扰，特别注意的是屏蔽外壳的接地点，一定与信号的参考点相接。

5．开机自检

开机后首先对单片机系统的硬件及软件状态进行检测，一旦发现不正常，就进行相应的处理。开机自检程序通常包括对 RAM、ROM、I/O 口状态等的检测。

(1) 检测 RAM。检查 RAM 读写是否正常，实际操作是向 RAM 单元写"00H"，读出也应为"00H"，再向其写"FFH"，读出也应为"FFH"。如果 RAM 单元读写出错，应给出 RAM 出错提示(声光或其他形式)，等待处理。

(2) 检查 ROM 单元的内容。对 ROM 单元的检测主要是检查 ROM 单元内容的校验和。所谓 ROM 的校验和是将 ROM 的内容逐一相加后得到一个数值，该值便称为校验和。ROM 单元存储的是程序、常数和表格。一旦程序编写完成，ROM 中的内容就确定了，其校验和也就是唯一的。若 ROM 校验和出错，应给出 ROM 出错提示(声光或其他形式)，等待处理。

(3) 检查 I/O 口状态。首先确定系统的 I/O 口在待机状态应处的状态，然后检测单片机的 I/O 口在待机状态下的状态是否正常(如是否有短路或开路现象等)。若不正常，应给出出错提示(声光或其他形式)，等待处理。

(4) 其他接口电路检测。除了对上述单片机内部资源进行检测外，对系统中的其他接口电路，比如扩展的 E^2PROM、A/D 转换电路等，又如数字测温仪中的 555 单稳测温电路，均应通过软件进行检测，确定是否有故障。

只有各项检查均正常，程序方能继续执行，否则应提示出错。

6．足够的容错设计

(1) 超时管理的容错设计

在系统程序中，除了专门设置的循环等待程序外，系统中的许多操作都是时间有界的。由于非正常激励的入侵，导致任务操作无法结束，形成超时现象。解决措施：在程序设计中采用超时管理办法，使程序从非正常激励造成的"死机"中退出。

(2) 超界管理的容错设计

系统中实际运行的参数都是有界的。系统运行中要考虑的超界管理参数如下。

① 物理参数。这些参数主要是系统的输入参数，它包括激励参数、采集处理中的运行参数和处理结束的结果参数。合理设定这些边界，将超出边界的参数都视为非正常激励

或非正常响应进行出错处理。

②　资源参数。这些参数主要是系统中的电路、器件、功能单元的资源，如存储器容量、存储单元长度、堆栈深度。在程序设计中，对资源参数不允许超界使用。

③　应用参数。这些应用参数常表现为一些器件、功能单元的应用条件，如 E^2PROM 的擦写次数与数据存储时间等应用参数界限。

④　过程参数。指系统运行中有序变化的参数。

(3)　有序化的容错设计

有序化是程序正常运行的重要标志，是程序设计人员赋予的。有序化的容错设计是要保证在众多的非正常激励和出现非正常响应时，要最大限度地保证原来程序设计时给定的有序的正常程序操作。

7.　安保、自检与自修复技术

在高可靠性等级的单片机应用系统中，软件设计中应有安保、自检与自修复软件。

(1)　安保程序设计。安保设计要求有非正常响应时，对象的完全性保障和系统的可持续运行。为了能在系统出现非正常响应时，立即获得安全保护，应设置关键部位的失控检测，如 I/O 口输出状态实时检测；机器人轨迹检测等。检测到非正常响应后，应快速进入安保状态设置，首先使系统进入安全态，然后保护系统的关键资源不受侵害，以保证系统具有后续运行的操作能力。

(2)　实际系统中的自检。在实际的单片机应用软件中，应充分利用其智能化特点，设置各种自检程序以提高其可靠性与安全性。通常，应用系统中的自检程序有自诊断，失控后的回复检查和程序关键处的查验。程序自诊断通常是开机后对系统的例行检查；失控回复后的检查重点是数据区、I/O 状态、SFR 状态、外围电路的状态等。程序关键处的查验有界限检查、冗余性检查与逻辑性检查。

8.　采用备份系统提高可靠性

备份系统在许多重要控制系统中已被广泛使用，但多在工控机中或较大型的系统中采用。备份系统可根据具体的情况分为在线备份系统和后备备份系统。对于在线备份系统，系统中的两个 CPU 均处于工作状态，有可能两个 CPU 处在对等的位置，也可能一个处在主 CPU 的位置，而另一个处在从 CPU 的位置。在对等的情况下，两个 CPU 共同决定系统对外的操作，任何一个 CPU 出错都将引起对外操作的禁止。对于一主一从的情况，往往是主 CPU 负责系统控制逻辑的实现，而从 CPU 负责对主 CPU 的工作状态进行监控。当监控到主 CPU 工作异常时，从 CPU 通过强行复位主 CPU 等操作使主 CPU 恢复正常，同时，为确保从 CPU 工作正常，从 CPU 的工作状态也被主 CPU 监控；当从 CPU 的工作状态不正常时，主 CPU 也可采取措施使从 CPU 恢复正常工作，即实现互相监控的目的。在具体的设计中，主、从 CPU 进行信息交换的途径非常灵活、多样。例如，采用公用的存储器来实现监控信息的交换(如把公用信息存入双口 RAM)，采用握手信号的方法实现监控信息的交换等。

10.4 软件抗干扰原理与方法

前面提到的软件抗干扰方法具有简单、灵活、方便、耗费低等特点，在单片机系统中被广泛应用，在这一节着重介绍一下软件抗干扰的原理与方法。

10.4.1 软件抗干扰

软件抗干扰技术是当系统受到干扰后，使系统恢复正常运行或输入信号受干扰后去伪存真的一种辅助方法。此技术属于一种被动抗干扰措施，但是由于软件抗干扰设计灵活，节省硬件资源，操作起来方便易行，所以软件抗干扰技术越来越受到人们的重视。

软件抗干扰技术主要研究的方面有以下几个。

(1) 采取软件的方法对叠加在模拟输入信号上的噪声进行抑制，以读取真正有用的信息，如数字滤波器。

(2) 在程序受到干扰"跑飞"的情况下，采取措施使程序回到正常的轨道上来，常见的抗干扰技术有软件拦截技术(软件陷阱等)、输入口信号重复检测方法、输出口数据刷新、数字滤波等。

(3) 程序具有自检功能。

10.4.2 数字滤波方法

为了保证测量和控制的准确性，在进行数据处理之前要消除输入信号中的干扰，干扰信号可以通过模拟滤波器和数字滤波加以削弱或滤除。模拟滤波器装置一般由电阻、电容、运算放大器等电子元件组成；数字滤波是一种程序滤波，其计算程序对采样信号进行平滑加工，减少干扰信号在有用信号中的比例，和模拟滤波装置相比，数字滤波有以下几个优点。

(1) 数字滤波用程序实现，不需硬件设备，系统的可靠性较高。

(2) 数字滤波可实现多通道共用。

(3) 可对低频信号实现滤波。

(4) 采用不同的算法和参数就可实现对不同信号的滤波，使用起来灵活、方便。

数字滤波所具有的优点，使其在计算机控制系统中得到非常广泛的应用。

常用的数字滤波方法有程序判断滤波、中值滤波、算术平均滤波等。

1. 程序判断滤波

当采样信号由于随机干扰、误检等不稳定而引起严重失真时，可以采用程序判断滤波法滤波。程序滤波法就是根据经验，确定出两次采样输入信号可能出现的最大偏差 Δy，如果超过此偏差值，则表明该输入信号是干扰信号，应该舍弃；如果小于此偏差值，则可以将信号作为本次采样值。

程序滤波可以分为限幅滤波和限速滤波两种，这里着重介绍限幅滤波。

(1) 限幅滤波就是把相邻的两次采样值相减，求出其增量(以绝对值表示)，然后与两次采样允许的最大偏差值(由被控对象的实际情况决定) Δy 进行比较，如果不大于 Δy，则取本次采样值；如果大于 Δy，则仍取上次采样值作为本次采样值。即：

$|Y_n-Y_{n-1}|\leqslant\Delta y$，则 $Y_n=Y_n$，取本次采样值

$|Y_n-Y_{n-1}|>\Delta y$，则 $Y_n=Y_{n-1}$，取上次采样值

其中：Y_n——第 n 次采样值；

Y_{n-1}——第 $n-1$ 次采样值；

Δy——两次采样值所允许的最大偏差，其大小取决于采样周期 T 和 Y 值变化动态响应。

限幅滤波的关键在于选择 Δy，如果 Δy 选取得过大，则不容易滤除干扰信号；而 Δy 选取得过小，则可能会滤去有用的信号，而不能做到完全跟踪被控对象。因此，Δy 必须适当选择。

设 Δy 存放在 LIMIT 单元，上次采样值放在 DATA1 单元中，本次采样值存放在 DATA2 单元中，滤波后采样值放在 DATA 单元中，限幅滤波程序流程如图 10.3 所示。

限幅滤波程序程序清单如下：

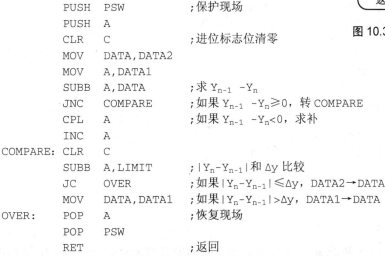

图 10.3　限幅滤波程序流程

```
                PUSH    PSW             ;保护现场
                PUSH    A
                CLR     C               ;进位标志位清零
                MOV     DATA,DATA2
                MOV     A,DATA1
                SUBB    A,DATA          ;求 Yn-1 -Yn
                JNC     COMPARE         ;如果 Yn-1 -Yn≥0，转 COMPARE
                CPL     A               ;如果 Yn-1 -Yn<0，求补
                INC     A
    COMPARE:    CLR     C
                SUBB    A,LIMIT         ;|Yn-Yn-1|和 Δy 比较
                JC      OVER            ;如果|Yn-Yn-1|≤Δy，DATA2→DATA
                MOV     DATA,DATA1      ;如果|Yn-Yn-1|>Δy，DATA1→DATA
    OVER:       POP     A               ;恢复现场
                POP     PSW
                RET                     ;返回
```

(2) 限速滤波的滤波原理如下：

设在顺序采样时刻 T_1、T_2、T_3 所采集的数据分别为 Y_1、Y_2、Y_3，如果$|Y_2-Y_1|\leqslant\Delta y$，则 Y_2 作为采样值；如果$|Y_2-Y_1|\Delta y$，则保留 Y_2，但不作为采样值，继续采样得 Y_3；如果$|Y_3-Y_2|\leqslant\Delta y$，则 Y_3 作为采样值；如果$|Y_3-Y_2|>\Delta y$，则作为采样值。

2. 中值滤波

为了去掉某些变化速度不太快的测量参数的脉冲干扰，也可采用中值滤波法。所谓中值滤波法就是对某一被测参数连续采样 n 次(n 一般取奇数)，然后把 n 次采样值按顺序排列，取其中间值作为本次采样值。中值滤波程序的流程如图 10.4 所示。

中值滤波对滤除脉冲性干扰比较有效，但对快速变化的参数则不宜采用。设 n 次采样

值已经存放在以 DATA 为起始地址的 RAM 单元中，采样次数 n 存放在 TIME 单元中，采样结果存入 SAMP 单元。

中值滤波程序清单如下：

```
        PUSH    PSW
        PUSH    A
SORT:   MOV     R0,DATA         ;数据存储区单元首址
        MOV     R7,TIME         ;读比较次数
        CLR     FLAG            ;清交换标志位
LOOP:   MOV     A,@R0           ;取第一个数
        MOV     FIRST,A         ;保存第一个数
        INC     R0
        MOV     SECOND,@R0      ;保存第二个数
        CLR     C
        SUBB    A,@R0           ;两数比较
        JC      NEXT            ;第一数小于第二数，不交换
        MOV     @R0,FIRST
        DEC     R0
        MOV     @R0,SECOND      ;交换两数
        INC     R0
        SETB    FLAG            ;置交换标志位
NEXT:   DJNZ    R7,LOOP         ;进行下一次比较
        JB      FLAG,SORT       ;进行下一轮比较
        DEC     R0
        CLR     C
        MOV     A,TIME
        RRC     A
        MOV     R7,A
CONT:   DEC     R0
        DJNZ    R7,CONT
        MOV     SAMP,@R0        ;取中值
        POP     A
        POP     PSW
        RET
```

3. 算术平均滤波

所谓算术平均滤波就是把 n 个采样值相加，然后取其算术平均值作为本次有效的采样信号，即

$$\bar{y}_n = \frac{1}{n}\sum_1^n x_i$$

算术平均滤波适用于有随机干扰的信号滤波，适合于有信号本身在某一数值范围附近上下波动的情况，算术平均滤波程序流程如图 10.5 所示。设 n 次采样值已经存放在以 DATA 为起始地址的 RAM 单元中，采样次数 n 放在 TIME 单元中，采样结果存入 SAMP 单元中。

算术平均滤波程序清单如下：(本例中取采样次数 $n=8$)

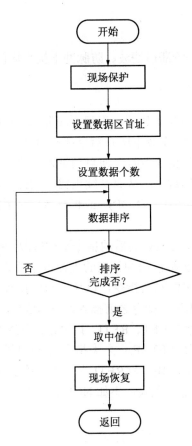

图 10.4　中值滤波程序流程

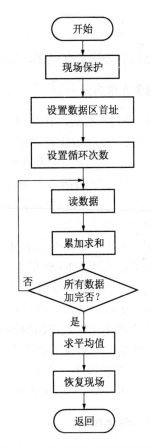

图 10.5　算术平均滤波程序流程

```
          PUSH    PSW                    ;现场保护
          PUSH    A
          MOV     FLAG,#00H              ;进位位清零
          MOV     R0,DATA               ;设置数据存储区首址
          MOV     R7,#08H               ;设置采样数据个数
          CLR     A                     ;清累加器
LOOP:     ADD     A,@R0                 ;两数相加
          JNC     NEXT                  ;无进位，转 NEXT
          INC     FLAG                  ;有进位，进位位加 1
NEXT:     INC     R0                    ;数据指针加 1
          DJNZ    R7, LOOP             ;未加完，继续加
          MOV     R7,#03H               ;设置循环次数
DIVIDE:   MOV     TEMP,A                ;保存累加器中的内容
          MOV     A,FLAG                ;累加结果除 2
          CLR     C
          RRC     A
          MOV     FLAG,A
          MOV     A,TEMP
          RRC     A
          DJNZ    R7,DIVIDE            ;未结束，继续执行
          MOV     SAMP,A                ;保存结果至 SAMP 中
          POP     A                     ;恢复现场
```

```
POP    PSW
RET
```

数字滤波的方法还有很多，如加权平均滤波、一阶滞后滤波、防脉冲干扰平均值法等。

10.4.3 指令冗余方法

当 CPU 受到干扰后，往往将一些操作数当作指令码来执行，引起程序混乱。这时首先要尽快将程序纳入正轨(执行真正的指令系列)。MCS-51 系统中所有指令都不超过 3 个字节，而且有很多单字节指令。当程序弹飞到某一条单字节指令上时，便自动纳入正轨。当弹飞到某一双字节或三字节指令上时，有可能落到其操作数上，从而继续出错。因此，应多采用单字节指令，并在关键的地方人为地插入一些单字节指令(NOP)，或将有效单字节指令重复书写，这便是指令冗余。

在双字节和三字节指令之后插入两条 NOP 指令，可保护其后的指令不被拆散。或者说，某指令前如果插入两条 NOP 指令，则这条指令就不会被前面冲下来的失控程序拆散，并将被完整执行，从而使程序走上正轨。但不能加入太多的冗余指令，以免明显降低程序正常运行的效率。因此，常在一些对程序流向起决定性作用的指令之前插入两条 NOP 指令，以保证弹飞的程序迅速纳入正确的控制轨道。此类指令有 RET、RETI、LCALL、SJMP、JZ、CJNE 等。在某些对系统工作状态至关重要的指令(如 SETBEA 之类指令)前也可插入两条 NOP 指令，以保证程序被正确执行。上述关键指令中，RET 和 RETI 本身即为单字节指令，可以直接用其本身来代替 NOP 指令，但有可能增加潜在危险，不如 NOP 指令安全。

10.4.4 软件陷阱技术

指令冗余使弹飞的程序安定下来是有条件的，首先弹飞的程序必须落到程序区，其次必须执行到冗余指令。当弹飞的程序落到非程序区(如 EPROM 中未使用的空间、程序中的数据表格区)时，前一个条件即不满足，当弹飞的程序在没有碰到冗余指令之前，已经自动形成一个死循环，这时第二个条件也不满足。对付前一种情况采取的措施就是设立软件陷阱，对于后一种情况采取的措施是建立程序运行监视系统(WATCHDOG)。

所谓软件陷阱，就是一条引导指令，强行将捕获的程序引向对程序出错进行处理的程序。如果把这段程序的入口标号称为 ERR，软件陷阱即为一条 LJMP ERR 指令，为加强其捕捉效果，一般还在它前面加两条 NOP 指令，因此，真正的软件陷阱由 3 条指令构成：

```
NOP
NOP
LJIMP ERR
```

软件陷阱安排在下列 4 种地方：

(1) 未使用的中断向量区

当干扰使未使用的中断开放，并激活这些中断时，就会进一步引起混乱。如果在这些地方布上陷阱，就能及时捕捉到错误中断。

(2) 未使用的大片 ROM 空间

现在使用 EPROM 都很少将其全部用完。对于剩余的大片未编程的 ROM 空间，一般均维持原状(0FFH)，0FFH 对于指令系统，是一条单字节指令(MOV R7, A)，程序弹飞到这一区域后将顺流而下，不再跳跃(除非受到新的干扰)，只要每隔一段设置一个陷阱，就一定能捕捉到弹飞的程序。软件陷阱一定要指向出错处理过程 ERR。可以将 ERR 字排在 0030H 开始的地方，程序不管怎样修改，编译后 ERR 的地址总是固定的(因为它前面的中断向量区是固定的)。这样就可以用 00 00 02 00 30 这 5 个字节作为陷阱来填充 ROM 中的未使用空间，或者每隔一段设置一个陷阱(02 00 30)，其他单元保持 0FFH 不变。

(3) 表格

有两类表格，一类是数据表格，供 MOVC A, @A+PC 指令或 MOVC A,@A+DPTR 指令使用，其内容完全不是指令。另一类是散转表格，供 JMP @A+DPTR 指令使用，其内容为一系列的 3 字节指令 LJMP 或两字节指令 AJMP。由于表格内容和检索值有一一对应关系，在表格中间安排陷阱将会破坏其连续性和对应关系，只能在表格的最后安排 5 字节陷阱(NOP NOP LJMP ERR)。

(4) 程序区

程序区是由一串串执行指令构成的，在这些指令串之间常有一些断裂点，正常执行的程序到此便不会继续往下执行了，这类指令有 JMP、RET 等。这时 PC 的值应发生正常跳变。如果还要顺次往下执行，必然出错。当然，弹飞来的程序刚好落到断裂点的操作数上或落到前面指令的操作数上(又没有在这条指令之前使用冗余指令)，则程序就会越过断裂点，继续往前冲。在这种地方安排陷阱之后，就能有效地捕捉住它，而又不影响正常执行的程序流程。例如：

```
…
AJMP ABC
NOP
NOP
LJMP ERR
…
ABC:MOV A, R2
RET
NOP
NOP
LJMP ERR
ERR: …
```

由于软件陷阱都安排在程序正常执行不到的地方，故不会影响程序执行效率。

10.4.5　看门狗技术

应用系统受到干扰后，都要进行复位，而一般 RC 电路往往不能保证系统的安全、可靠工作，因此便出现了看门狗。看门狗就是监控定时器的简称，它用来检测微处理器是否工作正常，如果工作不正常，则程序跑飞或者死机，看门狗电路的输入端没有被及时触发，那么看门狗就会产生一个复位脉冲，能有效地使系统复位以使系统恢复正常运转。"看门狗"技术可由硬件实现，也可由软件实现。

1. 软件"看门狗"技术

软件"看门狗"的原理就是前面提到的软件陷阱技术，若失控的程序进入"死循环"，通常采用"看门狗"技术使程序脱离"死循环"。通过不断检测程序循环运行时间，若发现程序循环时间超过最大循环运行时间，则认为系统陷入"死循环"，须进行出错处理。

"看门狗"技术可由硬件实现，也可由软件实现。 在工业应用中，严重的干扰有时会破坏中断方式控制字，关闭中断，则系统无法定时"喂狗"，硬件看门狗电路失效。而软件看门狗可有效地解决这类问题。

在实际应用中，采用环形中断监视系统。用定时器 T0 监视定时器 T1，用定时器 T1 监视主程序，主程序监视定时器 T0。采用这种环形结构的软件"看门狗"具有良好的抗干扰性能，大大提高了系统的可靠性。对于需经常使用 T1 定时器进行串口通信的测控系统，则定时器 T1 不能进行中断，可改由串口中断进行监控。这种软件"看门狗"监视原理是：在主程序、T0 中断服务程序、T1 中断服务程序中各设一运行观测变量，假设为 MWatch、T0Watch、T1Watch，主程序每循环一次，MWatch 加 1，同样 T0、T1 中断服务程序执行一次，T0Watch、T1Watch 加 1。在 T0 中断服务程序中通过检测 T1Watch 的变化情况判定 T1 运行是否正常，在 T1 中断服务程序中检测 MWatch 的变化情况，判定主程序是否正常运行，在主程序中通过检测 T0Watch 的变化情况判别 T0 是否正常工作。若检测到某观测变量变化不正常，比如应当加 1 而未加 1，则转到出错处理程序作排除故障处理。当然，对主程序最大循环周期、定时器 T0 和 T1 定时周期应予以全盘合理考虑。

2. 硬件"看门狗"技术

所谓硬件"看门狗"，就是一个能发出"复位"信号的计数器或定时器电路。单独的硬件看门狗有 MAX706、MAX705、MAX813 等，同类的还有 IMP 系列的产品；现在已有许多更先进的集电源监视和"看门狗"于一身的新型芯片(WDT ON CHIP)，如 CAT1161、X25045 等，有的还具备掉电检测、备用电池自动切换功能。

现以 MAX706 监控电路为例来说明"看门狗"硬件电路的工作过程，MAX706 是一种性能优良的低功耗 CMOS 监控电路芯片，其内部电路由上电复位、可重触发"看门狗"定时器及电压比较器等组成。MAX706 只要在 1.6s 时间内检测到 WCI 引脚有高低电平跳变信号，则"看门狗"定时器清零并重新开始计时；若超出 1.6s 后，WCI 引脚仍无高低电平跳变信号，则"看门狗"定时器溢出，WDO 引脚输出低电平，进而触发 MR 手动复位引脚，使 MAC706 复位，从而使"看门狗"定时器清零并重新开始计时，WDO 引脚输出高电平，MAX706 的 RST 复位输出引脚输出大约 200ms 宽度的低电平脉冲，使单片机控制系统可靠复位，重新投入正常运行。

以往的"看门狗"电路复位指令(即"喂狗")一般总是插入在主程序中，而且"喂狗"指令一般是脉冲式，可以连续用两条取反指令(如 CPL P1.0)。这是因为一般情况下，程序跑飞或者陷入"死循环"时，中断功能可能不受影响，CPU 仍能像正常运行时一样响应和执行中断子程序。这时如果中断子程序中插有"喂狗"指令，则"看门狗"定时器始终处于正常无溢出状态，无法对已经混乱的微机系统重新启动以投入正常运转状态。

在主程序中适当插入"喂狗"指令，大多数场合的单片机系统都能够比较可靠地工作。但是有一种特殊情况，即中断响应功能已经失效，而主程序仍然能够正常运行，这时"看门狗"电路对恢复单片机系统正常工作无能为力。例如，当程序正在执行中断子程序时，系统突然受到强烈干扰，程序跑飞，而且 PC 指针刚好落在主程序的指令字节上，堆栈也不溢出，使主程序能够继续正常运行。这时"看门狗"的"喂狗"动作正常，而中断再也无法响应了。因为在 MCS-51 的中断系统中有两个不可寻址的优先级状态触发器，分别指示两级中断响应状态。当 CPU 响应中断时，首先置位相应的优先级状态触发器(该触发器能指出 CPU 正在处理的中断优先级别)，这时会屏蔽掉同级别的所有中断申请，直到执行 RETI 指令时，才由 CPU 硬件清零该优先级状态触发器，从而使以后的中断请求能被正常地响应。如果响应中断后而不执行 RETI 指令，那么同级别中断申请就不会被响应了。

大多数情况下，程序跑飞后都会使 PC 指针越出有效程序区，造成"死机"。这时"看门狗"就起作用了。在大多数系统中，中断子程序执行的时间占总运行时间的百分比都非常小，而在执行中断程序时，PC 指针跑飞越过 RETI 指令，而主程序又能正常运行的机会就更少。但是如果中断子程序处理数据比较复杂或带有一些函数运算的功能时，则出现这种系统失常的情况就有可能发生了。这种"喂狗"程序在主程序中，但中断系统失效的情况，解决的方法是："喂狗"指令直接插在中断子程序中是不合适的，而单独插在主程序中又显然是不够的。将"喂狗"指令分解开来，取反指令变成置位和清零两种指令(即 SETB P1.0 和 CLR P1.0)，将置位指令插在主程序中，而将清零指令插在 T0 中断子程序中，这样将两者联系起来，缺一不可，无论是主程序运行失效，还是 T0 中断请求失效，都不能完成完整的"喂狗"指令，造成"看门狗"动作，从而确保了系统安全、可靠的工作。

具体做法如下：

```
        ORG 0000H
        LJMP START
        ORG 000BH
        LJMP INTT0
        …
        ORG 0030H
START:  MOV SP,#30H
        …
        MAIN:   NOP
        NOP
        SETB P1.0
        NOP
        NOP
        SETB EA
        NOP
        SETB ET0
        …
        LJMP MAIN
        …
INTT0:  NOP
        NOP
        CLR P1.0
        NOP
        NOP
        …
        RETI
```

这样，在整个用户程序中只有唯一的一对指令(SETB P1.0 及 CLR P1.0)能使"看门狗"

定时器复位。需要说明的是，如果主程序运行一次的时间(包括可能被中断的时间)超过 1.6s，则要适当再插入一条 SETB P1.0 指令，而 T0 中断时间间隔是不能超过 1.6s 的。

10.4.6 故障自动恢复处理程序

单片机系统因干扰复位或掉电后复位均属非正常复位，应进行故障诊断并能自动恢复非正常复位前的状态。

1. 非正常复位的识别

程序的执行总是从 0000H 开始，导致程序从 0000H 开始执行有 4 种可能：
① 系统开机上电复位。
② 软件故障复位。
③ "看门狗"超时未"喂狗"硬件复位。
④ 任务正在执行中掉电后来电复位。
这 4 种情况中除第一种情况外均属非正常复位，需加以识别。

2. 硬件复位与软件复位的识别

此处硬件复位指开机复位与看门狗复位，硬件复位对寄存器有影响，如复位后 PC=0000H，SP=07H，PSW=00H 等。而软件复位则对 SP、SPW 无影响。故对于微机测控系统，当程序正常运行时，将 SP 设置地址大于 07H，或者将 PSW 的第 5 位用户标志位在系统正常运行时设为 1。那么系统复位时只需检测 PSW.5 标志位或 SP 值便可判断此是否为硬件复位。

此外，由于硬件复位时片内 RAM 状态是随机的，而软件复位片内 RAM 则可保持复位前状态，因此可选取片内某一个或两个单元作为上电标志。设 40H 用来做上电标志，上电标志字为 78H，若系统复位后 40H 单元内容不等于 78H，则认为是硬件复位，否则认为是软件复位，转向出错处理。若用两个单元作上电标志，则这种判别方法的可靠性更高。

3. 开机复位与看门狗故障复位的识别

开机复位与看门狗故障复位因同属硬件复位，所以要想予以正确识别，一般要借助非易失性 RAM 或者 E²PROM。当系统正常运行时，设置一可掉电保护的观测单元。当系统正常运行时，在定时喂狗的中断服务程序中使该观测单元保持正常值(设为 AAH)，而在主程序中将该单元清零，因观测单元掉电可保护，则开机时通过检测该单元是否为正常值可判断是否看门狗复位。

4. 正常开机复位与非正常开机复位的识别

识别测控系统中因意外情况如系统掉电等情况引起的开机复位与正常开机复位，对于过程控制系统尤为重要。如某以时间为控制标准的测控系统，完成一次测控任务需 1h。在已执行测控 50min 的情况下，系统电压异常引起复位，此时若系统复位后又从头开始进行测控则会造成不必要的时间消耗。因此可通过一监测单元对当前系统的运行状态、系统时间予以监控，将控制过程分解为若干步或若干时间段，每执行完一步或每运行一个时间段则对监测单元置为关机允许值，不同的任务或任务的不同阶段有不同的值，若系统正在执行测控任务或正处在某时间段，则将监测单元置为非正常关机值。那么系统复位后可据此单元判断系统原来的运行状态，并跳到出错处理程序中恢复系统原运行状态。

5. 非正常复位后系统自恢复运行的程序设计

对顺序要求严格的一些过程控制系统，系统非正常复位否，一般都要求从失控的那一个模块或任务恢复运行。所以测控系统要做好重要数据单元、参数的备份，如系统运行状态、系统的进程值、当前输入/输出的值、当前时钟值、观测单元值等，这些数据既要定时备份，同时若有修改也应立即予以备份。当在已判别出系统非正常复位的情况下，先要恢复一些必要的系统数据，如显示模块的初始化、片外扩展芯片的初始化等。其次再对测控系统的系统状态、运行参数等予以恢复，包括显示界面等的恢复。之后再把复位前的任务、参数、运行时间等恢复，　再进入系统运行状态。

应当说明的是，真实地恢复系统的运行状态需要极为细致地对系统的重要数据予以备份，并进行数据可靠性检查，以保证恢复的数据的可靠性。

其次，对多任务、多进程测控系统，数据的恢复须考虑恢复的次序问题。恢复系统基本数据是指取出备份的数据覆盖当前的系统数据。系统基本初始化是指对芯片、显示、输入/输出方式等进行初始化，要注意输入/输出的初始化不应造成误动作。而复位前任务的初始化是指任务的执行状态、运行时间等。

10.4.7　开关量输入/输出软件抗干扰技术

控制量有效信号上叠加一系列离散尖脉冲，这种干扰不易用硬件加以抑制，可采用软件重复检测以提高输入/输出接口抗干扰性。

由于干扰信号的持续时间非常短，因此在采集数字信号时，可重复采集，直到连续两次或两次以上的采样结果完全相同，才视输入信号有效。如果多次采样的结果总是变化不定，则视为采样无效。在满足实时性要求的前提下，如果在相邻的信号采集过程之间插入延时程序，就可以抑制较宽的脉冲，抗干扰的效果会更好。

10.5　上机指导：利用单片机开发汽车信号灯应用系统

1. 实验目的

(1) 掌握 51 系列单片机开发应用系统的过程。

(2) 熟练编写 51 系列单片机的分支程序和一些子程序。

(3) 掌握开发应用系统的调试方法。

2. 实验说明

模拟汽车在驾驶中的左转弯、右转弯、刹车、闭合紧急开关、停靠等操作。

(1) 在左转弯或右转弯时，通过转弯操作杆使左转弯或右转弯开关合上，从而使左头信号灯、仪表板的左转弯灯、左尾信号灯或右头信号灯、仪表板的右转弯信号灯、右尾信号灯闪烁。

(2) 闭合紧急开关时以上 6 个信号灯全部闪烁。

（3）汽车刹车时，左、右两个尾信号灯点亮。

（4）若正当转弯时刹车，则转弯时原闪烁的信号灯应继续闪烁，同时另一个尾信号灯点亮，以上闪烁的信号灯以 1Hz 频率慢速闪烁。

（5）在汽车停靠开关合上时左头信号灯、右头信号灯、左尾信号灯、右尾信号灯以 10Hz 频率快速闪烁。

任何在表 10.1 中未出现的组合，都将出现故障指示灯闪烁，闪烁频率为 10Hz。在各种模拟驾驶开关动作时，信号灯输出的信号如表 10.1 所示。

表 10.1　各种模拟开关动作时信号灯输出的信号

驾驶操作	输出信号					
	左转弯灯	右转弯灯	左头灯	右头灯	左尾灯	右尾灯
左转弯(闭合上左转弯开关)	闪烁	灭	闪烁	灭	闪烁	灭
右转弯(闭合上右转弯开关)	灭	闪烁	灭	闪烁	灭	闪烁
闭合紧急开关	闪烁	闪烁	闪烁	闪烁	闪烁	闪烁
刹车(闭合刹车开关)	灭	灭	灭	灭	亮	亮
左转弯时刹车	闪烁	灭	闪烁	灭	闪烁	亮
右转弯时刹车	灭	闪烁	灭	闪烁	亮	闪烁
刹车时闭合紧急开关	闪烁	闪烁	闪烁	闪烁	亮	亮
左转弯时刹车闭合紧急开关	闪烁	闪烁	闪烁	闪烁	闪烁	亮
右转弯时刹车闭合紧急开关	闪烁	闪烁	闪烁	闪烁	亮	闪烁
停靠(闭合停靠开关)	灭	灭	闪烁(10Hz)	闪烁(10Hz)	闪烁(10Hz)	闪烁(10Hz)

3．实验内容及步骤

（1）做电路板。

电路如图 10.7 所示，电路由两块芯片(U1 为单片机，U2 为 74HC595)、7 个 LED 和 5 个开关组成。

74HC595 是串并转换器，具有 8 位移位寄存器和一个存储器，三态输出功能。移位寄存器和存储器有各自的时钟。数据在 SCK 的上升沿输入，在 RCK 的上升沿进入的存储寄存器中。如果两个时钟连在一起，则移位寄存器总是比存储寄存器早一个脉冲。移位寄存器有一个串行移位输入(SER)和一个串行输出(QH)及一个异步的低电平复位，存储寄存器有一个并行 8 位的，具备三态的总线输出，当使能 $\overline{G}$ 时(为低电平)，存储寄存器的数据输出到总线。

8 位串行输入/输出或者并行输出移位寄存器，具有高阻关断状态三态。

引脚排列如图 10.6 所示。

引脚功能如下。

QA…QH：并行数据输出

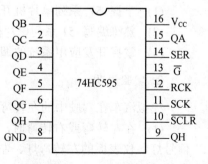

图 10.6　74HC595 引脚排列

GND：地

QH：串行数据输出

$\overline{\text{SCLR}}$：主复位(低电平)

SCK：移位寄存器时钟输入

RCK：存储寄存器时钟输入

$\overline{\text{G}}$：输出有效(低电平)

SER：串行数据输入

V_{CC}：电源

(2)　编写以下程序。

```
            Din     BIT P3.0
            CLK     BIT P3.2
            R_CLK   BIT P3.1
            SAME    EQU 4EH
            ORG     0000H
            LJMP    START1
            ORG     0100H
START1:     MOV     A,#0FFH         ;初始化显示
            MOV     P0,A
            MOV     P1,A
            MOV     A,#00H
            MOV     P2,A
            MOV     A ,#0FFH
            LCALL   DISPLAY
START:      MOV     A,P3            ; 读 P3 口的数据
            ANL     A,#0F8H         ; 取用 P3 口的高 5 位数据
            CJNE    A,#0F8H,SHIY    ; 对 P3 口高 5 位进行判断
            LJMP    START1          ; 开关没有动作时无输出
SHIY:       MOV     SAME,A
            LCALL   YS              ; 延时
            MOV     A,P3            ; 读 P3 口的数据
            ANL     A,#0F8H         ; 取用 P3 口的高 5 位数据
            CJNE    A,#0F8H,SHIY1   ; 对 P3 口高 5 位进行判断
            LJMP    START1          ; 开关没有动作时无输出
SHIY1:      CJNE    A,SAME,START1
            CJNE    A,#0F0H,NEXT1   ; P3.3=0 时进入刹车分支
            LJMP    BRAKE
NEXT1:      CJNE    A,#0E8H,NEXT2   ; P3.4=0 时进入紧急分支
            LJMP    EARGE
NEXT2:      CJNE    A,#0B8H,NEXT3   ; P3.6=0 时进入左转分支
            LJMP    LEFT
NEXT3:      CJNE    A,#078H,NEXT4   ; P3.7=0 时进入右转分支
            LJMP    RIGHT
NEXT4:      CJNE    A,#0B0H,NEXT5   ; P3.3=P3.6=0 时进入左转刹车分支
            LJMP    LEBR
NEXT5:      CJNE    A,#070H,NEXT6   ; P3.3=P3.7=0 时进入右转刹车分支
            LJMP    RIBR
NEXT6:      CJNE    A,#0E0H,NEXT7   ; P3.3=P3.4=0 时进入紧急刹车分支
            LJMP    BRER
```

```
NEXT7:    CJNE    A,#0A0H,NEXT8       ; P3.3=P3.4=P3.6=0 时进入左转紧急刹车分支
          LJMP    LBE
NEXT8:    CJNE    A,#60H,NEXT9        ; P3.3=P3.4=P3.7=0 时进入右转紧急刹车分支
          LJMP    RBE
NEXT9:    CJNE    A,#0D8H,NEXT10      ; P3.5=0 时进入停靠分支
          LJMP    STOP
NEXT10:   LJMP    ERROR              ; 其他情况进入错误分支
LEFT:     MOV     A,#10101101B;0ABH  ; 左转分支
          LCALL   DISPLAY
          LCALL   Y1s
          MOV     A,#0FFH
          LCALL   DISPLAY
          LCALL   Y1s
LJMP      START
RIGHT:    MOV     A,#11010011B;0D5H  ; 右转分支
          LCALL   DISPLAY
          LCALL   Y1s
          MOV     A,#0FFH
          LCALL   DISPLAY
          LCALL   Y1s
          LJMP    START
EARGE:    MOV     A,#10000000B;01H   ; 紧急分支
          LCALL   DISPLAY
          LCALL   Y1s
          MOV     A,#0FFH
          LCALL   DISPLAY
          LCALL   Y1s
          LJMP    START
BRAKE:    MOV     A,#11111000B;0F9H  ; 刹车分支
          LCALL   DISPLAY
          LJMP    START
LEBR:     MOV     A,#10101000B;0A9H  ; 左转刹车分支
          LCALL   DISPLAY
          LCALL   Y1s
          MOV     A,#11111010B;0FDH
          LCALL   DISPLAY
          LCALL   Y1s
          LJMP    START
RIBR:     MOV     A,#11010000B;0D1H  ; 右转刹车分支
          LCALL   DISPLAY
          LCALL   Y1s
          MOV     A,#11111100B;0F8H
          LCALL   DISPLAY
          LCALL   Y1s
          LJMP    START
BRER:     MOV     A,#10000000B;081H  ; 紧急刹车分支
          LCALL   DISPLAY
          LCALL   Y1s
          MOV     A,#11111000B;0F9H
          LCALL   DISPLAY
          LCALL   Y1s
```

```
          LJMP    START
LBE:      MOV     A,#10000000B;81H        ;左转紧急刹车分支
          LCALL   DISPLAY
          LCALL   Y1s
          MOV     A,#11111010B;0FDH
          LCALL   DISPLAY
          LCALL   Y1s
          LJMP    START
RBE:      MOV     A,#10000000B;81H        ;右转紧急刹车分支
          LCALL   DISPLAY
          LCALL   Y1s
          MOV     A,#11111100B;0F8H
          LCALL   DISPLAY
          LCALL   Y1s
          LJMP    START
STOP:     MOV     A,#10011000B;99H        ;停靠分支
          LCALL   DISPLAY
          LCALL   Y100ms
          MOV     A,#0FFH
          LCALL   DISPLAY
          LCALL   Y100ms
          LJMP    START
ERROR:    MOV     A,#01111110B;0FEH       ;错误分支
          LCALL   DISPLAY
          LCALL   Y100ms
          MOV     A,#0FFH
          LCALL   DISPLAY
          LCALL   Y100ms
          LJMP    START
DISPLAY:  MOV     R7,#8
OUTDATA:  RRC     A
          MOV     DIN, C
          CLR     CLK
          SETB    CLK
          NOP
          NOP
          DJNZ    R7,OUTDATA
          SETB    R_CLK                   ;显示一行
          CLR     R_CLK
          RET
YS:       MOV     R7,#20H                 ;延时
YS0:      MOV     R6,#0FFH
YS1:      DJNZ    R6,YS1
          DJNZ    R7,YS0
          RET
Y1s:      MOV     R7,#04H                 ; 延时
Y1s1:     MOV     R6,#0FFH
Y1S2:     MOV     R5,#0FFH
Y1S3:     DJNZ    R5,Y1S3
          DJNZ    R6,Y1s2
          DJNZ    R7,Y1s1
```

```
         RET
Y100ms:  MOV    R7,#066H              ; 延时
Y100ms1:MOV     R6,#0FFH
Y100ms2:DJNZ    R6,Y100ms2
         DJNZ   R7,Y100ms1
         RET
         END
```

4. 电路图

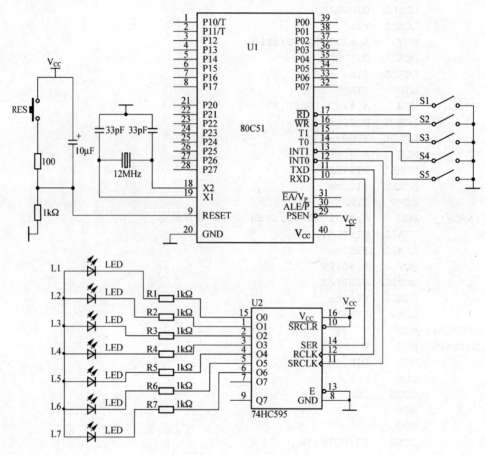

图 10.7   汽车信号灯电路

5. 思考题

试用此电路实现交通灯的功能。

习   题

1. 填空题

(1) 单片机开发系统方案设计应该包括＿＿＿＿＿＿＿和＿＿＿＿＿＿＿两个部分。

(2)　单片机应用系统中形成干扰的基本要素有 3 个，即_____、_____和_____。

(3)　单片机应用系统中硬件抗干扰技术常用的方法有_____、_____、_____、_____和_____。

(4)　软件抗干扰技术的优点是_____。

(5)　常用的数字滤波方法有_____、_____、_____、_____、_____、_____等。

2．选择题

(1)　在单片机开发应用系统中分析该系统是否有实现的可能性是在开发应用系统过程中的(　　)部分。

  A．确定任务　　　　　　　　B．方案设计

  C．硬件设计　　　　　　　　D．软件设计

(2)　为了抵御静电和电磁感应干扰，在硬件抗干扰技术中一般采用(　　)技术。

  A．接地技术　　　　　　　　B．屏蔽线与双绞线传输

  C．隔离技术　　　　　　　　D．模拟信号采样抗干扰技术

(3)　为了防止 PC 受干扰出现错误，程序便脱离正常轨道"乱飞"，在软件抗干扰技术中常采用(　　)方法。

  A．数字滤波方法　　　　　　B．输入信号重复检测方法

  C．输出端口数据刷新方法　　D．指令冗余方法

(4)　下列属于算术平均滤波方法的是(　　)。

  A．$|Y_n - Y_{n-1}| \leqslant \Delta y$，则 $Y_n = Y_n$，取本次采样值

   $|Y_n - Y_{n-1}| > \Delta y$，则 $Y_n = Y_{n-1}$，取上次采样值

  B．$\bar{y}_n = \dfrac{1}{n} \sum_1^n x_i$

  C．$\bar{y}_n = \sum_{i=0}^{n-1} c_i x_n - i$

  D．$\bar{y}_n = (1-a)x_n + a\bar{y}_{n-1}$

3．判断题

(1)　单片机开发应用系统只有将单片机和其他器件、设备有机地组合在一起，并配置适当的工作程序后，才能构成一个完整单片机应用系统。　　　　　　　(　　)

(2)　单片机本身具有自开发功能，所以单片机才能如此应用广泛。　　(　　)

(3)　隔离技术就是把监控装置与现场完全隔开。　　　　　　　　　　(　　)

(4)　软件抗干扰能很方便地对不同信号进行滤除。　　　　　　　　　(　　)

4．简答题

(1)　研制单片机应用系统一般分哪几个步骤？各步骤的主要任务是什么？

(2)　单片机的开发系统由哪几个部分组成？各部分在系统开发中的任务是什么？

(3) 提高单片机应用系统的可靠性有哪些措施?

(4) 已知控制系统的数字滤波公式为: $Y_K = \dfrac{1}{16}X_K + \dfrac{15}{16}Y_{K-1}$, 试编写该数字滤波程序。

(5) 单片机应用系统中经常采用哪些抗干扰的方法?

第11章 单片机电子密码锁设计

教学提示： 本章主要介绍了利用单片机实现电子密码锁的设计思路和一般方法，从电子密码锁的基本构成单元入手，着重介绍了单片机电子密码锁的系统功能和结构框图，硬件电路设计思路和软件设计思路。

教学目标： 了解利用单片机实现电子密码锁的构成框架；熟悉单片机电子密码锁的设计和制作流程；掌握基于单片机电子密码锁的硬件系统和软件系统设计的思路和一般方法。

人们在日常生活中通常会和各式各样的密码系统打交道，如新型小区单元门的电子密码锁、智能取款机、各种银行卡的刷卡服务等，这时人们接触到的都是一种使用电子密码的装置。电子密码的装置应用十分广泛，同时根据其应用领域的不用，也有各自的特色，但其基本设计思路都是一致的，本节以电子密码锁为例，介绍电子密码装置的设计与应用。

11.1 系 统 概 述

随着人们生活水平的不断提高，如何实现家庭防盗这一问题也变得尤为突出，传统的机械锁由于其构造简单、极易磨损，被撬的事件屡见不鲜，但由于电子锁的保密性高，使用灵活性好，安全系数高，越来越受到广大用户的青睐。电子锁的种类繁多，从大的方面讲可能有数十种，如数码锁、指纹锁、卡片锁、磁卡锁、生物锁等。但能谈得上实用一些或者大众化一些的还是按键式电子密码锁。

本系统以 AT89C51 单片机为核心和 AT24C02 E^2PROM 存储器构成的简单电子密码锁，实用、功能灵活多样，除基本功能外，还可以扩展带实时时钟功能。采用 6 位密码控制(可以扩展至多位)，由于单片机不具备掉电保存功能，因而，采用 AT24C02 来存储用户密码信息，它具有掉电后密码信息可以保存功能，可以广泛地应用在各种防盗场所。

本章介绍由 AT89C51 单片机为核心与 AT24C02 E^2PROM 存储器构成的简单电子密码锁，它具有可以设定密码、门铃呼叫、限制密码输入错误次数和报警等功能，并介绍通过 Proteus 和 Keil 联合仿真，来完成该课题的设计和掌握 Proteus 和 Keil 软件的使用。

11.2 设计思路分析

11.2.1 系统构成框图

基于单片机的电子密码锁的系统构成框图如图 11.1 所示。由控制模块 AT89C51、E^2PROM AT24C02 存储器模块、键盘显示器模块、报警驱动模块、电源模块等组成。

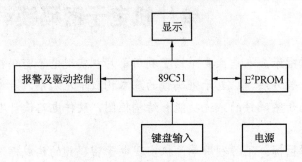

图 11.1 电子密码锁系统

本系统采用单片机 AT89C51 作为本设计的核心元件。利用 7 段共阳极 LED 数码管作为显示器件，用于开机时显示提示信息和工作时显示密码提示信息或实时时钟显示。另外，采用 AT24C02(E^2PROM 存储器)来存储用户密码信息，它具有掉电后密码信息保存功能。

11.2.2 器件选择

本系统在设计过程中主要选取了以下一些器件：

- 单片机：AT89C51。
- 显示器件：6 位 7 段共阳极 LED 显示器。
- 按键：欧姆龙按键。
- 存储器：AT24C02 E^2PROM。
- 报警单元：蜂鸣器。

11.3 基本功能介绍

1. 密码设置

初始密码通过密码修改程序用单片机写入 E^2PROM 存储器，初始密码为 951688。

2. 密码修改

当需要修改密码时，先输入原始密码，单击 OK 按钮确认后，系统先进行密码校验，如果正确则显示"HELLO！"，输出 LED 指示灯点亮，然后输入新的 6 位数密码，再单击 SET 按钮，完成密码的设置。

3. 密码存储

由键盘输入的密码存储在单片机的输入缓冲区，掉电后就消失了；而 E^2PROM 则存储着系统设置的密码，掉电后密码依然还在，这就是采用 E^2PROM 的优点。

4. 本机键开锁

输入正确的密码后，单击 OK 按钮，系统显示"HELLO！"的欢迎信息，同时输出指示灯 LED 点亮，驱动电控锁机构完成开锁动作。

5. 密码错误报警

当输入的密码不正确时，系统显示"NO---！"，然后输入次数减 1，返回等待继续输入密码，当输入错误的密码达 3 次后，系统显示"NO---！"，系统同时发出声光报警，驱动 LED 闪烁和蜂鸣器发出报警声。

6. 密码显示

正常情况下，系统显示"-------"，在每输入一位密码后系统显示一个"H"，掩盖掉当前输入的密码，所以可以防止密码信息泄露而比较安全。

7. 门铃呼叫

当单击 CALL 按钮后，系统显示"HELLO！"欢迎信息，同时驱动蜂鸣器发出门铃呼叫声。

11.4　主要芯片介绍

AT24C02 是一款带有 2KB 的电擦写存储器。地址和数据通过 I^2C 总线传输，在每次对数据字节进行读或写操作后，内建的字地址寄存器自动增加。器件读/写地址为 0A1/0A0，I^2C 通信总线中 SDA 为数据传输线、SCL 为时钟线，A0、A1、A2 为片选地址硬件连接线，这样允许将 8 个 24C02 器件连接到总线上，它对应指令中的 A0、A1、A2 来寻址区分。

11.5　硬件电路设计

硬件电路包含以下几个部分。

1. 显示电路设计

采用 6 位 7 段共阳极数码管，A～DP 连接到单片机的 P0.0～P0.7，位选端由 P2.0～P2.5 控制 74LS04(6 输入输出非门)来控制数码管的 6 个阳极。

2. 存储电路设计

存储电路如图 11.2 所示，单片机 P3.6、P3.7 分别连接 I^2C 接口的 E^2PROM AT24C02 的 SDA 和 SCL 线，外接两个 4.7kΩ 的上拉电阻，构成 I^2C 总线通信电路。

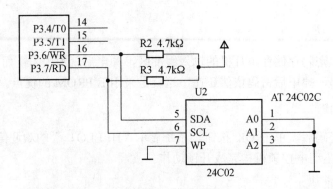

图 11.2　存储电路

3．按键电路设计

按键电路如图 11.3 所示，由单片机的 P1.0～P1.3 构成行线，由 P1.4～P1.7 构成列线分别与按键相连，构成 4×4 矩阵式扫描键盘，分布数字 0～9、功能 OK、ESC、SET、CALL 等按键。

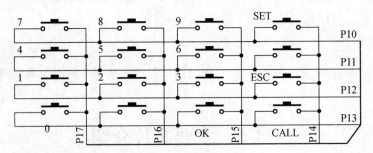

图 11.3　按键电路

4．报警电路设计

报警电路如图 11.4 所示，由单片机的 P2.6 端口与 PNP 型 2N3905 三极管的基极相连，通过发射极来驱动蜂鸣器。

5．整体电路工作原理

本系统由单片机控制模块、E²PROM 模块、键盘显示器模块、报警模块等组成，具体硬件电路如图 11.5 所示。

此电路十分简单，由 P1 口构成 4×4 矩阵按键输入，由 P0 口和 P2.0～2.5 分别作为显示段码和位码的输出，用 6 个非门驱动位选，来控制 6 位共阳极数码管显示信息。P2.6、P2.7 为报警输出。由单片机的 P3.6、P3.7 与 AT24C02（SDA，SCL)6、7 引脚相连，外接两个 4.7kΩ 上拉电阻，构成 I²C 总线通信系统。

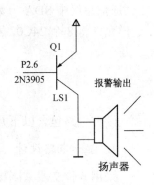

图 11.4　报警电路

工作原理如下：

系统开机时数码管显示字符"HELLO！"3s 左右，然后显示"——————"，等待输入密码；初始密码为 951688，也可以任意设定，每当输入一个数字就显示"H"，掩盖输入的数字；当输入错误时，可以按 ESC 键取消，然后重新输入 6 位数有效的密码；当 6

位密码输入完毕后，按 OK 键确认，单片机从存储器里读取原始密码与输入的密码进行比较，正确则驱动电磁装置开门，LED 指示灯点亮，并显示"HELLO！"，如果错误则显示"NO----！"，且输入次数减 1，然后返回等待再次输入密码，如正确则驱动电磁装置开门，否则当输入密码错误达 3 次时，单片机发出报警指示达几分钟，并且拒绝接受任何密码输入，防止他人试探破解密码。

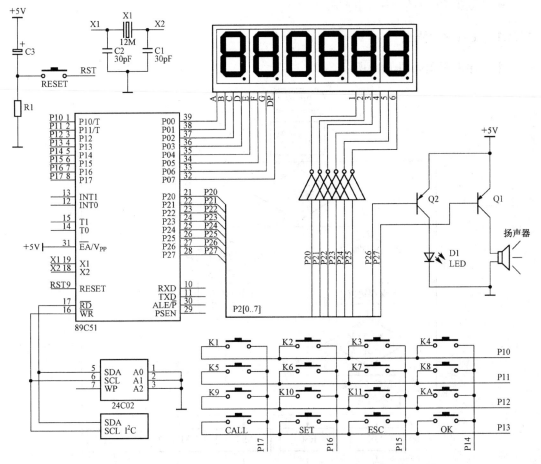

图 11.5　整机电路

其他功能：按 CALL 键可以进行门铃呼叫。

密码设置：前提条件是输入正确原始密码后，LED 点亮，此时再输入新的 6 位密码后，按 SET 键，完成修改密码，按 ESC 键可以取消密码修改。若原始密码不对，则输入错误达 3 次后，单片机发出报警指示，并且拒绝接受任何密码输入。

11.6　软　件　设　计

采用模块化方法编写程序，由于 AT89C51 不具有 I^2C 硬件接口，所以必须通过程序来模拟 I^2C 通信，对 E^2PROM 进行读、写操作。

主要程序为：

- 键盘输入控制程序。
- 显示输出控制程序。
- 报警控制程序。
- 密码校验程序。
- 发声程序。
- 模拟 I^2C 通信等控制程序。

11.6.1 主程序流程图

主程序流程图如图 11.6 所示。

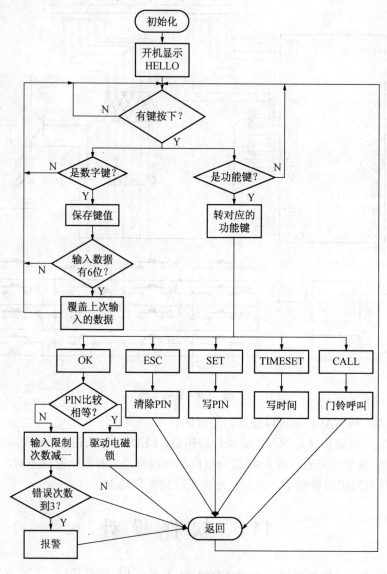

图 11.6 主程序流程

11.6.2 模拟 I²C 通信程序的读、写流程图

模拟 I²C 通信程序的读、写流程图如图 11.7 所示。

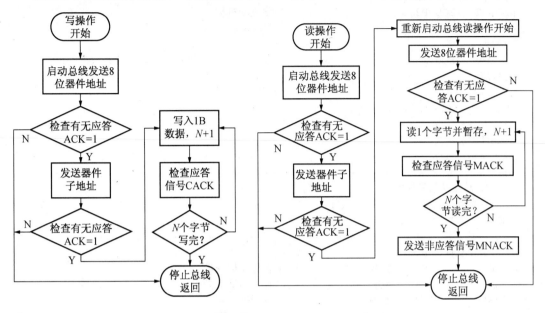

图 11.7 模拟 I²C 通信程序的读、写流程图

11.6.3 单片机电子密码锁程序源代码

```
;*************************************************************
;*------------------ 多功能电子密码锁程序-------------------------*
;*----------------------------------------------------------------*
;*----------------MCS-51 汇编语言--------------------------------*
;*----------------------------------------------------------------*
;*----------------CPU: AT89C51-----------------------------------*
;*----------------------------------------------------------------*
;*-------------------晶振:12MHz---------------------------------*
;*----------------------------------------------------------------*
;*----------------程序名:DZMMS.asm-----------------------------*
;*----------------------------------------------------------------*
;*************************************************************
;----------------------------------------------------------------
;按键分布
;  7    8    9    SET
;  4    5    6    --
;  1    2    3    ESC
;  0    --   OK   CALL
;键值可以读取输入的也可以自己定义
;----------------------------------------------------------------
;输入
;行线低 4 位 P1.0～P1.3
IN        EQU      P1
```

```
;列线高 4 位 P1.6～P1.7
;输出
DOUT     EQU     P2
;显示 段码 P0,位码 P2.0～P2.5
DCOUT    EQU     P2.6              ;电磁驱动机构
SPOUT    EQU     P2.7              ;报警驱动
;数据
RDS      EQU     23H              ;(23H～29H,6 个数据存储单元来存放密码)
;标志
FLAGE1   EQU     21H              ;数据输入标志
TEMP     EQU     22H
;------------------------------------------------------------------
;器件地址定义
AT24C02  EQU     0A0H             ;0A0/0A1, W/R
;------------------------------------------------------------------
; I²C 总线及信号线定义
SDA BIT P3.7
SCL      BIT     P3.6
;------------------------------------------------------------------
;为 I²C 软件包定义
ACK      BIT     00H              ;应答标志位变量
SLA      DATA    40H              ;器件从地址变量
SUBA     DATA    41H              ;器件子地址变量
NUMBYTE  DATA    42H              ;读/写的字节数变量
;------------------------------------------------------------------
;常量定义
MTD      EQU     30H              ;发送数据缓冲区首址(30H～35H)
MRD      EQU     36H              ;接收数据缓冲区首址(36H～3CH)
;------------------------------------------------------------------
;******************************************************************
;       主程序开始
;******************************************************************

         ORG     0000H
         LJMP    ZSTART
         ORG     0040H
ZSTART:  MOV     SP,#70H
ST0:     MOV     TEMP,#00H        ;错误记数
         MOV     DPTR,#TAB0
         MOV     R0,#RDS
         MOV     R2,#6            ;6 个数据存储区清零
CLR      A
ST1:     MOV     @R0,A
         INC     R0
         DJNZ    R2,ST1
         MOV     R2,#0
DSPL0:   LCALL   DISPLAY2         ;开机显示 HELLO!
         LCALL   DISPLAY2
         DJNZ    R2,DSPL0
DSPL1:   LCALL   DISPLAY2
         LCALL   DISPLAY2
```

```
        DJNZ    R2,DSPL1
        MOV     R0,#RDS              ;占用 R0
;---------------------------------------------------------------
;键盘扫描
K1:     MOV    IN,#0FEH             ;第 1 行
        NOP
        MOV    A,IN
        CJNE   A,#0FEH,K10S         ;有键按下，转 K10
K2:     MOV    IN,#0FDH             ;第 2 行
        NOP
        MOV    A,IN
        CJNE   A,#0FDH,K20S         ;有键按下，转 K20
K3:     MOV    IN,#0FBH             ;第 3 行
        NOP
        MOV    A,IN
        CJNE   A,#0FBH,K30S         ;有键按下，转 K30
K4:     MOV    IN,#0F7H             ;第 4 行
        NOP
        MOV    A,IN
        CJNE   A,#0F7H,K40S         ;有键按下，转 K40
        LCALL  DISPLAY
        JNB    FLAGE1.0,K1
        LCALL  SP_OUT
        SJMP   K1                   ;返回循环扫描按键
K10S:   LJMP   K10
K20S:   LJMP   K20
K30S:   LJMP   K30
K40S:   LJMP   K40
        SJMP   ST0
;----主程序结束------
;---------------------------------------------------------------
;第 1 行
K10:    MOV B,A                     ;数据暂存
        LCALL   DELAY10MS           ;延时去干扰
        MOV     A,IN                ;再次读输入
        CJNE    A,B,K2              ;判断按键是否真的按下，否则退出，继续扫描下一列
        LCALL   DELAY10MS           ;延时去干扰
K11:    MOV A,IN                    ;再次读输入
        CJNE    A,B,D11             ;判断按键是否弹起
        SJMP    K11                 ;等待弹起
;判断一行中是哪个按键按下
D11:    MOV     A,B
        CJNE    A,#7EH,D12          ;判断一行中是哪个按键按下
        CJNE    R0,#29H,D11S        ;判断输入数据是否大于 6 个
        MOV     R0,#RDS             ;占用 R0，数据覆盖
D11S:   MOV     @R0,#0C0H           ;MOV  R0@,B(输入)，或 MOV @R0,#XXH 自己定义键值
        INC     R0                  ;地址加 1
        LJMP    K2                  ;返回继续扫描下列
D12:    CJNE    A,#0BEH,D13         ;判断一行中是哪个按键按下
        CJNE    R0,#29H,D12S        ;判断输入数据是否大于 6 个
        MOV     R0,#RDS             ;占用 R0，数据覆盖
```

```
D12S:      MOV     @R0,#0F9H           ;赋键值
           INC     R0                  ;地址加1
           LJMP    K2                  ;返回继续扫描下列
D13:       CJNE    A,#0DEH,D14         ;判断一行中是哪个按键按下
           CJNE    R0,#29H,D13S        ;判断输入数据是否大于6个
           MOV     R0,#RDS             ;占用R0，数据覆盖
D13S:      MOV     @R0,#0A4H           ;赋键值
           INC     R0                  ;地址加1
           LJMP    K2                  ;返回继续扫描下列
;功能键1
D14:       CJNE    A,#0EEH,D15         ;判断一行中是哪个按键按下
           CJNE    R0,#29H,D14S        ;判断输入数据是否大于6个
           MOV     R0,#RDS             ;占用R0，数据覆盖
D14S:      MOV     @R0,#0B0H           ;赋键值
           INC     R0                  ;地址加1
D15:       LJMP    K2                  ;返回继续扫描下列
;-------------------------------------------------------------
;第2行
K20:       MOV     B,A                 ;数据暂存
           LCALL   DELAY10MS           ;延时去干扰
           MOV     A,IN                ;再次读输入
           CJNE    A,B,K3J             ;判断按键是否真的按下，否则退出，继续扫描下一列
           LCALL   DELAY10MS           ;延时去干扰
K21:       MOV     A,IN                ;再次读输入
           CJNE    A,B,D21             ;判断按键是否弹起
           SJMP    K21                 ;等待弹起
;判断一行中是哪个按键按下
D21:       MOV     A,B
           CJNE    A,#7DH,D22          ;判断一行中是哪个按键按下
           CJNE    R0,#28,D21S         ;判断输入数据是否大于6个
           MOV     R0,#RDS             ;占用R0，数据覆盖
D21S:      MOV     @R0,#99H            ;赋键值
           INC     R0                  ;地址加1
K3J:       LJMP    K3                  ;返回继续扫描下一列
D22:       CJNE    A,#0BDH,D23         ;判断一行中是哪个按键按下
           CJNE    R0,#29H,D22S        ;判断输入数据是否大于6个
           MOV     R0,#RDS             ;占用R0，数据覆盖
D22S:      MOV     @R0,#92H            ;赋键值
           INC     R0                  ;地址加1
           LJMP    K3                  ;返回继续扫描下列
D23:       CJNE    A,#0DDH,D24         ;判断一行中是哪个按键按下
           CJNE    R0,#29H,D23S        ;判断输入数据是否大于6个
           MOV     R0,#RDS             ;占用R0，数据覆盖
D23S:      MOV     @R0,#82H            ;赋键值
           INC     R0                  ;地址加1
           LJMP    K3                  ;返回继续扫描下列
;功能键2
D24:       CJNE    A,#0EDH,D25         ;判断一行中是哪个按键按下
           CJNE    R0,#29H,D24S        ;判断输入数据是否大于6个
           MOV     R0,#RDS             ;占用R0，数据覆盖
D24S:      MOV     @R0,#0F8H           ;赋键值
```

```
            INC     R0              ;地址加 1
D25:        LJMP    K3              ;返回继续扫描下列
;第 3 行
K30:        MOV     B,A             ;数据暂存
            LCALL   DELAY10MS       ;延时去干扰
            MOV     A,IN            ;再次读输入
            CJNE    A,B,D35         ;判断按键是否真的按下，否则退出，继续扫描下一列
            LCALL   DELAY10MS       ;延时去干扰
K31:        MOV     A,IN            ;再次读输入
            CJNE    A,B,D31         ;判断按键是否弹起
            SJMP    K31             ;等待弹起
;判断一行中是哪个按键按下
D31:        MOV     A,B
            CJNE    A,#7BH,D32      ;判断一行中是哪个按键按下
            CJNE    R0,#29H,D31S    ;判断输入数据是否大于 6 个
            MOV     R0,#RDS         ;占用 R0，数据覆盖
D31S:       MOV     @R0,#80H        ;赋键值
            INC     R0              ;地址加 1
            LJMP    K4              ;返回继续扫描下一列
D32:        CJNE    A,#0BBH,D33     ;判断一行中是哪个按键按下
            CJNE    R0,#29H,D32S    ;判断输入数据是否大于 6 个
            MOV     R0,#RDS         ;占用 R0，数据覆盖
D32S:       MOV     @R0,#90H        ;赋键值
            INC     R0              ;地址加 1
            LJMP    K4              ;返回继续扫描下一列
D33:        CJNE    A,#0DBH,D34     ;判断一行中是哪个按键按下
            CJNE    R0,#29H,D33S    ;判断输入数据是否大于 6 个
            MOV     R0,#RDS         ;占用 R0，数据覆盖
D33S:       MOV     @R0,#88H        ;赋键值
            INC     R0              ;地址加 1
            LJMP    K4              ;返回继续扫描下一列
;功能键 3
D34:        CJNE    A,#0EBH,D35     ;判断一行中是哪个按键按下
            CJNE    R0,#29H,D34S    ;判断输入数据是否大于 6 个
            MOV     R0,#RDS         ;占用 R0，数据覆盖
D34S:       MOV     @R0,#83H        ;赋键值
            INC     R0              ;地址加 1
D35:        LJMP    K4              ;返回继续扫描下一列
;第 4 行
K40:        MOV     B,A             ;数据暂存
            LCALL   DELAY10MS       ;延时去干扰
            MOV     A,IN            ;再次读输入
            CJNE    A,B,D45         ;判断按键是否真的按下，否则退出，继续扫描下一列
            LCALL   DELAY10MS       ;延时去干扰
K41:        MOV     A,IN            ;再次读输入
            CJNE    A,B,D41         ;判断按键是否弹起
            SJMP    K41             ;等待弹起
;功能键 CALL
D41:        MOV     A,B
            CJNE    A,#77H,D42      ;判断一行中是哪个按键按下
            LCALL   CALLHOST
```

```
        MOV     DPTR,#TAB0          ;显示 HELLO!
        LJMP    ST0                 ;返回继续扫描下列程序
;功能键 SET;设置密码
D42:    CJNE    A,#0B7H,D43         ;判断一行中是哪个按键按下
        JNB     FLAGE1.1,D42S
;-----------写 24C02----------------------------------------
WR24C02:MOV     SLA, #AT24C02       ;指定器件地址
        MOV     SUBA,#00H           ;指定子地址为 00H
        MOV     NUMBYTE,#6          ;写 6 个字节数据
        LCALL   IWRNBYTE
        NOP
        NOP
D42S:   LJMP    K1                  ;返回继续扫描下列程序
;功能键 ESC
D43:    CJNE    A,#0D7H,D44         ;判断一行中是哪个按键按下
        MOV     R0,#RDS
        MOV     R2,#6               ;6 个数据存储区清零
        CLR     A
ESC:    MOV     @R0,A
        INC     R0
        DJNZ    R2,ESC
        SETB    P2.6                ;释放电磁锁
        LJMP    K1                  ;返回继续扫描下列程序
;功能键 OK
D44:    CJNE    A,#0E7H,D45         ;判断一行中是哪个按键按下
;-----------读 24c02
RD24C02:MOV     SLA, #AT24C02       ;指定器件地址
        MOV     SUBA,#00H           ;指定子地址为 00H
        MOV     NUMBYTE,#6          ;读 6 个字节数据
        LCALL   IRDNBYTE
        MOV     R2,#6
        MOV     R0,#RDS
        MOV     R1,#MRD
CMP:    MOV     A,@R0
        MOV     MTD,@R1
        CJNE    A,MTD,ERRO          ;密码检测，密码不对，转
        INC     R0
        INC     R1
        DJNZ    R2,CMP
        CLR     DCOUT               ;正确则驱动电磁锁开门
        MOV     DPTR,#TAB0          ;显示 HELLO!
        SETB    FLAGE1.1            ;为密码设置使能
D45:    LJMP    ST0                 ;返回,清除密码

ERRO:   INC     TEMP
        MOV     A,TEMP
        CJNE    A,#3H,ERRO1         ;错误输入次数到 3 次，则报警
        SETB    FLAGE1.0
ERRO1:  MOV     DPTR,#TAB2          ;显示 NO---!
        LJMP    ST1
;隐藏显示输入 6 个数据 -/H
```

```
DISPLAY:MOV     DPTR,#TAB1        ;指定查表起始地址
        MOV     A,RDS
        JZ      DS1               ;判断是否有数据，有显示 H，否则显示---
        MOV     A,#1
        SJMP    DS2
DS1:    MOV     A,#0
DS2:    MOVC    A,@A+DPTR
        MOV     P0,A
        CLR     P2.0
        ACALL   D1MS
        SETB    P2.0
        MOV     A,RDS+1
        JZ      DS3               ;判断是否有数据，有显示 H，否则显示---
        MOV     A,#1
        SJMP    DS4
DS3:    MOV     A,#0
DS4:    MOVC    A,@A+DPTR
        MOV     P0,A
        CLR     P2.1
        ACALL   D1MS
        SETB    P2.1
        MOV     A,RDS+2
        JZ      DS5               ;判断是否有数据，有显示 H，否则显示---
        MOV     A,#1
        SJMP    DS6
DS5:    MOV     A,#0
DS6:    MOVC    A,@A+DPTR
        MOV     P0,A
        CLR     P2.2
        ACALL   D1MS
        SETB    P2.2
        MOV     A,RDS+3
        JZ      DS7               ;判断是否有数据，有显示 H，否则显示---
        MOV     A,#1
        SJMP    DS8
DS7:    MOV     A,#0
DS8:    MOVC    A,@A+DPTR
        MOV     P0,A
        CLR     P2.3
        ACALL   D1MS
        SETB    P2.3
        MOV     A,RDS+4
        JZ      DS9               ;判断是否有数据，有显示 H，否则显示---
        MOV     A,#1
        SJMP    DS10
DS9:    MOV     A,#0
DS10:   MOVC    A,@A+DPTR
        MOV     P0,A
        CLR     P2.4
        ACALL   D1MS
        SETB    P2.4
```

```
        MOV     A,RDS+5
        JZ      DS11                        ;判断是否有数据,有显示 H,否则显示---
        MOV     A,#1
        SJMP    DS12
DS11:   MOV     A,#0
DS12:   MOVC    A,@A+DPTR
        MOV     P0,A
        CLR     P2.5
        ACALL   D1MS
        SETB    P2.5
        RET
;显示输入 6 个数据
;DISPLAY:
        MOV     A,RDS
        MOV     P0,A
        CLR     P2.0
        ACALL   D1MS
        SETB    P2.0
        MOV     A,RDS+1
        MOV     P0,A
        CLR     P2.1
        ACALL   D1MS
        SETB    P2.1
        MOV     A,RDS+2
        MOV     P0,A
        CLR     P2.2
        ACALL   D1MS
        SETB    P2.2
        MOV     A,RDS+3
        MOV     P0,A
        CLR     P2.3
        ACALL   D1MS
        SETB    P2.3
        MOV     A,RDS+4
        MOV     P0,A
        CLR     P2.4
        ACALL   D1MS
        SETB    P2.4
        MOV     A,RDS+5
        MOV     P0,A
        CLR     P2.5
        ACALL   D1MS
        SETB    P2.5
        RET
;显示读取 24C02 的数据
;DISPLAY: MOV    DPTR,#TAB1          ;指定查表起始地址

        MOV     A,MRD
        MOV     P0,A
        CLR     P2.0
```

```
        ACALL   D1MS
        SETB    P2.0
        MOV     A,MRD+1
        MOV     P0,A
        CLR     P2.1
        ACALL   D1MS
        SETB    P2.1
        MOV     A,MRD+2
        MOV     P0,A
        CLR     P2.2
        ACALL   D1MS
        SETB    P2.2
        MOV     A,MRD+3
        MOV     P0,A
        CLR     P2.3
        ACALL   D1MS
        SETB    P2.3
        MOV     A,MRD+4
        MOV     P0,A
        CLR     P2.4
        ACALL   D1MS
        SETB    P2.4
        MOV     A,MRD+5
        MOV     P0,A
        CLR     P2.5
        ACALL   D1MS
        SETB    P2.5
        RET
DISPLAY2: ;指定查表起始地址
        MOV     R4,#00H
        MOV     A,R4
        MOVC    A,@A+DPTR
        MOV     P0,A
        CLR     P2.0
        ACALL   D1MS
        SETB    P2.0
        INC     R4
        MOV     A,R4
        MOVC    A,@A+DPTR
        MOV     P0,A
        CLR     P2.1
        ACALL   D1MS
        SETB    P2.1
        INC     R4
        MOV     A,R4
        MOVC    A,@A+DPTR
        MOV     P0,A
        CLR     P2.2
        ACALL   D1MS
        SETB    P2.2
        INC     R4
```

```
        MOV     A,R4
        MOVC    A,@A+DPTR
        MOV     P0,A
        CLR     P2.3
        ACALL   D1MS
        SETB    P2.3
        INC     R4
        MOV     A,R4
        MOVC    A,@A+DPTR
        MOV     P0,A
        CLR     P2.4
        ACALL   D1MS
        SETB    P2.4
        INC     R4
        MOV     A,R4
        MOVC    A,@A+DPTR
        MOV     P0,A
        CLR     P2.5
        ACALL   D1MS
        SETB    P2.5
        RET
;-------------------------------------------------------
;发声程序
CALLHOST:       ;叮咚声
        MOV     R4,#200
SP10:   CPL     P2.7
        LCALL   D1MS
        LCALL   D1MS
        DJNZ    R4,SP10
        MOV     R4,#255
SP20:   CPL     P2.7
        LCALL   D1MS
        LCALL   D1MS
        LCALL   D1MS
        DJNZ    R4,SP20
        MOV     R4,#255
SP30:   SETB    P2.7
        LCALL   D1MS
        LCALL   D1MS
        LCALL   D1MS
        DJNZ    R4,SP30
        RET
;嘟～嘟声
SP_OUT: MOV     R4,#20
SP1:    CPL     SPOUT
        LCALL   DISPLAY
        DJNZ    R4,SP1
        MOV     R4,#50
SP2:    CPL     SPOUT
        LCALL   DISPLAY
        DJNZ    R4,SP2
```

```
            MOV    R4,#20
SP3:        SETB   SPOUT
            LCALL  DISPLAY
            DJNZ   R4,SP3
            RET
```
;---
;VI²C_ASM.ASM
;I²C 软件包的底层子程序,使用前要定义好 SCL 和 SDA。在标准 80C51 模式
;?2 Clock)下,对主频要求是不高于 12MHz(1 个机器周期 1μs);若 $f_{OSC}>12MHz$
;则要增加相应的 NOP 指令数。在使用本软件包时,请在你的程序的末尾加入
;$INCLUDE (VI²C_ASM.ASM)即可。
;---
;启动 I²C 总线子程序
```
START:      SETB   SDA
            NOP
            SETB   SCL        ;起始条件建立时间大于 4.7μs
            NOP
            NOP
            NOP
            NOP
            CLR    SDA
            NOP               ;起始条件锁定时大于 4μs
            NOP
            NOP
            NOP
            NOP
            CLR    SCL        ;钳住总线,准备发送数据
            NOP
            RET
```
;结束总线子程序
```
STOP:       CLR    SDA
            NOP
            SETB   SCL        ;发送结束条件的时钟信号
            NOP               ;结束总线时间大于 4μs
            NOP
            NOP
            NOP
            NOP
            SETB   SDA        ;结束总线
            NOP               ;保证一个终止信号和起始信号的空闲时间大于 4.7μs
            NOP
            NOP
            NOP
            RET
```
;发送应答信号子程序
```
MACK:       CLR    SDA        ;将 SDA 置 0
            NOP
            NOP
            SETB   SCL
            NOP               ;保持数据时间,即 SCL 为高时间大于 4.7μs
```

```
            NOP
            NOP
            NOP
            NOP
            CLR     SCL
            NOP
            NOP
            RET
;发送非应答信号
MNACK:  SETB    SDA             ;将 SDA 置 1
            NOP
            NOP
            SETB    SCL
            NOP
            NOP                         ;保持数据时间，即 SCL 为高时间大于 4.7μs
            NOP
            NOP
            NOP
            CLR  SCL
            NOP
            NOP
            RET
; 检查应答位子程序
; 返回值，ACK=1 时表示有应答
CACK:   SETB    SDA
            NOP
            NOP
            SETB  SCL
            CLR   ACK
            NOP
            NOP
            MOV   C,SDA
            JC    CEND
            SETB  ACK               ;判断应答位
CEND:   NOP
            CLR   SCL
            NOP
            RET
;-------------------发送字节子程序-------------------------
;字节数据放入 ACC
;每发送一字节要调用一次 CACK 子程序，取应答位
WRBYTE: MOV  R0,#08H
WLP:    RLC   A                  ;取数据位
            JC    WR1
            SJMP  WR0              ;判断数据位
WLP1:   DJNZ  R0,WLP
            NOP
            RET
WR1:    SETB  SDA              ;发送 1
            NOP
            SETB  SCL
```

```
            NOP
            NOP
            NOP
            NOP
            NOP
            CLR   SCL
            SJMP  WLP1
WR0:        CLR   SDA                ;发送 0
            NOP
            SETB  SCL
            NOP
            NOP
            NOP
            NOP
            NOP
            CLR   SCL
            SJMP WLP1
;--------------------读取字节子程序--------------------------
;读出的值在 ACC
;每取一字节要发送一个应答/非应答信号
RDBYTE: MOV  R0,#08H
RLP:        SETB SDA
            NOP
            SETB SCL               ;时钟线为高，接收数据位
            NOP
            NOP
            MOV  C,SDA             ;读取数据位
            MOV  A,R2
            CLR  SCL              ;将 SCL 拉低，时间大于 4.7μs
            RLC  A               ;进行数据位的处理
            MOV  R2,A
            NOP
            NOP
            NOP
            DJNZ R0,RLP          ;未够 8 位，再来一次
            RET
;----------------向器件指定子地址写 N 个数据--------------------------
;入口参数：  器件从地址 SLA、器件子地址 SUBA
;           送数据缓冲区 MTD、发送字节数 NUMBYTE
; 占用：  A、R0、R1、R3、CY
IWRNBYTE:MOV    A,NUMBYTE
            MOV   R3,A
            LCALL  START            ;启动总线
            MOV   A,SLA
            LCALL  WRBYTE           ;发送器件从地址
            LCALL  CACK
            JNB    ACK,RETWRN       ;无应答则退出
            MOV   A,SUBA            ;指定子地址
            LCALL  WRBYTE
            LCALL  CACK
            MOV    R1,#RDS
```

```
WRDA:       MOV    A,@R1
            LCALL  WRBYTE        ;开始写入数据
            LCALL  CACK
            JNB    ACK,IWRNBYTE
            INC    R1
            DJNZ   R3,WRDA       ;判断写完没有
RETWRN:     LCALL  STOP
            RET
```
;-------------------向器件指定子地址读取 N 个数据--------------------------
;入口参数：　器件从地址 SLA、器件子地址 SUBA、接收字节数 NUMBYTE
;出口参数：　接收数据缓冲区 MTD
;占用：　　　A、R0、R1、R2、R3、CY
```
IRDNBYTE:   MOV    R3,NUMBYTE
            LCALL  START
            MOV    A,SLA
            LCALL  WRBYTE        ;发送器件从地址
            LCALL  CACK
            JNB    ACK,RETRDN
            MOV    A,SUBA        ;指定子地址
            LCALL  WRBYTE
            LCALL  CACK
            LCALL  START         ;重新启动总线
            MOV    A,SLA
            INC    A             ;准备进行读操作
            LCALL  WRBYTE
            LCALL  CACK
            JNB    ACK,IRDNBYTE
            MOV    R1,#MRD
RDN1:       LCALL  RDBYTE        ;读操作开始
            MOV    @R1,A
            DJNZ   R3,SACK
            LCALL  MNACK         ;最后一字节发非应答位
RETRDN:     LCALL  STOP          ;并结束总线
            RET
SACK:       LCALL  MACK
            INC    R1
            SJMP   RDN1
```
;请注意
;占用内部资源：R0、R1、R2、R3、ACC、Cy
;在程序里要做以下定义：
;使用前须定义变量：　SLA 器件从地址　SUBA 器件子地址　NUMBYTE 读/写的字节数　，位变量
ACK
;使用前须定义常量：　SDA SCL 总线位　MTD 发送数据缓冲区首址　　MRD 接收数据缓冲区首址
;(ACK 为调试/测试位,ACK 为 0 时表示无器件应答)
```
D1MS:       MOV    R7,#200
            DJNZ   R7,$
            RET
DELAY10MS:  MOV    R6,#0FFH
D1MS1:      LCALL  D1MS
            DJNZ   R6,D1MS1
            RET
```

```
;HELLO!      BCD
TAB0:        DB 089H,086H,0C7H,0C7H,0C0H,079H
; - ,H
TAB1:        DB 0BFH,89H
;NO---!
TAB2:        DB 0C8H,0C0H,0BFH,0BFH,0BFH,79H
END
```

11.7　总　　结

通过以上介绍，基本可以了解电子密码锁的工作原理及 E^{2}PROM 的读、写方法。

难点：主要是模拟 I^{2}C 通信程序及 E^{2}PROM 的读、写问题；而键盘输入和显示输出，及密码校验程序部分相对简单，下面就针对在 Proteus 仿真环境下，对 I^{2}C 和 E^{2}PROM 调试作简要说明。

对于 E^{2}PROM AT24C02 读、写，它分为现行地址、随机地址、顺序读 3 种读操作，写分为字节写和页面写。此程序采用随机地址读和字节写，原理图中有一个 I^{2}C 式样的器件，它是用来观察和调试 I^{2}C 系统的一个虚拟仪器，功能十分强大，通过它可以观察对 E^{2}PROM 的读、写时的数据及地址。

在 Proteus 仿真环境下，由于 I^{2}C 器件暂不支持添加.BIN 文件密码(调试多次发现)，因此：

(1)　在 Proteus 中仿真调试时，当需要改变设置密码时，在 Keil 软件中，请打开程序 I^{2}CSY.ASM，编辑输入想设置的密码，然后保存编译。再回到 Proteus 仿真环境下，在图中单片机上单击右键添加程序 I^{2}CSY.ASM，单击"运行"按钮，单片机向 E^{2}PROM 写入 6 位密码数据，并且读取显示修改的密码。然后停止仿真进行下面步骤。

(2)　在 Proteus 中添加程序 DZ-LOCK.ASM，单击"运行"按钮进行调试，通过按钮输入新的密码，单片机校验正确则点亮 LED 灯，否则输入错误次数达 3 次时报警。

反复进行调试步骤(1)、(2)，观察 I^{2}C 工作原理。

程序 DZ-LOCK.ASM 也可以完成密码设置功能，但必须输入原来正确的密码，单击 OK 按钮确认，输出指示 LED 灯点亮，然后再输入新的密码，单击 SET 按钮即可设置密码。

注意，在调试 I^{2}C 模拟通信程序时，对 24C02 读、写时，在读和写之间应该延时一段时间，不能连续地进行读、写操作，否则在 Proteus 仿真时会很慢，而且性能不好的计算机可能会出现死机。

11.8　上 机 指 导

仿真环境：Proteus 7.1/6.9SP5、Keil 750。

11.8.1　电路原理图绘制步骤

Proteus 包括：ISIS——智能原理图输入系统，系统设计与仿真的基本平台。

ARES——高级 PCB 布线编辑软件，如图 11.8 所示。

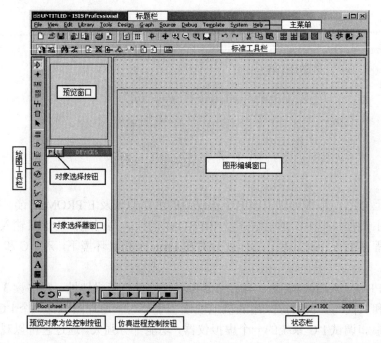

图 11.8　仿真环境

本节只讲 Proteus ISIS 智能原理图输入系统，以及系统设计与仿真的基本平台的使用和设置。

(1)　元件选取：打开 Peotrus 软件，单击查找元件 P 按钮，输入器件型号(图 11.9)89C51、AT24C02 等，双击该元件，再继续输入其他元件型号选取元件，然后关闭该窗口。

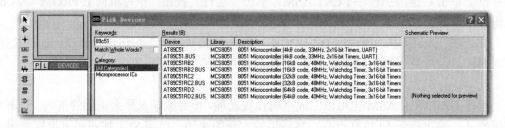

图 11.9　器件型号

(2)　元件布局：单击右键选取，按"＋－"可以旋转元件，移动到适合的地方排列好。

(3)　绘制连线：把鼠标移动到元件引脚，单击该引脚，然后移动到其他元件引脚，双击该引脚，完成连线，并保存。

(4)　绘制完原理图后，进行电气规则检查，单击▣按钮确认没有错误后，则完成电路原理图的绘制。

11.8.2　仿真步骤

Proteus 7.1 与 Keil 750 联调，前提是两个软件都安装好了，并且安装了联机程序，则可以进行联合调试，否则无法进行这个实验，下面分别说明两个软件的设置步骤。

1. Keil 的设置

打开 Keil 软件(图 11.10),选择 Project→New Project 命令新建工程,输入工程名字,如 DZ_lock,注意必须是英文,然后单击"保存"按钮。

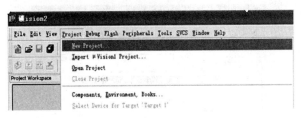

图 11.10 执行 Project→New Project 命令

然后在弹出的对话框中,如图 11.11 所示,选择 CPU,这里选 AT89C51,然后单击"确定"按钮。

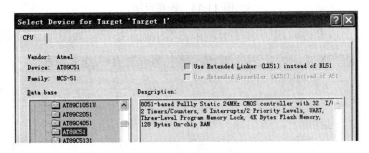

图 11.11 选择 CPU

接着在弹出的对话框中单击"否"按钮,完成了工程的建立,如图 11.12 所示,下面开始进行设置。

图 11.12

在 Keil 工程浏览框中单击右键添加程序,选择 DZ-Lock.asm 文件,单击 Add 按钮添加,然后关闭,如图 11.13 所示。

图 11.13 选择工程文件

回到 Keil 编辑环境，编译该程序，确认没有错误后，再进行通信的设置。在 Keil 工程浏览框中右击，如图 11.14 所示，右击 Target1，在弹出的快捷菜单中选择 OPtions for Target 'Target 1'命令。

图 11.14　选择目标

选择 Debug 选项卡，弹出该选项卡，单击 Settings 按钮，如图 11.15 所示。

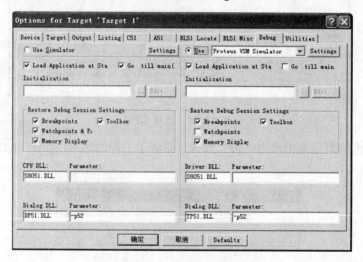

图 11.15　Debug 选项卡

如图 11.16 所示，设置 Host：127.0.0.1，Prot：8000，然后单击 OK 按钮确认，完成 Keil 的设置。

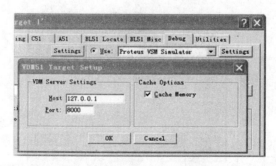

图 11.16　设置主机和端口

2. Proteus 的设置

打开 Proteus 设计好的电路如"电子密码锁",单击 Debug 菜单,选择 Use Remote Debug Moniter 命令,如图 11.17 所示,完成 Proteus 的设置。

3. 开始仿真

回到 Keil 软件界面,单击 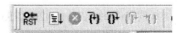 调试按钮,出现如图 11.18 所示的试控制界面,从左至右依次为复位、全速、停止、单步执行等,单击相应按钮,就可以进行全速、单步、断点运行进行仿真,然后回到 Proteus 软件界面中,就可以看到交互试运行现象和结果了。

图 11.17 选择菜单命令

图 11.18 Keil 调试控制界面

至此完成两个软件的联合调试步骤,下面讲述 Proteus 的单独调试。

在 Proteus 软件中,打开设计好的电路,右键单击选中单片机,然后单击左键弹出图 11.19 所示的对话框,单击文件图标添加十六进制的.hex 文件或者二进制.bin 后缀名的文件,单击 OK 按钮确认。

回到 Proteus 仿真环境中,单击如图 11.20 所示的仿真按钮,可以全速、单步运行进行调试,单击暂停按钮可以查看单片机的寄存器、PC、RAM、I/O 等情况,注意看现象和结果。

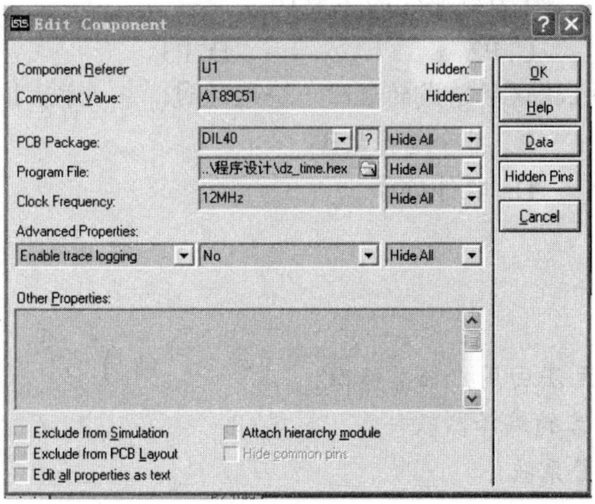

图 11.19 添加文件

图 11.20 仿真按钮

11.8.3　调试说明

(1)　输入正确密码，单击 OK 按钮确认，输出指示灯 LED 点亮，按 ESC 键则熄灭，当密码错误次数达 3 次时，蜂鸣器发出错误报警。

(2)　设置密码步骤：输入原来的正确密码，单击 OK 按钮确认，输出指示灯 LED 点亮，再输入新的密码，单击 SET 按钮即可设置。

(3)　直接单击 CALL 按钮可以用门铃呼叫。

习　　题

1．填空题

(1)　本例的电子密码锁具有_____、_____、_____、_____、_____和_____等基本功能。

(2)　本例的电子密码锁由_____、_____、_____、_____和_____几个基本模块组成。

(3)　本例使用的 AT24C02(E^2PROM 存储器)的功能是_____。

(4)　本例的电子密码锁由_____、_____、_____和_____几部分电路组成。

2．选择题

(1)　AT24C02 内部自带的存储器类型是(　　)。

　　A. 掩模 ROM　　　　　　　　　B. .EPROM

　　C. E^2PROM　　　　　　　　　　D. .Flash ROM

(2)　AT24C02 的扩展总线模式是(　　)。

　　A. I^2C　　　　　　B. PCI　　　　　　C. ISP　　　　　　D.CAN

(3)　在本例的显示电路设计中，用(　　)作为数码管的字型口。

　　A. P0　　　　　　B. P1　　　　　　C. P2　　　　　　D. P3

(4)　由于设计和加工制版过程中工艺性错误所造成的故障，一般通过(　　)方法排除。

　　A. 排除元器件失效　　　　　　B. 排除电源故障

　　C. 排除逻辑故障　　　　　　　D. 软件故障

3．判断题

(1)　AT24C02 具有密码自保护功能。　　　　　　　　　　　　　　　(　　)

(2)　本例中密码锁的密码一经设定就无法由用户任意修改。　　　　　　(　　)

(3)　Keil 是一个支持 C 语言和汇编语言的编译器软件。　　　　　　　(　　)

(4)　本例的电子密码锁采用了声光报警系统。　　　　　　　　　　　(　　)

4. 简答题

(1) 电子密码锁的基本工作原理是什么?
(2) 通过本例的分析，试写出设计电子密码锁的一般步骤。
(3) 简述电子密码锁的软件设计注意事项。
(4) 试分析电子密码锁调试的一般步骤。

第12章

单片机实现语音录放

教学提示：本章主要介绍了利用 AT89C51 单片机实现语音录放的基本原理，从语音的语素入手，介绍了单片机实现的语音录放的基本方法，接着通过例程介绍利用 AT89C51 单片机控制的语音录放系统和利用语音芯片来完成的语音录放。

教学目标：了解单片机实现语音录放的基本原理；熟悉利用单片机进行语音录放系统设计的特点；会利用 AT89C51 单片机设计一般的语音录放系统，掌握语音系统设计的一般步骤和特点。

随着单片机技术的日益发展，人们已经不再满足于键盘输入、屏显输出这样传统的人机接口方式，他们希望拥有更友好的人机界面，更方便的操作方式。于是具有语音功能的单片机系统应运而生，而且获得了广泛的应用，比如公车报站器、语音型数字万用表、出租车语音播报器及排队机等。

12.1 系 统 概 述

在声学领域，单片机技术与各种语音芯片相结合，即可完成语音的合成技术，使得单片机语音系统的实现成为可能。所谓语音芯片，就是在人工或者控制器的控制下可以录音和放音的芯片。语音信号是模拟量，语音芯片的存储播放声音的基本工作方式为：声音→模拟量→A/D→存储→D/A→模拟量→播放。采用此种方式的语音芯片外围电路比较复杂，声音质量也有一定的失真。而另一种语音芯片采用 E^2PROM 存储方法，将模拟语音数据直接写入半导体存储单元中，不需要另加 A/D 和 D/A 变换电路，使用方便，且语音音质自然。本章将主要介绍利用模拟语音数据直接存储语音芯片来设计 51 单片机的语音录放系统。

12.2 系统设计思路分析

在使用语音芯片时，首先需要选择合适的语音芯片。因为语音芯片的好坏将直接影响系统的复杂程度和系统的唯真性。

12.2.1　语音芯片的选取原则

1. 语音芯片概述

语音芯片就是在人工或者是控制器的控制下可以实现录音和放音的芯片。比较典型的有美国 ISD 公司生产的 ISD 系列语音芯片。

ISD 系列语音芯片采用模拟数据在半导体存储器直接存储技术，即将模拟语音数据直接写入单个存储单元，不需经过 A/D 或 D/A 转换，因此能够较好地真实再现语音的自然效果，避免了一般固体语音电路因为量化和压缩所造成的量化噪声和失真现象。另外，芯片功能强大：即录即放、语音可掉电保存、10 万次的擦写寿命、手动操作和 CPU 控制兼容、可多片级联、无需开发系统等，确实给欲实现语音功能的单片机应用设计人员提供了单片的解决方案。现代市场上已有公司将以 AT89C2051 单片机与 ISD 语音芯片组成的工作原理，只需通过串口通信，芯片里固有一些常用的语音词汇，用户不需了解语音功能的工作原理，只需通过串口按一定的协议发送代码即可送出语音。

语音芯片可以很方便地在单片机系统中使用，并且和单片机的接口也非常容易设计，其体积和重量也能符合单片机系统要求。图 12.1 所示为一款 IDS1820 的语音芯片。

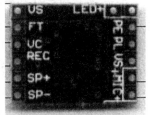

图 12.1　IDS1820 的语音芯片

本例将以 ISD 公司生产的 ISD 系列芯片为例，说明语音芯片的使用方法，并且实现单片机定时播放语音的功能。

在单片机系统中使用 ISD 系列的语音芯片时，需要考虑 3 个方面的内容，一是如何使用 ISD 语音芯片，二是如何根据选择的 ISD 芯片设计外围电路和单片机的接口电路，三是如何编写定时控制语音芯片的单片机程序。

本例的功能块分为以下 3 个：

- 单片机系统：输出控制信号，控制语音芯片定时播放特定的语音。
- 外围电路：实现外围的 ISD 系列语音芯片，本例中使用的是 ISD2560 芯片和单片机之间的接口电路。
- 程序设计：编写定时 1s 的程序，并在定时中断到来时播放语音芯片中的内容。

希望读者在读完本例后，能完成相关的电路设计，并掌握以下知识点的内容：

- 掌握语音芯片工作的原理和器件的选择。
- 掌握单片机和语音芯片的电路接口。
- 掌握语音芯片 ISD2560 语音播放过程的 C51 程序设计。

2. 选择合适的语音芯片

目前，在市场上比较常见的和使用较为普遍的语音芯片如表 12.1 所示。

表 12.1　普通的语音芯片

型　号	特　征	
TE6332	语音长度：32s	采样频率(kHz)：4～6.4
	MIC 前置：YES	工作电压(V)：2.7～3.3

型　号	特　征	
TE6332	工作电流(mA)：45	
ISD1420	语音长度：20s	采样频率(kHz)：6.4
	放音触发：边沿/电平	工作电压(V)：4.5～5.5
	工作电流(mA)：30	静态电流(μA)：10
ISD2560	语音长度：60s	采样频率(kHz)：8
	放音触发：电平	工作电压(V)：4.5～5.5
	工作电流(mA)：30	静态电流(μA)：10

12.2.2　采用单片机控制语音芯片的好处

ISD 芯片完全可以手动,为什么还要使用单片机? 这可以从以下两个方面考虑实际使用中的要求。

(1) 单片机系统的需要。在一些应用场合,如手机话费查询系统、排队机及公共汽车报站器等,这些应用中需要实现自动播音,而 ISD2560 实现自动播音的方法,最为简单的就是和单片机系统相连。

(2) 简化人工操作。通常情况下,只能使用 ISD 器件提供的无需知道地址的操作模式,即手动模式,这只是适合于开发一些简单的语音功能,而无法满足复杂操作或实时系统中应用的要求。为实现以上应用,最好使用对地址直接操作的办法。但在实用中,一些电路开发设计只是在基于语音信号已经写入时。如果手动处理,采用按录音按键录音,按停止按键停止,假如录音段数特别多,就要频繁地按上述按键,实在让人疲惫不堪。此外,手动按下录音及停止按键的时间也很难掌握,这就容易产生段间空白,造成芯片空间浪费严重。不仅这样,由于短句中空白时间过长,合成放音时出现语音不连贯。

正是由于上述的原因,需要将单片机系统和语音芯片联系起来,形成一个智能化的语音播放系统。在本例中,单片机需要完成以下两个功能:

① 通过 ISD2560 芯片,录制一段语音信息。

② 利用单片机定时 10s,循环播放一段录制的语音。

12.2.3　语音芯片 ISD2560

以典型的 ISD 语音芯片为例,介绍现在比较流行的语音芯片,以及选择语音芯片的标准。目前,市场上的语音芯片和语音板很多,从性能价格比上看,美国 ISD 公司的 ISD 系列录放芯片可谓是一枝独秀。ISD 器件的特点如下。

① 使用直接电平存储技术,省去了 A/D、D/A 转换。

② 内部集成了大容量的 E^2PROM,不再需要扩展存储器。

③ 控制简单,控制管脚与 TTL 电平兼容。

④ 具有集成度高、音质好、使用方便等优点。

ISD2560 的基本功能如下:

① ISD2560 系列具有抗断电、音质好、使用方便、无需专用的语音开发系统的特点。

② 片内 E^2PROM 容量大,所以录放时间长,录放时间为 90s。

③　有 10 个地址输入端，寻址能力可达 1024 位。

④　语音最多能分成 600 段，设有 OVF 溢出端，便于多个器件级联。

12.3　硬件电路设计

本例的硬件电路主要由单片机和语音芯片构成，硬件电路设计的重点是语音芯片的外围电路的设计及其单片机的接口电路。

12.3.1　主要器件

单片机是本例的核心器件之一，由它控制语音芯片实现对声音的存储和播放。本例选用 Atmel 公司开发的 AT89C51 作为单片机芯片，它完全能满足要求，而且极为常用，价格便宜，易于获取。

根据前文的说明，语音芯片选用 ISD 公司的 ISD2560 芯片。ISD2560 芯片的引脚如图 12.2 所示。

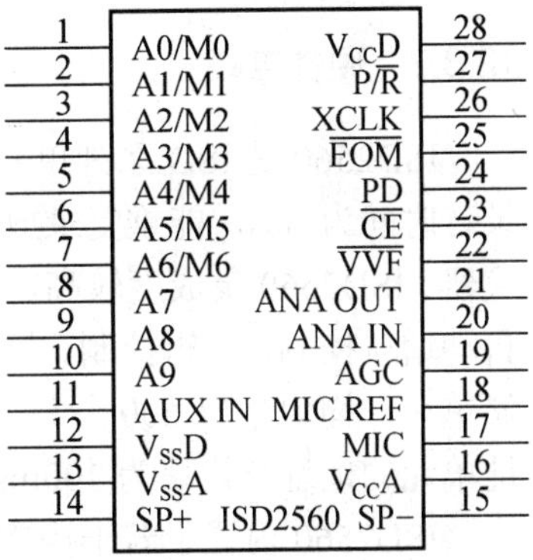

ISD2560 引脚的功能说明如下。

(1)　地址线：A0~A9。共有 1024 种组合状态。最前面的 600 个状态作内部存储器的寻址用，最后面的 256 个状态作为操作模式。

(2)　电源：$V_{CC}A$、$V_{CC}D$。芯片内部的模拟和数字也可使用不同的地线。

(3)　节能控制：PD。本端拉高使芯片停止工作，进入不耗电的节能状态，芯片发生溢出，即 $\overline{VVF}$ 端输出低电平后，要将本端短暂变高复位芯片，才能使之再次工作。

(4)　片选：$\overline{CE}$。本端变低后，而且 PD 为低，允许进行录放操作。芯片在本端的下降沿锁存地直线和 $P/\overline{R}$ 端的状态。

(5)　录放模式：$P/\overline{R}$。本端状态在 $\overline{CE}$ 的下降沿锁存。高电平选择放音，低电平选择录音。

(6)　信息结尾标志：$\overline{EOM}$。$\overline{EOM}$ 标志在录音时由芯片自动插入到该信息的结尾。放音遇到 $\overline{EOM}$ 时，本端输出低电平脉冲。芯片内部会检测电源电压以维护信息的完整性，当电压低于 3.5V 时，本端变低，芯片只能放音。

(7)　溢出标志：$\overline{VVF}$。芯片处于存储空间末尾时本端输出低电平脉冲表示溢出，之后本端状态跟随 $\overline{CE}$ 端的状态，直到 PD 端变高。

(8)　麦克风输入：MIC。本端连至片内前置放大器的反相输入端。当以差分形式连接话筒时，可减少噪声，提高共模抑制比。

(9)　自动增益控制：AGC。AGC 动态调整前置增益以补偿话筒输入电平的宽幅变化，使得录制变化很大的音量(从耳语到喧器声)时失真都能保持最小。

(10)　模拟输出：ANA OUT。前置放大器的输出，前置电压增益取决于 AGC 端电平。

(11)　模拟输入：ANA IN。本端为芯片录音信号输出。对话筒输入来说 ANAOUT 端应通过外接电容连至本端。

图 12.2　ISD2560 芯片引脚排列图

1	A0/M0	$V_{CC}D$ 28
2	A1/M1	$P/\overline{R}$ 27
3	A2/M2	XCLK 26
4	A3/M3	$\overline{EOM}$ 25
5	A4/M4	PD 24
6	A5/M5	$\overline{CE}$ 23
7	A6/M6	$\overline{VVF}$ 22
8	A7	ANA OUT 21
9	A8	ANA IN 20
10	A9	AGC 19
11	AUX IN	MIC REF 18
12	$V_{ss}D$	MIC 17
13	$V_{ss}A$	$V_{CC}A$ 16
14	SP+ ISD2560 SP− 15	

(12) 喇叭输出：SP+、SP-。这对输入出端可驱动 16Ω 以上的喇叭。单端使用时必须在输入端和喇叭间接耦合电容，而双端输入既不用电容又不能将功率提高。在录音和节电模式下，它们保持为低电平。

(13) 辅助输入：AUXIN。当 $\overline{CE}$ 和 P/$\overline{R}$ 为高电平时，放音不进行，或处于放音溢出状态时，本端的输入信号过内部功放驱动喇叭输入端。当多个 2500 芯片级联时，后级的喇叭输出通过本端连接到本级的输出放大器。

(14) 外部时钟：XCLK。本端内部有下拉元件，不用时应接地。芯片内部的采样时钟在出厂前已调校，误差在+1%以内。

(15) 地址/模式输入：AX/MX。地址端有个作用，这取决于最高两位(MSB，即 2532/2548 的 A7 和 A8，或 2560/2590/25120 的 A8 和 A9)的状态。当前最高两位中有一个为 0 时，所有输入均解释为地址位，作为当前录入操作的起始地址。地址端只作输入，不输出操作过程中的内部地址信息。

12.3.2　硬件电路

ISD2560 是 ISD 系列单片语音录放集成电路的一种，是一种永久记忆型录放语音电路，录音时间为 60s，能重复录放达 10 万次。它采用直接电平存储技术，省去了 A/D、D/A 转换器。ISD2560 集成度较高，内部包括前置放大器、内部时钟、定时器、采样时钟、滤波器、自动增益控制、逻辑控制、模拟收发器、解码器和 480KB 的 E^{2}PROM 等。内部 E^{2}PROM 存储单元，均匀分为 600 行，具有 600 行地址单元，每个地址单元指向其中一行，每一个地址单元的地址分辨率为 100ms。ISD2560 控制电平与 TTL 电平兼容，接口简单，使用方便。

ISD2560 内置了若干操作模式，可用最少的外围器件实现最多的功能。操作模式也由地址端控制；当最高两位都为 1 时，其他地址端置高就选择某个模式。因此操作模式和直接寻址相互排斥。操作模式既可由微控制器实现也可由硬件实现。这里简单介绍如何使用 ISD2560 语音芯片。基本电路原理如图 12.3 所示。

录音时按下录音键接地，使 PD 端、P/$\overline{R}$ 端为低电平，此时启动录音；结束时松开按键，单片机又让 P/$\overline{R}$ 端回到高电平，即完成一段语音的录制。用同样的方法可录取第二段、第三段等。值得注意的是，录音时间不超过预先设定的每段语音的时间。放音的操作更为简单，按下录音键高电平，使 PD 端、P/$\overline{R}$ 端为低电平，启动放音功能；结束时，松开按键，即完成一段语音的播放。

在控制上，除手动之外，ISD 器件也可以通过地址来精确定位，但它的地址不是字节地址单元，而是信息段的基本组成单位。以 ISD2560 为例，它内部的 480KB 的 E^{2}PROM 均匀地规划为 600 行，每个地址单元指向其中一行，有 600 全地址单元。ISD2560 的录放时间是 60s，因此地址分辨率是 100ms。ISD 器件可进行多段地址操作，每一段称为一个信息段，它可以占用一行和多行存储空间。一个地址单元最多只能作为一个独立的段。因此，ISD2560 最多可以分为 600 个信息段。这就为在单片机系统中使用 ISD2560 语音芯片提供了基本条件。

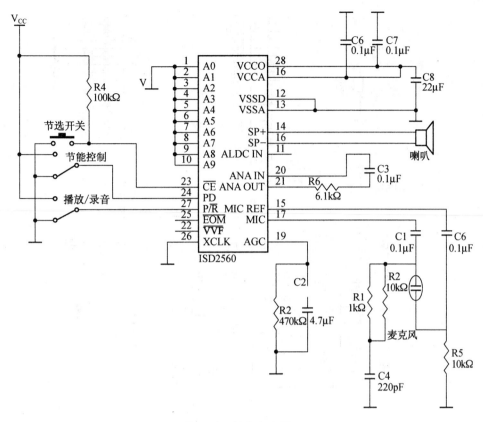

图 12.3　基本电路原理

12.3.3　地址分配和连接

　　地址分配和连接是指 ISD2560 与单片机的连接，ISD2560 与单片机的连接如图 12.4 所示，这里只列出和本例相关的、关键部分的单片机与各个功能管脚的连接和相关的地址分配。

　　(1) D0~D9：单片机和 ISD2560 语音芯片的地址连接，通过对 D8、D9 的设置，单片机可以控制语音芯片的工作方式。

　　(2) PD：节电控制，和单片机的 P2.4 口相连，单片机可以控制芯片的开关。

　　(3) $\overline{CE}$：片选，和单片机的 P2.5 口相连，单片机可以选中芯片。

　　(4) P/$\overline{R}$：录放模式，和单片机的 P2.2 口相连，单片机可控制芯片处于录音或者是播放的工作状态。

　　(5) $\overline{EOM}$：信息结尾标志，和单片机的 P2.3 口相连，$\overline{EOM}$ 标志在录音时由芯片自动插入到该信息的结尾。

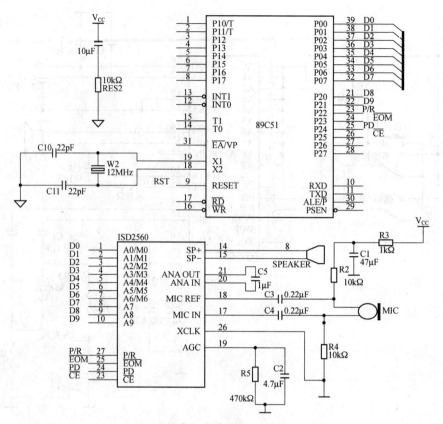

图 12.4 单片机和 ISD2560 语音芯片连接

12.4 系统软件设计

12.4.1 软件设计思路

本例的软件设计较为简单，主要通过单片机对 ISD2560 的控制，实现指定地址入口的单循环播放。

本例采用定时器中断的方式来严格控制每个语调的发音，把乐谱变成固定代码表，通过查表的方法来读取发声的定时器/计时器的计数初值，然后通过循序来控制歌曲的播放。

12.4.2 程序功能

单片机控制语音芯片定时播放的程序主要包括两个方面的关键内容，一是单片机对 ISD2560 芯片的控制字的写入，二是定时中断的产生。

录音时，按下录音键，单片机通过 D 端口线设置语音段的起始地址，再使 PD 端、P/R 端为低电平启动录音；结束时，松开按键，单片机又让 P/R 端口回到高电平，即完成一段语音的录制。用同样的方法可录取第二段、第三段等。值得注意的是，录音时间不能超过预先设定的每段语音的时间。

放音时，根据需播放的语音内容，找到相应的语音段起始地址，并通过口线送出。再将 P/R 端设为高电平，PD 端设为低电平，并让 $\overline{CE}$ 端产生一负脉冲启动放音，这时单片机只需等待 ISD2560 的信息结束语信号。信号为一负脉冲，在负脉冲的上升沿，该段语音才播放结束，所以单片机必须要检测到的上升沿才能播放第二段，否则播放的语音就不连续。

12.4.3　主要变量的说明

单片机控制语音芯片定时播放的程序中的变量及功能如表 12.2 所示。

表 12.2　程序中的变量及功能表

变　量	说　明
BUFFER	定时器定时变量
PD	芯片电源开关
EOM	结束信号
PR	录播信号，1 为播放，0 为录音
CE	片选信号
play()	播放子程序
delays()	延时子程序

12.4.4　程序流程

程序要实现下面的过程。

"开始"键按下后，单片机控制 PD、P/R 引脚为高电平，并指定录音地址，启动录音过程。在预先设定的时间内(60s)结束录音，松开"开始"键，单片机控制 P/R 引脚回到高电平，即完成一段语音的录制。之后打开外部中断 0，指定存放地址，启动放音程序，每次放音结束时，EOM 输出会触发单片机的外部中断 0，经过适当的延时后，重新启动第二次放音，这样重复 3 次关闭外部中断 0，流程结束，等待下一次录音。

利用单片机控制语音芯片定时播放的程序流程如图 12.5 所示。

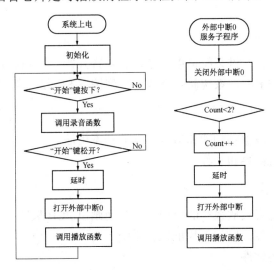

图 12.5　单片机控制语音芯片定时播放流程

12.5 总　　结

通过以上的例程，可以了解利用单片机实现的语音录放系统设计的一般步骤和方法，其他语音播放系统的设计均可以按照上述方法进行微调得到。

本例介绍了一种基于 51 单片机控制的语音录放系统，它采用 ISD 单片语音录放集成电路系列中的 ISD2560，实现语音的存储和播放，ISD2560 采用直接电平存储技术，不仅省去了 A/D、D/A 转换器，而且语音自然真实。

本例实现的关键在于语音芯片 ISD2560 的使用，着重把握以下几点。

(1) 语音芯片 ISD2560 与单片机接口电路设计。

(2) ISD2560 地址/模式输入脚的使用，特别是高 2 位 A8、A9 的作用。

(3) 控制脚 PD、P/R 和信息结尾标志输出脚 EOM 的使用。

12.6　上机指导：用单片机实现语音录放

1. 上机目的

(1) 掌握 ISD 语音芯片的一般功能和基本用法。

(2) 掌握利用单片机实现的语音录放系统。

2. 实验器材

(1) 计算机一台。

(2) 万用表一块。

(3) 示波器一台。

(4) 实验台一套。

(5) 仿真器一个。

3. 调试说明

系统运行后按"录音"键系统可以录音，且录音开始，按 Esc 键录音停止；按"放音"键系统放音，只要不按 Esc 键系统循环播放，直到按下 Esc 键才能进行下一轮的录音。

4. 预习要求

(1) 熟悉单片机的各引脚功能和语音芯片的基本用法。

(2) 熟悉本次上机内容和步骤。

5. 实验内容和步骤

(1) 设计并画出语音录放系统的原理图，从而画出 PCB 板图。

(2) 测试各外围元件，组成单片机语音系统。

(3) 编写出相应的软件。

(4) 软件、硬件统调，测试系统功能。

习　题

1. 填空题

(1) 语音信号是模拟量，语音芯片的存储播放声音的基本工作方式为_____—_____
→_____—___—_____—_____—_____—_____。

(2) ISD 系列语音芯片采用_____直接存储技术。

(3) ISD 器件具有_____、_____、_____等特点。

(4) 语音芯片播放的程序主要包括_____、_____两个方面的关键内容。

(5) 在单片机应用系统中，使用 ISD 语音芯片必须考虑_____、_____、
_____这 3 方面的问题。

2. 选择题

(1) ISD 系列语音芯片采用模拟数据采用(　　)存储技术。

 A. DMA   B. 寄存器存储

 C. 从 CPU 中直接输出   D. 半导体存储器直接存储

(2) ISD2560 语音芯片的数据格式为 (　　)位。

 A. 1   B. 8   C. 16   D.32

(3) ISD2560 语音芯片的片内有 (　　)KB 的 E^2PROM 存储空间。

 A.128   B.4   C.64   D.480

(4) ISD2560 语音芯片的地址锁存信号是 (　　)。

 A. ALE   B. CE   C. AX/MX   D. XCLK

(5) 本例中 ISD2560 语音芯片所采用的寻址方式是 (　　)。

 A. 直接寻址   B. 立即寻址   C. 寄存器寻址   D. 寄存器间接寻址

3. 判断题

(1) ISD2560 语音录放集成电路是一种永久记忆型录放语音电路。   (　　)

(2) ISD2560 的输出不能实现多件芯片的级联。   (　　)

(3) ISD 器件可进行多段地址操作，每段为一个信息段，它只会占用一行存储空间。

                           (　　)

(4) 本系列的语音系统的软件中设计的语音播放程序不能循环播放。 (　　)

(5) ISD2560 语音芯片可以直接与单片机相连。   (　　)

4. 简答题

(1) 语音芯片选取的原则是什么？

(2) 采用单片机控制语音芯片的好处是什么？

(3) 单片机应用系统设计的一般步骤是怎样的？

(4) 设计语音录放系统的注意事项有哪些？

第13章

电子万年历制作

教学提示： 本章主要介绍了电子万年历制作的一般流程和方法，同时还详细地介绍了摩托罗拉公司生产的 MC146818 时钟芯片的基本结构、引脚功能、工作时序及结构框图，最后重点介绍了利用 MC146818 时钟芯片实现的电子万年历。

教学目标： 了解 MC146818 时钟芯片基本结构、引脚功能、工作时序及结构框图；熟悉利用 MC146818 时钟芯片制作电子万年历的一般方法；掌握电子万年历制作的普遍规律和一般流程。

在 51 单片机应用系统中，常常需要记录实时的时间信息并长期保存。比如，在数据采集时，对某些重要的信息不仅需要记录其内容，还需要记录下该事件发生的准确时间；又比如，在银行营业大厅中使用的利率或汇率显示屏，上面除了显示利率或汇率等数据以外，还需要显示实时的时间信息，其中包括年、月、日、星期、时间等。本章将介绍 51 单片机在显示日历时钟方面的应用。

13.1 系统概述

本例的功能是在 51 单片机系统中设置、获取、记录实时的日历时钟信息并通过数码管显示，要求能够进行长时间的记录，并且存储的时间信息在掉电情况下至少保存 10 年。

实时显示可以通过软件编程实现，但这种方法需要编制的程序复杂，代码多且单片机软件开销大，时间信息也不易长期保存。而采用专用实时时钟芯片可以避免这些问题，它可以非易失地长期保存时间信息。因此在本例中，选择使用专用芯片来实现实时日历时钟显示系统。

根据功能模块的划分，本系统包括 5 个部分。

(1) 51 单片机模块：其作用是和外围的时钟芯片通信，并控制数据传输过程，采集时间信息并予以处理。

(2) 日历时钟模块：此模块由专用的实时时钟芯片构成，它是本例的核心模块，由它提供实时的日历时钟信息。

(3) 数码管显示模块：此模块用于实时日历时钟信息显示。数码管显示模块在前面一些章节中有过详细介绍。

(4)　串行通信模块：用户可通过 PC 和单片机的串口通信来设置初始化时间信息。

(5)　程序模块：包括单片机控制时钟芯片的接口程序(实现单片机和时钟芯片之间的数据传输过程)和数码管显示程序。

13.2　设计思路分析

由于系统要实现的功能比较单一(主要就是获取实时时钟信息)，因此设计思路非常清晰。

13.2.1　选择合适的日历时钟芯片

第一步就是选择合适的日历时钟芯片。本例要求能够进行长时间的记录，包括日历、星期在内的时间信息，并且存储的时间信息在掉电情况下可以保存 10 年。根据这些要求，本例选用摩托罗拉公司的日历时钟芯片 MC146818 来作为实时时钟芯片，为系统提供详细的年、月、日、星期、小时和分钟等时间信息(本例中时间信息只需要精确到分钟)。

MC146818 是一款 CMOS 技术实时时钟芯片，其主要功能特性如下。

- 具有年、月、日、时、分、秒计时。
- 具有可编程的中断下降沿脉冲输出(IRQ)和方波输出(SQW)。
- 内含 50B 的 SRAM，可供断电时保存数据(镍镉电池保持)用。
- 内部具有时钟振荡电路，可使用 3 种振荡频率，即 4.194304MHz、1.0485776MHz 和 32.768kHz。
- 可由软件设定 12 小时制或 24 小时制的计时方式。
- 计时方式可由软件设定为二进制或十进制。
- 具有自动闰年补偿功能。
- 可设定每日的某一时刻(时 分 秒) 报警产生中断。
- 可设定每秒一次至每天一次产生中断。

13.2.2　由 MC146818 芯片获取时间信息

MC146818 芯片的内部带有时钟、星期和日期等信息寄存器，实时时间信息就存放在这些非易失性寄存器中，那么单片机如何去获取这些信息资源呢？

和 51 单片机一样，MC146818 采用的也是 8 位地址/数据复用的总线方式，它同样具有一个锁存引脚，通过读、写、锁存信号的配合，可以实现数据的输入/输出；控制 MC146818 内部空间都有相应的固定地址，因此，单片机通过正确的寻址和寄存器操作就可以获取所需要的时间信息。

13.3　硬件电路设计

本例的硬件电路设计主要是围绕日历时钟芯片 MC146818 的使用进行的。

13.3.1 结构框图

本例的硬件电路包括串行通信接口电路、单片机电路、实时时钟芯片电路和显示输出电路，其结构框图如图 13.1 所示。

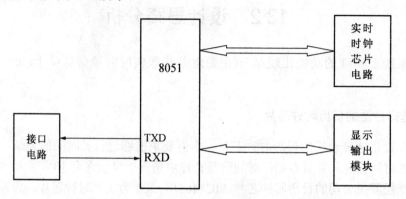

图 13.1 系统硬件结构框图

13.3.2 主要器件

本系统的主要器件是单片机和日历时钟芯片。

单片机选用 Atmel 公司的 51 单片机芯片 AT89C51，它完全可以满足本系统的功能需求，而且价格便宜，获取方便。

日历时钟芯片选用 MC146818。

MC146818 引脚排列如图 13.2 所示。

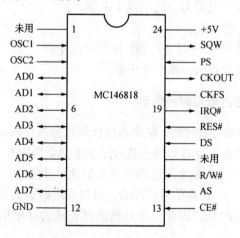

图 13.2 MC146818 的引脚排列

MC146818 引脚功能如下：

(1) OSC1、OSC2 时基脉冲输入，时基脉冲有两种输入方式：

① 使用外部时基脉冲输入，如图 13.3 所示。

② 使用内部时基脉冲输入，如图 13.4 所示。

石英晶体的选择如表 13.1 所示。

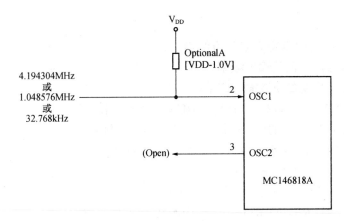

图 13.3　MC146818 使用外部时基脉冲的电路

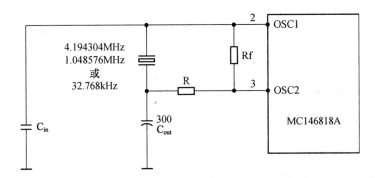

图 13.4　MC146818 使用内部时基脉冲的电路

表 13.1　石英晶体的选择

石英晶体	4.194304MHz	1.048576 MHz	32.768kHz
C_{in}/C_{out}	15～30pF	15～40pF	10～22pF
R	—	—	300～470kΩ
R_f	10MΩ	10MΩ	22MΩ

(2) CKOUT：CLOCK OUT，时钟输出，其选择对照表如表 13.2 所示。

表 13.2　CKOUT 时钟输出的选择对照表

石英晶体	CKFS	时钟输出
4.194304MHz	1	4.194304MHz
4.194304MHz	0	1.048576MHz
1.048576MHz	1	1.048576MHz
1.048576MHz	0	262.144kHz
32.768kHz	1	32.768kHz
32.768kHz	0	8.192kHz

由 CKFS 引脚的状态选择输出 1∶1(CKFS=1)或 1∶4(KCFS=0)的时基脉冲输出,可提供

其他芯片所需的时钟。

(3) SQW: SQUAREOUTPUT 方波输出。

① 由 A 寄存器设置其输出频率。

② 由 B 寄存器设置使能输出或禁止输出。

(4) AD0～AD7: ADDRESS/DATA BUS 地址/数据总线。接 8051 的 P0.0～P0.7。

(5) AS: ADDRESS STROBE 地址激发输入(地址锁存)。接 8501 的 ALE。

(6) DS: DATA STROBE 数据激发输入。接 8501 的/RD。

(7) R/W: READ/WRITE。接 8501 的/WR。

(8) $\overline{CE}$: CHIP ENABLE 芯片使能(低电平输出)。

(9) $\overline{IRQ}$: INTERRUPT REQUEST 中断请求(低电平输出)。

中断产生时，$\overline{IRQ}$ 即输出低电平，直到 CPU 读取 C 寄存器，一次就可使 $\overline{IRQ}$ 回到高电平。

(10) RESET: 该引脚 LOW 动作时，并不会影响时钟的计时与 SRAM 的值，但会清除中断各标志位，中断使能位为 0。

(11) PS: POWER SENSE: 该引脚控制 D 寄存器的 VRT 位。PS=0，则 VRT=0 且无法存取 SRAM 及时钟的值；PS=1，且 CPU 读取 D 寄存器一次，则 VRT=1，可存取 SRAM 与时钟的值。

13.3.3　地址分配表

MC146818 的地址分配如表 13.3 所示。

表 13.3　MC146818 的地址分配

地　址	功　能	十进制范围	十六进制范围
00H	秒(SECONDS)	00H～59H	00H～3BH
01H	秒报警(ALARM)	00H～59H	00H～3BH
02H	分(MINUTES)	00H～59H	00H～3BH
03H	分报警(ALARM)	00H～59H	00H～3BH
04H	时(HOUR) 12 制 24 制	01H～12H(AM) 81H～92H(PM) 00H～23H	00H～0CH(AM) 81H～8CH(PM) 00H～17H
05H	时报警(ALARM)12 制 24 制	01H～12H(AM) 81H～92H(PM) 00H～23H	00H～0CH(AM) 81H～8CH(PM) 00H～17H
06H	星期(WEEK)	01H～07H	01H～07H
07H	日 (DAY)	01H～31H	01H～1BH
08H	月(MONTH)	01H～12H	01H～0CH
09H	年(YEAR)	00H～99H	00H～63H
0AH	A 寄存器	—	—
0BH	B 寄存器	—	—

地　址	功　能	十进制范围	十六进制范围
0CH	C 寄存器	—	—
0DH	D 寄存器	—	—
0EH～3FH	使用者 RAMS SRAM　50B	—	—

注: ① 24/12 制小时由 B 寄存器设定。

　　② 12 小时制, 时的最高位(BIT7)0 表示 AM, 1 表示 PM。

13.3.4　电路原理图及说明

1. 相应功能说明

内定时间为 2008 年, 1 月 1 日 12 点 00 分 00 秒, 提供给新产品或电池使用。如果没有内定时间, 在首次开机时, 会造成时间乱码。至于开机时是使用内定时间还是 RTC 内部时间, 由 RTC 使用者 RAM OE 地址的内容来决定, 其内容为 1 表示 RTC 内部已有时间值, 读取 RTC 内部时间显示; 非 1 则表示 RTC 内部尚无时间值, 写入内定时间并显示。

时间调整: 开机时, 光标停在"年", 移动光标依次修改年、月、日、时、分、秒。

每按 P1.0 一次, 光标依年、月、日、时、分、秒顺序一步移动。

每按 P1.1 一次, 光标所在位置的值加 1。

每按 P1.2 一次, 光标所在位置的值减 1。

本例采用更新周期结束中断时, 约有 1s 的时间可读 MC146818 的时间值。

2. 硬件电路说明

(1) 8054ALR 为电位检测器, 引脚 1——OUT, 引脚 2——V_{CC}, 引脚 3——GND, 当 V_{CC}> 4.5V 时, OUT 为 HI, 当 V_{CC}<4.5 时为 LO。

(2) 当外部电源存在时, 3906 三极管饱和, 使 V_B ≈+5V, 8054ALR 的 OUT 脚为 HI, 由 8051 的 P2.0 控制 MC146818 的 $\overline{CE}$ 脚, P2.0=0 时使能, 可进行存取。

(3) 当外部电源消失时, 3906 三极管截止, 使 V_B 由镍镉电池提供约为 3.6V, 使 8045ALR 的 OUT 脚为 LO, 此时 MC146818 的 $\overline{CE}$ 必为 HI, 只进行时钟计时功能及保留其内部 RAM 的数据。

(4) 本电路 MC146818 的 OSC1、OSC2 时基脉冲输入方式与 PC 相同, 采用外部时基脉冲输入, 由 4069, 32.768MHz 10P 2MN 组成时钟输入 OSC1(OSC2 开路)。

(5) 显示时、分、秒, 由 TIMER1 每 3ms 中断一次, 执行扫描显示工作。

(6) 7404 7400 LCD RS, E, R/W。

8051 与 LCD 的引脚控制如表 13.4 所示。

表 13.4　8051 与 LCD 的引脚控制

8051			LCD			功能说明
P21	$\overline{RD}$	$\overline{WR}$	RS=P22	E	R/W	
0	0	1	0	0—1	1	读忙碌标志位 DB7 及内部地址 DB0～DB6
0	1	0	0	0—1	0	写入指令寄存器
0	1	0	1	0—1	0	写入数据寄存器

3. 读取 MC146818 的时钟值

读取 MC146818 的时钟值有下列 3 种方法：

(1) 检查 A 寄存器的 UIP=0，表示未进行周期更新，至少有 244μs 的时间可读取。

(2) 更新周期结束中断(设定 B 寄存器 UIE=1)，约有 1s 时间可读取。

(3) 周期性中断法(设定 B 寄存器 PIE=1)约有 1984+244μs 的时间可读。

4. 采用更新周期结束中断的步骤

采用更新周期结束中断时，约有 1s 的时间可读 MC146818 的时间值，其步骤如下。

(1) MC146818 的 IRQ 接 8051 INT1，当更新周期结束时，由 $\overline{IRQ}$ 产生低电平，对 8051 INT1 产生中断。

(2) 设定 MC146818 寄存器的 UIE=1，即更新周期结束中断使能位，中断时 $\overline{IRQ}$ 输出低电平。

(3) 产生中断后，须读取 MC146818 寄存器一次，将 $\overline{IRQ}$ 清 0，否则会产生中断错误。

5. RTC 与 LCD 地址设置

P20 控制 RT/CE 引脚

P21 控制 LCD 使能信号 E

P22 控制 LCD RS 引脚选择指令/数据寄存器

```
         P27  P26  P25  P24  P23  P22  P21  P20  P07～P00
RTC      0    0    0    0    0    0    1    0    00      MC146818 起始地址(秒)
LCDIR 0  0    0    0    0    0    0    1             LCD 指令寄存器地址
LCDDR 0  0    0    0    0    1    0    1    00      LCD 数据寄存器地址
RTC      EQU       0200H        MC146818    起始地址(秒)
LCDIR    EQU       0100H        指令寄存器地址
LCDDR    RQU       0500H        数据寄存器地址
```

6. 日历时钟芯片部分的电路原理图

日历时钟芯片部分的电路原理如图 13.5 所示。

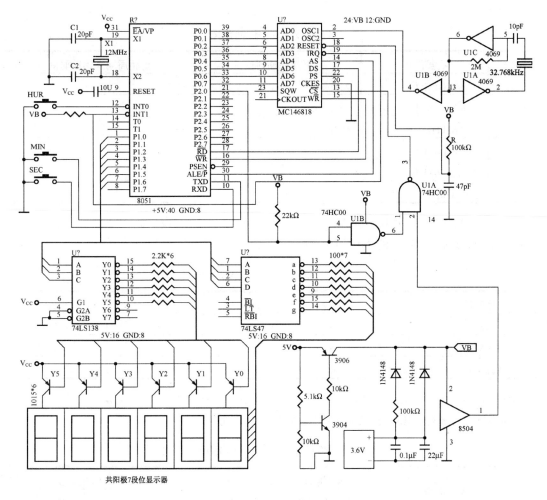

图 13.5　日历时钟芯片部分的电路原理

13.4　软　件　设　计

软件设计的重点在于单片机如何控制日历时钟芯片 MC146818，如何通过寄存器的操作设置或读取时间信息。

13.4.1　MC146818 的内存空间

A 寄存器各位的定义如下：

UIP	DV2	DV1	DV0	RS3	RS2	RS1	RS0

(1) UIP 更新周期进行中(Update In Progress)的提示位。

UIP=1，表示更新周期正在进行或即将开始；UIP=0，表示没有更新周期，至少在 244 的时间内不会更新周期，即时钟值不会改变，此位为只读。UIP 位的含义如表 13.5 所示。

表 13.5　UIP 位的含义

UIP	石英晶体	更新周期时间	更新周期开始前时间
1	4.194304MHz	248μs	—
1	1.048576MHz	248μs	—
1	32.768kHz	1948μs	—
0	4.194304MHz	—	244μs
0	1.048576MHz	—	244μs
0	32.768kHz	—	244μs

(2) DV2、DV1、DV0 选择使用时基脉冲的频率，分频器设定此 3 个位不受 RESET 的影响。DV2、DV1、DV0 的用途如表 13.6 所示。

表 13.6　DV2、DV1、DV0 的用途

选择时基频率	DV2	DV1	DV0
4.194304MHz	0	0	0
1.048576MHz	0	0	1
32.768kHz	0	1	0

(3) RS3、RS2、RS1、RS0 设定方波输出频率及周期中断时间，这 4 个位不受 RESET 的影响。RS3、RS2、RS1 和 RS0 的用途如表 13.7 所示。

表 13.7　RS3、RS2、RS1 和 RS0 的用途

A 寄存器				4.194304 MHz 或 1.048576MHz		32.768kHz	
				周期性	方波输出	周期性	方波输出
RS3	RS2	RS1	RS0	中断速率	输出频率	中断速率	输出频率
0	0	0	0	不输出	不输出	不输出	不输出
0	0	0	1	30.517μs	32.768kHz	3.90625ms	256Hz
0	0	1	0	61.035μs	16.384kHz	7.8125ms	128Hz
0	0	1	1	122.070μs	8.192kHz	122.070ns	8.192kHz
0	1	0	0	244.141μs	4.096kHz	244.141μs	4.096 kHz
0	1	0	1	488.28μs	2.048kHz	488.281μs	2.048kHz
0	1	1	0	976.562μs	1.024kHz	976.562μs	1.024kHz
0	1	1	1	1.953125ms	512Hz	1.953125ms	512Hz
1	0	0	0	3.90625ms	256Hz	3.90625ms	256Hz
1	0	0	1	7.8125ms	128Hz	7.8125ms	128Hz
1	0	1	0	15.625ms	64Hz	15.625ms	64Hz
1	0	1	1	31.25ms	32Hz	31.25ms	32Hz
1	1	0	0	62.5ms	16Hz	62.5ms	16Hz

续表

A 寄存器				4.194304 MHz 或 1.048576MHz		32.768kHz	
				周期性	方波输出	周期性	方波输出
1	1	0	1	125ms	8Hz	125ms	8Hz
1	1	1	0	250ms	4Hz	250ms	4Hz
1	1	1	1	500ms	2Hz	500ms	2Hz

注：① SQW 方波输出由 B 寄存器 SQWE 所控制。

② 周期性中断由 B 寄存器 PIE 所控制。

B 寄存器各位的定义如下：

SET	PIE	AIE	UIE	SQWE	DM2	24/12	DSE

(1) SET：SET=0，更新周期每秒进行一次，SET=1，更新周期停止，此时 CPU 可设定时钟的值，此位不受 RESET 的影响。

(2) PIE：周期性中断使能位(Periodic Interrupt Enable)。PIE=1 时控制周期性中断从 $\overline{IRQ}$ 脚输出，中断时间由 RS0～RS3 决定，此位在 RESET 时会被清除为 0。

(3) AIE：报警中断使能位(Alarm Interrupt Enable)　AIE=1 则报警设定时间到时，由 $\overline{IRQ}$ 产生中断信号，此位在 RESET 时会被清除为 0。

(4) UIE：更新周期结束中断使能位(Update-ended Interrupt Enable)。UIE=1 时使能每次更新周期结束时由 $\overline{IRQ}$ 脚输出中断信号，RESET=0 或 SET=1，会将此位清除为 0。

(5) SQWE：方波使能位(Square Wave Enable)。SQWE=1 时，SQW 脚会输出方波，其频率由 RS0～RS3 所决定，RESET 时会清除此位为 0。

(6) DM：数据模式位(Date Mode)选择时钟计时方式。DM=1 为二进制，DM=0 为十进制，此位不受 $\overline{RESET}$ 的影响。

(7) 24/12：1 为 24 小时制，0 为 12 小时制，此位不受 RESET 的影响。

(8) DSE：日光节约位(Daylight Saving Enable)。DSE=1 时，在 4 月的最后一周星期日的 1:59:59AM，会直接跳至 3:00:00AM，而在 10 月的最后一周星期日的 1:59:59AM 会跳至 1:00:00AM。此位不受 RESET 的影响。

C 寄存器各位的定义如下：

IRQF	PF	AF	UF	0	0	0	0

C 寄存器只能读，无法写入，只要 CPU 读取 C 寄存器，就会将 C 寄存器所有位清除为 0，　RESET 时也会将 C 寄存器所有清除为 0。

(1) IRQF：　中断请求标志位，在下列情形会被设定为 1。

①PF=PIE=1；②AF=AIE=1；③UF=UIE=1 且当 IRQF=1 时，$\overline{IRQ}$ 输出 LOW 的信号。

(2) PF：周期性中断标志位。当周期性中断产生，PF 会被设定为 1，且 PIE=1，则 IRQF 将会设定为 1，$\overline{IRQ}$ 会产生中断信号。

(3) AF：报警中断标志位，当现在时间与设定时间相同时，设定 AF=1，且 AIE=1，会产生 $\overline{IRQ}$ 中断信号。

(4) UF：更新周期结束标志位。结束时设定 UF=1 且 UIE=1 则 $\overline{IRQ}$ 会产生中断信号。
D 寄存器各位的定义如下：

VRT	0	0	0	0	0	0	0

此位与引脚 PS 有关，若 PS=0 则 VRT=0，此时无法正确存取 RAM 与时钟的值。

13.4.2 程序流程图

程序流程如图 13.6 所示。

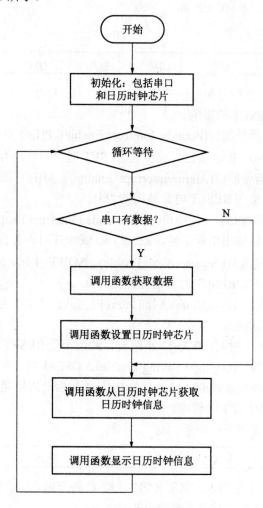

图 13.6 程序流程

13.4.3 汇编程序清单

附程序清单如下：

```
RTC       EQU    0200H        ;定义 MC146818 起始地址=秒地址
LCDIR     EQU    0100H        ;指令寄存器地址
LCDIR     EQU    0500H        ;数据寄存器地址
```

```
RAM      EQU    20H                  ;寄存器 RAM   20H
PTR      EQU    28H                  ;年、月、日、时、分、秒位置的指针 0～5
         ORG    00H
         JMP    START
         ORG    13H
         JMP    EXT1                 ;INT1 中断子程序
START:   MOV    SP,#60H              ;设置堆栈
         MOV    RAM,#01H             ;LCD 清除屏幕
         CALL   PUTIR
         CALL   DRLAY1               ;2ms
         MOV    RAM,#38H             ;LCD 功能设定，8 位，2 行，显示
         CALL   PUTIR
         MOV    PTR,#0FH             ;设定显示屏幕，光标 ON，光标闪烁
         CALL   PUTIR
         MOV    RAM,#6H              ;加 1，光标向右移
         CALL   PUTIR
         MOV    PTR,#00              ;位置指针为 0，即停在"年"位置
         MOV    IE,#84H              ;TIMER1   INT1 中断使能
         MOV    DPTR,#RTC+0AH        ;A 寄存器 32768kHz DV2=0 DV1=1 DV0=0
         MOV    A.#20H
         MOVX   @DPTR.A
         MOV    DPTR.#RTC+0BH        ;B 寄存器 SET=1 更新周期停止，进行时钟设定
         MOV    A#80H
         MOVX   @DPTR,A
         MOV    DPTR.#RTC+0EH        ;读取 RTC   OE 地址内容判断是否为 3？
         MOVX   A,@DPTR
         CJNE   A,#01H,START0
         JMP    START1
START0:                             ;不是则写入内定时间 2008 年 1 月 1 日 12：00：00
         MOV    RAM,#80H             ;设定光标停在第一行第一格
         CALL   PUTIR
         MOV    DPTR,#RTC            ;秒地址写入 00 秒
         MOV    A,#00H               ;00 秒
         MOVX   @DPTR,A
         MOV    DPTR,#RTC+2          ;分地址写入 00 分
         MOV    A,#00H               ;00 分
         MOVX   @DPTR,A
         MOV    DPTR,#RTC+4          ;时地址写入 12 时
         MOV    A,#12H               ;12 时
         MOVX   @DPTR.A
         MOV    DPTR,#RTC+7          ;日地址写入 1 日
         MOV    A,#01H               ;1 日
         MOVX   @DPTR,A
         MOV    DPTR,#RTC+8          ;月地址写入 1 月
         MOV    A,#01H               ;1 月
         MOVX   @DPTR,A
         MOV    DPTR,#RTC+9          ;年地址写入 08 年
         MOV    A,#08H               ;08 年
         MOVX   @DPTR,A
         MOV    DPTR,#RTC+0EH        ;RTC OE 地址写入 1，表示内部已有时间值的识别码
         MOV    A,#01H
```

```
          MOVX    @DPTR.A
          MOV     DPTR,#TAB        ;LCD 显示内定日期时间
          CALL    PUTSTR
          JMP     START2
START1:                            ;是 1 表示 RTC 内已有时间
          MOV     RAM,#80H         ;设定光标停在第一行第一格
          CALL    PUTIR
          MOV     DPTR,#TAB1       ;LCD 显示"19  ::"
          CALL    PUTSTR
START2:   MOV     RMA,#82H         ;光标停在"年"位置
          CALL    PUTIR
          MOV     DPTR,#RTC+0BH    ;B 寄存器 UIE=1 RTC 中断使能开始计时(十进制,24
                                     小时制)
          MOV     A,#12H
          MOVX    @DPTR,A
LOOP:     JNB     P1.0.CUR0        ;是否按 P1.0?是则光标位置加 1
          JNB     P1.1,INC0        ;是否按 P1.1?是则光标所在位置的值加 1
          JNB     P1.2,DEC0        ;是否按 P1.2?是则光标所在位置的值减 1
          JMP     LOOP
CUR0:     JMP     CUR1             ;间接跳跃
INC0:     JMP     INC1             ;间接跳跃
DEC0:     JMP     DEC              ;间接跳跃
CUR1:
          CALL    DELAY            ;按钮清除抖动
          JNB     P1.0.S           ;检测按钮是否放开?
          CALL    DELAY            ;按钮清除抖动
          INC     PTR
          MOV     A,PTR            ;读取位置指针
          CJNE    A,#06H,CUR10     ;是否超过"秒"位置? 第 6 个位置
          MOV     PTR,#00H
CUR10:    MOV     DPTR.#CUR        ;指向 LCD 位置表(年、月、日、时、分、秒所在的光标
                                     地址)
          MOVC    A,@A+DPTR        ;依位置指针读取对应的光标地址来设定
          MOV     RAM,A            ;设定 LCD 光标地址
          CALL    PUTIR
          JMP     LOOP
INC1:     CALL    DELAY            ;按钮清除抖动
          JNB     P1.1,S           ;检测按钮是否放开?
          CALL    DELAY            ;按钮清除抖动
          MOV     DPTR,#RTC+OBH    ;B 寄存器 SET=1 更新周期停止,进行时钟设定
          MOV     A,#80H
          MOVX    #DPTR.A
          MOV     DPTR.#TIM        ;依位置指针读取该 RTC 地址存入 RAM 20H
          MOV     A.PTR
          MOVC    A,@A+DPTR
          MOV     RAM,A
          MOV     DPTR,#MAX        ;依位置指针取该时间最大值存入 RAM 21H
          MOV     A,PTR
          MOVC    A,@A+DPTR
          MOV     RAM+1.A
          MOV     DPTR.#MIN        ;依位置指针取该时间最小值存入 RAM  22H
```

```
        MOV     A.PTR
        MOVC    A,@A+DPTR
        MOV     RAM+2,A
        MOV     DPTR,#RTC       ;读取(#RTC+RAM)地址的内容
        MOV     DPL.RAM
        MOVX    A,@DPTR
        CJNE    A,RAM+1,INC10   ;是否=最大值？不是则跳至 INC 10
        MOV     A.RAM+2         ;是则存入最小值
        JMP     INC11
INC10:  ADD     A.#01H
        DA      A
INC11:  MOVX    @DPTR.A         ;写入 RTC
        MOV     B,#10H          ;将时间值十位数、个位数拆开
        DIV     AB
        ADD     A,#'0'          ;十位数转换为 ASCII 码送至 LCD 显示
        MOV     RAM,A
        CALL    PUTCHR
        MOV     A,B             ;个位数转换为 ASCII 码送至 LCD 显示
        ADD     A,#'0'0
        MOV     RAM,A
        CALL    PUTCHR
        MOV     DPTR,#CUR       ;让光标回到原来位置
        MOV     A,PTR
        MOVC    A,@A+DPTR
        MOV     RAM,A
        CALL    PUTIR
        MOV     DPTR,#RTC+0BH   ;B 寄存器 UIE=1  RTC 中断使能开始计时(十进制,24 小
                                 时制)
        MOV     A,#12H
        MOVX    @DPTR,A
        JMP     LOOP
DEC1:
        CALL    DELAY           ;按钮清除抖动
        JNB     P1,2,S          ;检测按钮是否放开?
        CALL    DELAY           ;按钮清除抖动
        MOV     DPTR,#RTC+0BH   ;B 寄存器 SET=1 更新周期停止，进行时钟设定
        MOV     A,#80H
        MOVX    @DPTR,A
        MOV     DPTR,#TIM       ;依位置指针取 RTC 地址存入 RAM 20H
        MOV     A,PTR
        MOVC    A@A+DPTR
        MOV     RAM,A
        MOV     DPTR,#MAX       ;依位置指针取该时间最大值存入 RAM  21H
        MOV     A,PTR
        MOVC    A,@A+DPTR
        MOV     RAM+1.A
        MOV     DPTR.#MIN       ;依位置指针取该时间最小值存入 RAM  22H
        MOV     A,PTR
        MOVC    A,@A+DPTR
        MOV     RAM+2,A
        MOV     DPTR,#TRC       ;读取(#RTC+RAM)地址的内容存入 RAM  23H
```

```
            MOV     DPL.RAM
            MOVX    A,@DPTR
            MOV     RAM+3,A
            CJNE    A,RAM+2 DEC10   ;是否=最小值？不是则跳至DEC10
            MOV     A,RAM+1         ;是则存入最大值
            JMP     DEC12
DEC10:                              ;不是最小值则检测个位数是否为0？
            ANL     A,#0FH
            XRL     A,#00H
            JNZ     DEC11           ;个位数不是0则跳至DEC11
            MOV     A,RAM+3         ;个位数为0则读取RTC值减7(即十位数减1，个位数为9)
            CLR     C
            SUBB    A,#07H
            JMP     DEC12
DEC11:      MOV     A.,RAM+3        ;个位数不为0则读取RTC值减1
            DEC     A
DEC12:      JMP     INC11
PUTIR:                              ;写入指令子程序
            CALL    BUSY            ;检测忙碌标志位
            MOV     DPTR,#;LCDIR    ;LCD指令寄存器
            MOV     A,RAM           ;将RAM内容写入指令寄存器
            MOVX    @DPTR.A
            RET
PUTCHR:                             ;显示字子程序
            CALL    BUSY            ;检测忙碌标志位
            MOV     A,RAM           ;LCD数据寄存器
            MOVX    @DPTR.A
            RET
PUTSTR:                             ;显示字串子程序
            MOV     R2,#00          ;取字串的指针值为0
PUTSTR1:    MOV     A,R2            ;载入字串指针值
            MOVC    A,@A+DPTR       ;取字串数据码
            MOV     RAM,A           ;写入RAM寄存器
            XRL     A,#00H          ;是否取到结束码0？
            JZ      PUTSTR2         ;是则返回
            PUSH    DPH             ;不是则先将DPTT压入堆栈，以免损坏字串指针
            PUSH    DPL
            CALL    PUTCHR          ;将字串显示数据码显示(此子程序会破坏DPTR值)
            INC     R2              ;指向字串下一个数据码
            POP     DPL             ;取回字串指针DPTR
            POP     DPH
            JMP     PUTSTR1
PUTSTR2:    RET
BUSY:                               ;检测忙碌标志位子程序
            MOV     DPTR,#LCDIR     ;LCD指令寄存器
BUSY1:      MOVX    A,@DPTR         ;读取忙碌标志位(bit7)
            ANL     A,#80H
            XRL     A,#80H          ;检测bit7=1？
            JZ      BUSY1           ;是则表示在忙碌中
            RET
```

```
EXT1:
            PUSH    ACC
            PUSH    PSW
            MOV     DPTR,#RTC+0CH  ;读 C 寄存器，清除中断标志位，IRQF
            MOVX    A,@DPTR
            MOV     R2,.#00
EXT10:
            MOV     DPTR,#CUR       ;依 R2 值读取光标地址
            MOV     A,R2
            MOVC    A,@A+DPTR
            MOV     RAM,A           ;设定停在指定位置
            CALL    PUTIR
            MOV     DPTR,#TIM       ;依 R2 值读取 RTC 内部地址
            MOV     A,R2
            MOVC    A,@A+DPTR
            MOV     DPTR,#RTC       ;DPTR 指向#RTC 外部地址
            MOV     DPL,A           ;PTR=RTC+OFFSET 地址
            MOVX    A,@DPTR         ;取该地址的内容
            MOV     B,#10H          ;将十位数、个位数分开
            DIV     AB
            ADD     A,#'0'          ;十位数转换为 ASCII 码送至 LCD 显示
            MOV     RAM,A
            CALL    PUTCHR
            MOV     A,B             ;个位数转换为 ASCII 码送至 LCD
            ADD     A,#'0'
            MOV     RAM,A
            CALL    PUTCHR
            INC     R2              ;指向下一组时间
            CJNE    R2,#06H,EXT10
            MOV     DPTR,#CUR       ;让光标回到原来位置
            MOV     A,PTR
            MOVC    A,@A+DPTR
            MOV     RAM,A
            CALL    PUTIR
            POP     PSW
            POP     ACC
            RETI
DELAY:      MOV     R6,#60          ;延时 30ms
D1:         MOV     R7,#248
            DJNZ    R7,#$
            DJNZ    R6,D1
            RET
DELAY1:     MOV     R6,#4           ;延时 2ms
D11:        MOV     R7,#248
            DJNZ    R7,$
            DJNZ    R6,D11
            RET
TAB:        DB      '08 01 01 12：00：00',00H  ;内定年、月、日、时、分、秒显示于 LCD
TAB1:       DB      '20              ：    :,'00H  ;LCD 屏幕显示
TIM:        DB      09H,08H,07H,04H,02H,00H      ;RTC "年月日时分秒"
CUR         DB      82H,85H,88H,8BH,8EH,91H      ;LCD "年月日时分秒" 光标地址
```

```
MAX         DB        99H,12H,31H,23H,59H,59H          ;年、月、日、时、分、秒最大值
MIN         DB        00H,01H,01H,00H,00H,00H          ;年、月、日、时、分、秒最小值
            END
```

13.5 总 结

本章着重介绍日历时钟芯片 MC146818 在单片机系统中的应用。

MC146818 可以提供从年、月、日、星期到时、分、秒的完整时间信息，在需要获取显示实时日历时钟信息的单片机系统中有着广泛应用。

在本例的软、硬件设计过程中，需着重把握以下两点：

(1) MC146818 芯片与 51 单片机的接口电路设计。由于 MC146818 可以设置为 Intel 总线时序模式，而且它也采用 8 位地址/数据总线复用，因此它和 51 单片机的接口极为简洁。

(2) MC146818 芯片的内存空间分配。对 MC146818 内部专用寄存器的使用是本软件设计的关键，所有寄存器都能够正确寻址，并且要掌握它们的功能(对控制寄存器 A、B、C、D，要学会其中每一位的功能)。

13.6 上 机 指 导

1. 上机目的

(1) 掌握 MC146818 时钟芯片的一般功能和基本用法。

(2) 掌握利用单片机实现的语音录放系统。

2. 实验器材

(1) 计算机一台。

(2) 万用表一块。

(3) 示波器一台。

(4) 实验台一套。

(5) 仿真器一个。

3. 调试说明

系统运行后，系统有初始显示时间：08 年 1 月 1 日，按设定键，光标闪动，通过按+或-键进行数据的修改。如果要修改其他位，按一下移位键，光标移动一位，且光标闪动。当修改完后，再按设定键确认即可。

4. 预习要求

(1) 熟悉单片机的各引脚功能和 MC146818 时钟芯片的基本用法。

(2) 熟悉本次上机内容和步骤。

5. 实验内容和步骤

(1) 设计并画出电子万年历系统的原理图，从而画出 PCB 板图。

(2) 测试各外围元件,组成单片机电子万年历系统。

(3) 编写出相应的软件。

(4) 软件、硬件统调,测试系统功能。

习　　题

1. 填空题

(1) 电子万年历的模块按功能可分为_____、_____、_____、_____、_____。

(2) 在显示模块电路设计中具有_____、_____两种设计方式,其中针对显示内容较多,显示硬件资源采用_____、_____两种动态显示模式。

(3) MC146818 芯片是采用_____制作工艺,具有计时功能、数据存储功能、可编程的输出功能、_____、_____等特征。

(4) 使用 MC146818 内部振荡时,可使用的频率主要有_____、_____、_____3 种。

(5) 本例电子万年历电路由_____、_____、_____、_____等电路组成。

2. 选择题

(1) MC146818 的数据和地址是采用(　　)方式区分的。

A. 分时复用　　　　　　　　　　B. 地址固定

C. 数据固定　　　　　　　　　　D. 无法区分

(2) MC146818 的读信号在一般情况下,与 80C51 的(　　)引脚连接。

A. $\overline{WR}$　　　　B. $\overline{RD}$　　　　C. $\overline{ALE}$　　　　D. CE

(3) MC146818 存放的时钟数据,在系统掉电后,存储器的内容(　　)。

A. 数据丢失　　B. 数据保持不变　　C. 内容不变　　D. 内容返回初始值

(4) MC146818 芯片的存储器在掉电的情况下,数据能保存(　　)。

A. 1 年　　　　B. 5 年　　　　C. 10 年　　　　D. 永久

(5) MC146818 芯片具有与单片机 ALE 相同功能的引脚是(　　)。

A. SQW　　　　B. ALE　　　　C. AS　　　　D. DS

3. 判断题

(1) MC146818 在应用时,对它的存储器内容需要进行初始化。　　　　　　(　　)

(2) 电子万年历的显示模式是能采用十二进制,不能修改进制。　　　　　　(　　)

(3) 电子万年历芯片 MC146818 不具备闰年补偿功能,只能通过软件来调整。

　　　　　　　　　　　　　　　　　　　　　　　　　　　　　　　　(　　)

(4) MC146818 芯片只有内部振荡方式,外部振荡不可用。　　　　　　　　(　　)

(5) 利用 MC146818 芯片制作电子万年历必须在 CPU 设置报警单元。　　　(　　)

4. 简答题

(1) 电子万年历制作的流程是什么？

(2) MC146818 有哪些基本结构？

(3) 电子万年历的软件编程思路是什么？

(4) 如何设置和调整万年历的时钟内容？

附录　参　考　答　案

第 1 章

1. 填空题

(1) CPU，存储器，输入输出接口
(2) 8
(3) 微控制器，嵌入式控制器
(4) 控制器，输出部分
(5) 地址，数据
(6) COMS，HMOS，低功耗
(7) 可靠性，降低了成本
(8) 在线仿真器
(9) 所用 CHMOS 工艺
(10) 微，单片机

第 2 章

1. 填空题

(1) P0，P1，P2，P3
(2) DPL，DPH
(3) 00H，0 区
(4) 128，寄存器区，位地址区，通用 RAM 区。
(5) ALE
(6) 00H，00H，07H，FFH。
(7) 标志寄存器
(8) 00H～1FH
(9) 0000H～FFFFH，0000H～FFFFH，工作寄存器，位寻址区，数据缓冲区，特殊功能寄存器，能被 8 整除。

2. 选择题

(1) B，(2) A，(3) C，(4) A，
(5) A，(6) A，(7) D，(8) C，
(9) B，(10) C，(11) B，(12) D，
(13) B，(14) D

3. 判断

(1) √，(2) ×，(3) ×，(4) √，
(5) √，(6) √，(7) ×，(8) ×，
(9) √，(10) √

第 3 章

1. 填空题

(1) 操作码，操作数或操作数地址
(2) 指令，数据
(3) 寄存器寻址、寄存器间接寻址、直接寻址、立即寻址、变址寄存器间接寻址、相对寻址、位寻址。
(4) 寄存器间接，变址
(5) PUSH，POP
(6) 3
(7) #
(8) 相对
(9) 无条件转移到本指令的首地址执行程序，即将本指令的首地址送给 PC
(10) ADD，ADDC
(11) RET，RETI
(12) B，A
(13) MOVC A，@A+DPTR，MOVC A，@A+PC，变址

(14) 源

(15) P2

(16) MOVX

(17) 34H，12H，80H，50H

(18) A=80H，SP=40H，(41H)=50H，(42H)=80H，PC=8050H。

2．选择题

(1) C，(2) B，(3) A，(4) D，(5) A，(6) C，(7) D，(8) A，(9) D，(10) B，(11) A，(12) A，(13) D，(14) B

3．判断题

(1) √，(2) ×，(3) ×，(4) √，(5) ×，(6) √，(7) ×，(8) √，(9) ×，(10) √，(11) ×

第 4 章

1．填空题

(1) 中断

(2) 8

(3) SCON

(4) TMOD，TCON

(5) T0 中断、T1 中断、外部中断 0、外部中断 1 和串行中断

(6) 3

(7) 0003H、000BH、0013H、001BH 和 0023H

(8) 下降沿引起中断，低电平引起中断

(9) 4，1

(10) 0

(11) 1

(12) 串行端口完成一帧字符发送，串行端口完成一帧字符接收

(13) 0

(14) RI，1，0

(15) 计数

(16) 有中断请求

(17) RETI

(18) 单片机内部振荡脉冲 12 分频后的脉冲

(19) 外部引脚(T0 或 T1)

(20) 并行数据传送，串行数据传送

(21) 发送缓冲寄存器，接收缓冲寄存器

(22) 同一地址

(23) 异步

(24) 外部中断 INT0，串行口中断

(25) 异步通信方式

(26) 单工、半双工、全双工(27) 0

2．判断题

(1) ×，(2) √，(3) ×，(4) √，(5) ×，(6) ×，(7) ×，(8) √，(9) √，(10) ×，(11) ×，(12) ×，(13) ×，(14) ×，(15) ×，(16) √，(17) ×，(18) ×

3．选择题

(1) B，(2) A，(3) D，(4) A，(5) B，(6) A，(7) D，(8) A，(9) B，(10) D，(11) D，(12) A，(13) D，(14) B，(15) C，(16) D，(17) C，(18) A，(19) C，(20) C

第 5 章

1．填空题

(1) 1，2

(2) 自动变量

(3) a[1]，30

(4) 30

(5) 0，9

(6) 数组的首地址

(7) 栈

(8)　0，非 0

(9)　0

(10) 20、0

2．选择题

(1)　A，(2)　D，(3)　C，(4)　D，
(5)　B，(6)　B，(7)　A，(8)　D，
(9)　A，(10) D，(11) B，(12) B，
(13) D，(14) D，(15) D，(16) B，
(17) D，(18) B，(19) A，(20) B

3．判断题

(1)　×，(2)　√，(3)　×，(4)　√，
(5)　×，(6)　√，(7)　×，(8)　√，
(9)　×，(10) √，(11) ×，(12) √，
(13) ×，(14) ×，(15) ×

第 6 章

1．填空题

(1)　通过仿真头用软件来代替了在目标板上的 51 芯片

(2)　将程序代码固化到指定芯片内部的工具

(3)　启动 μVision2，新建一个项目文件并从器件库中选择一个器件；新建一个源文件并把它加入到项目中；项目工程的详细设置；编译项目并生成可编程 PROM 的 HEX 文件

(4)　代码存储空间；直接寻址的片内存储空间；间接寻址的片内存储空间；扩展的外部 RAM 空间

(5)　在线烧录，一般是指用一块单片机当主机，对其他单片机进行烧录

(6)　排除逻辑故障；排除元器件失效；排除电源故障

2．选择题

(1)　B，(2)　A，(3)　B，(4)　A

3．判断题

(1)　×，(2)　√，(3)　√，(4)　√

第 7 章

1．填空题

(1)　地址总线、数据总线、控制总线

(2)　13

(3)　000　001　010　011　100　101

(4)　把单片机高位地址分别与要扩展的芯片的片选端相连，控制选择各条线的电路以达到选片目的

(5)　从电路上把干扰源和易干扰的部分隔离开来，从而达到隔离现场干扰的目的

(6)　16　64K　P0　P2

2．选择题

(1)　A，(2)　C，(3)　D，(4)　B，
(5)　D，(6)　C

3．判断题

(1)　√，(2)　×，(3)　√，(4)　×，
(5)　√，(6)　√

第 8 章

1．填空题

(1)　66 H

(2)　监测有无按键按下、键识别功能，确定被闭合键所在的行列位置、产生相应的键的代码(键值)功能、消除按键抖动及对付多键串按(复按)功能、执行相应的键处理程序

(3) 独立键盘接口电路、矩阵键盘接口电路

(4) 静态显示方式、动态显示方式

(5) 转换精度、转换速度、温度系数

(6) 计数式 A/D 转换器、双积分式 A/D 转换器、逐次逼近式 A/D 转换器、并行式 A/D 转换器

2．选择题

(1) D，(2) B，(3) B，(4) C

3．判断题

(1) √，(2) ×，(3) √，(4) ×

第 9 章

1．填空题

(1) 外设和计算机间使用一根数据信号线，数据在一根数据信号线上按位进行传输，每一位数据都占据一个固定的时间长度

(2) $f_{osc}/12$、$(2^{SMOD}/32) \times (TI 溢出率)$、$(2^{SMOD}/64) \times f_{osc}$、$(2^{SMOD}/32) \times (TI 溢出率)$

(3) 奇偶校验码、循环冗余码、海明码

(4) 以一个字符为传输单位，用起始位表示字符的开始，用停止位表示字符结束，在异步通信中，数据通常是以字符为单位组成字符帧传送的

(5) RS-232C、RS-449、RS-422、RS-423 和 RS-485

2．选择题

(1) B，(2) B，(3) C，(4) A，
(5) A

3．判断题

(1) √，(2) ×，(3) ×，(4) √

第 10 章

1．填空题

(1) 单片机机型和器件的选择、硬件与软件的功能划分

(2) 干扰源、传播路径、敏感器件

(3) 选择良好的元器件与单片机、抑制电源干扰、数字信号传输通道的抗干扰技术、硬件监控电路、印制板电路合理布线

(4) 软件抗干扰设计灵活，节省硬件资源，操作起来方便易行

(5) 程序判断滤波、中值滤波、算术平均滤波、加权平均滤波、一阶滞后滤波、防脉冲干扰平均值法等

2．选择题

(1) A，(2) B，(3) D，(4) B

3．判断题

(1) √，(2) ×，(3) ×，(4) √

第 11 章

1．填空题

(1) 保密性高，使用灵活性好，安全系数高

(2) 控制模块 89C51、存储器模块、键盘显示器模块、报警驱动模块、电源模块

(3) 存储用户密码信息

(4) 显示电路、存储电路、按键电路、报警电路

2．选择题

(1) C，(2) A，(3) A，(4) C

3．判断题

(1)　√，(2)　×，(3)　√，(4)　×

第 12 章

1．填空题

(1)　声音，模拟量，A/D，存储，D/A，模拟量，播放

(2)　模拟数据在半导体存储器

(3)　直接存储器存储技术、集成了大容量存储器、管脚与 TTL 电平兼容

(4)　芯片的控制字的写入、定时中断的产生

(5)　如何使用语音芯片、怎样设计好单片机与语音芯片的电路接口、如何设计语音芯片的控制程序

2．选择题

(1)　D，(2)　C，(3)　D，(4)　C
(5)　A

3．判断题

(1)　√，(2)　×，(3)　×，(4)　×，

(5)　√

第 13 章

1．填空题

(1)　51 单片机模块、日历时钟模块、数码管显示模块、串行通信模块、程序模块

(2)　静态显示电路、动态显示电路、循环扫描方式、滚屏显示

(3)　CMOS、自动润补偿功能、断电时保存数据

(4)　4.194304MHz.1.0485776MHz.32.768kHz

(5)　接口电平转换、单片机控制电路、时钟电路、显示模块

2．选择题

(1)　A，(2)　A，(3)　B，(4)　C，
(5)　C

3．判断题

(1)　√，(2)　×，(3)　×，(4)　×，
(5)　×

读者回执卡

欢迎您立即填妥回函

您好！感谢您购买本书，请您抽出宝贵的时间填写这份回执卡，并将此页剪下寄回我公司读者服务部。我们会在以后的工作中充分考虑您的意见和建议，并将您的信息加入公司的客户档案中，以便向您提供全程的一体化服务。您享有的权益：

★ 免费获得我公司的新书资料；
★ 寻求解答阅读中遇到的问题；
★ 免费参加我公司组织的技术交流会及讲座；
★ 可参加不定期的促销活动，免费获取赠品；

读者基本资料

姓　　名＿＿＿＿＿＿＿＿＿　性　别 □男　　□女　　年　龄＿＿＿＿＿＿＿＿
电　　话＿＿＿＿＿＿＿＿＿　职　业＿＿＿＿＿＿＿　文化程度＿＿＿＿＿＿＿
E-mail＿＿＿＿＿＿＿＿＿＿　邮　编＿＿＿＿＿＿＿
通讯地址＿＿＿＿＿＿＿＿＿＿＿＿＿＿＿＿＿＿＿＿＿＿＿＿＿＿＿＿＿＿＿

请在您认可处打√（6至10题可多选）

1、您购买的图书名称是什么：＿＿＿＿＿＿＿＿＿＿＿＿＿＿＿＿＿＿＿＿＿＿＿＿
2、您在何处购买的此书：＿＿＿＿＿＿＿＿＿＿＿＿＿＿＿＿＿＿＿＿＿＿＿＿＿
3、您对电脑的掌握程度：　　　□不懂　　　　　□基本掌握　　　□熟练应用　　　□精通某一领域
4、您学习此书的主要目的是：　□工作需要　　　□个人爱好　　　□获得证书
5、您希望通过学习达到何种程度：□基本掌握　　　□熟练应用　　　□专业水平
6、您想学习的其他电脑知识有：　□电脑入门　　　□操作系统　　　□办公软件　　　□多媒体设计
　　　　　　　　　　　　　　　□编程知识　　　□图像设计　　　□网页设计　　　□互联网知识
7、影响您购买图书的因素：　　□书名　　　　　□作者　　　　　□出版机构　　　□印刷、装帧质量
　　　　　　　　　　　　　　□内容简介　　　□网络宣传　　　□图书定价　　　□书店宣传
　　　　　　　　　　　　　　□封面，插图及版式　□知名作家（学者）的推荐或书评　□其他
8、您比较喜欢哪些形式的学习方式：□看图书　　　□上网学习　　　□用教学光盘　　□参加培训班
9、您可以接受的图书的价格是：　□20元以内　　□30元以内　　□50元以内　　□100元以内
10、您从何处获知本公司产品信息：□报纸、杂志　□广播、电视　□同事或朋友推荐　□网站
11、您对本书的满意度：　　　　□很满意　　　　□较满意　　　□一般　　　□不满意
12、您对我们的建议：＿＿＿＿＿＿＿＿＿＿＿＿＿＿＿＿＿＿＿＿＿＿＿＿＿＿＿＿

一请剪下本页填写清楚，放入信封寄回，谢谢！

１０００８４

北京100084—157信箱

读者服务部　　　　　收

贴　邮
票　处

邮政编码：□□□□□□

技术支持与课件下载：http://www.tup.com.cn　http://www.wenyuan.com.cn

读 者 服 务 邮 箱：service@wenyuan.com.cn

邮 购 电 话：(010)62791865　(010)62791863　(010)62792097-220

组 稿 编 辑：黄 飞

投 稿 电 话：(010)62788562-314

投 稿 邮 箱：tupress03@163.com